超详解

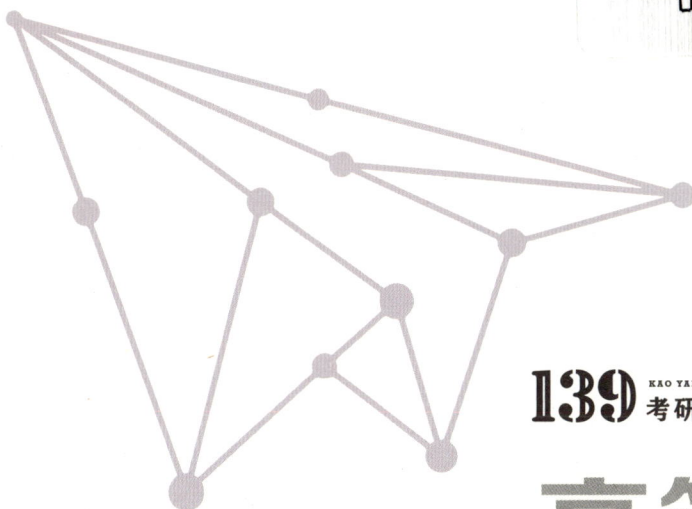

139 KAO YAN SHU XUE GAO FEN XI LIE
考研数学高分系列

高等数学
超详解（强化）

Detailed Explanation
of Advanced Mathematics

杨　超　主编

王冰岩　王成富　张　静
申　宇　唐蕾　彭　星　副主编

更多资料，请关注公众号

复旦大學 出版社

考研数学复习规划

起步阶段

- 教材：《三大计算》《高等数学（第七版）》（同济版）《139高等数学超详解（基础）》
- 学过高数、线代和概率的同学，直接入手《三大计算》，练习5—6遍
- 大学期间没有接触过数学的，先看《高等数学（第七版）》（同济版）视频（139公众号免费订阅）

基础阶段（持续到5月）

高等数学
- 教材+视频课：《139高等数学超详解（基础）》+杨超高数基础课
- 练习题：《考研数学必做习题库（高等数学篇）》A组+每日一题

线性代数
- 教材+视频课：《139线性代数》+杨超线代基础课+线代12题
- 练习题：《考研数学必做习题库（线性代数篇）》A组

概率论与数理统计
- 教材+视频课：《139概率论与数理统计》+杨超概率论基础课
- 练习题：《考研数学必做习题库（概率论与数理统计篇）》A组

强化阶段（6—8月）

1/3的人完成强化

高等数学
- 教材+视频课：《139高等数学超详解（强化）》+杨超高数强化课+每日一题
- 练习题：《考研数学必做习题库（高等数学篇）》B组、二重积分打卡、不定积分41题、定积分41题、考前必做极限题

线性代数
- 教材+视频课：《139线性代数》+杨超线代强化课
- 练习题：《考研数学必做习题库（线性代数篇）》B组+线代21题+线代41题+线代大作战

概率论与数理统计
- 教材+视频课：《139概率论与数理统计》+杨超概率论强化课
- 练习题：《考研数学必做习题库（概率论与数理统计篇）》B组

2/3的人没有完成强化
- 无需着急，基础一定打牢，数学切忌返工，继续做基础阶段的复习，需要注意在9月底前完成三本习题集

真题阶段（9—10月）

❶ 2008—2011年的真题作为检测卷。第一次做历年真题时使用，这四年的试卷作为新手区的过渡检测卷

❷ 2012—2017年的真题作为仿真模拟卷。做这些试卷时，要模拟全真考场进行演练

❸ 2018—2023年的真题为最后的模拟卷。最后的模拟卷就是留到最后做

冲刺点题阶段（11—12月）

- 使用资料：《考前必做100题》和《冲刺139必胜5套卷》
- 注意：需要对所有知识点进行充分的再学习，对前期的习题与真题再次回顾与思考

前　　言

　　此时是 2025 年 2 月 12 日凌晨 2 点,不知不觉到了元宵节。相信大家正在与家人朋友共度元宵佳节,这本《高等数学超详解(强化)》也在历经 3 个月的熬夜中写完。最后写到前言部分,真的是感慨万千。我经常反思,为什么每年考研数学的平均分只有 70 分上下,为什么这么多同学经过一两年的努力复习却 90 分都达不到,为什么自己不能够将所学更好地教给"外甥""外甥女"们。所以,在 3 个月前,我决心要重新写一本《高等数学超详解(强化)》,让大家少走弯路,一战成"硕"。

　　这本教材不同于之前的高等数学强化,主要有以下几点。

　　第一,这本书对高等数学的总结更加精炼。大家到这个阶段,是不是会碰到这些问题:笔记一抄几本,做题一无用处? 概念一看就懂,做题一做就懵? 题目一看就会,做题一做就错? 这是同学们的问题吗? 不,这是老师的问题,而我就是要解决这个问题。书中"知识补给库"全部是由我手写的做题技巧总结,同学们若能融会贯通,做题必将事半功倍。

　　第二,让同学们少记多练。考研数学高分不是靠笔记本记出来的,而是用一张张草稿纸练出来的。因此,在这本书中,不管是内容的选取,还是手写的形式,都希望通过我的手写代替你们的"手抄",这也正是我要在公司同事和出版社编辑的反对声中坚持采用手写形式的真正原因。与其说这是一本高等数学强化教材,我更希望它是"高分笔记"。解题用的"大招""小招""口算公式"已经全部写出来了,同学们只要跟着书上的内容,不断去做题,做好题就好了。

　　第三,这是整个 139 考研数学高分系列的"任督二脉"。为什么这么说,很多同学到了六七月份可能对于高等数学还只是在了解的阶段,知道什么叫作"极限",什么叫作"连续",但是会做题吗? 可能在这个阶段很多同学连《考研数学三大计算》的强化篇还做不出来,《考研数学必做习题库》的题目就更无从下手。怎么办? 如果强化阶段不能够有所突破,考研数学必然是失败的。所以,这本《高等数学超详解(强化)》的作用就是"承上启下",与《考研数学必做习题库(高等数学篇)》强关联,让大家从"了解概念"到"掌握技巧",最后真正做到"会做题"。大家看完这本书后,只要跟着《考研数学必做习题库》去练,去总结,就能逐步达到考研数学的考试要求,这也给大家从 0 到 139 提供了一个更加有效的方式。

　　路漫漫其修远兮,吾将上下而求索。作为老师,我必将更加努力,不辜负大家对我的信任。最后,我也希望大家能够静下心,按照自己的节奏全心苦练,在最后的几个月能够耐得住寂寞、扛得住压力、守得住本心。我相信所有的努力都会有回报,明天的美好一定对得起今天的汗水。

杨超

2025 年 2 月 12 日

目　　录

第一章　函数与极限

考点1　求极限必备技能

知识补给库

在求解函数之前切记要进行化简操作，这个操作大大地降低其计算量。

$$
\text{常见的化简手段}
\begin{cases}
\text{等价无穷小、} \\
\text{泰勒展开} \\
\text{提非零因子（非零极限）}^{注1} \\
\text{平移变换}^{注2} \\
\text{倒代换}^{注3} \\
\text{有理化}^{注4} \\
\text{通分}^{注5} \\
\text{恒等变形}^{注6} \\
\text{四则运算}^{注7} \\
\text{同大取大、同小取小}^{注8}
\end{cases}
$$

注1：如果遇到类似 $\lim\limits_{x \to x_0} f(x)g(x)$，且其中 $\lim\limits_{x \to x_0} f(x) = A \neq 0$，则 $\lim\limits_{x \to x_0} f(x)g(x) = A \lim\limits_{x \to x_0} g(x)$，这样可以使式子变得更加简单。

注2: 如果遇到 $\lim\limits_{x\to x_0} f(x)$,且 $x_0 \neq 0$,此时,可以使用平移变换令 $t = x - x_0$,这样就变成了同学们熟悉的 $x \to 0$ 的形式.

注3: 如果遇到 $\lim\limits_{x\to\infty} f(x)$,可以使用倒变换令 $t = \frac{1}{x}$·目的与平移变换一致(该思想在积分学里也经常使用).

注4: 如果遇到 $\sqrt{f(x)} - g(x)$ ($\sqrt{f(x)} - \sqrt{g(x)}$),可以分子分母同时乘上共轭因子 $\sqrt{f(x)} + g(x)$ ($\sqrt{f(x)} + \sqrt{g(x)}$),以达到去根号的目的.

注5: 如果遇到分式加减的可以进行通分.

注6: 如果遇到 $f(x)^{g(x)}$,可以用恒等变形 $f(x)^{g(x)} = e^{g(x)\ln(f(x))}$

注7: 如果遇到多项式极限,并且已知该极限存在,并且能判断出部分项极限存在,则可以考虑使用四则运算.

注8: $\begin{cases} \text{同大取大:如果是若干无穷大量相加减则只需看高阶;} \\ \text{同小取小:如果是若干无穷小量(非同阶)相加减则只需看低阶.} \end{cases}$

1. $\frac{0}{0}$ 型极限

对于 $\frac{0}{0}$ 型极限问题,常用方法 $\begin{cases} \text{等价无穷小} \\ \text{泰勒展开} \\ \text{洛必达法则} \\ \text{导数定义} \\ \text{中值定理} \end{cases}$

2. $\frac{\infty}{\infty}$ 型极限

对于 $\frac{\infty}{\infty}$ 型极限问题,常用方法 $\begin{cases} \text{洛必达法则} \\ \text{抓大头}^{注} \end{cases}$

注:无穷大的速度比较:

当 $x \to +\infty$ 时:$\ln^\alpha x \ (\alpha > 0) \ll x^\beta \ (\beta > 0) \ll a^x \ll x^x \ (a > 1)$.

当 $n \to \infty$ 时:$\ln^\alpha n \ (\alpha > 0) \ll n^\beta \ (\beta > 0) \ll a^n \ (a > 1) \ll n! \ll n^n$.

3. $0 \cdot \infty$ 型极限

可转化为 $\frac{0}{0}$ 型或者 $\frac{\infty}{\infty}$ 型极限，按照上述方法进行求解.

4. $\infty - \infty$ 型极限

对于 $\infty - \infty$ 型极限问题,常用方法 $\begin{cases} \text{通分(若含分式相加减)} \\ \text{有理化(若含有根式相加减)} \\ \text{倒代换(若 } x \to \infty) \\ \text{提最高次幂} \end{cases}$

通过通分、有理化和倒代换可转化为 $\frac{0}{0}$ 或者 $\frac{\infty}{\infty}$ 型极限，按照上述方法进行求解.

5. 1^{∞} 型极限

形如幂指函数 $\lim\limits_{x \to x_0} f(x)^{g(x)}$ 的 1^{∞} 型极限，求解方法如下:

(1) 使用恒等变形 $\lim\limits_{x \to x_0} f(x)^{g(x)} = \lim\limits_{x \to x_0} e^{g(x) \ln f(x)}$;

(2) 使用等价代换 $\lim\limits_{x \to x_0} \ln f(x) = f(x_0) - 1$;

(3) 故原极限 $= e^{\lim\limits_{x \to x_0} g(x)[f(x)-1]}$.

注：同学们可以直接记住该结论而不需要写出具体的推导过程.

6. $0^0, \infty^0$ 型极限

$0^0, \infty^0$ 型极限可以通过恒等变形的手段转成 $0 \cdot \infty$ 型从而转化为 $\frac{0}{0}$ 或者 $\frac{\infty}{\infty}$ 型，故不在此赘述.

7. 单侧极限

常见需要考虑左右极限的类型如下:

(1) 分段函数、分段点两侧表达式不同.

$$特殊分段函数 \begin{cases} |x| \ (x \to \infty \ 或 \ x \to 0) \\ 符号函数 \ (x \to 0) \\ 取整函数 \ (x \to 0) \end{cases}$$

(2) 形如 $a^{\frac{\varphi(x)}{x-b}} (a>0)$ 的函数 $(x \to b, \varphi(b) \neq 0, a>0, 一般 a 取 e)$.

(3) 含有开偶次方根的函数.

(4) $\arctan x \ (x \to \infty), \ \operatorname{arccot} x \ (x \to 0)$.

8. 含有 $f(x,n)$ 的极限

对于含有 n 的函数,常考的有以下两种类型:

(1) 对于含有 x^n 的类型的函数,

$$\begin{cases} |x| \ 和 \ 1 \ 的比较 \\ \lim\limits_{n \to \infty} \sqrt[n]{[f(x)]^n + [g(x)]^n + [h(x)]^n} = \max\{f(x), g(x), h(x)\} \end{cases}$$
$$(f(x) \geqslant 0, g(x) \geqslant 0, h(x) \geqslant 0).$$

(2) 对于含有 nx 的类型的函数,要考虑 x 和 0 的比较.

(3) 对于含有 n^x 的类型的函数,要考虑 x 和 0 的比较.

9. 极限中的常用结论:

$$\lim_{n \to \infty} \sqrt[n]{a}(a>0)=1, \ \lim_{n \to \infty} \sqrt[n]{n} =1, \ \lim_{n \to \infty} \frac{a^n}{n^n}=0, \ \lim_{n \to \infty} \frac{\ln n}{n!}=0, \ \lim_{x \to 0^+} x^a \ln^\beta =0 \ (a>0).$$

$$\lim_{x \to \square} f(x) =a \Rightarrow \lim_{x \to \square} |f(x)| = |a|, \ \lim_{x \to \square} f(x) =0 \Leftrightarrow \lim_{x \to \square} |f(x)| = 0.$$

典型例题

例❶　计算下列极限.

(1) $\lim\limits_{x \to 0} \dfrac{\ln(\sin^2 x + e^x) - x}{\ln(x^2 + e^{2x}) - 2x}$;

(2) $\lim\limits_{x\to 0}\dfrac{\sqrt{1-x^2}\,\sin^2 x-\tan^2 x}{x^2\left[\ln(1+x)\right]^2(1+\cos x)}.$

解 (1) $\lim\limits_{x\to 0}\dfrac{\ln(\sin^2 x+\mathrm{e}^x)-x}{\ln(x^2+\mathrm{e}^{2x})-2x}=\lim\limits_{x\to 0}\dfrac{\ln(\sin^2 x+\mathrm{e}^x)-\ln\mathrm{e}^x}{\ln(x^2+\mathrm{e}^{2x})-\ln\mathrm{e}^{2x}}=\lim\limits_{x\to 0}\dfrac{\ln\left(\dfrac{\sin^2 x+\mathrm{e}^x}{\mathrm{e}^x}\right)}{\ln\left(\dfrac{x^2+\mathrm{e}^{2x}}{\mathrm{e}^{2x}}\right)}$

$$=\lim\limits_{x\to 0}\dfrac{\ln\left(1+\dfrac{\sin^2 x}{\mathrm{e}^x}\right)}{\ln\left(1+\dfrac{x^2}{\mathrm{e}^{2x}}\right)}=\lim\limits_{x\to 0}\dfrac{\sin^2 x}{\mathrm{e}^x}\cdot\dfrac{\mathrm{e}^{2x}}{x^2}=1.$$

(2) $\lim\limits_{x\to 0}\dfrac{\sqrt{1-x^2}\,\sin^2 x-\tan^2 x}{x^2\left[\ln(1+x)\right]^2(1+\cos x)}=\lim\limits_{x\to 0}\dfrac{\tan^2 x(\cos^2 x\cdot\sqrt{1-x^2}-1)}{2x^4}$

$$=\lim\limits_{x\to 0}\dfrac{\cos^2 x\cdot\sqrt{1-x^2}-1}{2x^2}=\lim\limits_{x\to 0}\dfrac{\cos^2 x\cdot\sqrt{1-x^2}-\cos^2 x+\cos^2 x-1}{2x^2}$$

$$=\lim\limits_{x\to 0}\dfrac{\cos^2 x\cdot\sqrt{1-x^2}-\cos^2 x}{2x^2}+\lim\limits_{x\to 0}\dfrac{\cos^2 x-1}{2x^2}$$

$$=\lim\limits_{x\to 0}\dfrac{\cos^2 x\cdot(\sqrt{1-x^2}-1)}{2x^2}+\lim\limits_{x\to 0}\dfrac{(\cos x+1)(\cos x-1)}{2x^2}$$

$$=\lim\limits_{x\to 0}\dfrac{-\dfrac{1}{2}x^2}{2x^2}+\lim\limits_{x\to 0}\dfrac{2\left(-\dfrac{1}{2}x^2\right)}{2x^2}=-\dfrac{1}{4}-\dfrac{1}{2}=-\dfrac{3}{4}.$$

例❷ 计算下列极限.

(1) $\lim\limits_{x\to 0}\dfrac{\sin^2 x}{\sqrt{1+x\sin x}-\sqrt{\cos x}}$;

(2) $\lim\limits_{x\to+\infty}\left[(x^2-x)\mathrm{e}^{\frac{1}{x}}-\sqrt{x^4+x^2}\right].$

解 (1) $\lim\limits_{x\to 0}\dfrac{\sin^2 x}{\sqrt{1+x\sin x}-\sqrt{\cos x}}=\lim\limits_{x\to 0}\dfrac{x^2(\sqrt{1+x\sin x}+\sqrt{\cos x})}{1+x\sin x-\cos x}$

$$=\lim\limits_{x\to 0}\dfrac{2x^2}{1+x\sin x-\cos x}=\lim\limits_{x\to 0}\dfrac{2x^2}{1+x[x+o(x)]-\left[1-\dfrac{x^2}{2}+o(x^2)\right]}$$

$$=\lim\limits_{x\to 0}\dfrac{2x^2}{\dfrac{3}{2}x^2}=\dfrac{4}{3}.$$

(2) $\lim\limits_{x\to+\infty}\left[(x^2-x)\mathrm{e}^{\frac{1}{x}}-\sqrt{x^4+x^2}\right]\xupreom{x=\frac{1}{t}}\lim\limits_{t\to 0^+}\left[\left(\dfrac{1}{t^2}-\dfrac{1}{t}\right)\mathrm{e}^t-\sqrt{\dfrac{1}{t^4}+\dfrac{1}{t^2}}\right]$

$$=\lim\limits_{t\to 0^+}\dfrac{(1-t)\mathrm{e}^t-\sqrt{1+t^2}}{t^2}=\lim\limits_{t\to 0^+}\dfrac{(1-t)\left[1+t+\dfrac{1}{2}t^2+o(t^2)\right]-\left[1+\dfrac{1}{2}t^2+o(t^2)\right]}{t^2}$$

$$=\lim\limits_{t\to 0^+}\dfrac{-t^2+o(t^2)}{t^2}=-1.$$

例 ❸ 计算下列极限.

(1) $\lim\limits_{x \to -\infty} \dfrac{e^x + 2x^3 + 2x^2 - 1}{4^x + 3x^3 - x^2 + x}$;

(2) $\lim\limits_{x \to 0} \dfrac{2^{\frac{2}{x^2}} + x^{-100} + \ln|x|}{4^{\frac{1+x^2}{x^2}} + \dfrac{1}{x^{2\,026}} - \ln x^2}$.

解 (1) $\lim\limits_{x \to -\infty} \dfrac{e^x + 2x^3 + 2x^2 - 1}{4^x + 3x^3 - x^2 + x} = \lim\limits_{x \to -\infty} \dfrac{2x^3}{3x^3} = \dfrac{2}{3}$.

(2) $\lim\limits_{x \to 0} \dfrac{2^{\frac{2}{x^2}} + x^{-100} + \ln|x|}{4^{\frac{1+x^2}{x^2}} + \dfrac{1}{x^{2\,026}} - \ln x^2} \xlongequal{\text{令}\frac{1}{|x|} = t} \lim\limits_{t \to +\infty} \dfrac{2^{2t^2} + t^{100} - \ln t}{4^{t^2+1} + t^{2\,026} + 2\ln t} = \lim\limits_{t \to +\infty} \dfrac{4^{t^2}}{4 \cdot 4^{t^2}} = \dfrac{1}{4}$.

例 ❹ 已知 $f(x) = \lim\limits_{n \to \infty} \dfrac{e^{n^x} - 1}{e^{n^x} + 1} + x \cdot \operatorname{sgn} x$, 求 $f(x)$ 的表达式.

解 当 $x > 0$ 时, $\lim\limits_{n \to \infty} n^x = \infty$, 即 $\lim\limits_{n \to \infty} \dfrac{e^{n^x} - 1}{e^{n^x} + 1} = 1$; 当 $x < 0$ 时, $\lim\limits_{n \to \infty} n^x = 0$, 即 $\lim\limits_{n \to \infty} \dfrac{e^{n^x} - 1}{e^{n^x} + 1} = 0$. 故

当 $x > 0$ 时, $\lim\limits_{n \to \infty} \dfrac{e^{n^x} - 1}{e^{n^x} + 1} + x \cdot \operatorname{sgn} x = 1 + x$;

当 $x = 0$ 时, $\lim\limits_{n \to \infty} \dfrac{e^{n^x} - 1}{e^{n^x} + 1} + x \cdot \operatorname{sgn} x = \dfrac{e - 1}{e + 1}$;

当 $x < 0$ 时, $\lim\limits_{n \to \infty} \dfrac{e^{n^x} - 1}{e^{n^x} + 1} + x \cdot \operatorname{sgn} x = -x$.

于是 $f(x) = \begin{cases} 1 + x, & x > 0, \\ \dfrac{e - 1}{e + 1}, & x = 0, \\ -x, & x < 0. \end{cases}$

例 ❺ 求 $\lim\limits_{n \to \infty} \sin(\sqrt{4n^2 + n}\,\pi)$.

解 $\lim\limits_{n \to \infty} \sin(\sqrt{4n^2 + n}\,\pi)$

$= \lim\limits_{n \to \infty} \sin(\sqrt{4n^2 + n}\,\pi - 2n\pi) = \lim\limits_{n \to \infty} \sin\left(\pi \dfrac{4n^2 + n - 4n^2}{\sqrt{4n^2 + n} + 2n}\right)$

$= \sin \dfrac{\pi}{4} = \dfrac{\sqrt{2}}{2}$.

考点 2 泰勒公式求极限

知识补给库 ▶

$\dfrac{0}{0}$ 型极限基本上是每年研究生入学考试中数一、数二、数三必考的题目, 主观题、客观题都有涉及, 考生需要熟练掌握. 一般来说, 求 $\dfrac{0}{0}$ 型极限方法主要有: 泰勒公式, 等价无穷小、

代换，洛必达法则，导数定义，拉格朗日中值定理。

（1）通过基础阶段学习，学会了8个常见函数的泰勒公式，到强化阶段，要学会推导一些复合函数及复杂函数的泰勒公式，例如 $\ln(1+\tan x)$，$\cos x\cos 2x\cos 3x$ 等。

（2）掌握使用泰勒公式过程中的"展开原则"：

① 当所展函数是所求极限式中的分子（或分母）时，若已知分母（或分子）是 x 的 k 阶无穷小，则将分子（或分母）展开成 k 阶麦克劳林公式，简记为"上下同阶"。

② 当 k 未知时，需把两个函数展开到彼此抵消不了的次幂为止。

③ 若所展函数为两个或两个以上函数的代数和，展开后，要正确运用高阶无穷小的运算法则，特别是 $o(x^m)+o(x^n)=o(x^m)$（当 $m<n$ 时）。

（3）记住下列几个常用的泰勒公式：

① $e^x=1+x+\dfrac{x^2}{2!}+\cdots+\dfrac{x^n}{n!}+o(x^n)$.

② $\sin x=x-\dfrac{x^3}{3!}+\dfrac{x^5}{5!}-\cdots+(-1)^n\dfrac{x^{2n+1}}{(2n+1)!}+o(x^{2n+1})$.

③ $\cos x=1-\dfrac{x^2}{2!}+\dfrac{x^4}{4!}-\cdots+(-1)^n\dfrac{x^{2n}}{(2n)!}+o(x^{2n})$.

④ $\ln(1+x)=x-\dfrac{x^2}{2}+\dfrac{x^3}{3}+\cdots+(-1)^{n-1}\dfrac{x^n}{n}+o(x^n)$.

⑤ $(1+x)^\alpha=1+\alpha x+\dfrac{\alpha(\alpha-1)}{2!}x^2+\cdots+\dfrac{\alpha(\alpha-1)\cdots(\alpha-n+1)}{n!}x^n+o(x^n)$.

⑥ $\dfrac{1}{1+x}=1-x+x^2+\cdots+(-1)^n x^n+o(x^n)$.

⑦ $\dfrac{1}{1-x}=1+x+x^2+\cdots+x^n+o(x^n)$.

⑧ $\tan x=x+\dfrac{x^3}{3}+o(x^3)$.

⑨ $\arcsin x=x+\dfrac{x^3}{6}+o(x^3)$.

⑩ $\arctan x=x-\dfrac{x^3}{3}+o(x^3)$.

（4）关于推导复合函数泰勒公式及展开原则，我们通过一道极限题来讲解，近几年，笔者在面授教学中发现一道极限题有两种错误解法，请看：

错误解法1：

$$\lim_{x \to 0} \frac{\ln(1+\sin^2 x) - x^2}{x^4}$$

$$= \lim_{x \to 0} \frac{\sin^2 x - x^2}{x^4}$$

$$= \lim_{x \to 0} \frac{(x - \frac{1}{6}x^3 + o(x^3))^2 - x^2}{x^4}$$

$$= \lim_{x \to 0} \frac{x^2 - \frac{1}{3}x^4 + o(x^4) - x^2}{x^4}$$

$$= -\frac{1}{3}.$$

错误解法2：

$$\lim_{x \to 0} \frac{\ln(1+\sin^2 x) - x^2}{x^4}$$

$$= \lim_{x \to 0} \frac{\sin^2 x - \frac{1}{2}\sin^4 x + o(x^4) - x^2}{x^4}$$

$$= \lim_{x \to 0} \frac{-\frac{1}{2}\sin^4 x + o(x^4)}{x^4}$$

$$= \lim_{x \to 0} \frac{-\frac{1}{2}x^4}{x^4}$$

$$= -\frac{1}{2}.$$

读者能看出这两种解法错在哪里吗？

正确解法：

因 $\ln(1+x) = x - \frac{1}{2}x^2 + o(x^2)$，所以

$$\ln(1+\sin^2 x) = \sin^2 x - \frac{1}{2}\sin^4 x + o(x^4)$$

$$= (x - \frac{1}{6}x^3 + o(x^3))^2 - \frac{1}{2}(x - \frac{1}{6}x^3 + o(x^3))^4 + o(x^4)$$

$$= (x^2 - \frac{1}{3}x^4 + o(x^4)) - \frac{1}{2}(x^4 + o(x^4)) + o(x^4)$$

$$= x^2 - \frac{5}{6}x^4 + o(x^4).$$

看懂了吗？错误解法1将 $\ln(1+\sin^2 x)$ 用 $\sin^2 x$ 代替，虽然能保证分子为四阶无穷小，却丢了 $\ln(1+\sin^2 x)$ 泰勒展开式中 $-\frac{1}{2}\sin^4 x$ 提供的 $-\frac{1}{2}x^4$ 这项，故结果错误。错误解法2将 $\ln(1+\sin^2 x)$ 泰勒展开后，将 $\sin^2 x$ 用 x^2 代替，但 $\sin^2 x$ 泰勒展开中不仅有 x^2 还有 $-\frac{1}{3}x^4$，故结果错误。

（5）求极限时，若无穷小为 $f(x) \pm g(x)h(x)$，既有加法，又有乘法，如果 $g(x) \sim g_1(x)$，切记不可以把 $g(x)$ 替换为 $g_1(x)$，如果 $g(x)$ 等价于非零因子 R，也不可以把 $g(x)$ 看作非零因子 R；若无穷小为 $(f(x) \pm h(x))g(x)$，如果 $g(x) \sim g_1(x)$，可以用 $g_1(x)$ 替换 $g(x)$，如果 $g(x)$ 等价于非零因子 R，可以用 R 替换 $g(x)$。

典型例题

例❶ 求 $\lim\limits_{x\to 0}\dfrac{\sqrt[3]{1+x^2}-\mathrm{e}^{\frac{x^2}{3}}}{\ln(1+3x^2)-3x^2\cos x}$.

解 所给极限是 $\dfrac{0}{0}$ 型未定式. 分子、分母求导后的表达式都比较复杂, 不宜直接使用洛必达法则计算所给极限, 因此从通过计算分子、分母的带佩亚诺型余项的麦克劳林公式确定它们等价无穷小入手. 当 $x\to 0$ 时,

$$
\begin{aligned}
\sqrt[3]{1+x^2}-\mathrm{e}^{\frac{x^2}{3}} &= \left[1+\frac{1}{3}x^2+\frac{\frac{1}{3}\left(\frac{1}{3}-1\right)}{2!}(x^2)^2+o(x^4)\right]-\left[1+\frac{x^2}{3}+\frac{1}{2!}\left(\frac{x^2}{3}\right)^2+o(x^4)\right]\\
&=-\frac{1}{6}x^4+o(x^4)\sim-\frac{1}{6}x^4,
\end{aligned}
$$

$$
\begin{aligned}
\ln(1+3x^2)-3x^2\cos x &= \left[3x^2-\frac{1}{2}(3x^2)^2+o(x^4)\right]-3x^2\left[1-\frac{1}{2!}x^2+o(x^2)\right]\\
&=-3x^4+o(x^4)\sim-3x^4,
\end{aligned}
$$

所以, $\lim\limits_{x\to 0}\dfrac{\sqrt[3]{1+x^2}-\mathrm{e}^{\frac{x^2}{3}}}{\ln(1+3x^2)-3x^2\cos x}=\lim\limits_{x\to 0}\dfrac{-\dfrac{1}{6}x^4}{-3x^4}=\dfrac{1}{18}$.

例❷ 求 $\lim\limits_{x\to 0}\dfrac{1}{\ln(x+\sqrt{1+x^2})}-\dfrac{1}{\ln(1+x)}$.

解 $\left[\ln(x+\sqrt{1+x^2})\right]'=\dfrac{1}{\sqrt{1+x^2}}=1-\dfrac{1}{2}x^2+o(x^2)$,

故 $\ln(x+\sqrt{1+x^2})=x-\dfrac{1}{6}x^3+o(x^3)$.

当 $x\to 0$ 时, $\ln(x+\sqrt{1+x^2})\sim x$.

$$
\begin{aligned}
\text{原极限} &= \lim\limits_{x\to 0}\frac{\ln(1+x)-\ln(x+\sqrt{1+x^2})}{\ln(x+\sqrt{1+x^2})\ln(1+x)}\\
&= \lim\limits_{x\to 0}\frac{\left(x-\dfrac{1}{2}x^2+o(x^2)\right)-\left(x-\dfrac{1}{6}x^3+o(x^3)\right)}{x^2}=-\frac{1}{2}.
\end{aligned}
$$

注 遇到复杂函数, 可以对其求导或者采用积分手段, 把未知函数转化为已知函数, 利用已知函数的泰勒展开, 从而去推导复杂函数的泰勒公式.

例❸ 求 $\lim\limits_{x\to 0}\dfrac{(1-\cos x)\left[x-\ln(1+\tan x)\right]}{\sin x^4}$.

解法 1

$$
\begin{aligned}
\ln(1+\tan x) &= \tan x-\frac{1}{2}\tan^2 x+\frac{1}{3}\tan^3 x+o(x^3)\\
&= x+\frac{1}{3}x^3+o(x^3)-\frac{1}{2}\left(x+\frac{1}{3}x^3+o(x^3)\right)^2+\frac{1}{3}x^3+o(x^3)\\
&= x-\frac{1}{2}x^2+\frac{2}{3}x^3+o(x^3).
\end{aligned}
$$

对本题而言, $\ln(1+\tan x)$ 只需要展开到 x^2 项即可.

故原极限 $= \lim\limits_{x \to 0} \dfrac{\frac{1}{2}x^2 \left(x - x + \frac{1}{2}x^2 + o(x^2)\right)}{x^4} = \dfrac{1}{4}.$

注　本题 $\ln(1+\tan x)$ 泰勒展开 x^3 系数为 $\dfrac{2}{3}$，并不是 $\dfrac{1}{3}$，来源于两部分.

解法 2　利用 $x - \tan x \sim -\dfrac{1}{3}x^3,\ \tan x - \ln(1+\tan x) \sim \dfrac{1}{2}\tan^2 x \sim \dfrac{1}{2}x^2.$

$$\text{原极限} = \lim\limits_{x \to 0} \frac{(1-\cos x)\left[x - \tan x + \tan x - \ln(1+\tan x)\right]}{x^4}$$

$$= \lim\limits_{x \to 0} \frac{\frac{1}{2}x^2(x - \tan x + \tan x - \ln(1+\tan x))}{x^4}$$

$$= \frac{1}{2}\left(\lim\limits_{x \to 0}\frac{x - \tan x}{x^2} + \lim\limits_{x \to 0}\frac{\tan x - \ln(1+\tan x)}{x^2}\right)$$

$$= \frac{1}{2}\left(0 + \frac{1}{2}\right) = \frac{1}{4}.$$

考点 3　等价无穷小代换求极限

知识补给库

掌握几个无穷小代换公式的变形 $(x \to 0)$：

(1) $e^x - 1 \sim x$.

题中出现 $e^{f(x)} - e^{g(x)}$，可以进行如下变形，再用无穷小代换.

$$e^{f(x)} - e^{g(x)} = e^{g(x)}(e^{f(x)-g(x)} - 1) \sim e^{g(x)}(f(x) - g(x)).$$

(2) $\ln(1+x) \sim x$.

题中无穷小为 $\ln f(x)$，可以进行如下变形.

$$\ln f(x) = \ln(1 + f(x) - 1) \sim f(x) - 1.$$

(3) $(1+x)^\alpha - 1 \sim \alpha x$

题中 α 一般为分数，x 替换为 $f(x)$，读者要对其"敏感"

使用该公式解题时，往往需要初等数学变形：$+1-1$，但很多同学易犯错误，分不清在哪种条件下"$+1-1$"是对的，不对的话原因是什么？通过两道例题来讲解.

例 1　求 $\lim\limits_{x \to 0} \dfrac{\sqrt[3]{1+x\arcsin x} - \cos x}{x^2}.$

解 原极限 $\overset{①}{=} \lim\limits_{x\to 0} \dfrac{\sqrt[3]{1+x\arcsin x}-1+1-\cos x}{x^2}$;

$\overset{②}{=} \lim\limits_{x\to 0} \dfrac{\sqrt[3]{1+x\arcsin x}-1}{x^2}+\lim\limits_{x\to 0}\dfrac{1-\cos x}{x^2}$;

$\overset{③}{=} \lim\limits_{x\to 0}\dfrac{\frac{1}{3}x\arcsin x}{x^2}+\lim\limits_{x\to 0}\dfrac{\frac{1}{2}x^2}{x^2}=\dfrac{1}{3}+\dfrac{1}{2}=\dfrac{5}{6}$.

例2 求 $\lim\limits_{x\to 0}\dfrac{\sqrt{1+x}+\sqrt{1-x}-2}{x^2}$.

解 原极限 $\overset{①}{=} \lim\limits_{x\to 0}\dfrac{\sqrt{1+x}-1+\sqrt{1-x}-1}{x^2}$;

$\overset{②}{=} \lim\limits_{x\to 0}\dfrac{\sqrt{1+x}-1}{x^2}+\lim\limits_{x\to 0}\dfrac{\sqrt{1-x}-1}{x^2}$;

$\overset{③}{=} \lim\limits_{x\to 0}\dfrac{\frac{1}{2}x}{x^2}-\lim\limits_{x\to 0}\dfrac{\frac{1}{2}x}{x^2}=0$.

例1解法正确，例2解法错误，上面两题从②→③用了极限四则运算法则，而 $\lim(f(x)\pm g(x))=\lim f(x)\pm\lim g(x)$ 成立的前提是 $\lim f(x)$ 和 $\lim g(x)$ 存在，明显地，$\lim\limits_{x\to 0}\dfrac{\sqrt{1+x}-1}{x^2}$，$\lim\limits_{x\to 0}\dfrac{\sqrt{1-x}-1}{x^2}$ 极限不存在，故例2求解错误，换个角度说，分母为 x^2，分子需要展开到二阶，而等价无穷小只是展开到一阶，故不对. 正确解法为

$\lim\limits_{x\to 0}\dfrac{1+\frac{1}{2}x+\frac{\frac{1}{2}(\frac{1}{2}-1)}{2}x^2+o(x^2)+1-\frac{1}{2}x+\frac{\frac{1}{2}(\frac{1}{2}-1)}{2}x^2+o(x^2)-2}{x^2}=-\dfrac{1}{4}$.

典型例题

例❶ 求 $\lim\limits_{x\to 0}\dfrac{e-e^{\cos x}}{\sqrt[3]{1+x^2}-1}$.

解　原极限 $= \lim\limits_{x\to 0} \dfrac{e^{\cos x}(e^{1-\cos x}-1)}{\frac{1}{3}x^2} = \lim\limits_{x\to 0} \dfrac{e^{\cos x}(1-\cos x)}{\frac{1}{3}x^2} = \lim\limits_{x\to 0} \dfrac{e(1-\cos x)}{\frac{1}{3}x^2}$

$$= \lim\limits_{x\to 0} \dfrac{e \cdot \frac{1}{2}x^2}{\frac{1}{3}x^2} = \dfrac{3e}{2}.$$

例❷　求 $\lim\limits_{x\to 0} \dfrac{1}{x^3}\left[\left(\dfrac{2+\cos x}{3}\right)^x - 1\right].$

解　$\left(\dfrac{2+\cos x}{3}\right)^x - 1 = e^{x\ln\frac{2+\cos x}{3}} - 1 \sim x\ln\dfrac{2+\cos x}{3} \sim x\left(\dfrac{\cos x-1}{3}\right)\sim -\dfrac{1}{6}x^3.$

故原极限 $= -\dfrac{1}{6}.$

例❸　求 $\lim\limits_{x\to 0} \dfrac{\tan(\tan x)-\sin(\sin x)}{\tan x-\sin x}.$

解　$x\to 0$，有以下等价无穷小代换：

$$\tan(\tan x)-\tan x \sim \dfrac{1}{3}(\tan x)^3, \quad \sin(\sin x)-\sin x \sim -\dfrac{1}{6}(\sin x)^3,$$

$$\tan x - \sin x \sim \dfrac{1}{2}x^3.$$

所以原式 $= \lim\limits_{x\to 0} 2\dfrac{\tan(\tan x)-\tan x - [\sin(\sin x)-\sin x] + \tan x - \sin x}{x^3}$

$$= \lim\limits_{x\to 0} 2\left(\dfrac{1}{3}+\dfrac{1}{6}+\dfrac{1}{2}\right) = 2.$$

例❹　求 $\lim\limits_{x\to +\infty}(\sqrt[5]{x^5+3x^4+4}-x).$

解　$(x^5+3x^4+4)^{\frac{1}{5}}-x = x\left[\left(1+\dfrac{3}{x}+\dfrac{4}{x^5}\right)^{\frac{1}{5}}-1\right].$

当 $x\to +\infty$ 时，$\dfrac{3}{x}+\dfrac{4}{x^5}$ 为无穷小，故

$$\left(1+\dfrac{3}{x}+\dfrac{4}{x^5}\right)^{\frac{1}{5}}-1 \sim \dfrac{1}{5}\left(\dfrac{3}{x}+\dfrac{4}{x^5}\right).$$

原极限 $= \lim\limits_{x\to +\infty} \dfrac{1}{5}x\left(\dfrac{3}{x}+\dfrac{4}{x^5}\right) = \dfrac{3}{5}.$

例❺　求 $\lim\limits_{x\to +\infty} \dfrac{\ln(x+\sqrt{x^2+1})-\ln(x+\sqrt{x^2-1})}{[\ln(x+1)-\ln(x-1)]^2}.$

解　当 $x\to\infty$（$x\to +\infty$ 或 $x\to -\infty$）时，总是令 $t=\dfrac{1}{x}$，将所给极限转化成 $t\to 0$（$t\to 0^+$ 或 $t\to 0^-$）时的极限.

$$\lim\limits_{x\to +\infty} \dfrac{\ln(x+\sqrt{x^2+1})-\ln(x+\sqrt{x^2-1})}{[\ln(x+1)-\ln(x-1)]^2}$$

$$\xlongequal{\text{令}\,t=\frac{1}{x}} \lim\limits_{t\to 0^+} \dfrac{\ln(1+\sqrt{1+t^2})-\ln(1+\sqrt{1-t^2})}{[\ln(1+t)-\ln(1-t)]^2}. \qquad ①$$

上式右边是 $\dfrac{0}{0}$ 型未定式极限.

当 $t \to 0^+$ 时,

$$\ln(1+\sqrt{1+t^2}) - \ln(1+\sqrt{1-t^2}) = \ln\frac{1+\sqrt{1+t^2}}{1+\sqrt{1-t^2}}$$

$$= \ln\left(1 + \frac{\sqrt{1+t^2}-\sqrt{1-t^2}}{1+\sqrt{1-t^2}}\right) \sim \frac{\sqrt{1+t^2}-\sqrt{1-t^2}}{1+\sqrt{1-t^2}} \sim \frac{1}{2}\left(\sqrt{1+t^2}-\sqrt{1-t^2}\right)$$

$$= \frac{t^2}{\sqrt{1+t^2}+\sqrt{1-t^2}} \sim \frac{1}{2}t^2,$$

$$\ln(1+t) - \ln(1-t) = \ln\frac{1+t}{1-t} = \ln\left(1 + \frac{2t}{1-t}\right) \sim \frac{2t}{1-t} \sim 2t.$$

将它们代入式①,得

$$\lim_{x \to +\infty} \frac{\ln(x+\sqrt{x^2+1}) - \ln(x+\sqrt{x^2-1})}{\left[\ln(x+1) - \ln(x-1)\right]^2} = \lim_{t \to 0^+} \frac{\frac{1}{2}t^2}{(2t)^2} = \frac{1}{8}.$$

例6 已知 $\lim\limits_{x \to 0} \dfrac{a\tan x + b(1-\cos x)}{c\ln(1-2x) + d(1-e^{-x^2})} = 2$,其中 $a^2 + c^2 \neq 0$,则必有 （   ）

(A) $b = 4d$ (B) $b = -4d$ (C) $a = 4c$ (D) $a = -4c$

解 当 $x \to 0$ 时, $\tan x \sim x$, $1-\cos x \sim \dfrac{1}{2}x^2$,故 $a\tan x + b(1-\cos x) \sim a\tan x \sim ax$;

$\ln(1-2x) \sim -2x$, $1-e^{-x^2} \sim x^2$,故 $c\ln(1-2x) + d(1-e^{-x^2}) \sim -2cx$.

原极限 $= \lim\limits_{x \to 0} \dfrac{ax}{-2cx} = 2$,所以 $a = -4c$,答案为(D).

注 读者千万不要误以为这是做选择题"投机取巧",把等价无穷小代换用在加、减法,这里还是用了低阶无穷小+高阶无穷小~低阶无穷小,该结论的背后还是泰勒公式的理论. 事实上:当 $x \to 0$ 时,

$$a\tan x + b(1-\cos x) = a\left(x + \frac{1}{3}x^3 + o(x^3)\right) + b\left(1 - \left(1 - \frac{1}{2}x^2 + o(x^2)\right)\right)$$

$$= ax + \frac{1}{2}bx^2 + o(x^2) = ax + o(x) \sim ax.$$

例7 求 $\lim\limits_{x \to 0} \dfrac{(1+x)^{\frac{1}{x}} - e}{x}$.

错误解法:因为 $\lim\limits_{x \to 0}(1+x)^{\frac{1}{x}} = e$,所以,原极限 $= \lim\limits_{x \to 0} \dfrac{e-e}{x} = 0$.

错误分析:此题中分子、分母中的 x 是同一个自变量,取极限时应属于同一极限过程,也就是说,二者是同步进行的,上述错误解法中是先求分子中的极限,然后再求分母的极限,这样就成为两个独立的过程,不是同步的.

正确解法:原极限 $= \lim\limits_{x \to 0} \dfrac{e^{\frac{1}{x}\ln(1+x)} - e}{x} = \lim\limits_{x \to 0} \dfrac{e\left[e^{\frac{1}{x}\ln(1+x)-1} - 1\right]}{x} = e\lim\limits_{x \to 0} \dfrac{\frac{\ln(1+x)-x}{x}}{x}$

$$= e\lim\limits_{x \to 0} \frac{\ln(1+x) - x}{x^2} = -\frac{e}{2}.$$

考点4 洛必达法则求极限

知识补给库

使用洛必达法则的注意事项：

① $\frac{0}{0}$，$\frac{\infty}{\infty}$ 型的极限可以直接使用法则，但并非所有的 $\frac{0}{0}$，$\frac{\infty}{\infty}$ 型的极限都可以用法则，如 $\lim\limits_{x \to +\infty} \dfrac{e^x + e^{-x}}{e^x - e^{-x}}$，$\lim\limits_{x \to \infty} \dfrac{x + \sin x}{x - \cos x}$ 等，其余5种要转变为 $\frac{0}{0}$，$\frac{\infty}{\infty}$ 型才可使用。

② 法则使用前后要使用"等价无穷小"和"去非零因子"来化简和整理。

③ 条件是结论成立的充分条件，而非必要条件，即 $\lim\limits_{x \to \square} \dfrac{f'(x)}{g'(x)}$ 不存在(不为无穷)，不能判定 $\lim\limits_{x \to \square} \dfrac{f(x)}{g(x)}$ 不存在，要改用其他方法去计算。

④ 若题中只是告诉 $f(x)$ 与 $g(x)$ 在某一点可导，是不能使用法则的，此时要用导数定义。

⑤ 当 $x \to 0$ 时，求极限中含有 $\sin \frac{1}{x}$，$\cos \frac{1}{x}$ 不能用洛必达法则。

典型例题

例❶ 求 $\lim\limits_{x \to +\infty} \dfrac{\displaystyle\int_1^x [t^2(e^{\frac{1}{t}} - 1) - t]\,dt}{x^2 \ln\left(1 + \frac{1}{x}\right)}$.

解 原极限 $= \lim\limits_{x \to +\infty} \dfrac{\displaystyle\int_1^x [t^2(e^{\frac{1}{t}} - 1) - t]\,dt}{x^2 \cdot \frac{1}{x}} \xlongequal{L'} \lim\limits_{x \to +\infty} \dfrac{x^2(e^{\frac{1}{x}} - 1) - x}{1}$

$\xlongequal{\diamondsuit t = \frac{1}{x}} \lim\limits_{t \to 0^+} \dfrac{e^t - 1 - t}{t^2} = \lim\limits_{t \to 0^+} \dfrac{\frac{1}{2}t^2}{t^2} = \dfrac{1}{2}$.

例❷ 求 $\lim\limits_{x \to +\infty} (\sqrt[3]{x^3 + 2x^2 + 1} - xe^{\frac{1}{x}})$.

解法 1 令 $x = \dfrac{1}{t}$，原极限 $= \lim\limits_{t \to 0^+} \dfrac{\sqrt[3]{1 + 2t + t^3} - \mathrm{e}^t}{t}$

$$\overset{L'}{=\!=} \lim\limits_{t \to 0^+} \dfrac{\dfrac{1}{3}(1 + 2t + t^3)^{-\frac{2}{3}}(2 + 3t^2) - \mathrm{e}^t}{1} = \dfrac{2}{3} - 1 = -\dfrac{1}{3}.$$

解法 2 "分子 $+1-1$"

$$\text{原极限} = \lim\limits_{t \to 0^+} \dfrac{\sqrt[3]{1 + 2t + t^3} - 1 - (\mathrm{e}^t - 1)}{t}$$

$$= \lim\limits_{t \to 0^+} \dfrac{\sqrt[3]{1 + 2t + t^3} - 1}{t} - \lim\limits_{t \to 0^+} \dfrac{\mathrm{e}^t - 1}{t}$$

$$= \lim\limits_{t \to 0^+} \dfrac{\dfrac{1}{3}(2t + t^3)}{t} - \lim\limits_{t \to 0^+} \dfrac{\mathrm{e}^t - 1}{t} = \dfrac{2}{3} - 1 = -\dfrac{1}{3}.$$

例❸ 求 $\lim\limits_{x \to +\infty} (x^{\frac{1}{x}} - 1)^{\frac{1}{\ln x}}$.

解 设 $y = (x^{\frac{1}{x}} - 1)^{\frac{1}{\ln x}}$，则 $\ln y = \dfrac{\ln(x^{\frac{1}{x}} - 1)}{\ln x}$，当 $x \to +\infty$ 时，$\dfrac{\ln x}{x} \to 0$，所以 $\lim\limits_{x \to +\infty} \ln y$ 是 $\dfrac{\infty}{\infty}$ 型未定式，从而

$$\lim\limits_{x \to +\infty} \ln y = \lim\limits_{x \to +\infty} \dfrac{\ln(\mathrm{e}^{\frac{\ln x}{x}} - 1)}{\ln x} = \lim\limits_{x \to +\infty} \left(\dfrac{x \mathrm{e}^{\frac{\ln x}{x}}}{\mathrm{e}^{\frac{\ln x}{x}} - 1} \cdot \dfrac{1 - \ln x}{x^2} \right)$$

$$= \lim\limits_{x \to +\infty} \left(\dfrac{\mathrm{e}^{\frac{\ln x}{x}}}{\dfrac{\ln x}{x}} \cdot \dfrac{1 - \ln x}{x} \right) = \lim\limits_{x \to +\infty} \dfrac{1 - \ln x}{\ln x} = -1.$$

故原极限为 e^{-1}.

例❹ 求 $\lim\limits_{x \to 0} \dfrac{2\ln(2 - \cos x) - 3\left[(1 + \sin^2 x)^{\frac{1}{3}} - 1\right]}{\left[x \ln(1 + x)\right]^2}$.

解 应用等价无穷小代换 $\ln(1 + x) \sim x \, (x \to 0)$ 与洛必达法则，得

$$\text{原式} = \lim\limits_{x \to 0} \dfrac{2\ln(2 - \cos x) - 3\left[(1 + \sin^2 x)^{\frac{1}{3}} - 1\right]}{x^4}$$

$$\overset{L'}{=\!=} \lim\limits_{x \to 0} \dfrac{\dfrac{2\sin x}{2 - \cos x} - (1 + \sin^2 x)^{-\frac{2}{3}} \cdot 2\sin x \cos x}{4x^3}$$

$$= \lim\limits_{x \to 0} \dfrac{(1 + \sin^2 x)^{\frac{2}{3}} - (2 - \cos x)\cos x}{(2 - \cos x) 2x^2 (1 + \sin^2 x)^{\frac{2}{3}}}$$

$$= \lim\limits_{x \to 0} \dfrac{(1 + \sin^2 x)^{\frac{2}{3}} - (2 - \cos x)\cos x}{2x^2}$$

$$\overset{L'}{=\!=} \lim\limits_{x \to 0} \dfrac{\dfrac{2}{3}(1 + \sin^2 x)^{-\frac{1}{3}} \sin 2x + 2\sin x - \sin 2x}{4x}$$

$$= \lim_{x \to 0} \frac{2}{3}(1 + \sin^2 x)^{-\frac{1}{3}} \frac{\sin 2x}{4x} + \lim_{x \to 0} \frac{2 \sin x}{4x} - \lim_{x \to 0} \frac{\sin 2x}{4x}$$

$$= \frac{2}{3} \cdot \frac{1}{2} + \frac{1}{2} - \frac{1}{2} = \frac{1}{3}.$$

例❺ $\lim\limits_{x \to +\infty} \left(\dfrac{\pi}{2} - \arctan x \right)^{\frac{1}{\ln x}}$.

解 所给极限是 0^0 型未定式,

$$原极限 = e^{\lim\limits_{x \to +\infty} \frac{\ln\left(\frac{\pi}{2} - \arctan x \right)}{\ln x}}.$$

$$\lim_{x \to +\infty} \frac{\ln\left(\frac{\pi}{2} - \arctan x \right)}{\ln x} = \lim_{x \to +\infty} \frac{\ln \operatorname{arccot} x}{\ln x}$$

$$\overset{L'}{=} \lim_{x \to +\infty} \frac{\dfrac{-1}{\operatorname{arccot} x (1 + x^2)}}{\dfrac{1}{x}} = -\lim_{x \to +\infty} \frac{1}{\operatorname{arccot} x} \cdot \frac{x}{1 + x^2}$$

$$= -\lim_{x \to +\infty} \frac{\dfrac{1}{x}}{\operatorname{arccot} x} \overset{L'}{=} -\lim_{x \to +\infty} \frac{-\dfrac{1}{x^2}}{-\dfrac{1}{1 + x^2}} = -\lim_{x \to +\infty} \frac{1 + x^2}{x^2} = -1.$$

故原极限 $= e^{-1}$.

考点5 利用导数定义求极限

知识补给库

以下几种 $\frac{0}{0}$ 型未定式求极限题,一般需要用导数定义来求极限.

(1)已知条件告知 $f(x)$ 在 $x = x_0$ 点可导.

若出现 $f(x)$ 在 $x = x_0$ 点 n 阶可导,洛必达法则只能用 $n-1$ 次,最后一次用导数定义.

(2)导数定义为 $f'(x_0) = \lim\limits_{h \to 0} \dfrac{f(x_0 + h) - f(x_0)}{h}$,令 $h = \dfrac{1}{n}$,则

$n \to \infty, f'(x_0) = \lim\limits_{n \to \infty} \dfrac{f(x_0 + \frac{1}{n}) - f(x_0)}{\frac{1}{n}} = \lim\limits_{n \to \infty} n \left[f(x_0 + \frac{1}{n}) - f(x_0) \right]$,

考生要对这种形式极限了解.特殊地,若 $x_0 = 0, f(x_0) = a$,

则 $f'(0) = \lim\limits_{n\to\infty} n\left[f\left(\dfrac{1}{n}\right) - a \right]$. 这类题读者可参考.

(3) 形如 $\lim\limits_{x\to x_0} \dfrac{f[u(x)] - f[u(x_0)]}{g[v(x)] - g[v(x_0)]}$ 的 $\dfrac{0}{0}$ 型未定式.

典型例题

例❶ (1) 设 $f(x)$ 在点 x_0 处的导数 $f'(x_0)$ 存在,求 $\lim\limits_{x\to x_0} \dfrac{xf(x_0) - x_0 f(x)}{x - x_0}$.

错误解法:原式 $\xrightarrow[①]{L'} \lim\limits_{x\to x_0} \dfrac{f(x_0) - x_0 f'(x)}{1} \xrightarrow{②} f(x_0) - x_0 f'(x)$.

错误分析:上述错误的解法在于将 $f(x)$ 在 x_0 处可导,当作 $f'(x)$ 在 x_0 处连续的条件,所以②处的等号是不成立的,从而①处不能使用洛必达法则.

正确解法:使用导数定义,

$$\lim_{x\to x_0} \frac{xf(x_0) - x_0 f(x)}{x - x_0} = \lim_{x\to x_0} \frac{[xf(x_0) - x_0 f(x_0)] - [x_0 f(x) - x_0 f(x_0)]}{x - x_0}$$

$$= f(x_0) - x_0 \lim_{x\to x_0} \frac{f(x) - f(x_0)}{x - x_0} = f(x_0) - x_0 f'(x_0).$$

(2) 若 $f(x)$ 具有二阶导数,求 $\lim\limits_{h\to 0} \dfrac{f(x+h) + f(x-h) - 2f(x)}{h^2}$.

错误解法:原极限为 $\dfrac{0}{0}$ 型,由洛必达法则,得

$$\text{原式} = \lim_{h\to 0} \frac{f'(x+h) - f'(x-h)}{2h} \xrightarrow{L'} \lim_{h\to 0} \frac{f''(x+h) + f''(x-h)}{2} = f''(x).$$

错误分析:上述错误的解法在于将 $f(x)$ 具有二阶导数理解成 $f''(x)$ 连续,于是得出 $\lim\limits_{h\to 0} f''(x+h)$,$\lim\limits_{h\to 0} f''(x-h)$ 等于 $f''(x)$ 的错误结论.

正确解法:原式 $\xrightarrow{L'} \lim\limits_{h\to 0} \dfrac{f'(x+h) - f'(x-h)}{2h}$

$$= \lim_{h\to 0} \frac{f'(x+h) - f'(x) - [f'(x-h) - f'(x)]}{2h}$$

$$= \frac{1}{2}\left[\lim_{h\to 0} \frac{f'(x+h) - f'(x)}{h} - \lim_{h\to 0} \frac{f'(x-h) - f'(x)}{h} \right]$$

$$= \frac{1}{2}[f''(x) + f''(x)] = f''(x).$$

注 有些考生在复习过程中分不清"一阶可导"与"一阶导数连续"以及"二阶可导"与"二阶导数连续"的区别.

若函数 $f(x)$ 一阶可导,则有下列命题:

① $f'(x)$ 存在.

② $f(x)$ 连续.

③ 无法判断 $f'(x)$ 是否连续.

④ 若 $f'(x)$ 出现在求极限的题中,不能使用洛必达法则.

⑤ 用导数定义.

若函数 $f(x)$ 二阶可导,则有下列命题:

① $f''(x)$ 存在.

② $f'(x)$ 连续.

③ 无法判断 $f''(x)$ 是否连续.

④ 若 $f'(x)$ 出现在求极限的题中,洛必达法则只能使用一次,最后一步需借助导数定义.

例❷ 已知两曲线 $y = f(x)$ 与 $y = \displaystyle\int_0^{\arctan x} \mathrm{e}^{-t^2}\,\mathrm{d}t$ 在点 $(0,0)$ 处的切线重合,求 $\displaystyle\lim_{n\to\infty} nf\left(\dfrac{2}{n}\right)$.

解
$$\lim_{n\to\infty} nf\left(\frac{2}{n}\right) = 2\lim_{n\to\infty}\frac{f\left(\dfrac{2}{n}\right)-f(0)}{\dfrac{2}{n}} = 2f'(0),$$

$$f'(0) = \left(\int_0^{\arctan x}\mathrm{e}^{-t^2}\,\mathrm{d}t\right)'\Bigg|_{x=0} = \mathrm{e}^{-(\arctan x)^2}\frac{1}{1+x^2}\Bigg|_{x=0} = 1,$$

故 $\displaystyle\lim_{n\to\infty} nf\left(\dfrac{2}{n}\right) = 2$.

例❸ 设 $f'(0) = 1$,$g'(1) = 2$,求极限 $I = \displaystyle\lim_{x\to 0}\dfrac{f(\tan\sin x - x\cos x) - f(0)}{g[\mathrm{e}^x + \ln(1-x)] - g(1)}$.

解 $I = \displaystyle\lim_{x\to 0}\frac{f(\tan\sin x - x\cos x) - f(0)}{g[\mathrm{e}^x + \ln(1-x)] - g(1)} = \lim_{x\to 0}\left\{\dfrac{\dfrac{f[u(x)]-f[u(0)]}{u(x)-u(0)}}{\dfrac{g[v(x)]-g[v(0)]}{v(x)-v(0)}} \cdot \dfrac{u(x)-u(0)}{v(x)-v(0)}\right\}$

(其中,$u(x) = \tan\sin x - x\cos x$,$u(0) = 0$,$v(x) = \mathrm{e}^x + \ln(1-x)$,$v(0) = 1$)

$= \dfrac{f'(0)}{g'(1)}\displaystyle\lim_{x\to 0}\dfrac{u(x)-u(0)}{v(x)-v(0)} = \dfrac{1}{2}\lim_{x\to 0}\dfrac{\tan\sin x - x\cos x}{\mathrm{e}^x + \ln(1-x) - 1}$

$\xlongequal{L'} \dfrac{1}{2}\displaystyle\lim_{x\to 0}\dfrac{\sec^2\sin x \cdot \cos x + x\sin x - \cos x}{\mathrm{e}^x - \dfrac{1}{1-x}}$

$= \dfrac{1}{2}\displaystyle\lim_{x\to 0}\dfrac{\tan^2\sin x + x\sin x}{(1-x)\mathrm{e}^x - 1} = \dfrac{1}{2}\lim_{x\to 0}\dfrac{2x^2}{(1-x)\mathrm{e}^x - 1}$

($x \to 0$ 时,$\tan^2\sin x + x\sin x \sim 2x^2$)

$= \displaystyle\lim_{x\to 0}\dfrac{x^2}{(1-x)\mathrm{e}^x - 1} \xlongequal{L'} \lim_{x\to 0}\dfrac{2x}{-\mathrm{e}^x + (1-x)\mathrm{e}^x} = \lim_{x\to 0}\dfrac{2x}{-x\mathrm{e}^x} = -2.$

考点6 利用中值定理求极限

知识补给库

在求极限题中，不管是 $\frac{0}{0}$，$\infty-\infty$，$0 \cdot \infty$ 型未定式，或者是广义未定式(如 $\lim\limits_{x\to\infty}(\sin\sqrt{x+1}-\sin\sqrt{x})$)，只要题中见到 $f(b)-f(a)$，都可以用拉格朗日中值定理来处理。

典型例题

例❶ 求 $\lim\limits_{n\to\infty} n^2\left(\arctan\dfrac{a}{n}-\arctan\dfrac{a}{n+1}\right)$.

解 设 $f(x)=\arctan\dfrac{a}{x}$.

在区间 $[n,\,n+1]$ 上对 $f(x)$ 用拉格朗日中值定理,存在 $c_n\in(n,\,n+1)$,使得

$$f(n+1)-f(n)=f'(c_n)(n+1-n)=-\frac{a}{c_n^2+a^2},$$

即

$$\arctan\frac{a}{n+1}-\arctan\frac{a}{n}=-\frac{a}{c_n^2+a^2},$$

所以

$$n^2\left(\arctan\frac{a}{n}-\arctan\frac{a}{n+1}\right)=n^2\frac{a}{c_n^2+a^2}.$$

又

$$\frac{n^2 a}{(n+1)^2+a^2}<\frac{n^2 a}{c_n^2+a^2}<\frac{n^2 a}{n^2+a},$$

而

$$\lim\limits_{n\to\infty}\frac{n^2 a}{(n+1)^2+a^2}=\lim\limits_{n\to\infty}\frac{n^2 a}{n^2+a}=a,$$

故原极限 $=a$.

例❷ 求 $\lim\limits_{x\to+\infty} x^2(\ln\arctan(x+1)-\ln\arctan x)$.

解 由拉格朗日中值定理,知

$$(\ln\arctan(x+1)-\ln\arctan x)=\frac{1}{(1+\xi^2)\arctan\xi},$$

其中,$\xi\in(x,\,x+1)$,代入原极限,$\lim\limits_{x\to+\infty}\dfrac{x^2}{(1+\xi^2)\arctan\xi}=\dfrac{2}{\pi}$.

例❸ 求 $\lim\limits_{x\to+\infty}(\sin\sqrt{x+1}-\sin\sqrt{x})$.

解 令 $y=\sin t$,在区间 $[\sqrt{x},\,\sqrt{x+1}]$ 上满足拉格朗日中值定理条件.

故 $\sin\sqrt{x+1}-\sin\sqrt{x}=\cos\xi(\sqrt{x+1}-\sqrt{x})$,$\sqrt{x}<\xi<\sqrt{x+1}$,

原极限 $=\lim\limits_{x\to+\infty}\cos\xi(\sqrt{x+1}-\sqrt{x})=\lim\limits_{x\to+\infty}\dfrac{\cos\xi}{\sqrt{x+1}+\sqrt{x}}=0$(无穷小 $\times$ 有界量).

例❹ 求 $\lim\limits_{n\to\infty}n[\arctan\ln(n+1)-\arctan\ln n]$.

解 令 $f(x)=\arctan\ln x$,则 $f'(x)=\dfrac{1}{(1+\ln^2 x)x}$,

在区间 $[n,n+1]$ 上对 $f(x)$ 用拉格朗日中值定理,

得 $$\arctan\ln(n+1)-\arctan\ln n=\dfrac{1}{(1+\ln^2\xi)\xi},$$

其中 $\xi\in(n,n+1)$,

从而 $$\dfrac{1}{(1+\ln^2(n+1))(n+1)}<\dfrac{1}{(1+\ln^2\xi)\xi}<\dfrac{1}{(1+\ln^2 n)n},$$

而 $$\lim\limits_{n\to\infty}\dfrac{n}{(1+\ln^2 n)n}=\lim\limits_{n\to\infty}\dfrac{n}{(1+\ln^2(n+1))(n+1)}=0,$$

故原极限=0.

注 以下几道考题都可以用拉格朗日中值定理来解,也可以用别的解法,请读者自己练习.

(1) (1996 数三) $\lim\limits_{x\to\infty}x\left[\sin\ln\left(1+\dfrac{3}{x}\right)-\sin\ln\left(1+\dfrac{1}{x}\right)\right]=2.$

(2) (2012 数三) $\lim\limits_{x\to0}\dfrac{e^{x^2}-e^{2-2\cos x}}{x^4}=\dfrac{1}{12}.$

(3) (1999 数二) $\lim\limits_{x\to0}\dfrac{\sqrt{1+\tan x}-\sqrt{1+\sin x}}{x\ln(1+x)-x^2}=-\dfrac{1}{2}.$

(4) (2018 数二) $\lim\limits_{x\to\infty}x^2[\arctan(1+x)-\arctan x]=1.$

考点7 求幂指函数极限

知识补给库

幂指函数极限包含 1^∞, ∞^0, 0^0 三种形式,其中 1^∞ 为高频考点,考生要熟练掌握.

(1) 重要公式 $1^\infty=e^A$,若 $\lim f(x)^{g(x)}$ 为 1^∞ 型,则 $A=(f(x)-1)g(x)$(在《考研数学三大计算》书中已经推导过).

(2) 重要结论

$$\lim\limits_{x\to\infty}\left(\dfrac{ax+b}{ax+c}\right)^{hx+k}=e^{\frac{(b-c)h}{a}}.$$

（3）重要结论

$$\lim_{x \to 0} \left(\frac{a^x + b^x + c^x}{3} \right)^{\frac{1}{x}} = \sqrt[3]{abc}.$$

此极限等价于 $\lim\limits_{n \to \infty} \left(\dfrac{\sqrt[n]{a} + \sqrt[n]{b} + \sqrt[n]{c}}{3} \right)^n = \sqrt[3]{abc}$. 灵活掌握以

上结论, 有些题可以口算其答案. 下面把这几个结论当例题来推导.

典型例题

例❶ 求 $\lim\limits_{x \to \infty} \left(\dfrac{ax + b}{ax + c} \right)^{hx + k}$.

解 原极限属于 1^∞ 型, $1^\infty = e^A$,

$$A = \lim_{x \to \infty} \left(\frac{ax + b}{ax + c} - 1 \right)(hx + k) = \lim_{x \to \infty} \frac{ax + b - ax - c}{ax + c}(hx + k)$$

$$= \lim_{x \to \infty} \frac{(b - c)(hx + k)}{ax + c} = \frac{(b - c)h}{a},$$

故 $\lim\limits_{x \to \infty} \left(\dfrac{ax + b}{ax + c} \right)^{hx + k} = e^{\frac{(b - c)h}{a}}$.

记下该结论, 可以口算下面几题:

（1）（1992）$\lim\limits_{x \to \infty} \left(\dfrac{x + 3}{x + 6} \right)^{\frac{x - 1}{2}} = e^{(3 - 6) \frac{1}{2}} = e^{-\frac{3}{2}}$.

（因为 $b = 3$, $c = 6$, $a = 1$, $h = \dfrac{1}{2}$, 代入即可.）

（2）（1996）设 $\lim\limits_{x \to \infty} \left(\dfrac{x + 2a}{x - a} \right)^x = 8$, 则 $a = \ln 2$.

（左边极限可以口算其答案为 e^{3a}, 故 $e^{3a} = 8$, $a = \ln 2$.）

例❷ 求 $\lim\limits_{x \to 0} \left(\dfrac{a^x + b^x + c^x}{3} \right)^{\frac{1}{x}}$.

解 该极限属于 1^∞ 型, 由公式 $1^\infty = e^A$, 得

$$A = \lim_{x \to 0} \frac{a^x + b^x + c^x - 3}{3x} \overset{L'}{=} \lim_{x \to 0} \frac{a^x \ln a + b^x \ln b + c^x \ln c}{3}$$

$$= \frac{\ln a + \ln b + \ln c}{3} = \frac{1}{3} \ln abc = \ln(abc)^{\frac{1}{3}}.$$

原极限 $\lim\limits_{x \to 0} \left(\dfrac{a^x + b^x + c^x}{3} \right)^{\frac{1}{x}} = e^{\ln(abc)^{1/3}} = (abc)^{1/3} = \sqrt[3]{abc}$.

注 该极限可变形成数列极限:

$$\lim_{n\to\infty}\left(\frac{\sqrt[n]{a}+\sqrt[n]{b}+\sqrt[n]{c}}{3}\right)^n = \sqrt[3]{abc};$$

$$\lim_{n\to\infty}\left(\frac{\sqrt[n]{a}+\sqrt[n]{b}}{2}\right)^n = \sqrt{ab};$$

$$\lim_{n\to\infty}\left(\frac{\sqrt[n]{a_1}+\sqrt[n]{a_2}+\cdots+\sqrt[n]{a_m}}{m}\right)^n = \sqrt[m]{a_1 a_2 \cdots a_m}.$$

例 ❸ $\lim\limits_{x\to 0}(\cos 2x + 2x\sin x)^{\frac{1}{x^4}}$.

解 由 $1^\infty = e^A$,得

$$A = \lim_{x\to 0}\frac{\cos 2x + 2x\sin x - 1}{x^4}$$

$$= \lim_{x\to 0}\frac{1-\frac{1}{2}(2x)^2 + \frac{1}{4!}(2x)^4 + o(x^4) + 2x\left(x - \frac{1}{6}x^3 + o(x^3)\right) - 1}{x^4}$$

$$= \lim_{x\to 0}\frac{\frac{1}{3}x^4 + o(x^4)}{x^4} = \frac{1}{3},$$

故原极限 $= e^{\frac{1}{3}}$.

考点 8 左右极限

知识补给库

求极限时哪些函数需要考虑左、右极限?

(1)当 $x\to\infty$ 时,极限式中含 e^x(或 $x\to 0$ 时,极限式中含 $e^{\frac{1}{x}}$).

$$\lim_{x\to+\infty}e^x = +\infty\ (\text{不存在}),\ \lim_{x\to-\infty}e^x = 0.$$

(2)当 $x\to\infty$ 时,极限式中含 arctan x 或 arccot x.

$$\lim_{x\to\infty}\arctan x = \frac{\pi}{2},\ \lim_{x\to-\infty}\arctan x = -\frac{\pi}{2};$$

$$\lim_{x\to+\infty}\text{arccot}\, x = 0,\ \lim_{x\to-\infty}\text{arccot}\, x = \pi.$$

(3)极限式中含取整函数.

n 为正整数,$\lim\limits_{x\to n^+}[x] = n$,$\lim\limits_{x\to n^-}[x] = n-1$.

（4）极限式中含偶次方根.

当 $x \to -\infty$ 时，含偶次方根的函数提到根号外的因子要记得添加负号.

（5）极限式为绝对值函数.

即当 $x \to a$ 时，极限式中含 $|x-a|$.

（6）求分段函数分段点的极限.

典型例题

例❶ 求下列极限：

(1) $\lim\limits_{x \to 0} \dfrac{\mathrm{e}^{\frac{1}{x}}+1}{\mathrm{e}^{\frac{1}{x}}-1} \arctan \dfrac{1}{x}$;　　　(2) $\lim\limits_{x \to 2}\left[\dfrac{2+\mathrm{e}^{\frac{1}{x-2}}}{1+\mathrm{e}^{\frac{4}{x-2}}}+\dfrac{\sin(x-2)}{|x-2|}\right]$.

解　(1) $f(0-0) = \lim\limits_{x \to 0^-} \dfrac{\mathrm{e}^{\frac{1}{x}}+1}{\mathrm{e}^{\frac{1}{x}}-1} \arctan \dfrac{1}{x} = \dfrac{0+1}{0-1}\left(-\dfrac{\pi}{2}\right) = \dfrac{\pi}{2}$,

$\qquad f(0+0) = \lim\limits_{x \to 0^+} \dfrac{\mathrm{e}^{\frac{1}{x}}+1}{\mathrm{e}^{\frac{1}{x}}-1} \arctan \dfrac{1}{x} = \lim\limits_{x \to 0^+} \dfrac{1+\mathrm{e}^{-\frac{1}{x}}}{1-\mathrm{e}^{-\frac{1}{x}}} \arctan \dfrac{1}{x} = \dfrac{\pi}{2}$,

由 $f(0-0) = f(0+0)$ 知，原式 $= \dfrac{\pi}{2}$.

(2) $f(2-0) = \lim\limits_{x \to 2^-}\left[\dfrac{2+\mathrm{e}^{\frac{1}{x-2}}}{1+\mathrm{e}^{\frac{4}{x-2}}} - \dfrac{\sin(x-2)}{x-2}\right] = 2-1 = 1$,

$\qquad f(2+0) = \lim\limits_{x \to 2^+}\left[\dfrac{2\mathrm{e}^{-\frac{4}{x-2}}+\mathrm{e}^{-\frac{3}{x-2}}}{\mathrm{e}^{-\frac{4}{x-2}}+1} + \dfrac{\sin(x-2)}{x-2}\right] = 0+1 = 1$,

故原式 $= 1$.

例❷ 已知 $\lim\limits_{x \to 0}\left[\dfrac{\ln(1+\mathrm{e}^{\frac{2}{x}})}{\ln(1+\mathrm{e}^{\frac{1}{x}})}+a[x]\right] = b$，则 $a = $ _____，$b = $ _____.

解　$\lim\limits_{x \to 0^+}\left[\dfrac{\ln(1+\mathrm{e}^{\frac{2}{x}})}{\ln(1+\mathrm{e}^{\frac{1}{x}})}+a[x]\right] = \lim\limits_{x \to 0^+} \dfrac{\ln(1+\mathrm{e}^{\frac{2}{x}})}{\ln(1+\mathrm{e}^{\frac{1}{x}})} + a \cdot 0$

$\qquad\qquad\qquad\qquad\qquad = \lim\limits_{t \to +\infty} \dfrac{\ln(1+\mathrm{e}^{2t})}{\ln(1+\mathrm{e}^{t})} = 2 = b$,

$\quad \lim\limits_{x \to 0^-}\left[\dfrac{\ln(1+\mathrm{e}^{\frac{2}{x}})}{\ln(1+\mathrm{e}^{\frac{1}{x}})}+a[x]\right] = \lim\limits_{x \to 0^-} \dfrac{\ln(1+\mathrm{e}^{\frac{2}{x}})}{\ln(1+\mathrm{e}^{\frac{1}{x}})} + a \cdot (-1) = -a = b$,

故 $a = -2$，$b = 2$.

注　在计算 $x \to 0^+$ 时，就用了"抓大头"的思想，因为 $x \to 0^+$，$\mathrm{e}^{\frac{2}{x}} \to +\infty$，故 $\ln(1+\mathrm{e}^{\frac{2}{x}}) \sim$

$\ln e^{\frac{2}{x}} = \dfrac{2}{x}$, 而分母 $\ln(1+e^{\frac{1}{x}}) \sim \ln e^{\frac{1}{x}} = \dfrac{1}{x}$, 故可以口算其极限为 2.

考点 9　已知极限反求参数

知识补给库

求解此类问题, 要以已知极限式成立的必要条件去寻找条件, 要知道以下几个常用结论:

① 若 $\lim\limits_{x\to\square} \dfrac{f(x)}{g(x)}$ 存在, 则 $\lim\limits_{x\to\square} g(x) = 0 \Rightarrow \lim\limits_{x\to\square} f(x) = 0$.

② 若 $\lim\limits_{x\to\square} \dfrac{f(x)}{g(x)}$ 存在, 但不等于零, 则 $\lim\limits_{x\to\square} f(x) = 0 \Rightarrow \lim\limits_{x\to\square} g(x) = 0$.

或 $\lim\limits_{x\to\square} f(x) = \infty \Leftrightarrow \lim\limits_{x\to\square} g(x) = \infty$, 即二者为同阶无穷大. 特别地, 当 $x\to\infty$ 时, 若 $g(x)$ 是 n 次多项式, 则 $f(x)$ 也是 n 次多项式.

③ 若 $\lim\limits_{x\to\square} (f(x)-g(x))$ 存在, 则 $\lim\limits_{x\to\square} f(x) = \infty \Leftrightarrow \lim\limits_{x\to\square} g(x) = \infty$, 二者为同阶无穷大.

典型例题

例❶　若 $\lim\limits_{x\to 0} \dfrac{\sin x}{e^x - a}(\cos x - b) = 5$, 求 a, b.

解　由上述结论①, 因 $\lim\limits_{x\to 0} \sin x(\cos x - b) = 0$, 得 $\lim\limits_{x\to 0}(e^x - a) = 0$, 于是 $a = 1$.

$$\lim\limits_{x\to 0} \dfrac{\sin x}{e^x - 1}(\cos x - b) = \lim\limits_{x\to 0}(\cos x - b) = 5 = 1 - b.$$

于是, $b = -4$.

例❷　已知 $\lim\limits_{x\to -\infty}(\sqrt{x^2 - x + 1} - ax - b) = 0$, 求 a, b.

解　由已知可得 $a < 0$,

$$原极限 = \lim\limits_{x\to -\infty} \dfrac{x^2 - x + 1 - (ax+b)^2}{\sqrt{x^2 - x + 1} + ax + b}$$
$$= \lim\limits_{x\to -\infty} \dfrac{(1-a^2)x^2 - (1+2ab)x + 1 - b^2}{\sqrt{x^2 - x + 1} + ax + b}.$$

此极限要成立, 因分母 x 的最高次幂为 1, 故 $1 - a^2 = 0$, 且 $1 + 2ab = 0$, 解得 $a = -1$,

$b = \dfrac{1}{2}$.

例❸　已知实数 a，b 满足 $\lim\limits_{x \to +\infty}\left[(ax+b)\mathrm{e}^{\frac{1}{x}}-x\right]=2$，求 a，b.

解　令 $x=\dfrac{1}{t}$，则

$$\lim_{t \to 0^+}\left[\left(\frac{a}{t}+b\right)\mathrm{e}^t-\frac{1}{t}\right]=\lim_{t \to 0^+}\frac{(a+bt)\mathrm{e}^t-1}{t}=2.$$

则 $\lim\limits_{t \to 0^+}\left[(a+bt)\mathrm{e}^t-1\right]=0 \Rightarrow a=1$.

$$\begin{aligned}
原式&=\lim_{t \to 0^+}\frac{(a+bt)\mathrm{e}^t-1}{t}=\lim_{t \to 0^+}\left[\mathrm{e}^t(a+bt)+b\mathrm{e}^t\right]\\
&=\lim_{t \to 0^+}\left[\mathrm{e}^t(a+bt+b)\right]=2.
\end{aligned}$$

则 $a+b=2 \Rightarrow b=1$.

例❹　设 $\lim\limits_{x \to +\infty}\left[(x^5+7x^4+2)^{\alpha}-x\right]=\beta \neq 0$，求 α，β.

解　当 $x \to +\infty$ 时，$(x^5+7x^4+2)^{\alpha}$ 与 x 必为同阶无穷大，故 $5\alpha=1$，得 $\alpha=\dfrac{1}{5}$.

$$\begin{aligned}
\beta&=\lim_{x \to +\infty}\left[(x^5+7x^4+2)^{\frac{1}{5}}-x\right]=\lim_{x \to +\infty}x\left[\left(1+\frac{7}{x}+\frac{2}{x^5}\right)^{\frac{1}{5}}-1\right]\\
&=\lim_{x \to +\infty}\left[x \cdot \frac{1}{5}\left(\frac{7}{x}+\frac{2}{x^5}\right)\right]=\frac{7}{5}.
\end{aligned}$$

故 $\alpha=\dfrac{1}{5}$，$\beta=\dfrac{7}{5}$.

例❺　已知 $\lim\limits_{x \to \infty}\dfrac{x^{2\,013}}{x^{\alpha}-(x-1)^{\alpha}}=\beta \neq 0$，求 α，β.

解　由结论②，分母必为 $2\,013$ 次多项式，即 $\alpha-1=2\,013$，故 $\alpha=2\,014$.

$$x^{\alpha}-(x-1)^{\alpha}=x^{\alpha}\left[1-\left(1-\frac{1}{x}\right)^{\alpha}\right].$$

当 $x \to \infty$ 时，$1-\left(1-\dfrac{1}{x}\right)^{\alpha} \sim \dfrac{1}{x}\alpha$，故原极限 $=\lim\limits_{x \to 0}\dfrac{x^{2\,013}}{x^{2\,013}\alpha}=\dfrac{1}{\alpha}=\dfrac{1}{2\,014}=\beta$.

例❻　试确定常数 A，B，C 的值，使得 $\mathrm{e}^x(1+Bx+Cx^2)=1+Ax+o(x^3)$，其中 $o(x^3)$ 是当 $x \to 0$ 时比 x^3 高阶的无穷小.

解　用 e^x 的泰勒公式展开：$\mathrm{e}^x=1+x+\dfrac{x^2}{2}+\dfrac{x^3}{6}+o(x^3)$.

$$\mathrm{e}^x(1+Bx+Cx^2)=1+(1+B)x+\left(\frac{1}{2}+B+C\right)x^2+\left(\frac{1}{6}+\frac{B}{2}+C\right)x^3+o(x^3).$$

故　$1+B=A$，$\dfrac{1}{2}+B+C=0$，$\dfrac{1}{6}+\dfrac{B}{2}+C=0$.

从而 $A=\dfrac{1}{3}$，$B=-\dfrac{2}{3}$，$C=\dfrac{1}{6}$.

例**7** 设 $f(x)$ 在 $x=0$ 的某邻域内具有一阶连续导数，且 $f(0) \neq 0$，$f'(0) \neq 0$. 若 $af(h)+bf(2h)-f(0)$ 在 $h \to 0$ 时是比 h 高阶的无穷小，试确定 a，b 的值.

解法 1 由题设条件，得

$$\lim_{h \to 0}[af(h)+bf(2h)-f(0)]=(a+b-1)f(0)=0.$$

由于 $f(0) \neq 0$，故必有 $a+b-1=0$.

又由洛必达法则，有

$$0=\lim_{h \to 0}\frac{af(h)+bf(2h)-f(0)}{h}=\lim_{h \to 0}\frac{af'(h)+2bf'(2h)}{1}=(a+2b)f'(0)=0.$$

因为 $f'(0) \neq 0$，故必有 $a+2b=0$，于是得 $a=2$，$b=-1$.

解法 2 由题设条件，得

$$f(h)=f(0)+f'(0)h+o(h),$$
$$f(2h)=f(0)+2f'(0)h+o(h),$$

所以，$af(h)+bf(2h)-f(0)=(a+b-1)f(0)+(a+2b)f'(0)h+o(h)$，于是当 $a=2$，$b=-1$ 时，有

$$af(h)+bf(2h)-f(0)=o(h).$$

解法 3 由题设条件，得

$$0=\lim_{h \to 0}\frac{af(h)+bf(2h)-f(0)}{h}$$
$$=\lim_{h \to 0}\frac{a[f(h)-f(0)]+b[f(2h)-f(0)]+(a+b-1)f(0)}{h}$$
$$=af'(0)+2bf'(0)+\lim_{h \to 0}(a+b-1)\frac{f(0)}{h}$$
$$=(a+2b)f'(0)+\lim_{h \to 0}(a+b-1)\frac{f(0)}{h}.$$

因此，有 $\begin{cases}a+2b=0,\\a+b-1=0,\end{cases}$ 于是得 $a=2$，$b=-1$.

解法 4 由题设条件，得

$$\lim_{h \to 0}[af(h)+bf(2h)-f(0)]=(a+b-1)f(0)=0.$$

由于 $f(0) \neq 0$，故必有 $a+b-1=0$，即 $b=1-a$.

$$0=\lim_{h \to 0}\frac{af(h)+bf(2h)-f(0)}{h}$$
$$=\lim_{h \to 0}\frac{af(h)+(1-a)f(2h)-f(0)}{h}$$
$$=\lim_{h \to 0}\frac{a[f(h)-f(2h)]}{h}+\lim_{h \to 0}\frac{[f(2h)-f(0)]}{h}$$
$$=-af'(0)+2f'(0)=(-a+2)f'(0),$$

于是得 $a = 2, b = -1$.

解法 5
$$af(h) + bf(2h) - f(0)$$
$$= a[f(h) - f(0)] + b[f(2h) - f(0)] + (a+b-1)f(0)$$
$$= ahf'(\xi_1) + 2bhf'(\xi_2) + (a+b-1)f(0)$$
$$= ah[f'(0) + o(h)] + 2bh[f'(0) + o(h)] + (a+b-1)f(0)$$
$$= (a+2b)hf'(0) + (a+b-1)f(0) + o(h).$$

由于 $af(h) + bf(2h) - f(0) = o(h)$,

因此有 $\begin{cases} a + 2b = 0, \\ a + b - 1 = 0, \end{cases}$

于是得 $a = 2, b = -1$.

考点 10　极限定义及性质

知识补给库

1. 数列的极限

设有数列 $\{u_n\}$ 和常数 A, 对任意给定的 $\varepsilon > 0$, 存在正整数 N, 使得当 $n > N$ 时, 恒有 $|u_n - A| < \varepsilon$ 成立, 则称数列 $\{u_n\}$ 以 A 为极限, 记为

$$\lim_{n \to \infty} u_n = A \text{ 或 } u_n \to A (n \to \infty).$$

注　定义中的 ε 刻画了 u_n 与 A 之间的接近程度, N 刻画了需要增大到什么程度, 它与 ε 的取值有关. 当 n 取第 n 项以后的各项时, u_n 与 A 的距离小于 ε, 而 ε 可以任意小, 这正是数列 $\{u_n\}$ 中的各项随着 n 的增大而无限接近 A 的精确刻画.

从数列 $\{u_n\}$ 中抽取无穷多项, 在不改变原有次序的情况下构成的新数列称为原数列 $\{u_n\}$ 的子数列, 简称子列. 记为 $\{u_{n_k}\}$: $u_{n_1}, u_{n_2}, \cdots, u_{n_k}, \cdots$, 其中, n_k 表示 u_{n_k} 在原数列 $\{u_n\}$ 中的位置, k 表示 u_{n_k} 在子列中的位置.

数列 $\{u_n\}$ 与子数列 $\{u_{n_k}\}$ 之间的关系.

(1) $\lim\limits_{n\to\infty} u_n = A \Leftrightarrow$ 对 $\{u_n\}$ 的任何子数列 $\{u_{n_k}\}$ 有 $\lim\limits_{k\to\infty} u_{n_k} = A$；

(2) $\lim\limits_{n\to\infty} u_n = A \Leftrightarrow$ 偶数子列 $\{u_{2k}\}$ 和奇数子列 $\{u_{2k+1}\}$ 满足 $\lim\limits_{k\to\infty} u_{2k} = \lim\limits_{k\to\infty} u_{2k+1} = A$；

(3) 当 $\{u_n\}$ 是单调数列时, $\lim\limits_{n\to\infty} u_n = A \Leftrightarrow$ 存在某个子数列 $\{u_{n_k}\}$ 满足 $\lim\limits_{k\to\infty} u_{n_k} = A$.

2. $x\to\infty$ 时函数 $f(x)$ 的极限

设有函数 $y = f(x)$ 和常数 A, 对于任意给定的 $\varepsilon > 0$, 若存在 $M > 0$, 使得当 $|x| > M$ 时, 恒有 $|f(x) - A| < \varepsilon$ 成立, 则称当 $x\to\infty$ 时, $y = f(x)$ 的极限为 A, 记为

$$\lim\limits_{x\to\infty} f(x) = A \text{ 或 } f(x)\to A\,(x\to\infty).$$

类似地, 可以定义 $\lim\limits_{x\to+\infty} f(x) = A$ 和 $\lim\limits_{x\to-\infty} f(x) = A$.

3. $x\to x_0$ 时函数 $f(x)$ 的极限

设有函数 $y = f(x)$ 和常数 A, 如果对于任意给定的 $\varepsilon > 0$, 存在 $\delta > 0$, 当 $0 < |x - x_0| < \delta$ 时, 恒有 $|f(x) - A| < \varepsilon$ 成立, 则称当 $x\to x_0$ 时 $f(x)$ 的极限为 A, 记为

$$\lim\limits_{x\to x_0} f(x) = A \text{ 或 } f(x)\to A\,(x\to x_0).$$

类似地, 可以定义右极限 $\lim\limits_{x\to x_0^+} f(x) = A$ 和左极限 $\lim\limits_{x\to x_0^-} f(x) = A$.

4. 极限的性质

(1) 唯一性 若极限 $\lim y$ 存在, 则极限值唯一.

(2) 有界性 如果 $\lim y$ 存在, 则 y 是局部有界的. 特别地, 若数列极限 $\lim\limits_{n\to\infty} u_n$ 存在, 则 $\{u_n\}$ 不仅是局部有界的, 而是全局有界的.

(3) 保号性 若极限 $\lim\limits_{x\to x_0} f(x) = A$, 且 $A > 0$(或 $A < 0$), 则 $f(x)$ 在 x_0 的某个空心邻域内恒有 $f(x) > 0$(或 $f(x) < 0$).

典型例题

例❶ 设$\{x_n\}$是数列,下列命题中不正确的是 （ ）

(A) 若$\lim\limits_{n\to\infty} x_n = a$,则$\lim\limits_{n\to\infty} x_{2n} = \lim\limits_{n\to\infty} x_{2n+1} = a$

(B) 若$\lim\limits_{n\to\infty} x_{2n} = \lim\limits_{n\to\infty} x_{2n+1} = a$,则$\lim\limits_{n\to\infty} x_n = a$

(C) 若$\lim\limits_{n\to\infty} x_n = a$,则$\lim\limits_{n\to\infty} x_{3n} = \lim\limits_{n\to\infty} x_{3n+1} = a$

(D) 若$\lim\limits_{n\to\infty} x_{3n} = \lim\limits_{n\to\infty} x_{3n+1} = a$,则$\lim\limits_{n\to\infty} x_n = a$

解 应选(D).

原因请读者阅读前面知识补给库讲解.

例❷ 设$\lim\limits_{n\to\infty} a_n = a$,且$a \neq 0$,则当$n$充分大时,有 （ ）

(A) $|a_n| > \dfrac{|a|}{2}$ (B) $|a_n| < \dfrac{|a|}{2}$

(C) $a_n > a - \dfrac{1}{n}$ (D) $a_n < a + \dfrac{1}{n}$

解 根据数列极限的定义,$\forall \varepsilon > 0$,存在正整数N,当$n > N$时,有$|a_n - a| < \varepsilon$. 由于

$$|a| - |a_n| \leqslant \Big| |a_n| - |a| \Big| \leqslant |a_n - a| < \varepsilon,$$

从而有$|a_n| > |a| - \varepsilon$,取$\varepsilon = \dfrac{|a|}{2}$,则$|a_n| > \dfrac{|a|}{2}$,故选项(A)正确.

若取$a_n = a - \dfrac{1}{n}$或$a_n = a + \dfrac{1}{n}$,显然满足题设条件,因此选项(C)和选项(D)错误.

例❸ 设数列$\{x_n\}$收敛,则 （ ）

(A) 当$\lim\limits_{n\to\infty} \sin x_n = 0$时,$\lim\limits_{n\to\infty} x_n = 0$

(B) 当$\lim\limits_{n\to\infty}(x_n + \sqrt{|x_n|}) = 0$时,$\lim\limits_{n\to\infty} x_n = 0$

(C) 当$\lim\limits_{n\to\infty}(x_n + x_n^2) = 0$时,$\lim\limits_{n\to\infty} x_n = 0$

(D) 当$\lim\limits_{n\to\infty}(x_n + \sin x_n) = 0$时,$\lim\limits_{n\to\infty} x_n = 0$

解 此题考查的是复合函数的极限运算法则,只有(D)是正确的.

设$\lim\limits_{n\to\infty} x_n = A$,则

$$\lim\limits_{n\to\infty} \sin x_n = \sin A, \lim\limits_{n\to\infty}(x_n + \sqrt{|x_n|}) = A + \sqrt{|A|},$$

$$\lim\limits_{n\to\infty}(x_n + x_n^2) = A + A^2, \lim\limits_{n\to\infty}(x_n + \sin x_n) = A + \sin A.$$

分别解方程$\sin A = 0$,$A + \sqrt{|A|} = 0$,$A + A^2 = 0$,$A + \sin A = 0$时,发现只有第四个方程$A + \sin A = 0$有唯一解$A = 0$,即$\lim\limits_{n\to\infty} x_n = 0$. 故选(D).

例❹ 下列四个函数:

① $x\sin\dfrac{1}{x}$, $x \in (0, +\infty)$; ② $\dfrac{1}{x}\sin\dfrac{1}{x}$, $x \in (0, +\infty)$;

③ $\dfrac{1}{x}\sin x$, $x \in (0, +\infty)$; ④ $\displaystyle\int_0^x \dfrac{\sin t}{t}dt$, $x \in (0, 2\,049)$.

在给定区间上有界的共有 （　　）

(A) 0 个　　　　(B) 1 个　　　　(C) 2 个　　　　(D) 3 个

解　① 因为 $\lim\limits_{x\to 0^+} x\sin\dfrac{1}{x}=0$, $\lim\limits_{x\to+\infty} x\sin\dfrac{1}{x}=\lim\limits_{x\to+\infty}\dfrac{\sin\frac{1}{x}}{\frac{1}{x}}=1$.

且 $x\sin\dfrac{1}{x}$ 在 $(0,+\infty)$ 内连续, 则 $x\sin\dfrac{1}{x}$ 在 $(0,+\infty)$ 内有界.

② 令 $f(x)=\dfrac{1}{x}\sin\dfrac{1}{x}$, 取 $x_n=\dfrac{1}{2n\pi+\frac{\pi}{2}}$（$n$ 为正整数）,

$f(x_n)=2n\pi+\dfrac{\pi}{2}\to+\infty$（当 $n\to\infty$）, 则 $f(x)$ 无界.

③ 因为 $\lim\limits_{x\to 0^+}\dfrac{1}{x}\sin x=1$, $\lim\limits_{x\to+\infty}\dfrac{1}{x}\sin x=0$,

且 $\dfrac{1}{x}\sin x$ 在 $(0,+\infty)$ 内连续, 则 $\dfrac{1}{x}\sin x$ 在 $(0,+\infty)$ 内有界.

④ 令 $f(x)=\displaystyle\int_0^x\dfrac{\sin t}{t}dt$, 则 $f'(x)=\dfrac{\sin x}{x}$.

由③知 $f'(x)=\dfrac{\sin x}{x}$ 在 $(0,2\,049)$ 内有界, 故 $f(x)$ 在 $(0,2\,049)$ 内有界. 答案选(D).

注　$f'(x)$ 在 (a,b) 有界, 则 $f(x)$ 在 (a,b) 有界, 这里 (a,b) 是有限区间. 这个结论是通过拉格朗日中值定理推导的, 读者可以记忆下来, 做填空、选择题直接使用.

考点 11　极限的运用

知识补给库

1. 讨论函数的连续性

(1) 连续.

定义1: $f(x)$ 在 x_0 的某个邻域内有定义, 若 $\lim\limits_{\Delta x\to 0}\Delta y=\lim\limits_{\Delta x\to 0}[f(x_0+\Delta x)-f(x_0)]=0$, 则称 $f(x)$ 在 x_0 点连续.

定义2: 满足 $\lim\limits_{x\to x_0}f(x)=f(x_0)$.

(2) 左、右连续.

连续的充要条件: $\lim\limits_{x\to x_0^+}f(x)\overset{①}{=\!=}f(x_0)\overset{②}{=\!=}\lim\limits_{x\to x_0^-}f(x)$.

式①成立称为右连续, 式②成立称为左连续.

（3）间断点及其分类.

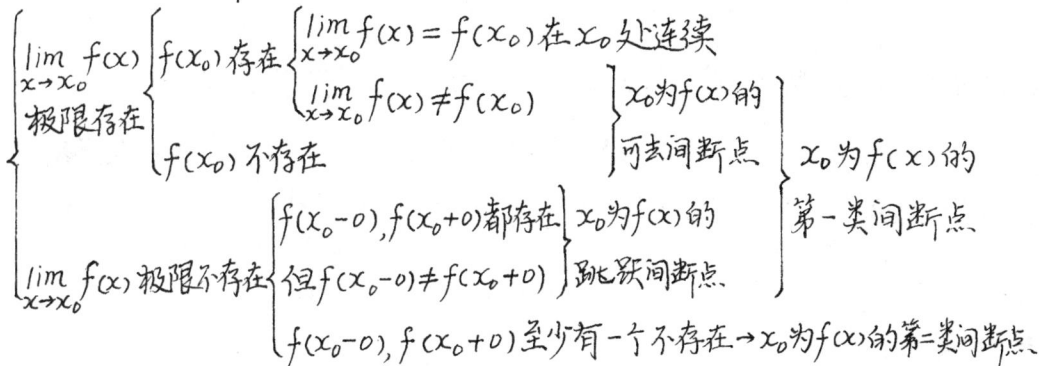

$$\begin{cases} \lim\limits_{x \to x_0} f(x) \\ \text{极限存在} \end{cases} \begin{cases} f(x_0)\text{存在} \begin{cases} \lim\limits_{x \to x_0} f(x) = f(x_0) \text{在} x_0 \text{处连续} \\ \lim\limits_{x \to x_0} f(x) \neq f(x_0) \end{cases} \\ f(x_0)\text{不存在} \end{cases}$$

$$\left.\begin{array}{l} x_0 \text{为} f(x) \text{的} \\ \text{可去间断点} \end{array}\right\} \begin{array}{l} x_0 \text{为} f(x) \text{的} \\ \text{第一类间断点} \end{array}$$

$$\lim\limits_{x \to x_0} f(x) \text{极限不存在} \begin{cases} f(x_0-0), f(x_0+0)\text{都存在} \\ \text{但} f(x_0-0) \neq f(x_0+0) \end{cases} \left.\begin{array}{l} x_0 \text{为} f(x) \text{的} \\ \text{跳跃间断点} \end{array}\right\}$$

$$f(x_0-0), f(x_0+0) \text{至少有一个不存在} \to x_0 \text{为} f(x) \text{的第二类间断点.}$$

2. 渐近线

（1）铅直渐近线：若 $\lim\limits_{x \to x_0} f(x) = \infty$（只需单侧 $\lim\limits_{x \to x_0^-} f(x)$ 或 $\lim\limits_{x \to x_0^+} f(x) = \infty$），称 $x = x_0$ 为 $y = f(x)$ 的铅直渐近线.

（2）左侧水平渐近线：若 $\lim\limits_{x \to -\infty} f(x) = b$，称 $y = b$ 为 $y = f(x)$ 的左侧水平渐近线；

右侧水平渐近线：若 $\lim\limits_{x \to +\infty} f(x) = b$，称 $y = b$ 为 $y = f(x)$ 的右侧水平渐近线；

双侧水平渐近线：若 $\lim\limits_{x \to \infty} f(x) = b$，称 $y = b$ 为 $y = f(x)$ 的双侧水平渐近线.

（3）左侧斜渐近线：若 $\lim\limits_{x \to -\infty} \dfrac{f(x)}{x} = k$，$\lim\limits_{x \to -\infty} [f(x) - kx] = b$，称 $y = kx + b$ 为 $y = f(x)$ 的左侧斜渐近线；

右侧斜渐近线：若 $\lim\limits_{x \to +\infty} \dfrac{f(x)}{x} = k$，$\lim\limits_{x \to +\infty} [f(x) - kx] = b$，称 $y = kx + b$ 为 $y = f(x)$ 的右侧斜渐近线；

双侧斜渐近线：若 $\lim\limits_{x \to \infty} \dfrac{f(x)}{x} = k$，$\lim\limits_{x \to \infty} [f(x) - kx] = b$，称 $y = kx + b$ 为 $y = f(x)$ 的双侧斜渐近线.

注 （1）若 $f(x)$ 为分式，$x = x_0$ 使分母为零，分子不为零，则 $x = x_0$ 一定是铅直渐近线.

(2) 若 $f(x)=\dfrac{P_n(x)}{P_m(x)}$，$P_n(x)$，$P_m(x)$ 都是多项式，若 $n<m$，

则一定有水平渐近线；若 $n=m+1$，则一定有斜渐近线.

(3) 在同一侧不可能既有水平渐近线，又有斜渐近线，但有可能对于左、右侧有不同类型的渐近线.

典型例题

例❶ (1) 设函数 $f(x)=\dfrac{\ln|x|}{|x-1|}\sin x$，则 $f(x)$ 有 （　　）

(A) 1 个可去间断点, 1 个跳跃间断点

(B) 1 个可去间断点, 1 个无穷间断点

(C) 2 个跳跃间断点

(D) 2 个无穷间断点

(2) 函数 $f(x)=\dfrac{|x|^x-1}{x(x+1)\ln|x|}$ 的可去间断点的个数为 （　　）

(A) 0 　　　　　　　　　　(B) 1

(C) 2 　　　　　　　　　　(D) 3

(3) 函数 $f(x)=\lim\limits_{t\to 0}\left(1+\dfrac{\sin t}{x}\right)^{\frac{x^2}{t}}$ 在 $(-\infty,+\infty)$ 内 （　　）

(A) 连续 　　　　　　　　(B) 有可去间断点

(C) 有跳跃间断点 　　　　(D) 有无穷间断点

解　(1) $x=1$，$x=0$ 为 $f(x)$ 间断点，

又 $\lim\limits_{x\to1}f(x)=\lim\limits_{x\to1}\dfrac{\ln|x|}{|x-1|}\sin x=\sin 1\cdot\lim\limits_{x\to1}\dfrac{\ln(1+x-1)}{|x-1|}=\sin 1\cdot\lim\limits_{x\to1}\dfrac{x-1}{|x-1|}$，

所以 $x=1$ 为 $f(x)$ 跳跃间断点.

又 $\lim\limits_{x\to0}f(x)=\lim\limits_{x\to0}\dfrac{\ln|x|}{|x-1|}\sin x=\lim\limits_{x\to0}(\ln|x|\cdot x)=0$，

所以 $x=0$ 为 $f(x)$ 可去间断点. 故应选(A).

(2) $f(x)=\dfrac{|x|^x-1}{x(x+1)\ln|x|}$ 在 $x=-1,0,1$ 处没定义.

$$\lim\limits_{x\to-1}f(x)=\lim\limits_{x\to-1}\dfrac{e^{x\ln|x|}-1}{x(x+1)\ln|x|}=\lim\limits_{x\to-1}\dfrac{x\ln|x|}{x(x+1)\ln|x|}=\lim\limits_{x\to-1}\dfrac{1}{x+1}=\infty,$$

$$\lim\limits_{x\to0}f(x)=\lim\limits_{x\to0}\dfrac{e^{x\ln|x|}-1}{x(x+1)\ln|x|}=\lim\limits_{x\to0}\dfrac{x\ln|x|}{x(x+1)\ln|x|}=\lim\limits_{x\to0}\dfrac{1}{x+1}=1,$$

$$\lim\limits_{x\to1}f(x)=\lim\limits_{x\to1}\dfrac{e^{x\ln|x|}-1}{x(x+1)\ln|x|}=\lim\limits_{x\to1}\dfrac{x\ln|x|}{x(x+1)\ln|x|}=\lim\limits_{x\to1}\dfrac{1}{x+1}=\dfrac{1}{2},$$

则 $x=0$ 和 $x=1$ 为可去间断点,故应选(C).

(3) 由 $f(x)=\lim\limits_{t\to 0}\left(1+\dfrac{\sin t}{x}\right)^{\frac{x^2}{t}}$ 知,$f(0)$ 无意义.

当 $x\neq 0$ 时,$f(x)=\lim\limits_{t\to 0}\left(1+\dfrac{\sin t}{x}\right)^{\frac{x^2}{t}}=\mathrm{e}^x$,$\lim\limits_{x\to 0}f(x)=\lim\limits_{x\to 0}\mathrm{e}^x=1$,则 $x=0$ 为 $f(x)$ 的

可去间断点. 故应选(B).

例❷ 下列曲线中有渐近线的是 （ ）

(A) $y=x+\sin x$ (B) $y=x^2+\sin x$

(C) $y=x+\sin\dfrac{1}{x}$ (D) $y=x^2+\sin\dfrac{1}{x}$

解 $\lim\limits_{x\to\infty}\dfrac{f(x)}{x}=\lim\limits_{x\to\infty}\dfrac{x+\sin\dfrac{1}{x}}{x}=1=k$,

$$\lim\limits_{x\to\infty}[f(x)-kx]=\lim\limits_{x\to\infty}\left(x+\sin\dfrac{1}{x}-x\right)=\lim\limits_{x\to\infty}\sin\dfrac{1}{x}=0=b,$$

所以曲线 $y=x+\sin\dfrac{1}{x}$ 有斜渐近线 $y=x$,应选(C).

例❸ $y=(1+x)\mathrm{e}^{\frac{1}{x}}\dfrac{x}{1-x}$ 渐近线条数为 （ ）

(A) 1 条   (B) 2 条   (C) 3 条   (D) 4 条

解 $\lim\limits_{x\to 0^+}(1+x)\mathrm{e}^{\frac{1}{x}}\dfrac{x}{1-x}=+\infty$,$\lim\limits_{x\to 1}(1+x)\mathrm{e}^{\frac{1}{x}}\dfrac{x}{1-x}=\infty$,

于是有铅直渐近线 $x=0$,$x=1$.

又 $\lim\limits_{x\to\infty}(1+x)\mathrm{e}^{\frac{1}{x}}\dfrac{x}{1-x}=\infty$,无水平渐近线.

又 $k=\lim\limits_{x\to\infty}\dfrac{f(x)}{x}=\lim\limits_{x\to\infty}\mathrm{e}^{\frac{1}{x}}\dfrac{1+x}{1-x}=-1$,

$$b=\lim\limits_{x\to\infty}[f(x)-kx]=\lim\limits_{x\to\infty}\left[\dfrac{(1+x)\mathrm{e}^{\frac{1}{x}}x}{1-x}+x\right]=\lim\limits_{x\to\infty}\dfrac{x(1+x)\mathrm{e}^{\frac{1}{x}}+x-x^2}{1-x}$$

$$=\lim\limits_{x\to\infty}\dfrac{x(\mathrm{e}^{\frac{1}{x}}+1)+x^2(\mathrm{e}^{\frac{1}{x}}-1)}{1-x}=\lim\limits_{x\to\infty}\left[\dfrac{\mathrm{e}^{\frac{1}{x}}+1}{\dfrac{1}{x}-1}+\dfrac{x(\mathrm{e}^{\frac{1}{x}}-1)}{\dfrac{1}{x}-1}\right]$$

$$=-2+\lim\limits_{x\to\infty}\dfrac{1}{\dfrac{1}{x}-1}=-2-1=-3.$$

故有斜渐近线 $y=-x-3$,应选(C).

例❹   求由参数方程 $\begin{cases} x=\dfrac{t^2}{t-1},\\[2mm] y=\dfrac{t}{t^2-1} \end{cases}$ 表示的曲线 C 的非铅直渐近线.

解 $x=t+1+\dfrac{1}{t-1}$,所以仅当 $t\to 1$ 和 $t\to\infty$ 时,$x\to\infty$.

当 $t \to 1$ 时,

$$k_1 = \lim_{t \to 1} \frac{y}{x} = \lim_{t \to 1} \frac{1}{t(t+1)} = \frac{1}{2},$$

$$b_1 = \lim_{t \to 1}(y - k_1 x) = \lim_{t \to 1}\left[\frac{t}{t^2-1} - \frac{t^2}{2(t-1)}\right] = \lim_{t \to 1} \frac{-t(t+2)}{2(t+1)} = -\frac{3}{4}.$$

所以,C 有非铅直渐近线 $y = \frac{1}{2}x - \frac{3}{4}$.

当 $t \to \infty$ 时,

$$k_2 = \lim_{t \to \infty} \frac{y}{x} = \lim_{t \to \infty} \frac{1}{t(t+1)} = 0,$$

$$b_2 = \lim_{t \to \infty}(y - k_2 x) = \lim_{t \to \infty} \frac{t}{t^2-1} = 0,$$

所以,C 还有非铅直渐近线 $y = 0$.

例 5 求曲线 $x^3 + y^3 = y^2$ 的斜渐近线方程.

解 $k = \lim_{x \to \infty} \frac{y}{x}$,方程两边同时除以 x^3,可得:

$$1 + \left(\frac{y}{x}\right)^3 = \left(\frac{y}{x}\right)^2 \cdot \frac{1}{x},\text{两边令 } x \to \infty \text{ 可得}:1 + k^3 = 0 \Rightarrow k = -1,$$

$$b = \lim_{x \to \infty}[y - (-x)] = \lim_{x \to \infty}(y + x).$$

由 $x^3 + y^3 = y^2$,可得 $x + y = \dfrac{y^2}{x^2 - xy + y^2} = \dfrac{\left(\dfrac{y}{x}\right)^2}{1 - \dfrac{y}{x} + \left(\dfrac{y}{x}\right)^2}$,两边取极限可得:

$$b = \lim_{x \to \infty}(x + y) = \lim_{x \to \infty} \frac{\left(\dfrac{y}{x}\right)^2}{1 - \dfrac{y}{x} + \left(\dfrac{y}{x}\right)^2} = \frac{(-1)^2}{1 - (-1) + (-1)^2} = \frac{1}{3}.$$

故斜渐近线方程为 $y = -x + \frac{1}{3}$.

考点 12　计算数列极限

知识补给库

　　求解数列极限 $\lim\limits_{n \to \infty} x_n$,首先判断 x_n 的形式.根据 x_n 的形式特点选择不同的方法.

　　常见的方法有:

　　(1)使用定积分定义.

$$\int_a^b f(x)dx = \lim_{n\to\infty}\sum_{i=1}^{n}\left\{f\left[a+\frac{(b-a)i}{n}\right]\cdot\frac{b-a}{n}\right\},$$

关键在于通项能否凑成右边的形式.

注 特殊地, $a=0$, $b=1$, 如图 1-1所示, 每一个小长方形宽度为 $\frac{1}{n}$, 每一个小长方形的长度取右端点所对应的函数值 $f(\frac{i}{n})$, 但不能形成思维定势, 有时也可以取左端点或中点所对应的函数值 $f(\frac{i-1}{n})$ 或 $f(\frac{2i-1}{2n})$, 故定积分定义也有以下形式.

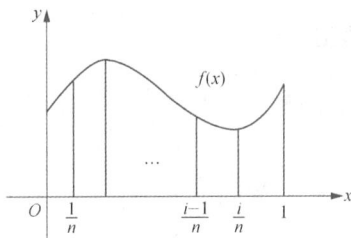

图 1-1

① $\int_0^1 f(x)dx = \lim_{n\to\infty}\frac{1}{n}\left[f(\frac{1}{n})+f(\frac{2}{n})+\cdots+f(\frac{i}{n})+\cdots+f(\frac{n}{n})\right]$

$=\lim_{n\to\infty}\sum_{i=1}^{n}f(\frac{i}{n})\frac{1}{n}.$ (取右端点)

② $\int_0^1 f(x)dx = \lim_{n\to\infty}\frac{1}{n}\left[f(\frac{0}{n})+f(\frac{1}{n})+\cdots+f(\frac{i-1}{n})+\cdots+f(\frac{n-1}{n})\right]$

$=\lim_{n\to\infty}\sum_{i=1}^{n}f(\frac{i-1}{n})\frac{1}{n}.$ (取左端点)

③ $\int_0^1 f(x)dx = \lim_{n\to\infty}\frac{1}{n}\left[f(\frac{1}{2n})+f(\frac{3}{2n})+\cdots f(\frac{2i-1}{2n})+\cdots+f(\frac{2n-1}{2n})\right]$

$=\lim_{n\to\infty}\sum_{i=1}^{n}f(\frac{2i-1}{2n})\frac{1}{n}.$ (取中点)

(2) 夹逼准则.

关键在于怎样放大、缩小通项, 即构造不等式, 考生要了解一些常见的不等式, 有些解答题也会把不等式设置为第一问,给考生求解第二问作"铺垫".

　　(3)先用夹逼准则,再用定积分定义.

　　(4) $\lim\limits_{n\to\infty}a_n = \lim\limits_{n\to\infty}f(n)$ 为未定式,则把离散的变量改为连续的变量 x, 转为相应函数的极限.

典型例题

例❶　求 $\lim\limits_{n\to\infty}\sum\limits_{k=1}^{n}\dfrac{k}{n^2}\ln\left(1+\dfrac{k}{n}\right)$.

解　$\lim\limits_{n\to\infty}\sum\limits_{k=1}^{n}\dfrac{k}{n^2}\ln\left(1+\dfrac{k}{n}\right) = \lim\limits_{n\to\infty}\sum\limits_{k=1}^{n}\dfrac{k}{n}\ln\left(1+\dfrac{k}{n}\right)\dfrac{1}{n} = \int_0^1 x\ln(1+x)\mathrm{d}x$

$$= \int_0^1 \ln(1+x)\mathrm{d}\left(\dfrac{x^2}{2}\right) = \dfrac{x^2}{2}\ln(1+x)\Big|_0^1 - \dfrac{1}{2}\int_0^1\dfrac{x^2}{1+x}\mathrm{d}x$$

$$= \dfrac{\ln 2}{2} - \dfrac{1}{2}\int_0^1\left(x-1+\dfrac{1}{1+x}\right)\mathrm{d}x$$

$$= \dfrac{\ln 2}{2} - \dfrac{1}{2}\left[\dfrac{x^2}{2}-x+\ln(1+x)\right]\Big|_0^1$$

$$= \dfrac{\ln 2}{2} - \dfrac{1}{2}\left[\dfrac{1}{2}-1+\ln(1+1)\right] = \dfrac{1}{4}.$$

例❷　(1) 求 $\lim\limits_{n\to\infty}n\left(\dfrac{1}{1+n^2}+\dfrac{1}{2^2+n^2}+\cdots+\dfrac{1}{n^2+n^2}\right)$.

(2) 求 $\lim\limits_{n\to\infty}\left(\dfrac{\sqrt{n+1}}{n\sqrt{n}+1}+\dfrac{\sqrt{n+2}}{n\sqrt{n}+2}+\cdots+\dfrac{\sqrt{n+n}}{n\sqrt{n}+n}\right)$.

解　(1)　$\lim\limits_{n\to\infty}n\left(\dfrac{1}{1+n^2}+\dfrac{1}{2^2+n^2}+\cdots+\dfrac{1}{n^2+n^2}\right)$

$$= \lim\limits_{n\to\infty}\dfrac{n}{n^2}\left(\dfrac{1}{\left(\dfrac{1}{n}\right)^2+1}+\dfrac{1}{\left(\dfrac{2}{n}\right)^2+1}+\cdots+\dfrac{1}{\left(\dfrac{n}{n}\right)^2+1}\right)$$

$$= \int_0^1\dfrac{1}{1+x^2}\mathrm{d}x = \arctan x\Big|_0^1 = \dfrac{\pi}{4}.$$

(2) $\dfrac{\sqrt{n+1}}{n\sqrt{n}+n}+\dfrac{\sqrt{n+2}}{n\sqrt{n}+n}+\cdots+\dfrac{\sqrt{n+n}}{n\sqrt{n}+n} \leqslant \dfrac{\sqrt{n+1}}{n\sqrt{n}+1}+\dfrac{\sqrt{n+2}}{n\sqrt{n}+2}+\cdots+\dfrac{\sqrt{n+n}}{n\sqrt{n}+n} \leqslant$

$\dfrac{\sqrt{n+1}}{n\sqrt{n}}+\dfrac{\sqrt{n+2}}{n\sqrt{n}}+\cdots+\dfrac{\sqrt{n+n}}{n\sqrt{n}}.$

右端极限 $= \lim\limits_{n\to\infty}\dfrac{1}{n}\left(\sqrt{1+\dfrac{1}{n}}+\sqrt{1+\dfrac{2}{n}}+\cdots+\sqrt{1+\dfrac{n}{n}}\right)$

$$= \int_0^1\sqrt{1+x}\,\mathrm{d}x = \dfrac{2}{3}(2\sqrt{2}-1).$$

左端极限 $= \lim\limits_{n\to\infty}\dfrac{n\sqrt{n}}{n\sqrt{n}+n}\left(\dfrac{\sqrt{n+1}}{n\sqrt{n}}+\dfrac{\sqrt{n+2}}{n\sqrt{n}}+\cdots+\dfrac{\sqrt{n+n}}{n\sqrt{n}}\right)$

$$= \int_0^1 \sqrt{1+x}\,\mathrm{d}x = \frac{2}{3}(2\sqrt{2}-1) \cdot \left(\lim_{n\to\infty} \frac{n\sqrt{n}}{n\sqrt{n}+n} = 1\right).$$

故原极限 $= \dfrac{2}{3}(2\sqrt{2}-1)$.

例❸ 设 $f(x)$ 在 $[0,1]$ 上连续,则 $\displaystyle\int_0^1 f(x)\,\mathrm{d}x =$ ( )

(A) $\displaystyle\lim_{n\to\infty}\sum_{k=1}^n f\left(\frac{2k-1}{2n}\right)\frac{1}{2n}$ (B) $\displaystyle\lim_{n\to\infty}\sum_{k=1}^n f\left(\frac{2k-1}{2n}\right)\frac{1}{n}$

(C) $\displaystyle\lim_{n\to\infty}\sum_{k=1}^{2n} f\left(\frac{k-1}{2n}\right)\frac{1}{n}$ (D) $\displaystyle\lim_{n\to\infty}\sum_{k=1}^{2n} f\left(\frac{k}{2n}\right)\frac{2}{n}$

解 由前面理论讲解,正确答案为(B).

例❹ (1) 求 $f(x) = \displaystyle\lim_{n\to\infty}\sqrt[n]{1+x^n+\left(\frac{x^2}{2}\right)^n}\ (x\geqslant 0)$.

(2) 求 $f(x) = \displaystyle\lim_{n\to\infty}\sqrt[n]{1+|x|^{3n}}$.

(3) 求 $\displaystyle\lim_{n\to\infty}\sqrt[n]{a^{-n}+b^{-n}}\ (0<a<b)$.

(4) 求 $\displaystyle\lim_{n\to\infty}\sqrt[n]{a_1^n+a_2^n+\cdots+a_k^n}$,设 $a_k>0\ (k=1,2,\cdots,m)$.

分析: 对 $u_1+u_2+\cdots+u_n$ 进行放缩有两个常见的结论:

① 当 n 为无穷大时,则 $n\cdot u_{\min}\leqslant\displaystyle\sum_{i=1}^n u_i\leqslant n\cdot u_{\max}$.

② 当 n 为有限数,且 $u_i\geqslant 0$ 时,则 $1\cdot u_{\max}\leqslant\displaystyle\sum_{i=1}^n u_i\leqslant n\cdot u_{\max}$.

解 (1) (i) 当 $\begin{cases}1>x,\\ 1>\dfrac{x^2}{2},\end{cases}$ 即 $0\leqslant x<1$ 时,此时,1,x^n,$\left(\dfrac{x^2}{2}\right)^n$ 三项中 1 为最大者,则

$$\sqrt[n]{1\times 1^n}\leqslant\sqrt[n]{1^n+x^n+\left(\frac{x^2}{2}\right)^n}\leqslant\sqrt[n]{3\times 1^n}.$$

因 $\displaystyle\lim_{n\to\infty}\sqrt[n]{3}=1$,由夹逼准则得,原极限 $=1$.

(ii) 当 $\begin{cases}x\geqslant 1,\\ x>\dfrac{x^2}{2},\end{cases}$ 即 $1\leqslant x<2$ 时,此时,x^n 最大,则

$$\sqrt[n]{x^n}\leqslant\sqrt[n]{1^n+x^n+\left(\frac{x^2}{2}\right)^n}\leqslant\sqrt[n]{3\cdot x^n}.$$

因 $\displaystyle\lim_{n\to\infty}\sqrt[n]{3\cdot x^n}=x$,由夹逼准则得,原极限 $=x$.

(iii) 当 $\begin{cases}\dfrac{x^2}{2}>1,\\ \dfrac{x^2}{2}\geqslant x,\end{cases}$ 即 $2\leqslant x<+\infty$ 时,$\left(\dfrac{x^2}{2}\right)^n$ 最大,则

$$\sqrt[n]{\left(\frac{x^2}{2}\right)^n} \leqslant \sqrt[n]{1^n + x^n + \left(\frac{x^2}{2}\right)^n} \leqslant \sqrt[n]{3 \cdot \left(\frac{x^2}{2}\right)^n}.$$

而 $\lim\limits_{n\to\infty}\sqrt[n]{\left(\frac{x^2}{2}\right)^n} = \lim\limits_{n\to\infty}\sqrt[n]{3 \cdot \left(\frac{x^2}{2}\right)^n} = \frac{x^2}{2}.$

综上所述，$f(x) = \begin{cases} 1, & 0 \leqslant x < 1, \\ x, & 1 \leqslant x < 2, \\ \dfrac{x^2}{2}, & x \geqslant 2. \end{cases}$

注 由此题可以得出一个结论：有限项相加时，谁最大结果为谁.

(2) 由上题结论可知答案为 $f(x) = \begin{cases} 1, & 1 \geqslant |x|^3 (-1 \leqslant x \leqslant 1), \\ |x|^3, & 1 < |x|^3 (x > 1 \text{ 或 } x < -1). \end{cases}$

(3) 因 $0 < a < b$，故 $\dfrac{1}{a} > \dfrac{1}{b}$，

$$\lim_{n\to\infty}\sqrt[n]{\left(\frac{1}{a}\right)^n + \left(\frac{1}{b}\right)^n} = \frac{1}{a}.$$

(4) $\lim\limits_{n\to\infty}\sqrt[n]{a_1^n + a_2^n + \cdots + a_k^n} = \max\{a_i\}\ (i = 1, 2, \cdots, k).$

例❺ (1) 比较 $\int_0^1 |\ln t| [\ln(1+t)]^n \mathrm{d}t$ 与 $\int_0^1 t^n \cdot |\ln t| \mathrm{d}t\ (n = 1, 2, \cdots)$ 的大小，说明理由；

(2) 记 $u_n = \int_0^1 |\ln t| [\ln(1+t)]^n \mathrm{d}t\ (n = 1, 2, \cdots)$，求极限 $\lim\limits_{n\to\infty} u_n.$

分析：考查定积分的性质和数列极限的夹逼定理.

解 (1) 当 $t \in (0, 1)$ 时，根据拉格朗日中值定理，

$$\frac{\ln(1+t) - \ln(1+0)}{t} = \frac{1}{1+\xi} < 1, \xi \in (0, t),$$

即 $\qquad 0 < \ln(1+t) < t,$

故 $\qquad |\ln t| [\ln(1+t)]^n < |\ln t| t^n,$

根据定积分的比较法则，

$$\int_0^1 |\ln t| [\ln(1+t)]^n \mathrm{d}t < \int_0^1 |\ln t| t^n \mathrm{d}t.$$

(2)
$$\lim_{n\to\infty} \int_0^1 |\ln t| \cdot [\ln(1+t)]^n \mathrm{d}t$$
$$\leqslant \lim_{n\to\infty} \int_0^1 |\ln t| \cdot t^n \mathrm{d}t$$
$$= -\lim_{n\to\infty} \int_0^1 \ln t \cdot t^n \mathrm{d}t$$
$$= -\lim_{n\to\infty} \frac{1}{n+1} \int_0^1 \ln t \mathrm{d}t^{n+1}$$

$$= -\lim_{n\to\infty} \frac{1}{n+1}\left(t^{n+1}\ln t\Big|_0^1 - \int_0^1 t^n \mathrm{d}t\right)$$

$$= \lim_{n\to\infty} \frac{1}{(n+1)^2} t^{n+1}\Big|_0^1$$

$$= 0.$$

注 由 $x\to+\infty$, $\ln x \ll x^n \ll a^x (a>1)$, 故

$$\lim_{x\to-\infty}\left[x\mathrm{e}^{(n+1)x}\right] \xlongequal{\diamondsuit -x=t} \lim_{t\to+\infty}\frac{-t}{\mathrm{e}^{(n+1)t}} = 0.$$

$x \leqslant \mathrm{e}^x - 1$, $x\in(-\infty, +\infty)$.

考点 13 证明数列极限存在

知识补给库

证明数列极限存在是考研数学中的一大难点, 难在证明单调性和有界性时, 不同题目的思维方式、方法不一样, 不具备 "共性", 属于考查考生综合能力的一个考点.

证明 $\lim_{n\to\infty} a_n$ 存在: 单调有界准则 [单调增加(减少)且有上(下)界的数列].

证明单调性的方法:

(1) 定义法: $\qquad a_{n+1}-a_n \geqslant 0 (\leqslant 0)$;

$$\frac{a_{n+1}}{a_n} \geqslant 1 (\leqslant 1).$$

(2) 一些常用不等式的结论:

① $\sqrt[n]{x_1 x_2 \cdots x_n} \leqslant \frac{1}{n}(x_1 + x_2 + \cdots + x_n)$, $x_1, x_2, \cdots, x_n \in \mathbf{R}^+$.

② $x^2 + y^2 \geqslant 2xy$. $x, y\in\mathbf{R}$.

③ $\sin x \leqslant x \leqslant \tan x$, $x\in\left[0, \frac{\pi}{2}\right)$.

④ $\frac{x}{1+x} < \ln(1+x) < x$, $x\in\mathbf{R}^+$.

⑤ $x \leqslant \mathrm{e}^x - 1$, $x\in(-\infty, +\infty)$.

设 n 为正整数, 则 $\dfrac{1}{n+1} < \ln\left(1+\dfrac{1}{n}\right) < \dfrac{1}{n}$.

(3) 数学归纳法.

典型例题

例❶ 设 $a > 0$, $x_1 > 0$, $x_{n+1} = \dfrac{1}{4}\left(3x_n + \dfrac{a}{x_n^3}\right)$, $n = 1, 2, \cdots$, 求 $\lim\limits_{n \to \infty} x_n$.

解 由 $a > 0$, 易知 $x_n > 0$ $(n = 1, 2, \cdots)$. 根据算术平均数与几何平均数的关系, 有

$$x_{n+1} = \frac{1}{4}\left(x_n + x_n + x_n + \frac{a}{x_n^3}\right) \geqslant \sqrt[4]{x_n x_n x_n \frac{a}{x_n^3}} = \sqrt[4]{a}.$$

所以, 数列 x_n 有下界 $\sqrt[4]{a}$, 即对一切 $n > 1$, 有 $x_n \geqslant \sqrt[4]{a}$.

又 $\dfrac{x_{n+1}}{x_n} = \dfrac{1}{4}\left(3 + \dfrac{a}{x_n^4}\right) \leqslant \dfrac{1}{4}\left(3 + \dfrac{a}{a}\right) = 1$,

所以 $x_{n+1} \leqslant x_n$, 即数列单调减少. 由单调有界准则知数列 x_n 有极限.

令 $\lim\limits_{n \to \infty} x_n = A$, 两边同时取极限, 得 $A = \dfrac{1}{4}\left(3A + \dfrac{a}{A^3}\right)$, 解得 $A = \sqrt[4]{a}$ (已舍去负根).

例❷ 设 $f(x)$ 满足 $f'(x) = \dfrac{1}{x^2 + f^2(x)}$ $(x \geqslant 1)$, 且 $f(1) = 1$, 证明 $\lim\limits_{x \to +\infty} f(x)$ 存在.

证 因为当 $x \geqslant 1$ 时, $f'(x) > 0$, 所以 $f(x)$ 单调增加.

$$\int_1^x f'(t)\,\mathrm{d}t = \int_1^x \frac{\mathrm{d}t}{t^2 + f^2(t)} < \int_1^x \frac{1}{t^2}\,\mathrm{d}t.$$

所以 $f(x) - f(1) < 1 - \dfrac{1}{x} < 1$, 即 $f(x) < 2$.

由函数极限存在法则, $f(x)$ 单调增加有上界, 故 $\lim\limits_{x \to +\infty} f(x)$ 存在.

例❸ 设 $f(x)$ 处处可导, 且 $0 \leqslant f'(x) \leqslant \dfrac{k}{1 + x^2}$ $(k > 0$ 为常数$)$, 又设 x_0 为任意一点, 数列 $\{x_n\}$ 满足 $x_n = f(x_{n-1})(n = 1, 2, \cdots)$, 试证: 当 $n \to \infty$ 时, 数列 $\{x_n\}$ 的极限存在.

证 先证 $\{x_n\}$ 单调.

$x_{n+1} - x_n = f(x_n) - f(x_{n-1}) = f'(\xi_n)(x_n - x_{n-1})$, 其中, ξ_n 在 x_n 与 x_{n-1} 之间, 已知 $f'(x) \geqslant 0$, 于是 $f'(\xi_n) \geqslant 0$,

从而 $x_{n+1} - x_n$ 与 $x_n - x_{n-1}$ 同号, 故 $\{x_n\}$ 单调.

$$|x_n| = |f(x_{n-1})| = \left| f(x_0) + \int_{x_0}^{x_{n-1}} f'(x)\,\mathrm{d}x \right| \leqslant |f(x_0)| + \left| \int_{x_0}^{x_{n-1}} f'(x)\,\mathrm{d}x \right|$$

$$\leqslant |f(x_0)| + \int_{x_0}^{x_{n-1}} |f'(x)|\,\mathrm{d}x \leqslant |f(x_0)| + \int_{-\infty}^{+\infty} \frac{k}{1 + x^2}\,\mathrm{d}x$$

$$= |f(x_0)| + k\pi.$$

故由单调有界准则知, $\{x_n\}$ 的极限存在.

例**4** （1）证明：对任意的正整数 n，都有 $\dfrac{1}{n+1}<\ln\left(1+\dfrac{1}{n}\right)<\dfrac{1}{n}$ 成立；

（2）设 $a_n=1+\dfrac{1}{2}+\cdots+\dfrac{1}{n}-\ln n\ (n=1,2,\cdots)$，证明数列 $\{a_n\}$ 收敛.

解 （1）设 $f(x)=\ln(1+x)$，在 $[0,x]$ 上应用拉格朗日中值定理，有

$$f(x)-f(0)=\frac{1}{1+\xi}(x-0),\ 0<\xi<x,$$

即 $\ln(1+x)=\dfrac{x}{1+\xi}.$

又 $0<\xi<x$，有 $\dfrac{x}{1+x}<\dfrac{x}{1+\xi}<x$，于是，$\dfrac{x}{x+1}<\ln(1+x)<x.$

令 $x=\dfrac{1}{n}$，即有 $\dfrac{1}{n+1}<\ln\left(1+\dfrac{1}{n}\right)<\dfrac{1}{n}$ 成立.

（2）由题设，考察 $a_{n+1}-a_n=\dfrac{1}{n+1}-\ln(n+1)+\ln n=\dfrac{1}{n+1}-\ln\left(1+\dfrac{1}{n}\right)<0$，故数列 $\{a_n\}$ 为单调减少数列.

又由（1）可知，$\dfrac{1}{n}>\ln\left(1+\dfrac{1}{n}\right)$，故

$$a_n=1+\frac{1}{2}+\cdots+\frac{1}{n}-\ln n>\ln\left(1+\frac{1}{1}\right)+\ln\left(1+\frac{1}{2}\right)+\cdots+\ln\left(1+\frac{1}{n}\right)-\ln n$$

$$=\ln\left(\frac{1}{n}\cdot\frac{2}{1}\cdot\frac{3}{2}\cdot\cdots\cdot\frac{n+1}{n}\right)=\ln\frac{n+1}{n}>0.$$

所以，由单调有界数列收敛准则知，数列 $\{a_n\}$ 收敛.

注 本题是 2011 年数二考卷第 19 题.在数学专业上，有结论：$1+\dfrac{1}{2}+\cdots+\dfrac{1}{n}=\ln n+\gamma+o(1)$，其中 $\gamma=0.577\,215\cdots$（称为欧拉常数）.1999 年数二有一道这样的试题：设函数 $f(x)$ 是 $[0,+\infty)$ 上单调减少且非负的连续函数，记 $a_n=\sum\limits_{k=1}^{n}f(k)-\int_1^n f(x)\mathrm{d}x,\ n=1,2,\cdots$，则数列 $\{a_n\}$ 的极限存在.这两道题表面上看并没有什么关联，但是我在坐地铁去国家图书馆准备刷题班内容的时候，突然发现这两道题异曲同工，2011 年的考题其实就是 1999 年考题的特殊情况.这种觉悟来源于平时的投入，希望读者注重平时积累，感受到学习数学的快乐！

掌握以上原理，可以自己编题，例如：

（1）$a_n=1+\dfrac{1}{\sqrt{2}}+\dfrac{1}{\sqrt{3}}+\cdots+\dfrac{1}{\sqrt{n}}-2\sqrt{n},\ n=1,2,\cdots$，证明 $\lim\limits_{n\to\infty}x_n$ 存在.

（2）$a_n=1+\dfrac{1}{\sqrt[3]{2}}+\dfrac{1}{\sqrt[3]{3}}+\cdots+\dfrac{1}{\sqrt[3]{n}}-\dfrac{3}{2}n^{\frac{2}{3}},\ n=1,2,\cdots$，证明 $\lim\limits_{n\to\infty}x_n$ 存在.

（3）$a_n=\dfrac{1}{2\ln 2}+\dfrac{1}{3\ln 3}+\cdots+\dfrac{1}{n\ln n}-\ln\ln n$，证明 $\lim\limits_{n\to\infty}x_n$ 存在.

第二章　一元函数微分学

考点1　导数的定义

知识补给库

正确理解导数的概念,可导的充要条件以及含绝对值函数的可导性.

1. 导数的两种定义形式

(1) $f'(x_0) = \lim\limits_{\Delta x \to 0} \dfrac{f(x_0 + \Delta x) - f(x_0)}{\Delta x}$.

(2) $f'(x_0) = \lim\limits_{x \to x_0} \dfrac{f(x) - f(x_0)}{x - x_0}$.

2. 函数的左、右导数

函数 $y = f(x)$ 在 $x = x_0$ 处的左、右导数分别定义为:

左导数:$f'_-(x_0) = \lim\limits_{\Delta x \to 0^-} \dfrac{f(x_0 + \Delta x) - f(x_0)}{\Delta x} = \lim\limits_{x \to x_0^-} \dfrac{f(x) - f(x_0)}{x - x_0}$;

右导数:$f'_+(x_0) = \lim\limits_{\Delta x \to 0^+} \dfrac{f(x_0 + \Delta x) - f(x_0)}{\Delta x} = \lim\limits_{x \to x_0^+} \dfrac{f(x) - f(x_0)}{x - x_0}$.

3. 一次函数可导的充分必要条件

一般来说,一元函数在某点可导的充分必要条件是函数在该点的左右导数存在且相等.但只知道这个充要条件在解题中往往是不够用的,下面就以导数定义的两种形式上分别讨论可导的充分条件与必要条件.

(1) 充分条件.

考研数学中经常会出现这样一类选择题：设抽象函数 $f(x)$ 在 $x=x_0$ 的某邻域内有定义，问哪一个选项是 $f(x)$ 在 $x=x_0$ 处可导的充分条件，各选项通常由下面两种形式之一给出：

$$\lim_{\Delta x \to 0} \frac{f[g_1(\Delta x)] - f[g_2(\Delta x)]}{g_3(\Delta x)} \text{ 存在 或 } \lim_{x \to x_0} \frac{f[g_1(x)] - f[g_2(x)]}{g_3(x)} \text{ 存在.}$$

这就是考研数学中常出现的函数可导的充分条件问题. 针对选项中可能给出的这两种极限式，分别只需知道三个条件，就可以解决函数可导的充分条件问题. 总结如下：

(a) 分子要一动点减一个固定点 (即"一动一静").

若是极限形式一：分子一定是 $f[g_1(\Delta x)]$ 与 $f[g_2(\Delta x)]$ 相减，且其中一定要有一项为 $f(x_0)$；

若是极限形式二：分子一定是 $f[g_1(x)]$ 与 $f[g_2(x)]$ 相减，且其中一定要有一项为 $f(x_0)$.

(b) 保证 $f_+'(x_0) = f_-'(x_0)$.

若是极限形式一：设 $f[g_2(\Delta x)] = f(x_0)$，则 Δx 由 $0^- \to 0^+$ 过程中，$g_1(\Delta x)$ 由 $x_0^- \to x_0^+$ 或由 $x_0^+ \to x_0^-$；

若是极限形式二：设 $f[g_2(x)] = f(x_0)$，则 x 由 $x_0^- \to x_0^+$ 过程中，$g_1(x)$ 由 $x_0^- \to x_0^+$ 或由 $x_0^+ \to x_0^-$.

(c) 若是极限形式一：$g_1(\Delta x) - g_2(\Delta x)$ 等于 $g_3(\Delta x)$ 或为 $g_3(\Delta x)$ 的非高阶无穷小 (同阶或低阶无穷小)；

若是极限形式二：$g_1(x) - g_2(x)$ 等于 $g_3(x)$ 或为 $g_3(x)$ 的非高阶无穷小 (同阶或低阶无穷小).

以上 (a)(b)(c) 同时成立，则 $f(x)$ 在 $x=x_0$ 处可导.

（2）必要条件.

有关可导的必要条件一般出填空题，即已知函数在某点、可导，然后求某个极限式的值.

设 $f(x)$ 在 $x = x_0$ 处可导,则有:

若 $\lim\limits_{\Delta x \to 0} \dfrac{f[g_1(\Delta x)] - f[g_2(\Delta x)]}{g_3(\Delta x)}$ 中 $g_1(\Delta x) - g_2(\Delta x) = g_3(\Delta x)$,

则此极限值等于 $f'(x_0)$；若 $g_1(\Delta x) - g_2(\Delta x) \neq g_3(\Delta x)$,则经常利用分子分母同乘 $g_1(\Delta x) - g_2(\Delta x)$ 的方法求出极限值.

若 $\lim\limits_{x \to x_0} \dfrac{f[g_1(x)] - f[g_2(x)]}{g_3(x)}$ 中 $g_1(x) - g_2(x) = g_3(x)$,则

此极限值等于 $f'(x_0)$,若 $g_1(x) - g_2(x) \neq g_3(x)$,则经常利用分子分母同乘 $g_1(x) - g_2(x)$ 的方法求出极限值.

典型例题

例❶ (2001) 设 $f(0) = 0$,则 $f(x)$ 在点 $x = 0$ 处可导的充要条件为 （　　）

(A) $\lim\limits_{h \to 0} \dfrac{1}{h^2} f(1 - \cos h)$ 存在　　　　(B) $\lim\limits_{h \to 0} \dfrac{1}{h} f(1 - e^h)$ 存在

(C) $\lim\limits_{h \to 0} \dfrac{1}{h^2} f(h - \sin h)$ 存在　　　　(D) $\lim\limits_{h \to 0} \dfrac{1}{h} [f(2h) - f(h)]$ 存在

解法 1　对于(A): $\lim\limits_{h \to 0} \dfrac{1}{h^2} f(1 - \cos h) = \lim\limits_{h \to 0} \dfrac{f(1 - \cos h) - f(0)}{h^2}$,显然 $x_0 = 0$,当 h 从 $0^- \to 0^+$ 时, $1 - \cos h \geqslant 0$,不是由 $0^- \to 0^+$,也不是由 $0^+ \to 0^-$,不满足上面(a)(b)(c)中的(b).

对于(B): $\lim\limits_{h \to 0} \dfrac{1}{h} f(1 - e^h) = \lim\limits_{h \to 0} \dfrac{f(1 - e^h) - f(0)}{h}$,显然 $x_0 = 0$,当 h 从 $0^- \to 0^+$ 时, $1 - e^h$ 从 $0^+ \to 0^-$,此外 $1 - e^h \sim h$,同时满足(a)(b)(c).

对于(C): $\lim\limits_{h \to 0} \dfrac{f(h - \sin h)}{h^2} = \lim\limits_{h \to 0} \dfrac{f(h - \sin h) - f(0)}{h^2}$,又因 $h \to 0$ 时, $h - \sin h \sim \dfrac{1}{6} h^3$,比 h^2 更高阶,不满足上面(a)(b)(c)中的(c).

对于(D):极限式分子中不含有 $f(0)$,显然不满足上面(a)(b)(c)中的(a).

因此本例应该选择(B).

解法 2　对于(B): $\lim\limits_{h \to 0} \dfrac{f(1 - e^h)}{h} = \lim\limits_{h \to 0} \left[\dfrac{f(0 + 1 - e^h) - f(0)}{1 - e^h} \cdot \dfrac{1 - e^h}{h} \right]$,

当 $h \to 0^+$ 时, $e^h \to 1^+$, $1 - e^h \to 0^-$, $\lim\limits_{h \to 0^+} \dfrac{1 - e^h}{h} = -1$,故上述极限 $= -f'_-(0)$.

同理,当 $h \to 0^-$ 时, $e^h \to 1^-$, $1 - e^h \to 0^+$, $\lim\limits_{h \to 0^-} \dfrac{1 - e^h}{h} = -1$,故上述极限 $= -f'_+(0)$.

综上,(B)选项极限存在,即 $-f'_-(0) = -f'_+(0)$,也就是 $f'_-(0) = f'_+(0)$,从而 $f(x)$ 在点 $x = 0$ 处可导.

例❷ 设函数 $f(x)$ 在区间 $(-1, 1)$ 内有定义,且 $\lim\limits_{x \to 0} f(x) = 0$,则 ( )

(A) 当 $\lim\limits_{x \to 0} \dfrac{f(x)}{\sqrt{|x|}} = 0$ 时, $f(x)$ 在 $x = 0$ 处可导

(B) 当 $\lim\limits_{x \to 0} \dfrac{f(x)}{x^2} = 0$ 时, $f(x)$ 在 $x = 0$ 处可导

(C) 当 $f(x)$ 在 $x = 0$ 处可导时, $\lim\limits_{x \to 0} \dfrac{f(x)}{\sqrt{|x|}} = 0$

(D) 当 $f(x)$ 在 $x = 0$ 处可导时, $\lim\limits_{x \to 0} \dfrac{f(x)}{x^2} = 0$

解 取 $f(x) = |x|$,此时 $\lim\limits_{x \to 0} \dfrac{f(x)}{\sqrt{|x|}} = 0$,但 $f(x)$ 在 $x = 0$ 处不可导,(A)错;

取 $f(x) = \begin{cases} x^3, & x \neq 0, \\ 1, & x = 0, \end{cases}$ 此时 $\lim\limits_{x \to 0} \dfrac{f(x)}{x^2} = 0$,但 $f(x)$ 在 $x = 0$ 处不连续,故不可导, (B)错;

取 $f(x) = x$,此时 $f(x)$ 在 $x = 0$ 处可导,但 $\lim\limits_{x \to 0} \dfrac{f(x)}{x^2} = \infty$, (D)错;

当 $f(x)$ 在 $x = 0$ 处可导时,则 $f(x)$ 在 $x = 0$ 处连续,且 $f(0) = \lim\limits_{x \to 0} f(x) = 0$,

$\lim\limits_{x \to 0} \dfrac{f(x)}{\sqrt{|x|}} = \lim\limits_{x \to 0} \dfrac{f(x) - f(0)}{x} \cdot \dfrac{x}{\sqrt{|x|}} = f'(0) \lim\limits_{x \to 0} \dfrac{x}{\sqrt{|x|}} = f'(0) \times 0 = 0$,故选(C).

例❸ 设 $f(x)$ 在 $x = a$ 的某邻域内有定义,在 $x = a$ 的某去心邻域内可导,则下述命题正确的是 ( )

(A) 若 $\lim\limits_{x \to a} f'(x) = A$,则 $f'(a) = A$

(B) 若 $f'(a) = A$,则 $\lim\limits_{x \to a} f'(x) = A$

(C) 若 $\lim\limits_{x \to a} f'(x) = \infty$,则 $f'(a)$ 不存在

(D) 若 $f'(a)$ 不存在,则 $\lim\limits_{x \to a} f'(x) = \infty$

解 若 $\lim\limits_{x \to a} f'(x) = \infty$,如果证明 $f'(a)$ 不存在,可以用反证法,设 $f'(a)$ 存在,则 $f(x)$ 在 $x = a$ 处连续,由题设, $f(x)$ 在 $x = a$ 的某邻域连续,从而

$$f'(a) = \lim\limits_{x \to a} \dfrac{f(x) - f(a)}{x - a} \overset{L'}{=} \lim\limits_{x \to a} f'(x) = \infty,$$

矛盾,所以 $f'(a)$ 必不存在.故(C)正确.

其他选项均可举出反例.

(A)的反例:设当 $x \neq 0$ 时, $f(x) = 1$, $f(0) = 0$. $\lim\limits_{x \to 0} f'(x) = 0$,但 $f'(0)$ 不存在.

(B)的反例:设当 $x \neq 0$ 时, $f(x) = x^2 \sin \dfrac{1}{x}$, $f(0) = 0$. $f'(0)$ 存在且等于 0 . 但

$\lim\limits_{x\to 0}f'(x)$ 不存在.

(D)的反例同(A), $f'(0)$ 不存在,但 $\lim\limits_{x\to 0}f'(x)$ 存在且等于 0.

考点 2　利用导数定义求导

知识补给库

见到下述常见问题,用导数定义求导数较用求导数法则更方便,故一般要用到导数定义.

(1)讨论分段函数在分段点的可导性.

(2)求导函数过于复杂(函数表达式为多项连乘,连除等).

(3)讨论抽象函数在某点的可导性.

典型例题

例❶　设 $f(x)=\dfrac{(x+1)(x+2)(x+3)}{(x-1)(x-2)(x-3)}$,求 $f'(-1)$.

解　$f'(-1)=\lim\limits_{x\to 1}\dfrac{f(x)-f(-1)}{x+1}=\lim\limits_{x\to 1}\dfrac{(x+2)(x+3)}{(x-1)(x-2)(x-3)}=-\dfrac{1}{12}.$

例❷　设 $f(x)=\left[\tan\left(\dfrac{\pi}{4}x\right)-1\right]\left[\tan\left(\dfrac{\pi}{4}x^2\right)-2\right]\cdots\left[\tan\left(\dfrac{\pi}{4}x^{100}\right)-100\right]$,求 $f'(1)$.

解法 1　$f'(1)=\lim\limits_{x\to 1}\dfrac{f(x)-f(1)}{x-1}$

$$=\lim\limits_{x\to 1}\dfrac{\tan\dfrac{\pi x}{4}-1}{x-1}\lim\limits_{x\to 1}\left[\left(\tan\dfrac{\pi x^2}{4}-2\right)\cdots\left(\tan\dfrac{\pi x^{100}}{4}-100\right)\right]$$

$$=-\dfrac{99!}{2}\pi.$$

(因 $\lim\limits_{x\to 1}\dfrac{\tan\dfrac{\pi x}{4}-1}{x-1}\xlongequal{L'}\lim\limits_{x\to 1}\dfrac{\sec^2\left(\dfrac{\pi}{4}x\right)\cdot\dfrac{\pi}{4}}{1}=\dfrac{\pi}{2}$,

$\lim\limits_{x\to 1}\left[\left(\tan\left(\dfrac{\pi}{4}x^2\right)-2\right)\cdots\left(\tan\dfrac{\pi x^{100}}{4}-100\right)\right]=(-1)\times\cdots\times(-99)=-99!.$)

解法 2　令 $g(x)=\tan\dfrac{\pi x}{4}-1$, $h(x)=\left(\tan\dfrac{\pi x^2}{4}-2\right)\left(\tan\dfrac{\pi x^3}{4}-3\right)\cdots\left(\tan\dfrac{\pi x^{100}}{4}-100\right)$,

则 $f(x)=g(x)h(x)$, $f'(x)=g'(x)h(x)+g(x)h'(x)$,

故 $f'(1)=g'(1)h(1)+g(1)h'(1)$,

$$g'(1)=\dfrac{\pi}{4}\sec^2\dfrac{\pi x}{4}\Big|_{x=1}=\dfrac{\pi}{4}\sec^2\dfrac{\pi}{4}=\dfrac{\pi}{2}.$$

$$h(1)=\left(\tan\dfrac{\pi}{4}-2\right)\left(\tan\dfrac{\pi}{4}-3\right)\cdots\left(\tan\dfrac{\pi}{4}-100\right)$$

$$= (-1)(-2)\cdots(-99) = (-1)^{99} \cdot 99!$$
$$= -99!.$$

$g(1) = \tan\dfrac{\pi}{4} - 1 = 0$，且 $h'(1)$ 存在，故 $f'(1) = \dfrac{\pi}{2}(-99!) = -\dfrac{99!}{2}\pi$.

例❸ 已知 $f(x)$ 连续且 $\lim\limits_{x\to 0}\dfrac{f(x)}{x} = 1$，$g(x) = \displaystyle\int_0^1 f(xt)\mathrm{d}t$，求 $g'(x)$ 并证明 $g'(x)$ 在 $x = 0$ 处连续.

解 因为 $f(x)$ 连续且 $\lim\limits_{x\to 0}\dfrac{f(x)}{x} = 1$，所以 $f(0) = 0$.

又 $g(x) = \displaystyle\int_0^1 f(xt)\mathrm{d}t$，令 $xt = u$，则有

$$g(x) = \frac{\displaystyle\int_0^x f(u)\mathrm{d}u}{x}.$$

当 $x = 0$ 时，$g(0) = \displaystyle\int_0^1 f(0)\mathrm{d}t = 0$，

$$g'(0) = \lim_{x\to 0}\frac{g(x) - g(0)}{x - 0} = \lim_{x\to 0}\frac{\displaystyle\int_0^x f(u)\mathrm{d}u}{x^2}$$
$$\overset{L'}{=} \lim_{x\to 0}\frac{f(x)}{2x} = \frac{1}{2}.$$

当 $x \neq 0$ 时，$g'(x) = \dfrac{xf(x) - \displaystyle\int_0^x f(u)\mathrm{d}u}{x^2}$，

所以
$$g'(x) = \begin{cases} \dfrac{1}{2}, & x = 0 \\ \dfrac{xf(x) - \displaystyle\int_0^x f(u)\mathrm{d}u}{x^2}, & x \neq 0. \end{cases}$$

$$\lim_{x\to 0} g'(x) = \lim_{x\to 0}\frac{xf(x) - \displaystyle\int_0^x f(u)\mathrm{d}u}{x^2}$$
$$= \lim_{x\to 0}\frac{f(x)}{x} - \frac{\displaystyle\int_0^x f(u)\mathrm{d}u}{x^2}$$
$$= 1 - \frac{1}{2} = \frac{1}{2}.$$

所以 $\lim\limits_{x\to 0} g'(x) = g'(0)$，$g'(x)$ 连续.

考点3　有关可导性的几个常用结论

知识补给库

(1) 设 $f(x)$ 在 x_0 处可导，$g(x)$ 在 x_0 处连续但不可导，则 $F(x) = f(x)g(x)$ 在 x_0 处可导的充要条件是 $f(x_0) = 0$。

(2) 设 $f(x) = (x-x_0)^k|x-x_0|$，则

① 当 $k = 0$ 时，$f(x) = |x-x_0|$ 在 x_0 处不可导。

② 当 $k = 1$ 时，$f(x) = (x-x_0)|x-x_0|$ 在 x_0 处一阶可导但二阶不可导。

③ 当 k 为正整数时，$f(x) = (x-x_0)^k|x-x_0|$ 在 x_0 处 k 阶可导，但 $k+1$ 阶不可导。

(3) 设 $f(x) = |x-x_0|\varphi(x)$，$\varphi(x)$ 在 x_0 处连续，

则 $f(x)$ 在 x_0 处 $\begin{cases} ① \ 可导 \Leftrightarrow \varphi(x_0) = 0, \\ ② \ 不可导 \Leftrightarrow \varphi(x_0) \neq 0. \end{cases}$

(4) 奇(偶)函数的导函数是偶(奇)函数；

周期函数的导函数一定是周期函数。

注　奇函数的原函数为偶函数，偶函数的所有原函数中只有一个为奇函数，周期函数的原函数不一定是周期函数。

(5) 导数极限定理：

若 $f(x)$ 在点 x_0 的左邻域 $[x_0-\delta, x_0]$ 上连续，在 $(x_0-\delta, x_0)$ 内可导，且 $\lim\limits_{x \to x_0^-} f'(x)$ 存在，则

$$\lim\limits_{x \to x_0^-} f'(x) = f'_-(x_0);$$

同理，$f(x)$ 在点 x_0 的右邻域 $[x_0, x_0+\delta]$ 上连续，在 $(x_0, x_0+\delta)$ 内可导，且 $\lim\limits_{x \to x_0^+} f'(x)$ 存在，则 $\lim\limits_{x \to x_0^+} f'(x) = f'_+(x_0)$。

注 用导数定义及拉格朗日中值定理即可证明。

2009 年考研数学中已考，由此可以证明导函数至多有第二类间断点，即具有第一类间断点的函数一定没有原函数。具体证明过程读者可以参考《考研数学必做习题库（高等数学篇）》135 面第 9 题。

典型例题

例❶ (1) $f(x) = (x^2-x-2)|x^3-x|$ 的不可导点的个数是   ( )

(A) 3   (B) 2   (C) 1   (D) 0

(2) 设 $f(x) = 3x^3 + x^2|x|$，则使 $f^{(n)}(0)$ 存在的最高阶导数 n 为   ( )

(A) 0   (B) 1   (C) 2   (D) 3

解 (1) $f(x) = (x+1)(x-2)|x(x+1)(x-1)|$，$f(x)$ 在 $x=-1$ 处可导，$f(x)$ 在 $x=0$ 及 $x=1$ 处不可导，故答案为 (B)。

(2) $(x-0)^2|x-0|$ 中，$k=2$，故 $f(x) = 3x^3+x^2|x|$ 在 $x=0$ 处二阶可导，三阶导数不存在，故答案为 (C)。

例❷ 已知 $f(x) = \sqrt[3]{x^2-2x-8}\,|x^3-4x|$，求 $f(x)$ 不可导点的个数。

解 疑似不可导点为 $x=4$，$x=0$，$x=2$，$x=-2$。

$$\lim_{x \to 4} \frac{f(x)-f(4)}{x-4} = \lim_{x \to 4} \frac{\sqrt[3]{x-4} \cdot \sqrt[3]{x+2} \cdot |x(x^2-4)|}{x-4} = \lim_{x \to 4} \frac{\sqrt[3]{x+2} \cdot |x(x^2-4)|}{(x-4)^{2/3}} = \infty;$$

$$\lim_{x \to -2} \frac{f(x)-f(-2)}{x-(-2)} = \lim_{x \to -2} \frac{\sqrt[3]{(x-4)(x+2)}\,|x(x-2)(x+2)|}{x+2} = 0;$$

$$\lim_{x \to 0} \frac{f(x)-f(0)}{x-0} = \lim_{x \to 0} \frac{\sqrt[3]{(x-4)(x+2)}\,|x(x-2)(x+2)|}{x} \quad \text{不存在};$$

$$\lim_{x \to 2} \frac{f(x)-f(2)}{x-2} = \lim_{x \to 2} \frac{\sqrt[3]{(x-4)(x+2)}\,|x(x-2)(x+2)|}{x-2} \quad \text{不存在}。$$

所以不可导点为 $x=4$，$x=2$，$x=0$，共 3 个。

例❸ 已知函数 $f(x) = \dfrac{1}{1+x^2}$，则 $f^{(3)}(0) = $ _____。

解法 1 因为 $f(x)$ 是偶函数，所以 $f'(x)$ 是奇函数，$f''(x)$ 是偶函数，$f^{(3)}(x)$ 是奇函数。故 $f^{(3)}(0) = 0$。

解法 2 因为 $f(x) = \dfrac{1}{1+x^2}$，所以 $f'(x) = -\dfrac{2x}{(1+x^2)^2}$，$f''(x) = 2\dfrac{3x^2-1}{(1+x^2)^3}$，$f^{(3)}(x) =$

$24x\ \dfrac{1-x^2}{(1+x^2)^4}$. 故 $f^{(3)}(0)=0$.

本题的得分率不超过 70%,说明考生对导数的基本性质或简单计算还没有完全掌握.
2,6,-6,8 是考生答卷中常见的错误答案.

例 ❹ $f(x)=|x-x^2|(e^x-1)$ 不可导点个数为 （ ）

A. 0 个   B. 1 个   C. 2 个   D. 3 个

解 把 $f(x)$ 分解为 $|x||1-x|(e^x-1)$.

再讨论 $f(x)$ 在 $x=0$ 点是否可导,令 $g(x)=|1-x|(e^x-1)$,$h(x)=|x|$,
$g(x)$ 在 $x=0$ 点可导,$h(x)$ 在 $x=0$ 点连续但不可导.

因 $g(0)=0$,故 $f(x)$ 在 $x=0$ 点可导.

同理,令 $g(x)=|x|(e^x-1)$,因 $g(1)\neq0$,故 $f(x)$ 在 $x=1$ 点不可导.

答案为(B).

考点4 一元函数求导

知识补给库

1. 复合函数的链式法则

设 $y=f(u)$,$u=g(x)$ 均可导,则 $y'=f'(g(x))g'(x)$.

2. 隐函数的导数

求方程 $F(x,y)=0$ 确定的隐函数 y 的一阶导数 $\dfrac{dy}{dx}$,一般有下列三种方法:

(1) 对方程 $F(x,y)=0$(视 $y=y(x)$)两端关于 x 进行复合函数求导,表达式中出现 y',然后解出 y',此时 y' 仍是 x,y 的函数.

(2) 利用 $F(x,y)$ 的偏导数计算 y',即 $\dfrac{dy}{dx}=-\dfrac{F'_x(x,y)}{F'_y(x,y)}$,

其中,$F'_x(x,y)$,$F'_y(x,y)$ 表示 $F(x,y)$ 对 x 和 y 的偏导数.

(3) 对方程两端求微分,然后从求得的等式中解出 $\dfrac{dy}{dx}$.

在求由 $F(x,y)=0$ 确定的隐函数 y 的二阶导数时,一般先求出 $\dfrac{dy}{dx}=\varphi(x,y)$,它是 x,y 的函数,然后再对 $\varphi(x,y)$(视 $y=$

$y(x)$) 关于 x 求导, 此时表达式中会出现 y'. 将 $\varphi(x,y)$ 代入, 求得 $\dfrac{d^2 y}{dx^2}$.

3. 由参数方程所确定的函数的导数

参数方程 $\begin{cases} x = x(t), \\ y = y(t), \end{cases}$ 确定 $y = y(x)$, 则 $\dfrac{dy}{dx} = \dfrac{y'(t)}{x'(t)}$,

$$\frac{d^2 y}{dx^2} = \frac{d\left(\frac{dy}{dx}\right)}{dx} = \frac{d\left(\frac{dy}{dx}\right)}{dt} \cdot \frac{dt}{dx} = \frac{y''(t)x'(t) - x''(t)y'(t)}{x'^2(t)} \cdot \frac{1}{x'(t)}$$

$$= \frac{y''(t)x'(t) - x''(t)y'(t)}{x'^3(t)}.$$

4. 反函数的求导

设 $y = f(x)$ 的反函数 $x = \varphi(y)$, 则 $\dfrac{dx}{dy} = \dfrac{1}{\frac{dy}{dx}}$, $\dfrac{d^2 x}{dy^2} = -\dfrac{f''(x)}{f'^3(x)}$.

推导过程为 $\dfrac{d^2 x}{dy^2} = \dfrac{d\left(\frac{dx}{dy}\right)}{dy} = \dfrac{d\left(\frac{dx}{dy}\right)}{dx} \cdot \dfrac{dx}{dy} = \dfrac{d\left(\frac{1}{y'}\right)}{dx} \cdot \dfrac{dx}{dy}$

$$= \frac{0 - y''}{y'^2} \cdot \frac{1}{y'} = -\frac{y''}{y'^3} = -\frac{f''(x)}{f'^3(x)}.$$

5. 高阶导数

求高阶导数常用的方法如下.

（1）归纳法：求出函数的前几阶导数, 分析所得的结果, 找出规律, 然后写出几阶导数的表达式.

（2）利用莱布尼茨公式求解.

（3）利用泰勒公式去求函数在某点的各阶导数.

其步骤为：

① 写出 $f(x)$ 在点 x_0 处的泰勒公式

$$f(x) = f(x_0) + f'(x_0)(x - x_0) + \cdots + \frac{f^{(n)}(x_0)}{n!}(x - x_0)^n + \cdots.$$

② 通过化简或者变量代换或利用已知的泰勒公式把 $f(x)$ 间接展开为

$$f(x) = a_0 + a_1(x - x_0) + a_2(x - x_0)^2 + \cdots + a_n(x - x_0)^n + \cdots.$$

③ 根据函数的泰勒公式的唯一性,相同的次幂的系数相同,可得

$$\frac{f^{(n)}(x_0)}{n!} = a_n \Rightarrow f^{(n)}(x_0) = a_n \cdot n!.$$

典型例题

例❶　求下列函数的导数或微分.

(1) $y = \sqrt{x + \sqrt{x + \sqrt{x}}}$.

(2) $y = x^{a^a} + a^{x^a} + a^{a^x}$ $(a > 0)$.

(3) 设 f 是可导函数,求 $y = f(e^x)e^{f(x)}$ 的导数.

(4) 设 $y = f\left(\dfrac{2x-1}{x+1}\right)$, $f'(x) = x^2$, 求 $\mathrm{d}y$.

解　(1) $y' = \dfrac{1}{2}\left(x + \sqrt{x + \sqrt{x}}\right)^{-\frac{1}{2}}\left(x + \sqrt{x + \sqrt{x}}\right)'$

$\qquad = \dfrac{1}{2}\left(x + \sqrt{x + \sqrt{x}}\right)^{-\frac{1}{2}}\left[x' + \left(\sqrt{x + \sqrt{x}}\right)'\right]$

$\qquad = \dfrac{1}{2}\left(x + \sqrt{x + \sqrt{x}}\right)^{-\frac{1}{2}}\left[1 + \dfrac{1}{2}\left(x + \sqrt{x}\right)^{-\frac{1}{2}}\left(x + \sqrt{x}\right)'\right]$

$\qquad = \dfrac{1}{2}\left(x + \sqrt{x + \sqrt{x}}\right)^{-\frac{1}{2}}\left[1 + \dfrac{1}{2}\left(x + \sqrt{x}\right)^{-\frac{1}{2}}\left(1 + \dfrac{1}{2\sqrt{x}}\right)\right]$.

(2) $y' = (x^{a^a})' + (a^{x^a})' + (a^{a^x})'$

$\qquad = a^a \cdot x^{a^a - 1} + a^{x^a} \cdot \ln a \cdot ax^{a-1} + a^{a^x}(\ln a) \cdot a^x \ln a$

$\qquad = a^a \cdot x^{a^a - 1} + a\ln a \cdot x^{a-1} \cdot a^{x^a} + \ln^2 a \cdot a^x \cdot a^{a^x}$.

(3) $y' = f'(e^x)e^x e^{f(x)} + f(e^x)e^{f(x)}f'(x)$.

(4) $\mathrm{d}y = \mathrm{d}\left[f\left(\dfrac{2x-1}{x+1}\right)\right] = f'\left(\dfrac{2x-1}{x+1}\right)\left(\dfrac{2x-1}{x+1}\right)'\mathrm{d}x$

$\qquad = \left(\dfrac{2x-1}{x+1}\right)^2 \dfrac{2(x+1) - (2x-1)}{(x+1)^2}\mathrm{d}x = \dfrac{3(2x-1)^2}{(x+1)^4}\mathrm{d}x.$

例❷ 设 $y = y(x)$ 由方程 $\mathrm{e}^{x+y} + \cos(xy) = 0$ 确定,求 $\dfrac{\mathrm{d}y}{\mathrm{d}x}$.

解 用三种方法求 $\dfrac{\mathrm{d}y}{\mathrm{d}x}$.

(1) 方程两端同时对 x 求导:

$$\mathrm{e}^{x+y}(1 + y') - \sin(xy)(y + xy') = 0,$$

得 $y' = \dfrac{y\sin(xy) - \mathrm{e}^{x+y}}{\mathrm{e}^{x+y} - x\sin(xy)}$.

(2) 利用一阶微分形式不变性:

$$\mathrm{e}^{x+y}(\mathrm{d}x + \mathrm{d}y) - \sin(xy)(x\mathrm{d}y + y\mathrm{d}x) = 0,$$

得 $\dfrac{\mathrm{d}y}{\mathrm{d}x} = \dfrac{y\sin(xy) - \mathrm{e}^{x+y}}{\mathrm{e}^{x+y} - x\sin(xy)}$.

(3) 利用公式:令 $F(x, y) = \mathrm{e}^{x+y} + \cos(xy)$,

$$F'_x = \mathrm{e}^{x+y} - y\sin(xy), \quad F'_y = \mathrm{e}^{x+y} - x\sin(xy),$$

得 $\dfrac{\mathrm{d}y}{\mathrm{d}x} = \dfrac{y\sin(xy) - \mathrm{e}^{x+y}}{\mathrm{e}^{x+y} - x\sin(xy)}$.

例❸ 求心形线 $r = 2(1 - \cos\theta)$ 在对应于 $\theta = \dfrac{\pi}{2}$ 的点处的切线方程.

分析:当曲线以极坐标形式给出时,一般利用直角坐标与极坐标之间的关系化为参数方程,再求斜率. 特别要注意的是,$r'(\theta_0)$ 并不是曲线在对应于 $\theta = \theta_0$ 处的切线斜率.

解 将曲线的极坐标方程置换为参数方程

$$\begin{cases} x = r(\theta)\cos\theta = 2(1 - \cos\theta)\cos\theta, \\ y = r(\theta)\sin\theta = 2(1 - \cos\theta)\sin\theta, \end{cases} \text{其中},\theta \text{ 为参数}.$$

曲线在 $\theta = \dfrac{\pi}{2}$ 处的切线斜率为

$$\left.\dfrac{\mathrm{d}y}{\mathrm{d}x}\right|_{\theta=\frac{\pi}{2}} = \left.\dfrac{2\cos\theta(1 - \cos\theta) + 2\sin^2\theta}{-2\sin\theta(1 - \cos\theta) + 2\cos\theta\sin\theta}\right|_{\theta=\frac{\pi}{2}} = -1.$$

切点为 $x\left(\dfrac{\pi}{2}\right) = 0$, $y\left(\dfrac{\pi}{2}\right) = 2$,故切线方程为 $y - 2 = -(x - 0)$,即 $x + y - 2 = 0$.

例❹ 设函数 $f(x) = \displaystyle\int_{-1}^{x} \sqrt{1 - \mathrm{e}^t}\,\mathrm{d}t$,则 $y = f(x)$ 的反函数 $x = f^{-1}(y)$ 在 $y = 0$ 处的导数 $\left.\dfrac{\mathrm{d}x}{\mathrm{d}y}\right|_{y=0} = $ _____,二阶导数 $\left.\dfrac{\mathrm{d}^2 x}{\mathrm{d}y^2}\right|_{y=0} = $ _____.

解 由 $f(x) = \displaystyle\int_{-1}^{x} \sqrt{1 - \mathrm{e}^t}\,\mathrm{d}t$ 知,当 $f(x) = 0$ 时, $x = -1$,

$$\left.\dfrac{\mathrm{d}x}{\mathrm{d}y}\right|_{y=0} = \left.\dfrac{1}{\dfrac{\mathrm{d}y}{\mathrm{d}x}}\right|_{x=-1} = \left.\dfrac{1}{\sqrt{1 - \mathrm{e}^x}}\right|_{x=-1} = \dfrac{1}{\sqrt{1 - \mathrm{e}^{-1}}}.$$

$$y'' = \frac{-e^x}{2\sqrt{1-e^x}} \cdot \frac{d^2x}{dy^2}\bigg|_{y=0} = \frac{-y''}{(y')^3}\bigg|_{x=-1} = \frac{e}{2(e-1)^2}.$$

例**⑤** （上海大学,2013）设 $f(x) = \begin{cases} \dfrac{x}{2} + x^2\sin\dfrac{1}{x}, & x \neq 0, \\ 0, & x = 0. \end{cases}$ （1）求 $f'(x)$；（2）判断

$f'(x)$ 在 $x = 0$ 的连续性；（3）是否存在 $x = 0$ 的一个邻域使 $f(x)$ 在该邻域内单调?

解 （1）当 $x \neq 0$ 时，$f'(x) = \dfrac{1}{2} + 2x\sin\dfrac{1}{x} - \cos\dfrac{1}{x}$;

当 $x = 0$ 时，$f'(0) = \lim\limits_{x \to 0}\dfrac{f(x)-f(0)}{x-0} = \lim\limits_{x \to 0}\dfrac{\dfrac{x}{2}+x^2\sin\dfrac{1}{x}}{x} = \lim\limits_{x \to 0}\left(\dfrac{1}{2}+x\sin\dfrac{1}{x}\right) = \dfrac{1}{2}.$

所以，$f'(x) = \begin{cases} \dfrac{1}{2} + 2x\sin\dfrac{1}{x} - \cos\dfrac{1}{x}, & x \neq 0, \\ \dfrac{1}{2}, & x = 0. \end{cases}$

（2）因为 $\lim\limits_{x \to 0} f'(x)$ 不存在,所以 $f'(x)$ 在 $x = 0$ 处不连续.

（3）$\lim\limits_{x \to 0} 2x\sin\dfrac{1}{x} = 0$,在 $x = 0$ 的任一邻域内 $\dfrac{1}{2} - \cos\dfrac{1}{x}$ 变号,所以不存在 $x = 0$ 的一个邻域使 $f(x)$ 在该邻域内单调.

例**⑥** $f(x) = \sqrt{\dfrac{(1+x)\sqrt{x}}{e^{x-1}}} + \arcsin\dfrac{1-x}{\sqrt{1+x^2}}$，求 $f'(1)$.

解 令 $g(x) = \sqrt{\dfrac{(1+x)\sqrt{x}}{e^{x-1}}}$，$h(x) = \arcsin\dfrac{1-x}{\sqrt{1+x^2}}$.

则 $f'(1) = g'(1) + h'(1)$.

$$\ln[g(x)] = \frac{1}{2}\left[\ln(1+x) + \frac{1}{2}\ln x - (x-1)\right],$$

$$[\ln(g(x))]' = \frac{g'(x)}{g(x)} = \frac{1}{2}\left(\frac{1}{1+x} + \frac{1}{2x} - 1\right),$$

$$g'(1) = g(1) \cdot \left[\frac{g'(x)}{g(x)}\right]\bigg|_{x=1} = 0;$$

$$h'(1) = \lim_{x \to 1}\frac{h(x)-h(1)}{x-1} = \lim_{x \to 1}\frac{\arcsin\dfrac{1-x}{\sqrt{1+x^2}}}{x-1} = \lim_{x \to 1} -\frac{1}{\sqrt{1+x^2}} = -\frac{\sqrt{2}}{2}.$$

例**⑦** 设 $f(x) = \dfrac{1}{1+x+x^2}$，求 $f^{(100)}(0) = $ _____.

解 将 $f(x)$ 在 $x = 0$ 处展开,

$$f(x) = \frac{1}{1+x+x^2} = \frac{1-x}{1-x^3} = \frac{1}{1-x^3} - \frac{x}{1-x^3} = \sum_{n=0}^{\infty}(x^3)^n - x\sum_{n=0}^{\infty}(x^3)^n,$$

由泰勒公式可知 $\dfrac{f^{(100)}(0)}{100!} = -1$,所以 $f^{(100)}(0) = -100!$.

例⑧ 设 $y = x^3 \sin x$，求 $y^{(6)}(0)$.

解 此题所求阶数不算太高，直接将 $\sin x$ 展开至 3 阶即可.

$$y = \sum_{n=0}^{\infty} \frac{y^{(n)}(0)}{n!} x^n, \quad y = x^3 \left(x - \frac{1}{6} x^3 + o(x^3) \right) = x^4 - \frac{1}{6} x^6 + o(x^6),$$

故 $\dfrac{y^{(6)}(0)}{6!} = -\dfrac{1}{6}$，则 $y^{(6)}(0) = -\dfrac{6!}{6} = -120$.

例⑨ 设 $f(x) = \arctan x - \dfrac{x}{1+ax^2}$，且 $f'''(0) = 1$，则 $a = $ _____.

解 根据泰勒公式，当 $x \to 0$ 时，

$$f(x) = x - \frac{1}{3} x^3 + o(x^3) - x(1 - ax^2 + o(x^2)) = \left(a - \frac{1}{3} \right) x^3 + o(x^3),$$

根据泰勒展开式性质，$a - \dfrac{1}{3} = \dfrac{f'''(0)}{3!} = \dfrac{1}{6}$，解得 $a = \dfrac{1}{2}$.

注 这里用到 $x \to 0$ 时，

$$\frac{1}{1+ax^2} = \frac{1}{1-(-ax^2)} = 1 + (-ax^2) + (ax^2)^2 + (-ax^2)^3 + \cdots = \sum_{n=0}^{\infty} (-ar^2)^n.$$

考点5　闭区间上连续函数的性质

知识补给库

设 $f(x)$ 在闭区间 $[a,b]$ 上连续，则有：

(1) 有界性定理　$f(x)$ 在 $[a,b]$ 有界.

(2) 最值定理　$\forall x \in [a,b]$，$m \leqslant f(x) \leqslant M$.

(3) 介值定理　若 $f(a) = A$，$f(b) = B$，那么，对于 A 与 B 之间的任意一个数 C，在开区间 (a,b) 内至少有一点 ξ，使得

$$f(\xi) = C \quad (a < \xi < b).$$

推论：若 $m \leqslant \mu \leqslant M$，则 $\exists \xi \in [a,b]$，使 $f(\xi) = \mu$，即在闭区间上连续的函数必取得介于最大值 M 与最小值 m 之间的任何值.

(4) 零点定理：根的存在性定理　若 $f(a)f(b) < 0$，则存在 $\xi \in (a,b)$，$f(\xi) = 0$.

典型例题

例❶ 设 $f(x)$，$g(x)$ 在 $[a,b]$ 上连续，且 $g(x)$ 在 $[a,b]$ 上不变号，则存在 $\xi \in (a,b)$，使得 $\int_a^b f(x)g(x)\mathrm{d}x = f(\xi)\int_a^b g(x)\mathrm{d}x$.

解 若 $g(x) \equiv 0$，结论显然成立；

若 $g(x)$ 不恒为 0，由于 $g(x)$ 在 $[a,b]$ 上不变号，不妨设 $g(x) > 0$. 令

$$F(x) = \int_a^x f(t)g(t)\mathrm{d}t,\ G(x) = \int_a^x g(t)\mathrm{d}t,$$

在 $[a,b]$ 上使用柯西中值定理，有 $\dfrac{F(b)-F(a)}{G(b)-G(a)} = \dfrac{F'(\xi)}{G'(\xi)}$，即

$$\frac{\int_a^b f(x)g(x)\mathrm{d}x - 0}{\int_a^b g(x)\mathrm{d}x - 0} = \frac{f(\xi)g(\xi)}{g(\xi)},$$

$$\int_a^b f(x)g(x)\mathrm{d}x = f(\xi)\int_a^b g(x)\mathrm{d}x,\ \xi \in (a,b).$$

其中 $\int_a^b g(x)\mathrm{d}x > 0$. 同理可得 $g(x) < 0$ 时也成立，得证.

例❷ 设 $f(x)$ 在 $[a,b]$ 上连续，$a < x_1 < x_2 < \cdots < x_n < b$，则在区间 $[x_1,x_n]$ 上必有 ξ，使

$$f(\xi) = \frac{f(x_1) + f(x_2) + \cdots + f(x_n)}{n}.$$

证 因为 $f(x)$ 在 $[a,b]$ 上连续，也在 $[x_1,x_n]$ 上连续，在区间 $[x_1,x_n]$ 上必有最大值 M 和最小值 m，$\forall x \in [x_1,x_n]$，有

$$m \leqslant f(x) \leqslant M,$$

从而有 $$m \leqslant f(x_i) \leqslant M \quad (i = 1,2,\cdots,n),$$
$$nm \leqslant f(x_1) + f(x_2) + \cdots + f(x_n) \leqslant nM,$$

即有 $$m \leqslant \frac{f(x_1) + f(x_2) + \cdots + f(x_n)}{n} \leqslant M,$$

由连续函数的介值定理知，至少有一个点 $\xi \in [x_1,x_n]$，使

$$f(\xi) = \frac{f(x_1) + f(x_2) + \cdots + f(x_n)}{n}.$$

注 (1) 此题还可以改为：有一组正数 $\lambda_1, \lambda_2, \cdots, \lambda_n$，满足 $\lambda_1 + \lambda_2 + \lambda_3 + \cdots + \lambda_n = 1$，证明：存在一点 $\xi \in [a,b]$，使得 $f(\xi) = \lambda_1 f(x_1) + \lambda_2 f(x_2) + \cdots + \lambda_n f(x_n)$.

(2) 通常把题中的结论称为"函数平均值定理"，要灵活使用以及举一反三. 比如，$n = 2$，可得 $f(\xi) = \dfrac{f(x_1) + f(x_2)}{2}$；$n = 3$，可得 $f(\xi) = \dfrac{f(x_1) + f(x_2) + f(x_3)}{3}$. 再比如，若题

中 $f(x)$ 有三阶连续函数,意味着 $f'''(x)$ 连续,可得 $f'''(\xi)=\dfrac{f'''(x_1)+f'''(x_2)}{2}$,$\xi\in[x_1,$
$x_2]$;若题中 $f(x)$ 有二阶连续导数,意味着 $f''(x)$ 连续,可得 $f''(\xi)=\dfrac{f''(x_1)+f''(x_2)}{2}$,$\xi\in$
$[x_1,x_2]$. 读者可参考本书后续考点(泰勒中值定理).

例❸ 设 $f(x)$ 在 $[a,b]$ 上可导,且 $f'(x)>0$,$f(a)>0$,证明:对如图 2-1 所示的两个面积 $A(x)$ 和 $B(x)$,存在唯一的 $\xi\in(a,b)$ 使得 $\dfrac{A(\xi)}{B(\xi)}=2\,049$.

证　$A(x)=f(x)(x-a)-\displaystyle\int_a^x f(t)\mathrm{d}t$,

$\quad B(x)=\displaystyle\int_x^b f(t)\mathrm{d}t-f(x)(b-x)$,

令 $F(x)=f(x)(x-a)-\displaystyle\int_a^x f(t)\mathrm{d}t-$

$\quad 2\,049\left[\displaystyle\int_x^b f(t)\mathrm{d}t-f(x)(b-x)\right]$,

$F(a)=-2\,049\left[\displaystyle\int_a^b f(t)\mathrm{d}t-f(a)(b-a)\right]<0$,

$F(b)=f(b)(b-a)-\displaystyle\int_a^b f(t)\mathrm{d}t>0$,

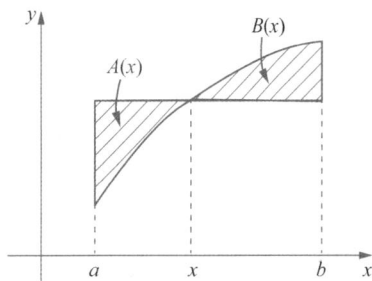

图 2-1

所以,$\exists\xi\in(a,b)$,使

$$A(\xi)=2\,049B(\xi),\text{即}\frac{A(\xi)}{B(\xi)}=2\,049.$$

因为 $F'(x)=f'(x)(x-a)+2\,049f'(x)(b-x)>0$,
所以 $F(x)$ 单调增加,ξ 唯一.

注　使用零点定理证明存在 ξ 满足某等式的步骤:
(1) 将 ξ 改成 x,并作乘法、移项等代数运算;
(2) 构造辅助函数 $F(x)$;
(3) 验证 $F(x)$ 在 $[a,b]$ 上连续且 $F(a)F(b)<0$.

考点6　罗尔定理的三个命题角度

知识补给库

在数学理论上,拉格朗日中值定理最重要,有时也称为微分学基本定理. 罗尔定理看作拉格朗日中值定理的预备定理,柯西中值定理虽然适用范围更广,但用得不太多. 在考研数学命题中,使用罗尔定理最多,其次是使用拉格朗日中值定理,而使用柯西中值定理是较少的.

四个微分中值定理之间有什么联系?

答：(1) 四个定理之间的关系如下：

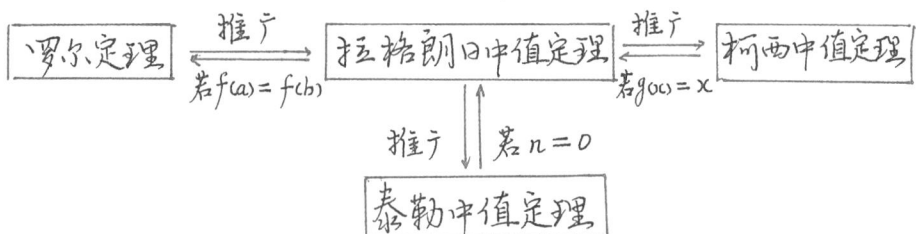

$$\boxed{罗尔定理} \xrightarrow[若 f(a)=f(b)]{推广} \boxed{拉格朗日中值定理} \xleftarrow[若 g(x)=x]{推广} \boxed{柯西中值定理}$$

$$\boxed{拉格朗日中值定理} \xrightarrow[推广]{若 n=0} \boxed{泰勒中值定理}$$

(2) 微分中值定理(罗尔定理、拉格朗日中值定理、柯西中值定理)有着相同的几何背景，即在一条各点处均有不平行于 y 轴的切线的连续弧 $\overparen{AB}$ 上，至少有一条切线平行于弦 $\overline{AB}$. 当弧段 $\overparen{AB}$ 在区间上由方程 $y=f(x)$ 给出，且 $f(a)=f(b)$ 时，上述几何背景的数学表达式为 $f'(\xi)=0$，$\xi \in (a,b)$，这就是罗尔定理的结论. 当弧段 $\overparen{AB}$ 在 $[a,b]$ 上由方程 $y=f(x)$ 给出，而 $f(a)$ 不一定等于 $f(b)$ 时，上述几何背景的数学表达式为

$$\frac{f(b)-f(a)}{b-a}=f'(\xi)，\xi \in (a,b)，$$ 这就是拉格朗日中值定理的结论. 当弧段 $\overparen{AB}$ 由参数方程 $x=g(t)$，$y=f(t)$，$t_1 \leqslant t \leqslant t_2$ 给出，点 A 与点 B 分别对应于参数 t_1 与 t_2，而 $g'(t) \neq 0$ 时，上述几何背景的数学表达式为 $\dfrac{f(t_2)-f(t_1)}{g(t_2)-g(t_1)}=\dfrac{f'(\xi)}{g'(\xi)}$，$\xi \in (t_1,t_2)$，这就是柯西中值定理的结论.

定理内容如下：

罗尔定理	$f(x)$ 在 $[a,b]$ 上连续，在 (a,b) 内可导，$f(a)=f(b)$	$\xi \in (a,b)$	$f'(\xi)=0$
拉格朗日中值定理	$f(x)$ 在 $[a,b]$ 上连续，在 (a,b) 内可导	$\xi \in (a,b)$	$f'(\xi)=\dfrac{f(b)-f(a)}{b-a}$
柯西中值定理	$f(x)$，$g(x)$ 在 $[a,b]$ 上连续，在 (a,b) 内可导，且 $g'(x) \neq 0$	$\xi \in (a,b)$	$\dfrac{f'(\xi)}{g'(\xi)}=\dfrac{f(b)-f(a)}{g(b)-g(a)}$

涉及罗尔定理的证明题,一般有以下三个命题角度:

(1) 证明 $\exists \xi \in (a,b)$,使 $f''(\xi)=0$(或 $f''(x)=0$ 至少有两个不同根).

这类题关键在于去找 $f(x)$ 有三个相等的点.若 $f(a)=f(m)=f(b)$ $(a<m<b)$,由罗尔定理,$\exists \xi_1 \in (a,m)$,$f'(\xi_1)=0$;$\exists \xi_2 \in (m,b)$,$f'(\xi_2)=0$,最后对 $f'(x)$ 用罗尔定理,$\exists \xi \in (\xi_1,\xi_2)$,$f''(\xi)=0$.

(2) 辅助函数的构造.

辅助函数的构造,通常是根据所要证明的命题与需要,建立和已知定理之间的联系.在解题过程中,构造辅助函数有一定的技巧性和灵活性,以而也成为高等数学的一大难点.在这里,我们对常见构造辅助函数的方法作如下总结:

① 观察法(也称逐项还原).这是最简单的构造辅助函数的方法,一般划含 ξ 的等式为 $f'(\xi)+A=0$,易得 $(f(x)+Ax)'=0$,故辅助函数为 $F(x)=f(x)+Ax$.

② 组合还原.一般来说,所证的等式为两函数相乘(或相除)求导再经过简单的变形而得,故需把所证的等式看作一个整体,以而可得到辅助函数.

例如,当所证的等式为 $f'(\xi)g(\xi)+f(\xi)g'(\xi)=0$,把 ξ 改为 x,可以看出 $(f(x)g(x))'=f'(x)g(x)+f(x)g(x)'=0$.故辅助函数为 $F(x)=f(x)g(x)$.

③ 同乘非零因子法.当使用前两种方法还不能得到相应的辅助函数时,可以将待证的等式两端分别乘以相应的非零因子,构成与原等式等价的一个新的等式,以而可以求函数相应的辅助函数,在题中经常以下列三种形式出现.

a. 所证的等式为 $f'(\xi)g(\xi)-g'(\xi)f(\xi)=0$.

将 ξ 改为 x 后,两端同乘 $\dfrac{1}{g^2(x)}$,得 $\dfrac{f'(x)g(x)-g'(x)f(x)}{g^2(x)}=0$,可

看出这是 $\dfrac{f(x)}{g(x)}$ 求导的结果，从而可得辅助函数为 $F(x)=\dfrac{f(x)}{g(x)}$.

b. 所证的等式为 $f'(\xi)+\lambda f(\xi)=0$. 将 ξ 改为 x 后，两边同乘 $e^{\lambda x}$，可得 $e^{\lambda x}f'(x)+\lambda e^{\lambda x}f(x)=0$，可看出这是 $f(x)e^{\lambda x}$ 求导的结果，从而可得辅助函数为 $F(x)=f(x)e^{\lambda x}$.

注　读者要学会举一反三：

例如，要证 $f'(\xi)-a-\lambda[f(\xi)-a\xi]=0$，则辅助函数 $F(x)=e^{-\lambda x}[f(x)-ax]$.

要证 $f'(\xi)+g'(\xi)f(\xi)=0$，则辅助函数 $F(x)=e^{g(x)}f(x)$.

要证 $f'(\xi)+g(\xi)f(\xi)=0$，则辅助函数 $F(x)=e^{\int g(x)dx}f(x)$.

c. 所证的等式为 $\xi f'(\xi)+kf(\xi)=0$.

将 ξ 改为 x 后，两端同乘 x^{k-1}，可得 $x^k f'(x)+kx^{k-1}f(x)=0$.

可看出这是 $f(x)x^k$ 求导的结果，从而可得辅助函数为 $F(x)=f(x)x^k$.

④ 解微分方程法. 学习完常微分方程知识后就会发现：构造辅助函数 $F(x)$ 的工作实际上是求解待证明的常微分方程 $F(g(x),f(x),f'(x))=0$，于是把这种构造辅助函数的方法称为解微分方程法. 不过此方法一般在前三种方法失效之后才使用.

例如：所证的等式为 $f'(\xi)=(1-\xi^{-1})f(\xi)$，把 ξ 改为 x 之后，这是一个可分离变量的微分方程，即 $\dfrac{f'(x)}{f(x)}=1-\dfrac{1}{x}$，两端积分可得，$\ln f(x)=x-\ln x+C_1$，最后解得 $xe^{-x}f(x)=C$，故辅助函数为 $F(x)=xe^{-x}f(x)$.

(3) 有了辅助函数，需要去寻找两个相同的端点，这是个综合性的考点，背后没有所谓的"共性"，考查学生综合能力.

典型例题

例① 设函数 $f(x)$ 在 $[0,3]$ 上连续,在 $(0,3)$ 内存在二阶导数,且

$$2f(0) = \int_0^2 f(x)\mathrm{d}x = f(2) + f(3).$$

(1) 证明存在 $\eta \in (0,2)$,使 $f(\eta) = f(0)$;

(2) 证明存在 $\xi \in (0,3)$,使 $f''(\xi) = 0$.

证　(1) 设 $F(x) = \int_0^x f(t)\mathrm{d}t \ (0 \leqslant x \leqslant 2)$,则 $\int_0^2 f(x)\mathrm{d}x = F(2) - F(0)$.

由拉格朗日中值定理,存在 $\eta \in (0,2)$,使 $F(2) - F(0) = 2F'(\eta) = 2f(\eta)$,

即 $\int_0^2 f(x)\mathrm{d}x = 2f(\eta) = 2f(0)$,所以 $f(\eta) = f(0)$.

(2) 因为 $f(x)$ 在 $[2,3]$ 上连续,$m \leqslant f(x) \leqslant M$,$m \leqslant f(2) \leqslant M$,$m \leqslant f(3) \leqslant M$.

$m \leqslant \dfrac{f(2) + f(3)}{2} \leqslant M$,由介值定理,存在 $\eta_1 \in [2,3]$,

使 $f(\eta_1) = \dfrac{f(2) + f(3)}{2} = f(0) \Rightarrow f(\eta_1) = f(0)$.

综上,可得 $f(\eta) = f(\eta_1) = f(0)$,$0 < \eta < \eta_1 \leqslant 3$.

两次运用罗尔定理,$\exists \xi_1 \in (0,\eta)$,$\xi_2 \in (\eta,\eta_1)$,

使 $f'(\xi_1) = 0$,$f'(\xi_2) = 0$,

从而存在 $\xi \in (\xi_1,\xi_2) \subset (0,3)$,使得 $f''(\xi) = 0$.

例② 设 $f(x)$ 在 $[0,1]$ 上连续,在 $(0,1)$ 内可导,且满足 $f(1) = 3\int_0^{\frac{1}{3}} \mathrm{e}^{1-x^2} f(x)\mathrm{d}x$. 证明:至少存在一点 $\xi \in (0,1)$,使得 $f'(\xi) = 2\xi f(\xi)$.

证　令 $F(x) = f(x)\mathrm{e}^{-x^2}$,

因 $3\int_0^{\frac{1}{3}} \mathrm{e}^{1-x^2} \cdot f(x)\mathrm{d}x = 3 \times \left(\dfrac{1}{3} - 0\right)\mathrm{e}^{1-\eta^2} f(\eta) \quad \left(0 < \eta < \dfrac{1}{3}\right)$,

故　$f(1) = \mathrm{e}^{1-\eta^2} f(\eta)$,

可得　$\mathrm{e}^{-1} f(1) = \mathrm{e}^{-\eta^2} f(\eta)$,即 $F(1) = F(\eta)$.

由罗尔定理知,$\exists \xi \in (\eta,1) \subset (0,1)$,使 $f'(\xi) = 2\xi f(\xi)$.

注　本题是罗尔定理试题中的"香饽饽".

例③ 设 $f(x)$ 在 $[a,b]$ 上连续,在 (a,b) 内可导,证明在 (a,b) 内至少存在一点 ε,使得 $f'(\varepsilon) = \dfrac{f(\varepsilon) - f(a)}{b - \varepsilon}$.

证　将 ε 换成 x,再将等式变形为 $(b-x)f'(x) - [f(x) - f(a)] = 0$,这就是 uv 求导出来的结果,若 $u = f(x) - f(a)$,$u' = f'(x)$,那么 $v = b - x$,$v' = -1$,故本题辅助函数 $F(x) = (b-x)[f(x) - f(a)]$,再利用罗尔定理证明.

令 $F(x) = (b-x)[f(x) - f(a)]$,则 $F(x)$ 在 $[a,b]$ 上连续,在 (a,b) 内可导,且 $F(a) = F(b) = 0$. 由罗尔定理知,存在 $\varepsilon \in (a,b)$ 使 $F'(\varepsilon) = 0$,即 $f'(\varepsilon) = \dfrac{f(\varepsilon) - f(a)}{b - \varepsilon}$.

例④ 设 $f(x)$ 在 $[a, b]$ 上连续,证明:必存在 $\varepsilon \in (a, b)$ 使得 $(\varepsilon - b)f(\varepsilon) + \int_a^\varepsilon f(x)\mathrm{d}x = 0$.

证 将 ξ 换成 x,所求证的等式为 $(x - b)f(x) + \int_a^x f(t)\mathrm{d}t = 0$. 若 $u = \int_a^x f(t)\mathrm{d}t$,则 $u' = f(x)$;$v = (x - b)$,则 $v' = 1$,故所求证的等式为 $\left((x - b)\int_a^x f(t)\mathrm{d}t\right)'$ 求导的结果.

令 $F(x) = (x - b)\int_a^x f(t)\mathrm{d}t$ 在 $[a, b]$ 上连续,在 (a, b) 内可导,且 $F(a) = F(b) = 0$. 由罗尔定理,$\exists \xi \in (a, b)$,使 $F'(\xi) = 0$ 成立,即 $(\xi - b)f(\xi) + \int_a^\xi f(x)\mathrm{d}x = 0$.

例⑤ 设 $f(x)$ 在 $[0, 1]$ 上二阶可导,$f(0) = f(1)$. 证明:存在 $\xi \in (0, 1)$,使得 $2f'(\xi) + (\xi - 1)f''(\xi) = 0$.

证 由构造辅助函数的模型之一 "$\xi f'(\xi) + \lambda f(\xi) = 0$" 变形为 $\xi f''(\xi) + \lambda f'(\xi) = 0$,故相应的辅助函数为 $y = x^\lambda f'(x)$,本题的辅助函数为 $y = (x - 1)^2 f'(x)$.

令 $F(x) = (x - 1)^2 f'(x)$,则 $F(1) = 0$,且 $F(x)$ 在 $[0, 1]$ 上可导. 由于 $f(0) = f(1)$,对 $f(x)$ 在 $[0, 1]$ 上应用罗尔定理,$\exists \eta \in (0, 1)$,使 $f'(\eta) = 0$. 于是 $F(\eta) = 0$.

例⑥ 设函数 $f(x)$ 在 $[a, b]$ 上可导,在 (a, b) 内二阶可导,$f(a) = f(b) = 0$,$f'(a)f'(b) > 0$,求证:(1)存在 $c \in (a, b)$,使得 $f(c) = 0$;(2)存在不同的 $\eta_i \in (a, b)$($i = 1, 2$),使得 $f'(\eta_i) + f(\eta_i) = 0$;(3)存在 $\xi \in (a, b)$,使得 $f''(\xi) = f(\xi)$.

证 (1)因为 $f'(a)f'(b) > 0$,所以 $f'(a)$,$f'(b)$ 同号.

不妨设 $f'(a) > 0$,$f'(b) > 0$,

则 $\lim\limits_{x \to a^+} \dfrac{f(x) - f(a)}{x - a} > 0$. 由保号性可知,$\exists b_1 > 0$,当 $x \in (a, a + b_1)$ 时,$\dfrac{f(x) - f(a)}{x - a} > 0$,即 $\exists x_0 \in (a, a + b_i)$,使得 $f(x_0) > f(a) = 0$.

同理可得,$\exists x_1 \in (b - b_2, b)$ 使得 $f(x_1) < f(b) = 0$.

由零点定理可得,$\exists m \in (x_0, x_1)$,使得 $f(m) = 0$.

(2)令 $F(x) = \mathrm{e}^x f(x)$,由(1)知 $F(a) = F(m) = f(b) = 0$.

在 $[a, m]$ 和 $[m, b]$ 分别使用罗尔定理,可得:

$\exists \xi_1 \in (a, m)$,$\xi_2 \in (m, b)$,使得 $F'(\xi_1) = F'(\xi_2) = 0$,

即 $\mathrm{e}^{\xi_1} f(\xi_1) + \mathrm{e}^{\xi_1} f'(\xi_1) = \mathrm{e}^{\xi_2} f(\xi_2) + \mathrm{e}^{\xi_2} f'(\xi_2) = 0$.

即存在不同的 $\xi_i \in (a, b)$($i = 1, 2$),使得 $f'(\xi_i) + f(\xi_i) = 0$.

(3)令 $G(x) = \mathrm{e}^{-x}[f'(x) + f(x)]$,由(2)知 $G(\xi_1) = G(\xi_2) = 0$.

由罗尔定理可得,$\exists \xi \in (\xi_1, \xi_2)$,使得 $G'(\xi) = 0$,

即 $-\mathrm{e}^{-\xi}[f'(\xi) + f(\xi)] + \mathrm{e}^{-\xi}[f''(\xi) + f'(\xi)] = 0$,

即 $f''(\xi) = f(\xi)$.

例⑦ 假设函数 $f(x)$ 和 $g(x)$ 在 $[a, b]$ 上存在二阶导数,并且 $g''(x) \neq 0$,$f(a) = f(b) = g(a) = g(b) = 0$.

证明:(1)在 (a, b) 内 $g(x) \neq 0$;(2)$\exists \xi \in (a, b)$ 使 $\dfrac{f(\xi)}{g(\xi)} = \dfrac{f''(\xi)}{g''(\xi)}$.

证 (1) 反证法. 反设 $\exists c, a < c < b$, 使 $g(c) = 0$, 由 $g(a) = g(c) = 0$, 得 $\exists \eta_1 \in (a, c)$ 使 $g'(\eta_1) = 0$.

由 $g(c) = g(b) = 0$ 得, $\exists \eta_2 \in (c, b)$, 使 $g'(\eta_2) = 0$, 在 $[\eta_1, \eta_2]$ 上再用罗尔定理, 得 $\exists \eta \in (\eta_1, \eta_2)$ 使 $g''(\eta) = 0$. 和 $g''(x) \neq 0$ 矛盾. 所以 $\forall x \in (a, b)$, $g(x) \neq 0$.

(2) (i) 构造辅助函数.

$$\frac{f(x)}{g(x)} = \frac{f''(x)}{g''(x)} \Rightarrow f(x)g''(x) = f''(x)g(x),$$
$$\Rightarrow \int f(x)g''(x)\mathrm{d}x = \int f''(x)g(x)\mathrm{d}x,$$
$$\xrightarrow{\text{分部积分}} f(x)g'(x) - \int f'(x)g'(x)\mathrm{d}x = g(x)f'(x) - \int f'(x)g'(x)\mathrm{d}x,$$

得辅助函数: $F(x) = f(x)g'(x) - g(x)f'(x)$.

(ii) 令 $F(x) = f(x)g'(x) - g(x)f'(x)$, $F(a) = F(b) = 0$.

由罗尔定理, $\exists \xi \in (a, b)$ 使 $F'(\xi) = 0$, 即 $\frac{f(\xi)}{g(\xi)} = \frac{f''(\xi)}{g''(\xi)}$.

考点7 拉格朗日中值定理的四个命题角度

知识补给库

1. 四个命题角度

命题角度1 欲证等式本身就是式可改写成定理结论的形式, 即 $\frac{f(b)-f(a)}{b-a} = f'(\xi)$, $\xi \in (a,b)$.

命题角度2 证明双中值问题, 可以把所求证的结论解读为证明某函数的导函数等于非零数 k.

命题角度3 形式上推广:

$$\overline{\quad f''(x) \quad f'(x) \quad f(x) \quad \int_a^x f(t)dt \quad}$$

直线中相邻两点都是反映函数与导函数之间的关系, 故读者在学习过程中要灵活变通, 不要只局限于最熟练的 $f(x)$ 与 $f'(x)$ 之间的关系.

比如, 令 $F(x) = \int_a^x f(t)dt$, $F(x)$ 在 $[a,b]$ 上连续, 在 (a,b) 内可导, 则

$$F(b)-F(a)=F'(\xi)(b-a),a<\xi<b;$$
$$\int_a^b f(t)dt-\int_a^a f(t)dt=f(\xi)(b-a),a<\xi<b;$$

即

$$\boxed{\int_a^b f(x)dx=f(\xi)(b-a),a<\xi<b.}$$

注意到 ξ 是在开区间的，而之前我们学过的积分中值定理是在闭区间的，我们把方框内的等式称为升级版的积分中值定理，之所以称为升级版，是因为在有些试题中更有用。例如设 $f(x)$ 在 $[0,1]$ 上连续，在 $(0,1)$ 内可导且 $\int_0^1 f(x)dx=0$。证明：$\exists\xi\in(0,1)$ 使 $\xi f'(\xi)+2f(\xi)=0$。这题显然用罗尔定理。辅助函数为 $F(x)=x^2 f(x)$，但两个相同的端点在哪里？有同学根据已知 $\int_0^1 f(x)dx=0$，得 $\int_0^1 f(x)dx=f(a)(1-0),0\leq a\leq 1$，则 $f(a)=0$，错误以为 $F(0)=F(a)$（问题在于 a 有可能等于 0，故 $F(0),F(a)$ 是同一点）。怎么办？升级版的积分中值定理发挥其"功效"。因 $\int_0^1 f(x)dx=f(a)(1-0)(0<a<1)$，从而 $F(0)=F(a)$，对 $F(x)$ 应用罗尔定理可得证。

命题角度 4　证明 $f''(\xi)>0(<0)$。

对 $f'(x)$ 用拉格朗日中值定理得 $f''(\xi)=\dfrac{f'(b)-f'(a)}{b-a}$，若去证明 $f''(\xi)<0$，分母 $b-a>0$，则去证 $f'(b)<0,f'(a)>0$，由题中的已知条件再对 $f(x)$ 在两个不同区间使用该定理。

2. 拉格朗日中值定理应用

(1) 函数恒等式证明（即证 $F(x)=C$）。

因 $F(b)-F(a)=F'(\xi)(b-a)$，若 $F'(\xi)=0$，得 $F(b)-F(a)=0$（说明函数在任意两点函数值相同，该函数恒等于一个数，而非变量），从而 $F(x)=C$。

(2) 关于中值点 "ξ" 的试题。

$$f(b)-f(a)=f'(\xi)(b-a),a<\xi<b.$$

如右图所示 $\dfrac{\xi-a}{b-a}=\theta\,(0<\theta<1)$，则 $\xi=a+\theta(b-a)$.

定理可写为 $f(b)-f(a)=f'[a+\theta(b-a)](b-a)$.

特殊地，$a=0$，$b=x$，则 $\xi=0+\theta(x-0)=\theta x$，这时 ξ 为 x 的函数，θ 为 x 的函数，故 θ 可写为 $\theta(x)$，从而 $f(x)-f(0)=f'(\theta(x)x)x$.

(3) 渐近性的分析.

(4) 有界性的讨论.

典型例题

例❶　(1995) 设 $f(x)$ 在 $[a,b]$ 上连续，在 (a,b) 内可导，证明：在 (a,b) 内至少存在一点 ξ，使

$$\frac{bf(b)-af(a)}{b-a}=f(\xi)+\xi f'(\xi).$$

证　所证等式左端分子部分提醒了函数为 $xf(x)$，而且

$$(xf(x))'\Big|_{x=\xi}=f(\xi)+\xi f'(\xi).$$

令 $F(x)=xf(x)$，$F(x)$ 在 $[a,b]$ 上连续，在 (a,b) 内可导，由拉格朗日中值定理可得

$$\frac{F(b)-F(a)}{b-a}=F'(\xi)，即\frac{bf(b)-af(a)}{b-a}=f(\xi)+\xi f'(\xi)，\xi\in(a,b).$$

例❷　设 $f(x)$ 在 $[0,1]$ 上可导，试证存在 $\xi\in(0,1)$，使

$$\frac{\pi}{4}(1+\xi^2)f(1)=f(\xi)+(1+\xi^2)\arctan\xi\cdot f'(\xi).$$

证　等式可写成 $\dfrac{\pi}{4}f(1)=\dfrac{f(\xi)}{1+\xi^2}+\arctan\xi\cdot f'(\xi)$，右端表达式为 $(\arctan x\cdot f(x))'\Big|_{x=\xi}$ 的结果.

令 $F(x)=\arctan x\cdot f(x)$，$F(x)$ 在 $[0,1]$ 上连续，在 $(0,1)$ 内可导，由拉格朗日中值定理得

$$\frac{F(1)-F(0)}{1-0}=F'(\xi)\ (0<\xi<1),$$

$$\frac{\arctan 1\cdot f(1)-0}{1-0}=\frac{\pi}{4}f(1)=\frac{f(\xi)}{1+\xi^2}+\arctan\xi\cdot f'(\xi).$$

例❸　设 $f(x)$ 在 $[0,1]$ 上连续，在 $(0,1)$ 内可导，$f(0)=0$，$f(1)=\dfrac{1}{2}$，证明：在 $(0,1)$ 内存在不同的 ξ，η，使得 $f'(\xi)+f'(\eta)=\xi+\eta$.

证　需证 $f'(\xi)-\xi+f'(\eta)-\eta=0$,令 $F(x)=f(x)-\frac{1}{2}x^2$,则所求结论为 $F'(\xi)+$ $F'(\eta)=0$,不失一般性,设 $F'(\xi)=k\neq 0$,$F'(\eta)=-k\neq 0$,这正是拉格朗日中值定理的结论.

令 $F(x)=f(x)-\frac{1}{2}x^2$,则 $F(0)=0$,$F(1)=0$,在 $\left[0,\frac{1}{2}\right]$ 上,对 $F(x)$ 应用拉格朗日中值定理,得

$$F\left(\frac{1}{2}\right)-F(0)=F'(\xi)\left(\frac{1}{2}-0\right)\quad\left(0<\xi<\frac{1}{2}\right). \qquad ①$$

同理,在 $\left[\frac{1}{2},1\right]$ 上,$F(1)-F\left(\frac{1}{2}\right)=F'(\eta)\left(1-\frac{1}{2}\right)\quad\left(\frac{1}{2}<\eta<1\right). \qquad ②$

①+②,得 $F(1)-F(0)=\frac{1}{2}[F'(\xi)+F'(\eta)]$.

即 $F'(\xi)+F'(\eta)=0$,$f'(\xi)-\xi+f'(\eta)-\eta=0$,命题得证.

注　已考的两道真题,做法与本例如出一辙.

1. (2005) $f(x)$ 在 $[0,1]$ 上连续,在 $(0,1)$ 内可导,且 $f(0)=0$,$f(1)=1$.

证明:(1) $\exists a\in(0,1)$,使 $f(a)=1-a$;

(2) $\exists$ 两个不同的点 η,$\xi\in(0,1)$,使 $f'(\eta)f'(\xi)=1$.

2. $f(x)$ 在 $[0,1]$ 上连续,在 $(0,1)$ 内可导,且 $f(0)=0$,$f(1)=\frac{1}{3}$.

证明:$\exists\xi\in\left(0,\frac{1}{2}\right)$,$\eta\in\left(\frac{1}{2},1\right)$,使 $f'(\xi)+f'(\eta)=\xi^2+\eta^2$.

例❹　证明 $F(x)=\arctan\mathrm{e}^x+\arctan\mathrm{e}^{-x}=\frac{\pi}{2}$.

证　$F'(x)=\dfrac{\mathrm{e}^x}{1+\mathrm{e}^{2x}}+\dfrac{-\mathrm{e}^{-x}}{1+\mathrm{e}^{-2x}}=\dfrac{\mathrm{e}^x}{1+\mathrm{e}^{2x}}+\dfrac{-\mathrm{e}^x}{1+\mathrm{e}^{2x}}=0$,

故 $F(x)=C$.令 $x=0$,得 $F(0)=\frac{\pi}{4}+\frac{\pi}{4}=\frac{\pi}{2}$,

从而 $F(x)=\frac{\pi}{2}$,命题得证.

例❺　设 $|x|\leqslant 1$,则由拉格朗日中值定理,$\dfrac{\arcsin x-\arcsin 0}{x-0}=(\arcsin x)'\Big|_{x=\xi=\theta x}$,

即 $\arcsin x=\dfrac{x}{\sqrt{1-\theta^2 x^2}}$,证明 $\lim\limits_{x\to 0}\theta(x)=\dfrac{1}{\sqrt{3}}$.

证　由泰勒公式,$\arcsin x=x+\dfrac{x^3}{6}+o(x^3)$,

$$(1-\theta^2 x^2)^{-\frac{1}{2}}=1+\left(-\frac{1}{2}\right)(-\theta^2 x^2)+o(x^2).$$

故 $\dfrac{x}{\sqrt{1-\theta^2 x^2}}=x+\dfrac{1}{2}\theta^2 x^3+o(x^3)$,

于是 $x+\dfrac{x^3}{6}+o(x^3)=x+\dfrac{1}{2}\theta^2 x^3+o(x^3)$，

即 $\left(\dfrac{1}{6}-\dfrac{1}{2}\theta^2\right)x^3=o(x^3)$，$\lim\limits_{x\to 0}\dfrac{\left(\dfrac{1}{6}-\dfrac{1}{2}\theta^2\right)x^3}{x^3}=\lim\limits_{x\to 0}\left(\dfrac{1}{6}-\dfrac{1}{2}\theta^2\right)=0.$

故 $\lim\limits_{x\to 0}\theta^2=\dfrac{1}{3}$，得 $\lim\limits_{x\to 0}\theta=\dfrac{1}{\sqrt 3}.$

例6　设 $y=f(x)$ 在$(-1,1)$内具有二阶连续导数，且 $f''(x)\neq 0$，试证：

(1) 对于$(-1,1)$内的任一非零 x，存在唯一的 $\theta(x)\in(0,1)$，使 $f(x)=f(0)+xf'(\theta(x)x)$ 成立；

(2) $\lim\limits_{x\to 0}\theta(x)=\dfrac{1}{2}.$

证　(1) 任给非零 $x\in(-1,1)$，由拉格朗日中值定理，得

$$f(x)=f(0)+xf'(\theta(x)x)\quad(0<\theta(x)<1).\qquad①$$

因为 $f''(x)$ 在$(-1,1)$内连续，且 $f''(x)\neq 0$，所以 $f''(x)$ 在$(-1,1)$内不变号. 不妨设 $f''(x)>0$，则 $f'(x)$ 在$(-1,1)$内严格增加，故 $\theta(x)$ 唯一.

(2) 由式①得

$$\theta(x)\dfrac{f'(\theta(x)x)-f'(0)}{x\theta(x)}=\dfrac{f(x)-f(0)-f'(0)x}{x^2}.\qquad②$$

由二阶导数的定义，得

$$\lim\limits_{x\to 0}\dfrac{f'(\theta(x)x)-f'(0)}{\theta(x)x}=f''(0),$$

又由洛必达法则，得

$$\lim\limits_{x\to 0}\dfrac{f(x)-f(0)-f'(0)x}{x^2}\xlongequal{\frac{0}{0}}\lim\limits_{x\to 0}\dfrac{f'(x)-f'(0)}{2x}=\dfrac{1}{2}f''(0),$$

在式②中，令 $x\to 0$ 即得

$$\lim\limits_{x\to 0}\theta(x)=\dfrac{1}{2}.$$

例7　设函数 $y=f(x)$ 在$(0,+\infty)$内有界可导，则　　　　（　　）

(A) 当 $\lim\limits_{x\to+\infty}f(x)=0$ 时，必有 $\lim\limits_{x\to+\infty}f'(x)=0.$

(B) 当 $\lim\limits_{x\to+\infty}f'(x)$ 存在时，必有 $\lim\limits_{x\to+\infty}f'(x)=0.$

(C) 当 $\lim\limits_{x\to 0^+}f(x)=0$ 时，必有 $\lim\limits_{x\to 0^+}f'(x)=0.$

(D) 当 $\lim\limits_{x\to 0^+}f'(x)$ 存在时，必有 $\lim\limits_{x\to 0^+}f'(x)=0.$

解法1　直接证明(B)正确. 用反证法，由题设，$\lim\limits_{x\to+\infty}f'(x)$ 存在，设 $\lim\limits_{x\to+\infty}f'(x)=A\neq 0$，不妨设 $A>0$，则对于 $\xi=\dfrac{A}{2}>0$，存在 $X>0$，当 $x>X$ 时，有 $|f'(x)-A|<\xi=\dfrac{A}{2}$，于

是 $\dfrac{A}{2} < f'(x) < A + \dfrac{A}{2}$, 在区间 $[X, x]$ 上应用拉格朗日中值定理, 有

$$f(\overset{\circ}{x}) = f(X) + f'(\xi)(x - X) > f(X) + \dfrac{A}{2}(x - X).$$

于是 $\lim\limits_{x \to +\infty} f(x) = +\infty$, 与 $f(x)$ 在 $(0, +\infty)$ 上有界矛盾, 于是必有 $\lim\limits_{x \to +\infty} f'(x) = 0$.

解法 2 举反例, 设 $f(x) = \dfrac{\sin x^2}{x}$, $\lim\limits_{x \to +\infty} f(x) = 0$, $\lim\limits_{x \to 0^+} f(x) = 0$, 在 $(0, +\infty)$ 内有界,

且 $f'(x) = \dfrac{2x^2 \cos x^2 - \sin x^2}{x^2} = 2\cos x^2 - \dfrac{\sin x^2}{x^2}$, 在 $(0, +\infty)$ 内可导, 但是 $\lim\limits_{x \to +\infty} f'(x)$ 不存

在, $\lim\limits_{x \to 0^+} f'(x) = 1$, 可排除 (A)(D) 两项. 设 $f(x) = \sin x$, 可排除 (C) 项, 于是选 (B).

例 8 设 $f(x)$ 在 $[a, +\infty)$ 可微, $\lim\limits_{x \to +\infty} f(x)$ 与 $\lim\limits_{x \to +\infty} f'(x)$ 存在, 求 $\lim\limits_{x \to +\infty} f'(x)$.

解法 1 设 $\lim\limits_{x \to +\infty} f(x) = A \in \mathbf{R}$, 则 $\lim\limits_{x \to +\infty} f(x + 1) = A$, 由拉格朗日中值定理, 可得

$$f(x + 1) - f(x) = f'(\xi_x), \ \xi_x \in (x, x + 1).$$

当 $x \to +\infty$ 时, 有 $\xi_x \to +\infty$, 又因为 $\lim\limits_{x \to +\infty} f'(x)$ 存在, 所以

$$\lim\limits_{x \to +\infty} f'(x) = \lim\limits_{x \to +\infty} f'(\xi_x) = \lim\limits_{x \to +\infty} (f(x + 1) - f(x)) = A - A = 0.$$

解法 2 设 $\lim\limits_{x \to +\infty} f(x) = A$, $\lim\limits_{x \to +\infty} f'(x) = B$, 则 $\lim\limits_{x \to +\infty} (f(x) + f'(x)) = A + B$,

于是 $A = \lim\limits_{x \to +\infty} f(x) = \lim\limits_{x \to +\infty} \dfrac{\mathrm{e}^x f(x)}{\mathrm{e}^x} \xrightarrow{\text{洛必达}} \lim\limits_{x \to +\infty} \dfrac{\mathrm{e}^x (f(x) + f'(x))}{\mathrm{e}^x}$

$= \lim\limits_{x \to +\infty} (f(x) + f'(x)) = A + B.$

所以, $B = \lim\limits_{x \to +\infty} f'(x) = 0$.

例 9 设函数 $f(x)$ 在 $(0, +\infty)$ 内具有二阶导数, 且 $f''(x) > 0$, 令 $u_n = f(n)$ $(n = 1,$ $2, \cdots)$, 则下列结论正确的是 ( )

(A) 若 $u_1 > u_2$, 则 $\{u_n\}$ 必收敛   (B) 若 $u_1 > u_2$, 则 $\{u_n\}$ 必发散

(C) 若 $u_1 < u_2$, 则 $\{u_n\}$ 必收敛   (D) 若 $u_1 < u_2$, 则 $\{u_n\}$ 必发散

分析: 由 $f''(x) > 0$ 及各选项所给条件 ($f(1) > f(2)$ 或者 $f(1) < f(2)$), 要讨论数列 $\{f(n)\}$ 的敛散性, 首先想到利用拉格朗日中值定理将 $f(x)$ 转化为 $f'(x)$, 再由 $f''(x) > 0$ 知 $f'(x)$ 单调增加, 最后讨论 $\{f(n)\}$ 的敛散性; 其次, 由带拉格朗日余项的泰勒公式建立 起 $f(x)$, $f'(x)$, $f''(x)$ 的关系, 然后讨论 $\{f(n)\}$ 的敛散性.

解法 1 由拉格朗日中值定理, 有

$$u_{n+1} - u_n = f(n + 1) - f(n) = f'(\xi_n)(n + 1 - n)$$
$$= f'(\xi_n), \ \xi_n \in (n, n + 1), \ n = 1, 2, \cdots.$$

由已知, $f''(x) > 0$, $f'(x)$ 单调增加, 故 $f'(\xi_1) < f'(\xi_2) < \cdots < f'(\xi_n) < \cdots$, 所以,

$$u_{n+1} = u_1 + \sum_{k=1}^{n} (u_{k+1} - u_k) = u_1 + \sum_{k=1}^{n} f'(\xi_k) > u_1 + nf'(\xi_1) = u_1 + n(u_2 - u_1).$$

于是当 $u_2-u_1>0$ 时,推得 $\lim\limits_{n\to\infty}u_{n+1}=+\infty$,选(D).若 $u_2-u_1<0$,就推不出该数列的敛散性了.

解法 2 带拉格朗日余项的泰勒公式,有

$$f(k+1)=f(k)+f'(k)(k+1-k)+\frac{f''(\xi_k)}{2}(k+1-k)^2>f(k)+f'(k),$$

将上式由 $k=2$ 到 n 累加,消去左右相同的项.

由 $f'(x)$ 单调增加,$f'(n)>f'(n-1)>\cdots>f'(2)$,

所以,$f(n+1)>f(2)+\sum\limits_{k=2}^{n}f'(k)>f(2)+(n-1)f'(2)$.

若 $f'(2)>0$,则所求数列发散,

再由泰勒公式知:$f(1)=f(2)+f'(2)(1-2)+\frac{f''(\xi)}{2}(1-2)^2>f(2)-f'(2)$,

于是 $f'(2)>f(2)-f(1)=u_2-u_1>0$ 时,数列发散.

考点8 柯西中值定理

知识补给库

柯西中值定理 若 $f(x),g(x)$ 在 $[a,b]$ 上连续,在 (a,b) 内可导,且 $g'(x)\neq0$,则至少存在一点 $\xi\in(a,b)$,使得 $\frac{f'(\xi)}{g'(\xi)}=\frac{f(b)-f(a)}{g(b)-g(a)}$.

注 (1)该定理证明用罗尔定理,而不是对 $f(x),g(x)$ 分别用拉格朗日中值定理,这是一种经典的错误证法,部分学生会给出如下证明:$f(b)-f(a)=f'(\xi)(b-a),a<\xi<b$ ①,$g(b)-g(a)=g'(\xi)(b-a),a<\xi<b$ ②,式①除以式②可得结论.错误的原因在于使用拉格朗日中值定理过程中,两次的 ξ 不一定相同.

(2)若在证明结论中看到 $\frac{f'(\xi)}{g'(\xi)}$ 这项,或者经过变形得到 $\frac{f'(\xi)}{g'(\xi)}$

(两个不同函数在同一点 ξ 的导数之比),该题需要使用柯西中值定理,而不是单一看结论中值点的个数是一个还是两个.

(3)结合具体试题,读者自己体会该定理的难与易.

① 若 $f(x), g(x) = x^2$ 在 $[a,b]$ 上连续，在 (a,b) 内可导.

由柯西中值定理得

$$\frac{f(b) - f(a)}{b^2 - a^2} = \frac{f'(\xi)}{2\xi}, \quad a < \xi < b.$$

② 若 $f(x) = \dfrac{e^x}{x}$，$g(x) = \dfrac{1}{x}$，$f(x), g(x)$ 在 $[a,b]$ 上连续，在 (a,b) 内可导，且 $g'(x) \neq 0$，由柯西中值定理得

$$\frac{f(b) - f(a)}{g(b) - g(a)} = \frac{\dfrac{e^b}{b} - \dfrac{e^a}{a}}{\dfrac{1}{b} - \dfrac{1}{a}} = \frac{f'(\xi)}{g'(\xi)} = \frac{\dfrac{\xi e^\xi - e^\xi}{\xi^2}}{-\dfrac{1}{\xi^2}} = e^\xi - \xi e^\xi.$$

$$\frac{\dfrac{e^b}{b} - \dfrac{e^a}{a}}{\dfrac{1}{b} - \dfrac{1}{a}} = \frac{\dfrac{ae^b - be^a}{ab}}{\dfrac{a-b}{ab}} = \boxed{\frac{ae^b - be^a}{a-b} = e^\xi - \xi e^\xi.}$$

看到方框里的等式，你还能联想到这是两个函数使用柯西中值定理得到的吗？因为经过计算，把原柯西中值定理的优美形式破坏了，导致寻找 $f(x), g(x)$ 增加了难度．综上，当 $f(x), g(x)$ 两个函数都为具体函数，证明挺难，所以过去的考题中不难得出，真题中 $f(x), g(x)$ 经常为一个具体函数、一个抽象函数．

典型例题

例① 设 $f(x)$ 在 $[a, b]$ 上连续，在 (a, b) 内可导，$0 < a < b$，证明：存在 $\xi \in (a, b)$，使 $\dfrac{f(b) - f(a)}{b - a} = (a^2 + ab + b^2) \dfrac{f'(\xi)}{3\xi^2}$.

分析：把所求等式改写为

$$\frac{f(b) - f(a)}{(b-a)(a^2 + ab + b^2)} = \frac{f'(\xi)}{3\xi^2}, \quad \text{即} \frac{f(b) - f(a)}{b^3 - a^3} = \frac{f'(\xi)}{3\xi^2}.$$

对 $f(x), g(x) = x^3$ 在 $[a, b]$ 上应用柯西定理即可.

证 令 $g(x) = x^3$，则 $f(x), g(x)$ 在 $[a, b]$ 上连续，在 (a, b) 内可导，且 $g'(x) \neq 0$，

$x > 0$. 由柯西中值定理知,存在 $\xi \in (a, b)$,

使 $\dfrac{f(b) - f(a)}{g(b) - g(a)} = \dfrac{f'(\xi)}{g'(\xi)}$,即 $\dfrac{f(b) - f(a)}{b^3 - a^3} = \dfrac{f'(\xi)}{3\xi^2}$,

也即 $\dfrac{f(b) - f(a)}{b - a} = (a^2 + ab + b^2) \dfrac{f'(\xi)}{3\xi^2}$.

例② 设 $f(x)$ 在 $[a, b]$ 上连续,在 (a, b) 内可导,$0 < a < b$,证明:在 (a, b) 内存在

x_1,x_2,x_3,使得 $\dfrac{f'(x_1)}{2x_1} = (b^2 + a^2) \dfrac{f'(x_2)}{4x_2^3} = \dfrac{\ln \dfrac{b}{a}}{b^2 - a^2} x_3 f'(x_3)$.

证 令 $f(x) = f(x)$,$g(x) = x^2$,则由柯西中值定理,知存在 $x_1 \in (a, b)$,

使 $$\dfrac{f(b) - f(a)}{b^2 - a^2} = \dfrac{f'(x_1)}{2x_1}, \quad a < x_1 < b. \tag{①}$$

同理,对 $f(x)$,$g(x) = x^4$ 使用柯西中值定理,知存在 $x_2 \in (a, b)$,

使 $$\dfrac{f(b) - f(a)}{b^4 - a^4} = \dfrac{f'(x_2)}{4x_2^3}, \quad a < x_2 < b. \tag{②}$$

式②两端同乘 $(b^2 + a^2)$,得

$$\dfrac{f(b) - f(a)}{b^2 - a^2} = \dfrac{f'(x_2)}{4x_2^3}(b^2 + a^2). \tag{③}$$

最后,对 $f(x)$,$g(x) = \ln x$ 使用柯西中值定理,知存在 $x_3 \in (a, b)$,

使 $$\dfrac{f(b) - f(a)}{\ln b - \ln a} = \dfrac{f'(x_3)}{\dfrac{1}{x_3}} = x_3 f'(x_3). \tag{④}$$

式④两端同乘 $\dfrac{\ln b - \ln a}{b^2 - a^2}$,得

$$\dfrac{f(b) - f(a)}{b^2 - a^2} = \dfrac{\ln \dfrac{b}{a}}{b^2 - a^2} x_3 f'(x_3). \tag{⑤}$$

由式①②⑤得,原结论成立.

例③ 设函数 $f(x) = \displaystyle\int_1^x e^{t^2} dt$.

(1) 证明:存在 $\xi \in (1, 2)$,使得 $f(\xi) = (2 - \xi) e^{\xi^2}$;

(2) 证明:存在 $\eta \in (1, 2)$,使得 $f(2) = \ln 2 \cdot \eta e^{\eta^2}$.

证 (1) 令 $\varphi(x) = (2 - x) f(x)$,则 $\varphi(1) = f(1) = 0$,$\varphi(2) = 0$.

根据罗尔定理,存在 $\xi \in (1, 2)$,使得 $\varphi'(\xi) = 0$.

而 $\varphi'(x) = (2 - x) f'(x) - f(x)$,$f'(x) = e^{x^2}$,

所以 $\varphi'(\xi) = (2 - \xi) e^{\xi^2} - f(\xi) = 0$,即 $f(\xi) = (2 - \xi) e^{\xi^2}$.

(2) 令 $g(x) = \ln x (1 \leqslant x \leqslant 2)$,

根据柯西中值定理,存在 $\eta \in (1, 2)$,使得

$$\dfrac{f(2) - f(1)}{g(2) - g(1)} = \dfrac{f'(\eta)}{g'(\eta)} = \eta e^{\eta^2},$$

即存在 $\eta \in (1, 2)$，使得 $f(2) = \ln 2 \cdot \eta e^{\eta^2}$.

考点9 泰勒中值定理

知识补给库

泰勒中值定理 设 $f(x)$ 在点 $x = a$ 的某个邻域内有直到 $n+1$ 阶导数，则对该邻域内的任一 x，有

$$f(x) = f(a) + f'(a)(x-a) + \cdots + \frac{f^{(n)}(a)}{n!}(x-a)^n + R_n(x). \qquad ①$$

其中，$R_n(x) = \frac{f^{(n+1)}(\xi)}{(n+1)!}(x-a)^{n+1}$，$\xi$ 介于 x 与 a 之间.

式①称为 $f(x)$ 在点 a 处带有拉格朗日余项的泰勒公式. 式①中 $a = 0$ 则

$$f(x) = f(0) + f'(0)x + \cdots + \frac{f^{(n)}(0)}{n!}x^n + \frac{f^{(n+1)}(\xi)}{(n+1)!}x^{n+1}. \qquad ②$$

其中，ξ 介于 0 与 x 之间，式②称为带拉格朗日余项的麦克劳林公式.

注 若 $f(x)$ 在点 $x = a$ 的某邻域内有三阶导数，则

$$f(x) = f(a) + f'(a)(x-a) + \frac{f''(a)}{2}(x-a)^2 + \frac{f'''(\xi)}{3!}(x-a)^3, \; \xi \text{ 介于 } x \text{ 与 } a \text{ 之间};$$
$$③$$

若 $f(x)$ 在点 $x = a$ 的某邻域内有二阶导数，则

$$f(x) = f(a) + f'(a)(x-a) + \frac{f''(\xi)}{2}(x-a)^2, \; \xi \text{ 介于 } x \text{ 与 } a \text{ 之间};$$
$$④$$

若 $f(x)$ 在点 $x = a$ 的某邻域内有一阶导数，则

$$f(x) = f(a) + f'(\xi)(x-a), \; \xi \text{ 介于 } x \text{ 与 } a \text{ 之间}. \qquad ⑤$$

显然，式⑤就是拉格朗日中值定理，故泰勒公式建立了函数与各阶导数之间的关系，弥补了拉格朗日中值定理只能建立函数与其一阶导数之间的联系，故在题中出现高阶可导的已知条件(高阶一般是指三阶、二阶)，可以试用泰勒中值定理去证明.

使用泰勒中值定理证明等式或不等式的解题步骤:

(1) 写公式(题中已知条件为三阶可导,用式③,已知条件为二阶可导,用式④).

(2) 选择 x、a(一般来说,x 选择区间左、右端点或区间中点),a 要根据题中已知条件合理选择.

(3) 已知条件代入(若是证明不等式,需要放缩不等式;若是证明等式,有部分综合题已知条件出现"连续可导",还要用介值定理).

典型例题

例❶ 已知 $f(x)$ 在 (a,b) 内满足 $f''(x)>0$,求证对于任意不同的 x_1,$x_2 \in (a,b)$,满足

$$\frac{f(x_1)+f(x_2)}{2} > f\left(\frac{x_1+x_2}{2}\right).$$

解 不妨设 $x_1 < x_2$,记 $x_0 = \frac{x_1+x_2}{2}$,$x_2 - x_0 = x_0 - x_1 = h$,

则 $x_1 = x_0 - h$,$x_2 = x_0 + h$,由拉格朗日中值定理,得

$$f(x_0+h) - f(x_0) = f'(x_0+\theta_1 h)h,$$
$$f(x_0) - f(x_0-h) = f'(x_0-\theta_2 h)h,$$

其中,$0 < \theta_1 < 1$,$0 < \theta_2 < 1$,两式相减得

$$f(x_0+h) + f(x_0-h) - 2f(x_0) = [f'(x_0+\theta_1 h) - f'(x_0-\theta_2 h)]h.$$

对于 $f'(x)$ 在区间 $[x_0-\theta_2 h, x_0+\theta_1 h]$ 上,由拉格朗日中值定理可得

$$[f'(x_0+\theta_1 h) - f'(x_0-\theta_2 h)]h = f''(\xi)(\theta_1+\theta_2)h^2,$$

其中,$\xi \in (x_0-\theta_2 h, x_0+\theta_1 h)$,$f''(\xi)>0$,

所以有 $f(x_0+h) + f(x_0-h) - 2f(x_0) > 0$,

即

$$\frac{f(x_1)+f(x_2)}{2} > f\left(\frac{x_1+x_2}{2}\right).$$

例❷ 设 $f(x)$ 在闭区间 $[-1,1]$ 上具有三阶连续导数,且 $f(-1)=0$,$f(1)=1$,$f'(0)=0$,证明在 $(-1,1)$ 内至少存在一点 ξ,使 $f'''(\xi)=3$.

证 $f(x)$ 在 $x=x_0$ 处的泰勒展开为

$$f(x) = f(x_0) + f'(x_0)(x-x_0) + \frac{f''(x_0)}{2!}(x-x_0)^2 + \frac{f'''(\xi)}{3!}(x-x_0)^3, \xi \in (x, x_0).$$

令 $x=-1$，$x_0=0$，则

$$f(-1)=f(0)+f'(0)(-1)+\frac{f''(0)}{2}(-1)^2+\frac{f'''(\xi_1)}{6}(-1)^3,\ \xi_1\in(-1,0).\qquad ①$$

令 $x=1$，$x_0=0$，则

$$f(1)=f(0)+f'(0)\times(1)+\frac{f''(0)}{2}\times(1)^2+\frac{f'''(\xi_2)}{6}\times(1)^3,\ \xi_2\in(0,1).\qquad ②$$

又 $f(-1)=0$，$f(1)=1$，$f'(0)=0$，

②－①，有 $1=\frac{f'''(\xi_1)+f'''(\xi_2)}{6}\Rightarrow\frac{f'''(\xi_1)+f'''(\xi_2)}{2}=3.$

故由介值定理可知，存在一个 $\xi\in(-1,1)$，使得 $f'''(\xi)=3.$

例3 设 $f(x)$ 在区间 $[-a,a]$ $(a>0)$ 上具有二阶连续导数，$f(0)=0.$

(1) 写出 $f(x)$ 的带拉格朗日余项的一阶麦克劳林公式；

(2) 证明在 $[-a,a]$ 上至少存在一点 η，使 $a^3f''(\eta)=3\int_{-a}^{a}f(x)\mathrm{d}x.$

解 (1) 对任意 $x\in[-a,a]$，

$$f(x)=f(0)+f'(0)x+\frac{1}{2}f''(\xi)x^2=f'(0)x+\frac{f''(\xi)}{2}x^2.$$

(2) $\int_{-a}^{a}f(x)\mathrm{d}x=\int_{-a}^{a}f'(0)x\mathrm{d}x+\frac{1}{2}\int_{-a}^{a}f''(\xi)x^2\mathrm{d}x=\frac{1}{2}\int_{-a}^{a}f''(\xi)x^2\mathrm{d}x.$

因为 $f''(x)$ 在 $[-a,a]$ 上连续，由最值定理：$m\leqslant f''(x)\leqslant M$，$x\in[-a,a].$

$$mx^2\leqslant f''(\xi)x^2\leqslant Mx^2.$$

$$\frac{2}{3}ma^3=m\int_{-a}^{a}x^2\mathrm{d}x\leqslant\int_{-a}^{a}f''(\xi)x^2\mathrm{d}x\leqslant M\int_{-a}^{a}x^2\mathrm{d}x=\frac{2}{3}Ma^3,$$

$$m\cdot\frac{a^3}{3}\leqslant\frac{1}{2}\int_{-a}^{a}f''(\xi)x^2\mathrm{d}x=\int_{-a}^{a}f(x)\mathrm{d}x\leqslant\frac{a^3}{3}\cdot M,$$

$$m\leqslant\frac{3}{a^3}\int_{-a}^{a}f(x)\mathrm{d}x\leqslant M.$$

由介值定理，至少存在一点 $\eta\in[-a,a]$，使得 $f''(\eta)=\frac{3}{a^3}\int_{-a}^{a}f(x)\mathrm{d}x.$

考点 10　函数的性态

知识补给库

"三点二性"的判别是应该熟练掌握的内容，熟记定义及充分必要条件，需要有求导的基本功。过去几年曾考过求隐函数的极值，能得满分的同学不多，基本计算的练习要加强。

1. 函数单调性

设函数 $y = f(x)$ 在 $[a, b]$ 上连续，在 (a, b) 内可导.

① 如果在 (a, b) 内 $f'(x) \geqslant 0$，且等号仅在有限多个点处成立，那么函数 $y = f(x)$ 在 $[a, b]$ 上单调增加；

② 如果在 (a, b) 内 $f'(x) \leqslant 0$，且等号仅在限多个点处成立，那么函数 $y = f(x)$ 在 $[a, b]$ 上单调减少.

注　通过导数正负来判断增减性，这绝大部分考生都懂，但涉及单调性的有些试题挺灵活，2000，2017年都有选择题考过. 考生需要通过已知条件去反推是哪个函数的导数，为了构造原函数，有时需要同乘除因子.

请看2000年考题，设 $f(x)$，$g(x)$ 是恒大于零的可导函数，且 $f'(x)g(x) - f(x)g'(x) < 0$，则当 $a < x < b$ 时，有　　　（　）

(A) $f(x)g(b) > f(b)g(x)$　　　　(B) $f(x)g(a) > f(a)g(x)$

(C) $f(x)g(x) > f(b)g(b)$　　　　(D) $f(x)g(x) > f(a)g(a)$

解　因 $g^2(x) > 0$，于是由 $f'(x)g(x) - f(x)g'(x) < 0$，得到

$$\frac{f'(x)g(x) - f(x)g'(x)}{g^2(x)} < 0, \quad 即 \left(\frac{f(x)}{g(x)} \right)' < 0,$$

因而 $\dfrac{f(x)}{g(x)}$ 为 (a, b) 上单调减少函数. 当 $a < x < b$ 时，有 $\dfrac{f(x)}{g(x)} > \dfrac{f(b)}{g(b)}$.

因 $g(b)$ 及 $g(x) > 0$，故有 $f(x)g(b) > f(b)g(x)$，故正确答案为(A).

2. 极值与最值

(1) 极值的定义：若存在 $\delta > 0$，在 $(x_0 - \delta, x_0 + \delta)$ 内有 $f(x) \geqslant f(x_0)$ $(f(x) \leqslant f(x_0))$，称 $f(x_0)$ 达到极小值（极大值）.

(2) 极值的必要条件.

设 $f(x)$ 在 $x = x_0$ 处取得极值，且 $f'(x_0)$ 存在，则 $f'(x_0) = 0$.

注：① 使$f(x)$的导数$f'(x)=0$的点x_0称为它的驻点. 一个函数的极值点只可能出现在它的驻点或不可导的点之中, 但这些点是否为极值点需要进一步判断.

② 要分清驻点和极值点之间的关系.

驻点不一定是极值点, 例如$y=x^3$, $x=0$为驻点, 但$x=0$不是极值点, 极值点也不一定是驻点, 例如$y=|x|$, $x=0$为极小值点, 但$y=|x|$在$x=0$点不可导.

③ 求$y=f(x)$在$[a,b]$上的最值.

分三步：(i) 先求$f(x)$的极值；

(ii) 再求$f(a)$, $f(b)$；

(iii) 把前两步的结果进行比较, 谁更大为最大值, 谁更小为最小值.

④ 极值为局部概念, 最值为整体概念.

(3) 极值的充分条件

第一充分条件：设$f'(x_0)=0$ (或$f(x)$在x_0处连续), 且在x_0的某去心邻域$U(x_0,\delta)$内可导.

① 若$x\in(x_0-\delta,x_0)$时, $f'(x)>0$, 而$x\in(x_0,x_0+\delta)$时, $f'(x)<0$, 则$f(x)$在x_0处取得极大值；

② 若$x\in(x_0-\delta,x_0)$时, $f'(x)<0$, 而$x\in(x_0,x_0+\delta)$时, $f'(x)>0$, 则$f(x)$在x_0处取得极小值；

③ 若$x\in\overset{\circ}{U}(x_0,\delta)$时, $f'(x)$的符号保持不变, 则$f(x)$在x_0处没有极值.

第二充分条件：若$f'(x_0)=0$, $f''(x_0)\neq0$, 则$f(x)$在x_0处取得极值.

其中当$f''(x_0)>0$时极小, 当$f''(x_0)<0$时极大.

第三充分条件：若 $f'(x_0) = f''(x_0) = \cdots = f^{(n-1)}(x_0) = 0$，$f^{(n)}(x_0) \neq 0$，则：

当 n 为偶数时 $f(x)$ 在 x_0 处有极值；$f^{(n)}(x_0) > 0$ 时极小，$f^{(n)}(x_0) < 0$ 时极大．

当 n 为奇数时 $f(x)$ 在 x_0 处无极值．

3. 曲线的凹向与拐点

1）凹向

（1）定义：设 $f(x)$ 在区间 I 上连续，如果对 I 上任意两点 x_1, x_2，恒有 $f\left(\dfrac{x_1 + x_2}{2}\right) < \dfrac{f(x_1) + f(x_2)}{2}$，则称 $f(x)$ 在 I 上的图形是凹的；恒有 $f\left(\dfrac{x_1 + x_2}{2}\right) > \dfrac{f(x_1) + f(x_2)}{2}$，则称 $f(x)$ 在 I 上的图形是凸的．

（2）判定：

若在区间 I 上 $f''(x) > 0$，则 $y = f(x)$ 在 I 上是凹的，

若在区间 I 上 $f''(x) < 0$，则 $y = f(x)$ 在 I 上是凸的．

注：以图形上看，切线在曲线下方，即为凹的．

（即 $f(x) \geqslant f(x_0) + f'(x_0)(x - x_0)$）

2）拐点

① 定义：如果连续曲线 $y = f(x)$ 在点 $(x_0, f(x_0))$ 两侧凹凸性相反，则称 $(x_0, f(x_0))$ 为曲线 $y = f(x)$ 的拐点．

② 判定（一个必要条件，三个充分条件）．

必要条件：设 $(x_0, f(x_0))$ 为 $y = f(x)$ 的拐点，且 $f(x)$ 二阶可导，则 $f''(x_0) = 0$．

注：拐点来源于二阶导数为零的点和二阶导数不存在的点．

第一充分条件：设 $f(x)$ 在点 x_0 处连续，在 $\mathring{U}(x_0)$ 内二阶可导，若在点 x_0 的左、右邻域内 $f''(x)$ 异号，则 $(x_0, f(x_0))$ 是曲线 $y = f(x)$ 的拐点。

第二充分条件：若 $f''(x_0) = 0$，$f'''(x_0) \neq 0$，则 $(x_0, f(x_0))$ 为拐点。

第三充分条件：设 $f(x)$ 在点 x_0 处 n 阶可导，$n > 2$ 且 n 为奇数，$f''(x_0) = \cdots f^{(n-1)}(x_0) = 0$，$f^{(n)}(x_0) \neq 0$，则 $(x_0, f(x_0))$ 为拐点。

4. 曲线 y 的曲率及曲率半径（仅数一、数二）

(1) 曲率：$R = \dfrac{|y''|}{(1 + y'^2)^{3/2}}$.

(2) 曲率半径：$R = \dfrac{1}{k}$.

典型例题

例❶ 已知 $f(x)$ 的导函数为 $f'(x)$，且 $2f(x) + xf'(x) > x^2$，则下列不等式在 **R** 上恒成立的是 （　　）

(A) $f(x) > 0$　　　(B) $f(x) < 0$　　　(C) $f(x) > x$　　　(D) $f(x) < x$

解　因为 $2f(x) + xf'(x) > x^2$，

构造 $g(x) = x^2 f(x)$，则 $g'(x) = x[2f(x) + xf'(x)]$.

令 $g'(x) = 0$，得 $x = 0$；

令 $g'(x) > 0$，得 $x > 0$，$g(x)$ 的单调增加区间为 $(0, +\infty)$；

令 $g'(x) < 0$，得 $x < 0$，$g(x)$ 的单调减少区间为 $(-\infty, 0)$，

所以 $g(x) = x^2 f(x)$ 在 $x = 0$ 处取得最小值. 当 $x \neq 0$ 时，

$$g(x) = x^2 f(x) > g(0) = 0.$$

$f(x) > 0$. 故选(A).

例❷ 设函数 $f(x)$ 可导，且 $f'(x)f(x) > 0$，则 （　　）

(A) $f(1) > f(-1)$　　　　　　　　(B) $f(1) < f(-1)$

(C) $|f(1)| > |f(-1)|$　　　　　　(D) $|f(1)| < |f(-1)|$

解　设 $g(x) = (f(x))^2$，则 $g'(x) = 2f(x)f'(x) > 0$，

即 $f^2(x)$ 是单调增加函数,也就是 $f^2(1)>f^2(-1)$,

从而 $|f(1)|>|f(-1)|$,故答案为(C).

例**③**　设 $f'(x)$ 为函数 $f(x)$ 的导函数,已知 $x^2f'(x)+xf(x)=\ln x$, $f(\mathrm{e})=\dfrac{1}{\mathrm{e}}$,则
下列结论正确的是　　　　　　　　　　　　　　　　　　　　　　　　　（　　）

(A) $f(x)$ 在 $(0,+\infty)$ 内单调增加　　　(B) $f(x)$ 在 $(0,+\infty)$ 内单调减少

(C) $f(x)$ 在 $(0,+\infty)$ 内有极大值　　　(D) $f(x)$ 在 $(0,+\infty)$ 内有极小值

解　因为 $x^2f'(x)+xf(x)=\ln x$,所以 $xf'(x)+f(x)=\dfrac{\ln x}{x}$, $[xf(x)]'=\dfrac{\ln x}{x}$. 构造原函数 $xf(x)=\dfrac{1}{2}\ln^2x+C$,则 $f(x)=\dfrac{1}{2}\cdot\dfrac{\ln^2x}{x}+\dfrac{C}{x}$. 因为 $f(\mathrm{e})=\dfrac{1}{\mathrm{e}}$,所以 $C=\dfrac{1}{2}$, $f(x)=\dfrac{1}{2}\cdot\dfrac{\ln^2x}{x}+\dfrac{1}{2x}$. 因为 $f'(x)=\dfrac{-(\ln x-1)^2}{2x^2}<0$,所以 $f(x)$ 在 $(0,+\infty)$ 上为减函数,故选(B).

例**④**　曲线 $y=(x-1)^2(x-3)^2$ 的拐点个数为　　　　　　　（　　）

(A) 0　　　　　　　　　　　　　　　(B) 1

(C) 2　　　　　　　　　　　　　　　(D) 3

解法 1　求 y', y'',令 $y''=0$,解得 $x_{1,2}=2\pm\dfrac{\sqrt{3}}{3}$. 然后可判断在这两点的左、右邻域内, y'' 都变号,则有 2 个拐点. 故选(C).

解法 2　由于题设函数特殊,不必计算二阶导数即可判断出拐点的个数. 首先, y 是四次多项式,其曲线最多拐 3 次弯,因此拐点最多有 2 个. 其次, $x=1$, $x=3$ 是极小值点,在两点之间必有唯一的极大值点,设为 x_0. 又 $\lim\limits_{x\to-\infty}y=+\infty$, $\lim\limits_{x\to+\infty}y=+\infty$, y 的大致图形如图 2-2 所示.

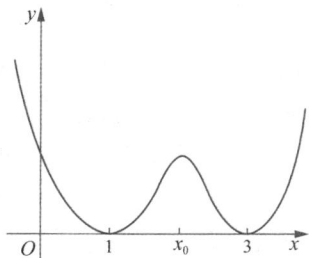

图 2-2

于是在 $(1,x_0)$ 和 $(x_0,3)$ 内各有一个拐点. 故选(C).

例**⑤**　曲线 $y=(x-1)(x-2)^2(x-3)^3(x-4)^4$ 的拐点是　　　　　　　　　　　　　　　　　　　　　　　　　　（　　）

(A) $(1,0)$　　　　　　　　　　　　　(B) $(2,0)$

(C) $(3,0)$　　　　　　　　　　　　　(D) $(4,0)$

解法 1　令 $g(x)=(x-1)(x-2)^2(x-4)^4$,

则 $y=(x-3)^3g(x)$,

$y'=3(x-3)^2g(x)+(x-3)^3g'(x)$,

$y'=6(x-3)g(x)+3(x-3)^2g'(x)+3(x-3)^2g'(x)+(x-3)^3g''(x)$.

令 $y''=0$,解出 $x=3$,

$y'''=6g(x)+[6(x-3)g'(x)+\cdots]$.

把 $x=3$ 代入 y''',得 $y'''(3)=6g(3)\neq0$,上式括号中的部分 $x=3$ 代入结果全为 0,故拐点为 $(3,0)$.

解法 2　利用几何方法如表所示.

x	$(-\infty, 1)$	1	$(1, 2)$	2	$(2, 3)$	3	$(3, 4)$	4	$(4, +\infty)$
y	$+$	0	$-$	0	$-$	0	$+$	0	$+$

故函数图形如图 2-3 所示. 由图可知,$(3, 0)$为拐点.

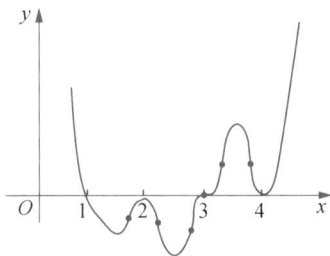

图 2-3

例❻ 已知函数 $y(x)$ 由方程 $x^3 + y^3 - 3x + 3y - 2 = 0$ 确定,求 $y(x)$ 的极值.

解 将方程 $x^3 + y^3 - 3x + 3y - 2 = 0$ 关于 x 求导,得

$$3x^2 + 3y^2 y' - 3 + 3y' = 0, \qquad\qquad ①$$

将式①关于 x 再次求导,得 $6x + 6y(y')^2 + 3y^2 y'' + 3y'' = 0.$ ②

在式①中令 $y' = 0$,得 $3x^2 = 3$,因此 $x = \pm 1$.

当 $x = 1$ 时,由 $x^3 + y^3 - 3x + 3y - 2 = 0$ 得 $y(1) = 1$;

当 $x = -1$ 时,由 $x^3 + y^3 - 3x + 3y - 2 = 0$ 得 $y(-1) = 0$.

将 $y' = 0$ 代入式②,得 $6x + (3y^2 + 3)y'' = 0.$ ③

将 $x = 1$,$y(1) = 1$ 代入式③,得 $y''(1) = -1 < 0$,因此 $y(1) = 1$ 为函数 $y(x)$ 的极大值;

将 $x = -1$,$y(-1) = 0$ 代入式③,得 $y''(-1) = 2 > 0$,因此 $y(-1) = 0$ 为函数 $y(x)$ 的极小值.

例❼ 设函数 $f(x)$ 在 $x = x_0$ 处有二阶导数,则( ).

(A) 当 $f(x)$ 在 x_0 的某邻域内单调增加时,$f'(x_0) > 0$

(B) 当 $f'(x_0) > 0$ 时,$f(x)$ 在 x_0 的某邻域内单调增加

(C) 当 $f(x)$ 在 x_0 的某邻域内是凹函数时,$f''(x_0) > 0$

(D) 当 $f''(x_0) > 0$ 时,$f(x)$ 在 x_0 的某邻域内是凹函数

解 $f(x)$ 在 $x = x_0$ 处有二阶导数,则有 $f''(x_0) = \lim\limits_{x \to x_0} \dfrac{f'(x) - f'(x_0)}{x - x_0}$,说明 $f'(x)$ 在 $x = x_0$ 的某邻域内有定义且 $f'(x)$ 在 $x = x_0$ 处连续,$f(x)$ 在 $x = x_0$ 的某邻域内可导且连续.

因 $f(x)$ 在某区间内单调增加时,有 $f'(x) \geqslant 0$,并不能说明 $f'(x_0) > 0$,例如 $f(x) = x^3$,$f(x)$ 在 $x = 0$ 的某邻域内单调增加,但 $f'(0) = 0$,故(A)错误.

由上面可知 $f'(x)$ 在 $x = x_0$ 处连续,又 $f'(x_0) > 0$,故由极限的保号性可知,$f'(x)$ 在 x_0 的某邻域内大于零,则 $f(x)$ 在 x_0 的某邻域内单调增加,故(B)正确.

当 $f(x)$ 在 x_0 的某邻域内是凹函数时,$f''(x_0)$ 有可能等于零,例如 $f(x) = x^4 \cdot f(x)$ 在

$x = 0$ 的某邻域内为凹函数, 但 $f''(0) = 0$, 故(C)错误.

当 $f''(x_0) > 0$ 时, 因不知道 $f''(x)$ 是否存在, 故不能得到 $f(x)$ 在 $x = x_0$ 的某邻域内是否二阶可导, 即便是二阶可导的, 也由于不知道二阶导数在 $x = x_0$ 处是否连续, 进而无法得出二阶导数是大于零以确定 $f(x)$ 在 x_0 的某邻域内是凹函数. 在考试中, 分析到此处可以确定(D)是错误的而不选, 但是在日常学习中需要知道反例.

例如 $f(x) = \begin{cases} x^4 \sin \dfrac{1}{x} + \dfrac{1}{4} x^2, & x \neq 0, \\ 0, & x = 0, \end{cases}$ $f'(x) = \begin{cases} 4x^3 \sin \dfrac{1}{x} - x^2 \cos \dfrac{1}{x} + \dfrac{1}{2} x, & x \neq 0, \\ 0, & x = 0, \end{cases}$

$f''(x) = \begin{cases} 12x^2 \sin \dfrac{1}{x} - 6x \cos \dfrac{1}{x} - \sin \dfrac{1}{x} + \dfrac{1}{2}, & x \neq 0, \\ \dfrac{1}{2}, & x = 0. \end{cases}$

由于 $\lim\limits_{x \to 0} 12x^2 \sin \dfrac{1}{x} - 6x \cos \dfrac{1}{x} = 0$, 故 $f''(x)$ 在 $x = 0$ 的某邻域内的符号由 $-\sin \dfrac{1}{x} + \dfrac{1}{2}$ 所决定, 可知其在 $\left[-\dfrac{1}{2}, \dfrac{3}{2} \right]$ 之间一直振荡, 有正有负, 故 $f(x)$ 有时为凹函数, 有时为凸函数, 故(D)错误.

考点 11　相关变化率(仅数一、数二)

知识补给库

设 $x = x(t)$, $y = y(t)$ 都是可导函数, 而 x 与 y 之间存在某种关系: $F(x, y) = 0$, 由隐函数求导法则知 $\dfrac{dx}{dt}$ 与 $\dfrac{dy}{dt}$ 之间也有一定关系. 这两个相互依赖的变化率称为相关变化率. 这类研究两个变化率之间的关系, 以便以其中一个变化率求出另一个变化率的问题称为相关变化率问题.

解决这类相关变化率问题的一般步骤如下:

第一步, 建立变量 x 与 y 之间的关系: $F(x, y) = 0$;

第二步, 把 x 与 y 均看成 t 的函数, 由复合函数求导法则, 将 $F(x, y) = 0$ 两端对 t 求导, 得到 $\dfrac{dx}{dt}$ 与 $\dfrac{dy}{dt}$ 之间的

关系式；

    第三步，从求导后的关系式中解出所要求的变化率.

典型例题

例① 已知曲线 $L：y = \dfrac{4}{9}x^2(x \geqslant 0)$，点 $O(0，0)$，点 $A(0，1)$. 设 P 是 L 上的动点，S 是直线 OA 与直线 AP 及曲线 L 所围图形的面积. 若 P 运动到点 $(3，4)$ 时沿 x 轴正向的速度是 4，求此时 S 关于时间 t 的变化率.

    解法 1 设点 P 的坐标为 $(m，n)$，则直线 AP 的方程为 $y = \left(\dfrac{4}{9}m - \dfrac{1}{m}\right)x + 1$.

    直线 OA 与直线 AP 及曲线 L 所围图形的面积为

$$S = \int_0^m \left[\left(\dfrac{4}{9}m - \dfrac{1}{m}\right)x + 1 - \dfrac{4}{9}x^2\right]\mathrm{d}x$$
$$= \dfrac{m^2}{2}\left(\dfrac{4}{9}m - \dfrac{1}{m}\right) + m - \dfrac{4}{27}m^3$$
$$= \dfrac{2}{27}m^3 + \dfrac{1}{2}m，$$

所以，

$$\dfrac{\mathrm{d}S}{\mathrm{d}t} = \dfrac{\mathrm{d}}{\mathrm{d}t}\left(\dfrac{2}{27}m^3 + \dfrac{1}{2}m\right) = \left(\dfrac{2}{9}m^2 + \dfrac{1}{2}\right)\dfrac{\mathrm{d}m}{\mathrm{d}t}.$$

由题设，当 $m = 3$ 时，$\dfrac{\mathrm{d}m}{\mathrm{d}t} = 4$，代入上式得 $\dfrac{\mathrm{d}S}{\mathrm{d}t}\Big|_{m=3} = \left(2 + \dfrac{1}{2}\right) \times 4 = 10$，即当 P 运动到点 $(3，4)$ 时，S 关于时间 t 的变化率为 10.

    解法 2 首先建立 S 和时间 t 的函数关系 $S(t)$.

    设在 t 时刻 P 点的坐标为 $\left(x(t)，\dfrac{4}{9}x^2(t)\right)$，则

$$S(t) = \dfrac{1}{2}\left[1 + \dfrac{4}{9}x^2(t)\right]x(t) - \int_0^{x(t)} \dfrac{4}{9}u^2 \mathrm{d}u$$
$$= \dfrac{1}{2}x(t) + \dfrac{2}{9}x^3(t) - \dfrac{4}{27}x^3(t)$$
$$= \dfrac{1}{2}x(t) + \dfrac{2}{27}x^3(t)，$$

于是 $S'(t) = \dfrac{1}{2}x'(t) + \dfrac{2}{9}x^2(t)x'(t)$.

    由题设，当 $x(t) = 3$ 时，$x'(t) = 4$，代入上式即得 $S'(t)|_{x=3} = 10$.

    例② 往深 10 m 上顶直径 10 m 的正圆锥形容器中注水，其速率为 3 m³/min. 当水深为 5 m 时，其表面上升的速率为多少？

    解 先建立坐标系，以容器底部为坐标原点，x 轴方向向上，则当水深为 x m 时，水面圆

的直径也为 x m. 于是可得容器内水体积 V 与水深 x 的关系式:

$$V = \frac{\pi}{12}x^3.$$

等式两端对时间 t 求导,得

$$\frac{\mathrm{d}V}{\mathrm{d}t} = \frac{\pi}{4} \cdot x^2 \cdot \frac{\mathrm{d}x}{\mathrm{d}t}.$$

因此当 $x = 5$, $\frac{\mathrm{d}V}{\mathrm{d}t} = 3$ 时, $\frac{\mathrm{d}x}{\mathrm{d}t} = 3 \cdot \frac{4}{\pi} \cdot \frac{1}{5^2} = \frac{12}{25\pi}$ (m/min).

考点 12　证明不等式

知识补给库

证明不等式的常用方法:
(1) 用单调性证明不等式.
(2) 引入辅助函数,再用单调性证明不等式.
(3) 应用最值证明不等式.
(4) 应用拉格朗日中值定理证明不等式.
(5) 利用泰勒公式证明不等式.
(6) 利用凹凸性证明不等式.

典型例题

例❶　证明对数平均不等式:

若 $b > a > 0$,则 $\sqrt{ab} < \dfrac{a-b}{\ln a - \ln b} < \dfrac{a+b}{2}$.

证法 1　左端不等式等价于 $\dfrac{\ln b - \ln a}{b-a} < \dfrac{1}{\sqrt{ab}} \Leftrightarrow \ln b - \ln a < \dfrac{b-a}{\sqrt{ab}} \Leftrightarrow \ln \dfrac{b}{a} < \dfrac{\dfrac{b}{a}-1}{\sqrt{\dfrac{b}{a}}}$,

令 $x = \dfrac{b}{a}$,构造函数 $h(x) = \ln x - \dfrac{x-1}{\sqrt{x}}$, $x > 1$, $h'(x) = \dfrac{1}{x} - \dfrac{\dfrac{1}{2}(x+1)}{x\sqrt{x}} = -\dfrac{(\sqrt{x}-1)^2}{2x\sqrt{x}}$

< 0, $h(x)$ 单调减少. $h(x) < h(1) = 0$,因此有 $\ln x < \dfrac{x-1}{\sqrt{x}}$,即 $\ln b - \ln a < \dfrac{b-a}{\sqrt{ab}}$.

右端不等式等价于 $\dfrac{\ln b-\ln a}{b-a}>\dfrac{2}{a+b}\Leftrightarrow\ln\dfrac{b}{a}>\dfrac{2(b-a)}{b+a}=\dfrac{2\left(\dfrac{b}{a}-1\right)}{\dfrac{b}{a}+1}$,构造函数 $g(x)$

$=\ln x-\dfrac{2(x-1)}{x+1}$,$x>1$.

则 $g'(x)=\dfrac{1}{x}-\dfrac{4}{(x+1)^2}>\dfrac{1}{x}-\dfrac{4}{(2\sqrt{x})^2}=0$,$g(x)$ 单调增加,则 $g(x)>g(1)=0$,

即有 $\ln x>\dfrac{2(x-1)}{x+1}$,也就是 $\ln\dfrac{b}{a}>\dfrac{2\left(\dfrac{b}{a}-1\right)}{\dfrac{b}{a}+1}$.

证法 2 左端不等式等价于 $\ln b-\ln a<\dfrac{b-a}{\sqrt{ab}}=\sqrt{\dfrac{b}{a}}-\dfrac{1}{\sqrt{\dfrac{b}{a}}}$,转化为 $\ln\dfrac{b}{a}<\sqrt{\dfrac{b}{a}}-$

$\dfrac{1}{\sqrt{\dfrac{b}{a}}}$. 为方便,不妨令 $\dfrac{b}{a}=x^2$,只需证明 $\forall\, x>1$ 有 $\ln x^2<x-\dfrac{1}{x}$,为此,令 $f(x)=x-\dfrac{1}{x}-$

$2\ln x$,$x>1$,则 $f(1)=0$. 又因为当 $x>1$ 时,$f'(x)=1+\dfrac{1}{x^2}-\dfrac{2}{x}=\dfrac{(x-1)^2}{x^2}>0$,所以

在 $x\geqslant 1$ 时,$f(x)$ 严格增加,由 $f(1)=0$,知 $\forall\, x>1$,有 $f(x)>0$,命题成立.

右端不等式证明提供一种"技巧性"证法:

当 $t>1$ 时,$\dfrac{1}{2t}>\dfrac{2}{(1+t)^2}$,两端从 1 到 $\dfrac{b}{a}$ 积分,即 $\displaystyle\int_1^{\frac{b}{a}}\dfrac{1}{2t}\mathrm{d}t>\int_1^{\frac{b}{a}}\dfrac{2}{(1+t)^2}\mathrm{d}t$,

得 $\dfrac{1}{2}\ln t\Big|_1^{\frac{b}{a}}>-\dfrac{2}{1+t}\Big|_1^{\frac{b}{a}}$,$\dfrac{1}{2}(\ln b-\ln a)>\dfrac{b-a}{a+b}$,

即 $\ln\dfrac{b}{a}>\dfrac{2(b-a)}{b+a}$,等价于 $\dfrac{a-b}{\ln a-\ln b}<\dfrac{a+b}{2}$.

注 1 ① 这是作一个艺术性处理,供读者欣赏.

② 证 $\dfrac{1}{2t}>\dfrac{2}{(1+t)^2}$. 构造 $f(t)=\dfrac{1}{2t}-\dfrac{2}{(1+t)^2}$.

注 2 以下几个不等式皆涉及对数,属"同一家族"题,读者要体会相同点与不同点:若 $0<a<b$,

(1) $\dfrac{2a}{a^2+b^2}<\dfrac{\ln b-\ln a}{b-a}<\dfrac{1}{\sqrt{ab}}$;

(2) $\sqrt{ab}<\dfrac{b-a}{\ln b-\ln a}<\dfrac{a^2+b^2}{2a}$;

(3) $\sqrt{ab}<\dfrac{b-a}{\ln b-\ln a}<\left[\dfrac{1}{2}(a^{\frac{1}{3}}+b^{\frac{1}{3}})\right]^3$.

式(1)左端的证明:令 $f(x)=\ln x\ (x>a>0)$.

由拉格朗日中值定理有 $\dfrac{\ln b-\ln a}{b-a}=(\ln x)'\Big|_{x=\xi}=\dfrac{1}{\xi}$,$a<\xi<b$.

又 $\dfrac{1}{\xi}>\dfrac{1}{b}>\dfrac{2a}{a^2+b^2}$(因 $2ab<a^2+b^2$),故 $\dfrac{\ln b-\ln a}{b-a}>\dfrac{2a}{a^2+b^2}$.

式(1)右端即例 1 的左端.

例❷ 证明 $x\ln\dfrac{1+x}{1-x}+\cos x\geqslant 1+\dfrac{x^2}{2}$ $(-1<x<1)$.

证 令 $f(x)=x[\ln(1+x)-\ln(1-x)]+\cos x-1-\dfrac{x^2}{2}$, $-1<x<1$.

由于 $\ln(1+x)-\ln(1-x)$ 为奇函数,可得 $f(x)$ 为偶函数,所以只讨论当 $0\leqslant x<1$ 的情况即可.

又 $f'(x)=[\ln(1+x)-\ln(1-x)]+x\left(\dfrac{1}{1+x}-\dfrac{-1}{1-x}\right)-\sin x-x$

$\qquad =[\ln(1+x)-\ln(1-x)]+\dfrac{2x}{1-x^2}-\sin x-x$, $0\leqslant x<1$,

显然,当 $0\leqslant x<1$ 时,

$$\ln(1+x)-\ln(1-x)\geqslant 0,$$

故 $\qquad f'(x)\geqslant\dfrac{2x}{1-x^2}-\sin x-x\geqslant 2x-\sin x-x=x-\sin x\geqslant 0.$

$f(x)$ 单调增加,故当 $0\leqslant x<1$ 时,$f(x)\geqslant f(0)=0$.

根据 $f(x)$ 为偶函数,$f(x)\geqslant 0$,$-1<x<1$,原不等式成立.

例❸ 已知 $f(x)=\ln^2(1+x)-\dfrac{x^2}{1+x}$.

(1) 求 $f(x)$ 的单调区间;

(2) 若不等式 $\left(1+\dfrac{1}{n}\right)^{n+a}\leqslant e$ 对任意 $n\in\mathbf{N}^*$ 都成立(其中 e 是自然对数的底数),求 a 的取值范围.

解 (1) $f'(x)=\dfrac{2\ln(1+x)}{1+x}-\dfrac{2x(1+x)-x^2}{(1+x)^2}$

$\qquad =\dfrac{2(1+x)\ln(1+x)-x^2-2x}{(1+x)^2}$ $(x>-1)$.

令 $g(x)=2(1+x)\ln(1+x)-x^2-2x$,则 $g'(x)=2[\ln(1+x)-x]$.

令 $h(x)=\ln(1+x)-x$,则 $h'(x)=\dfrac{1}{1+x}-1$.

当 $-1<x<0$ 时,$h'(x)>0$,$h(x)$ 单调增加;

当 $x>0$ 时,$h'(x)<0$,$h(x)$ 单调减少.

故 $h(x)\leqslant h(0)=0$,即 $g'(x)\leqslant 0$,又 $g(0)=0$,

当 $-1<x<0$ 时,$g(x)>0$,$f(x)$ 单调增加;

当 $x>0$ 时,$g(x)<0$,$f(x)$ 单调减少.

故 $f(x)$ 的单调增加区间为 $(-1,0)$,单调减少区间为 $(0,+\infty)$.

(2) $\left(1+\dfrac{1}{n}\right)^{n+a}\leqslant e$,即 $(n+a)\ln\left(1+\dfrac{1}{n}\right)\leqslant 1$,整理得 $a\leqslant\dfrac{1}{\ln\left(1+\dfrac{1}{n}\right)}-n$.

令 $x=\dfrac{1}{n}$,$x\in(0,1]$,则 $a\leqslant\dfrac{1}{\ln(1+x)}-\dfrac{1}{x}$.

令 $F(x) = \dfrac{1}{\ln(1+x)} - \dfrac{1}{x}$,则 $F'(x) = \dfrac{(x+1)\ln^2(x+1) - x^2}{x^2(1+x)\ln^2(1+x)}$.

由(1)知 $\ln^2(1+x) - \dfrac{x^2}{1+x} \leqslant 0$,则 $F'(x) \leqslant 0$,即 $F(x)$ 单调减少.

$F(x)_{\min} = F(1) = \dfrac{1}{\ln 2} - 1$,即 $\alpha \in \left(-\infty, \dfrac{1}{\ln 2} - 1\right]$.

注 有两道考研题与本题如出一辙. 1998 年数一:设 $x \in (0,1)$,证明:(1) $(1+x) \cdot \ln^2(1+x) < x^2$;(2) $\dfrac{1}{\ln 2} - 1 < \dfrac{1}{\ln(1+x)} - \dfrac{1}{x} < \dfrac{1}{2}$. 2017 年数三:已知方程 $\dfrac{1}{\ln(1+x)} - \dfrac{1}{x} = k$ 在 $(0,1)$ 内有实根,确定 k 的取值范围.

例❹ 证明:$\sqrt{\dfrac{1+x}{1-x}} > \dfrac{\arcsin x}{\ln(1+x)}$,$0 < x < 1$.

方法 1 证明:$\dfrac{1+x}{\sqrt{1-x^2}} > \dfrac{\arcsin x}{\ln(1+x)} \Leftrightarrow (1+x)\ln(1+x) > \sqrt{1-x^2}\arcsin x$.

令 $f(x) = (1+x)\ln(1+x) - \sqrt{1-x^2}\arcsin x$,

$f'(x) = \ln(1+x) + 1 + \dfrac{x\arcsin x}{\sqrt{1-x^2}} - 1 = \ln(1+x) + \dfrac{x\arcsin x}{\sqrt{1-x^2}} > 0$,

所以 $f(x)$ 单调递增,故 $f(x) > f(0) = 0$,命题获证.

方法 2 证明:$\dfrac{1+x}{\sqrt{1-x^2}} > \dfrac{\arcsin x}{\ln(1+x)} \Leftrightarrow (1+x)\ln(1+x) > \sqrt{1-x^2}\arcsin x$.

利用不等式:$\dfrac{x}{(1+x)} < \ln(1+x) \Rightarrow \ln(1+x)(1+x) > x$,于是只需证:

$x > \sqrt{1-x^2}\arcsin x$,令 $x = \sin t$ 则 $x > \sqrt{1-x^2}\arcsin x \Leftrightarrow \sin t > \cos t \cdot t$,$t \in \left(0, \dfrac{\pi}{2}\right)$.

显然 $\sin t > \cos t \cdot t$,$t \in \left(0, \dfrac{\pi}{2}\right) \Leftrightarrow \tan t > t$,$t \in \left(0, \dfrac{\pi}{2}\right)$ 成立,故命题获证.

例❺ 设 $f''(x) < 0$,$f(0) = 0$,证明对任何 $x_1 > 0$,$x_2 > 0$,有 $f(x_1 + x_2) < f(x_1) + f(x_2)$.

证 不妨设 $x_1 < x_2$,把所证不等式变形为 $f(x_1 + x_2) - f(x_2) < f(x_1) - f(0)$,对 $f(x)$ 在两个不同区间使用拉格朗日中值定理.

由已知得 $f(x_1 + x_2) - f(x_2) = f'(\xi_2)x_1$,$x_2 < \xi_2 < x_1 + x_2$,

$\qquad f(x_1) - f(0) = f'(\xi_1)(x_1 - 0)$,$0 < \xi_1 < x_1$.

显然 $\xi_1 < \xi_2$,由 $f''(x) < 0$,得 $f'(x)$ 单调减少,故 $f'(\xi_1) > f'(\xi_2)$.

从而 $f(x_1 + x_2) - f(x_2) < f(x_1) - f(0)$,得 $f(x_1 + x_2) < f(x_1) + f(x_2)$.

例❻ 设函数 $f(x)$ 具有二阶导数,且 $f'(0) = f'(1)$,$|f''(x)| \leqslant 1$. 证明:

(1) 当 $x \in (0,1)$ 时,$|f(x) - f(0)(1-x) - f(1)x| \leqslant \dfrac{x(1-x)}{2}$;

(2) $\left|\displaystyle\int_0^1 f(x)\mathrm{d}x - \dfrac{f(0) + f(1)}{2}\right| \leqslant \dfrac{1}{12}$.

证 (1) **方法 1** 令 $g(x) = f(0)(1-x) + f(1)x$,

令 $F(x)=f(x)-g(x)-\dfrac{x(1-x)}{2}$，$x\in(0,1)$，

因 $F(0)=0$，$F(1)=0$，

又 $F''(x)=f''(x)+1\geqslant 0$（$|f''(x)|\leqslant 1$），所以 $F(x)$ 为凹函数，$F(x)\geqslant 0$.

$$\Rightarrow f(x)-f(0)(1-x)-f(1)x\leqslant\dfrac{x(1-x)}{2}.$$

令 $F(x)=f(x)-g(x)+\dfrac{x(1-x)}{2}$，$x\in(0,1)$，

因为 $F(0)=0$，$F(1)=0$，$F''(x)=f''(x)-1\leqslant 0$（$|f''(x)|\leqslant 1$），

所以 $F(x)$ 为凸函数，$F(x)\geqslant 0$. $f(x)-f(0)(1-x)-f(1)x\geqslant-\dfrac{x(1-x)}{2}$.

综上，$|f(x)-f(0)(1-x)-f(1)x|\leqslant\dfrac{x(1-x)}{2}$.

方法 2 当 $x\in(0,1)$ 时，$f(x)$ 在 $x=0$ 处的二阶泰勒展开式为

$$f(x)=f(0)+f'(0)x+\dfrac{f''(\xi_1)}{2!}x^2,\ \xi_1\in(0,x),\qquad\text{①}$$

$f(x)$ 在 $x=1$ 处的二阶泰勒展开式为

$$f(x)=f(1)+f'(1)(x-1)+\dfrac{f''(\xi_2)}{2!}(x-1)^2,\ \xi_2\in(x,1),\qquad\text{②}$$

于是由 ①$\times(1-x)$，②$\times x$ 知，

$$f(x)\cdot(1-x)=f(0)(1-x)+f'(0)x(1-x)+\dfrac{f''(\xi_1)}{2!}x^2(1-x),$$

$$f(x)\cdot x=f(1)\cdot x+f'(1)x(x-1)+\dfrac{f''(\xi_2)}{2!}x(x-1)^2,$$

由于 $f'(0)=f'(1)$，于是两式相加，得

$$f(x)=f(0)(1-x)+f(1)x+\dfrac{f''(\xi_1)}{2}x^2(1-x)+\dfrac{f''(\xi_2)}{2}x(x-1)^2,$$

于是知 $|f(x)-f(0)(1-x)-f(1)x|=\dfrac{|f''(\xi_1)x^2(1-x)+f''(\xi_2)x(x-1)^2|}{2}$

$$=\dfrac{x(1-x)}{2}\cdot|f''(\xi_1)x+f''(\xi_2)(1-x)|.$$

又由于 $|f''(x)|\leqslant 1$，所以 $|f''(\xi_1)x+f''(\xi_2)(1-x)|\leqslant x+(1-x)=1$，

从而知 $|f(x)-f(0)(1-x)-f(1)x|\leqslant\dfrac{x(1-x)}{2}$.

(2) 由(1)中，$f(x)-f(0)(1-x)-f(1)x\leqslant\dfrac{x(1-x)}{2}$

$$\Rightarrow\int_0^1[f(x)-f(0)(1-x)-f(1)x]dx\leqslant\int_0^1\dfrac{x(1-x)}{2}dx$$

$$\Rightarrow\int_0^1 f(x)dx-\dfrac{f(0)+f(1)}{2}\leqslant\dfrac{1}{12}.$$

由(1)中，$f(x)-f(0)(1-x)-f(1)x\geqslant-\dfrac{x(1-x)}{2}$

$$\Rightarrow \int_0^1 \left[f(x) - f(0)(1-x) - f(1)x \right] dx \geqslant \int_0^1 -\frac{x(1-x)}{2} dx$$

$$\Rightarrow \int_0^1 f(x) dx - \frac{f(0) + f(1)}{2} \geqslant -\frac{1}{12}.$$

综上，$\left| \int_0^1 f(x) dx - \dfrac{f(0) + f(1)}{2} \right| \leqslant \dfrac{1}{12}.$

考点 13 方程根的讨论

知识补给库

涉及方程根的问题主要有两方面：一是确定某个方程的实根是否存在（即存在性）；二是确定该方程的实根是否唯一，或它的个数（即唯一性）.

（1）把要证明的方程转化为 $f(x) = 0$ 的形式，对方程 $f(x) = 0$ 证明其根存在的主要方法有：

① 利用 $f(x)$ 在闭区间上的零点定理.

② 若零点定理不符合（一般是指找不到 $f(a)f(b) < 0$），则求出 $f(x)$ 的原函数 $F(x)$（即 $F'(x) = f(x)$）在 $[a, b]$ 上满足罗尔定理的条件，则 $f(x) = 0$ 在 (a, b) 内至少有一个零点.

③ 结合函数性态讨论方程根的存在.

④ 记下一个结论：实常系数的一元 n 次方程 $a_0 x^n + a_1 x^{n-1} + \cdots + a_{n-1} x + a_n = 0$（$a_0 \neq 0$），当 n 为奇数时，至少有一个实根.

（2）证明方程在某区间内的唯一性，常用的方法有：

① 利用函数 $f(x)$ 的单调性.

② 利用反证法，假设方程在该区间内有两个实根，证明与已知条件相矛盾而推得实根是唯一的.

③ 利用罗尔定理推论的逆否命题.

罗尔定理推论的逆否命题：若 $f^{(n)}(x) = 0$ 无解，则 $f(x) = 0$ 最多只有 n 个根.

（3）结合函数性态讨论方程根的存在，分两类问题，

即不含参数和含参数方程的实根问题,解题步骤为:

① 讨论 $f(x)$ 或 $f'(x)=0$ 的实根,先找出定义域(或所设区间)内使 $f(x)$ 或 $f'(x)$ 变号的点,再讨论单调性,从而确定实根个数.

② 讨论含参数方程 $f(x,k)=0$ 的实根个数.

a. 先求出 $f(x,k)$ 的极值(最值)$m=m(k)$, $M=M(k)$;

b. 再讨论 $m=m(k)$, $M=M(k)$ 与 x 轴的位置关系,从而确定参数 k 取何值,方程 $f(x,k)=0$ 实根的个数;

c. 注意讨论函数的变化趋势,如 $\lim\limits_{x\to\infty}f(x,k)=\pm\infty$,以便确定 $x\to\infty$ 时曲线是否与 x 轴相交.

典型例题

例❶ 方程 $2^x=1+x^2$ 的零点个数为 ( )

(A) 1 个 (B) 2 个 (C) 3 个 (D) 4 个

解 令 $f(x)=2^x-1-x^2$,则 $f(0)=0$, $f(1)=0$,
$$f(2)=-1<0, \quad f(5)=6>0.$$

由零点定理得, $\exists\xi\in(2,5)$, $f(\xi)=0$,从而 $f(x)$ 至少有 3 个零点.

$$f'(x)=2^x\ln 2-2x, \quad f''(x)=2^x\ln^2 2-2, \quad f'''(x)=2^x\ln^3 2\neq 0.$$

由罗尔定理推论的逆否命题得, $f(x)=0$ 最多只有 3 个解.综上所述, $f(x)=0$ 有且仅有 3 个根.

例❷ 已知方程 $x^5-5x+k=0$ 有 3 个不同的实根,则 k 的取值范围 ( )

(A) $(-\infty,-4)$ (B) $(4,+\infty)$ (C) $[-4,4]$ (D) $(-4,4)$

解 令 $f(x)=x^5-5x+k$,则 $f'(x)=5x^4-5=5(x^4-1)=5(x^2+1)(x^2-1)$, $x<-1$, $f'(x)>0$; $-1<x<1$, $f'(x)<0$; $x>1$, $f'(x)>0$.
又 $\lim\limits_{x\to+\infty}f(x)=+\infty$, $\lim\limits_{x\to-\infty}f(x)=-\infty$.

结合单调性知 $f(-1)>0$, $f(1)<0$ 时才有 3 个根,即 $f(-1)=-1+5+k>0$, $f(1)=1-5+k<0$,则 $-4<k<4$.

例❸ (1989) 若 $3a^2-5b<0$,则方程 $x^5+2ax^3+3bx+4c=0$ ( )

(A) 无实根 (B) 有唯一实根

(C) 有 3 个不同实根 (D) 有 5 个不同实根

解 由题,设 $f(x)=x^5+2ax^3+3bx+4c$, $f(x)$ 是奇次的,故方程 $f(x)=0$ 至少有一实根.

又 $f'(x) = 5x^4 + 6ax^2 + 3b$ 可视为 x^2 的二次方程,其判别式 $\Delta = 12(3a^2 - 5b) < 0$,即 $f'(x) > 0$,知 $f(x)$ 严格单调增加,方程 $f(x) = 0$ 有根必唯一. 故选(B).

例❹ 求方程 $\int_0^x e^{-t^2} dt = x^3 - x$ 实根的个数.

解 令 $f(x) = \int_0^x e^{-t^2} dt - x^3 + x$,则 $f(x)$ 为奇函数,只需讨论 $f(x) = 0$ 在 $[0, +\infty)$ 内实根的个数.

由于 $f'(x) = e^{-x^2} - 3x^2 + 1$,$f''(x) = -2xe^{-x^2} - 6x < 0$,故 $f'(x)$ 单调递减.

又 $f'(0) = 2 > 0$,$\lim\limits_{x \to +\infty} f'(x) = -\infty$,故存在唯一的 $x_0 \in (0, +\infty)$,使得 $f'(x_0) = 0$.

当 $0 < x < x_0$ 时,$f'(x) > 0$,$f(x)$ 单调递增;

当 $x > x_0$ 时,$f'(x) < 0$,$f(x)$ 单调递减.

又 $f(0) = 0$,$\lim\limits_{x \to +\infty} f(x) = -\infty$,从而 $f(x) = 0$ 在 $(0, +\infty)$ 内有一个实根,故方程有三个实根.

第三章 一元函数积分学

考点1 原函数的概念

知识补给库

1. 原函数的概念

若 $F'(x) = f(x)$，称 $F(x)$ 是 $f(x)$ 的一个原函数.

2. 原函数存在定理

(1) 若 $f(x)$ 连续 $\Rightarrow F(x)$ 一定存在.

(2) 若 $f(x)$ 有第一类间断点 $\Rightarrow F(x)$ 一定不存在.

(3) 若 $f(x)$ 有第二类间断点 $\Rightarrow F(x)$ 不确定.

注 $f(x) = \begin{cases} 2x\cos\frac{1}{x} + \sin\frac{1}{x}, & x \neq 0, \\ 0 & x = 0, \end{cases}$ 由于 $\lim\limits_{x \to 0}\left(2x\cos\frac{1}{x} + \sin\frac{1}{x}\right)$

不存在，故 $x = 0$ 是 $f(x)$ 的第二类间断点，但它的原函数是存

在的. 如 $F(x) = \begin{cases} x^2\cos\frac{1}{x}, & x \neq 0, \\ 0, & x = 0 \end{cases}$ 是 $f(x)$ 在 $(-\infty, +\infty)$ 上的

一个原函数.

3. 变上限积分 $F(x) = \int_a^x f(t)\,dt$ 的基本性质

(1) 若 $f(t)$ 在 $[a, b]$ 上连续，则 $F(x)$ 在 $[a, b]$ 上可导，且 $F'(x) = f(x)$，这是变上限积分对其上限求导的定理，也称微积分基本定理，它是导出牛顿-莱布尼茨公式的依据.

(2)若 $f(t)$ 在 $[a,b]$ 上可积,则 $F(x)$ 在 $[a,b]$ 上连续,但不一定可导.

如 $f(t)=\operatorname{sgn} t$ 在 $[-1,1]$ 上是可积的,但是易见 $F(x)=\int_{-1}^{x}\operatorname{sgn}t\,dt=|x|-1,x\in[-1,1]$ 在 $x=0$ 处是不可导的.

注 通过变限积分函数的性质,读者要体会到变限积分函数的"底线"是连续的,这个对解答若干选择题是很有帮助的.

4. 定积分与不定积分之间的联系与区别

(1)若 $f(x)$ 在 $[a,b]$ 上存在原函数未必是可积的,即 $f(x)$ 在 $[a,b]$ 上的定积分未必存在;反之,在 $[a,b]$ 上可积的函数不一定有原函数.

例如,$F(x)=\begin{cases} x^2\sin\dfrac{1}{x^2}, & x\neq 0, \\ 0, & x=0. \end{cases}$

在 $[-1,1]$ 上处处有导数 $F'(x)=f(x)=\begin{cases} 2x\sin\dfrac{1}{x^2}-\dfrac{2}{x}\cos\dfrac{1}{x^2}, & x\neq 0, \\ 0, & x=0, \end{cases}$

因此,$f(x)$ 在 $[-1,1]$ 上有原函数 $F(x)$,但 $f(x)$ 在 $[-1,1]$ 上无界,故 $f(x)$ 在 $[-1,1]$ 上不可积.

由于 $f(x)=\operatorname{sgn}x=\begin{cases} 1, & x>0, \\ 0, & x=0, \\ -1, & x<0 \end{cases}$ 只有一个第一类间断点

$x=0$,故它在 $[-1,1]$ 上可积,却不存在原函数.

(2)由 $\int_{a}^{b}f(x)dx=F(b)-F(a)$ 可知,连续函数的定积分之值等于它的任意一个原函数在积分区间上的改变量,找到了定积分与不定积分之间的内在联系.

典型例题

例❶ 设 $g(x) = \int_0^x f(u)\,du$, 其中, $f(x) = \begin{cases} \dfrac{1}{2}(x^2+1), & \text{若 } 0 \leqslant x < 1, \\ \dfrac{1}{3}(x-1), & \text{若 } 1 \leqslant x < 2, \end{cases}$ 则 $g(x)$ 在

$(0,2)$ 内   ( )

(A) 无界   (B) 递减   (C) 不连续   (D) 连续

解 因变限积分函数一定是连续的,无须计算,立马选择(D).

例❷ (2013)设 $f(x) = \begin{cases} \sin x, & 0 \leqslant x < \pi, \\ 2, & \pi \leqslant x \leqslant 2\pi, \end{cases}$ $F(x) = \int_0^x f(t)\,dt$, 则   ( )

(A) $x = \pi$ 是 $F(x)$ 的跳跃间断点   (B) $x = \pi$ 是 $F(x)$ 的可去间断点

(C) $F(x)$ 在 $x = \pi$ 处连续但不可导   (D) $F(x)$ 在 $x = \pi$ 处可导

解 因 $F(x)$ 为变限积分函数,故是连续的,排除(A)(B). $x = \pi$ 是 $f(x)$ 的第一类间断点,故 $F(x)$ 在 $x = \pi$ 处不可导,从而答案选(C).

考点2 不定积分的公式法

知识补给库

除教材积分表中出现的常见积分公式外,
还必熟练掌握以下几个(设 $a > 0$):

1. $\displaystyle\int \sec x\,dx = \ln|\sec x + \tan x| + C.$ (还有其他形式)

2. $\displaystyle\int \csc x\,dx = \ln|\csc x - \cot x| + C.$ (还有其他形式)

3. $\displaystyle\int \frac{dx}{a^2 + x^2} = \frac{1}{a}\arctan\frac{x}{a} + C.$

4. $\displaystyle\int \frac{dx}{\sqrt{a^2 - x^2}} = \arcsin\frac{x}{a} + C.$

5. $\displaystyle\int \frac{dx}{\sqrt{x^2 \pm a^2}} = \ln\left|x + \sqrt{x^2 \pm a^2}\right| + C.$

6. $\displaystyle\int \frac{dx}{a^2 - x^2} = \frac{1}{2a}\ln\left|\frac{a+x}{a-x}\right| + C.$

7. $\int \sqrt{a^2 - x^2}\, dx = \dfrac{x}{2}\sqrt{a^2 - x^2} + \dfrac{a^2}{2}\arcsin\dfrac{x}{a} + c.$

8. $\int \sqrt{a^2 + x^2}\, dx = \dfrac{x}{2}\sqrt{a^2 + x^2} + \dfrac{a^2}{2}\ln(x + \sqrt{x^2 + a^2}) + c.$

典型例题

例　求下列函数的不定积分.

(1) $\displaystyle\int \dfrac{e^{2x}}{3 + e^{4x}}\, dx$;　　　　(2) $\displaystyle\int \dfrac{e^{2x}}{3 - e^{4x}}\, dx$;

(3) $\displaystyle\int \dfrac{e^{2x}}{\sqrt{3 - e^{4x}}}\, dx$;　　　(4) $\displaystyle\int \dfrac{e^{2x}}{\sqrt{3 + e^{4x}}}\, dx$.

解　(1) $\displaystyle\int \dfrac{e^{2x}}{3 + e^{4x}}\, dx = \dfrac{1}{2}\int \dfrac{de^{2x}}{3 + (e^{2x})^2} = \dfrac{1}{2\sqrt{3}}\arctan\dfrac{e^{2x}}{\sqrt{3}} + C.$

(2) $\displaystyle\int \dfrac{e^{2x}}{3 - e^{4x}}\, dx = \dfrac{1}{2}\int \dfrac{de^{2x}}{3 - e^{4x}} \xlongequal{e^{2x} = t} \dfrac{1}{2}\int \dfrac{dt}{3 - t^2}$

$= \dfrac{1}{2}\cdot\dfrac{1}{2\sqrt{3}}\int\left(\dfrac{1}{\sqrt{3} - t} + \dfrac{1}{\sqrt{3} + t}\right)dt = \dfrac{1}{4\sqrt{3}}\ln\left|\dfrac{\sqrt{3} + t}{\sqrt{3} - t}\right| + C$

$= \dfrac{1}{4\sqrt{3}}\ln\left|\dfrac{\sqrt{3} + e^{2x}}{\sqrt{3} - e^{2x}}\right| + C.$

(3) $\displaystyle\int \dfrac{e^{2x}\, dx}{\sqrt{3 - e^{4x}}} = \dfrac{1}{2}\int \dfrac{de^{2x}}{\sqrt{3 - (e^{2x})^2}} = \dfrac{1}{2}\arcsin\dfrac{e^{2x}}{\sqrt{3}} + C.$

(4) $\displaystyle\int \dfrac{e^{2x}\, dx}{\sqrt{3 + e^{4x}}} = \dfrac{1}{2}\int \dfrac{de^{2x}}{\sqrt{3 + (e^{2x})^2}} = \dfrac{1}{2}\ln(e^{2x} + \sqrt{3 + e^{4x}}) + C.$

考点3　不定积分的凑微分法

知识补给库

设 $F'(x) = f(x)$，则 $(F(g(x)))' = F'(g(x))g'(x) = f(g(x))g'(x)$.

$\int f(g(x))g'(x)\, dx = \int f(g(x))\, dg(x) = F(g(x)) + c.$

易知，凑微分法是复合函数求导的逆运算，其基本思想是找一个中间变量 $u = g(x)$，使得将 u 看作自变量的情况下可直接利用基本积分公式. 换句话说，凑微分法的题中一定有三要素：函数 f，中间变量 $g(x)$，以及中间变量的导数 $g'(x)$.

题难与易之间的区别就在于能否找到 $g(x)$ 及 $g'(x)$.

有时中间变量 $g(x)$ 较为复杂,需要分子、分母同除以因子或对其进行初等数学变形,中间变量 $g(x)$ 才"浮出水面",并不是有些参考书中笼统一介绍成"把被积函数中复杂部分看作 $g(x)$,对其求导,其余部分为 $g'(x)$,有时相差个系数而已".请读者好好体会下组例题:

基本积分公式为 $\displaystyle\int \frac{dx}{a^2+x^2} = \frac{1}{a}\arctan\frac{x}{a} + C.$

变形为 $\displaystyle\int \frac{dg(x)}{a^2+g^2(x)} = \int \frac{g'(x)\,dx}{a^2+g^2(x)} = \frac{1}{a}\arctan\frac{g(x)}{a} + C.$

典型例题

[例] 求下列不定积分.

(1) $\displaystyle\int \frac{e^x}{1+e^{2x}}dx$;

(2) $\displaystyle\int \frac{dx}{\sqrt{1+x}+(\sqrt{1+x})^3}$;

(3) $\displaystyle\int \frac{2^x \cdot 3^x}{9^x+4^x}dx$;

(4) $\displaystyle\int \frac{\sin x \cos x}{\sin^4 x+\cos^4 x}dx$;

(5) $\displaystyle\int \frac{1+\ln x}{x^{-x}+x^x}dx$;

(6) $\displaystyle\int \frac{dx}{(2-x)\sqrt{1-x}}$.

解 (1) $\displaystyle\int \frac{e^x dx}{1+e^{2x}} = \int \frac{de^x}{1+(e^x)^2} = \arctan e^x + C.$

(2) $\displaystyle\int \frac{dx}{\sqrt{1+x}(1+(\sqrt{1+x})^2)} = 2\int \frac{d\sqrt{1+x}}{1+(\sqrt{1+x})^2} = 2\arctan\sqrt{1+x} + C.$

(3) $\displaystyle\int \frac{2^x \cdot 3^x}{9^x+4^x}dx = \int \frac{\left(\frac{3}{2}\right)^x}{\left(\frac{3}{2}\right)^{2x}+1}dx = \frac{1}{\ln\frac{3}{2}}\int \frac{d\left(\frac{3}{2}\right)^x}{1+\left(\frac{3}{2}\right)^{2x}} = \frac{1}{\ln\frac{3}{2}}\arctan\left(\frac{3}{2}\right)^x + C.$

(4) $\sin x \cos x = -\dfrac{1}{4}(\cos 2x)'$,

而 $2(\sin^4 x + \cos^4 x) = (\cos^2 x - \sin^2 x)^2 + (\sin^2 x + \cos^2 x)^2$,

故原积分 $= -\dfrac{1}{2}\displaystyle\int \frac{d(\cos 2x)}{1+(\cos 2x)^2} = -\dfrac{1}{2}\arctan(\cos 2x) + C.$

(5) $\displaystyle\int \frac{1+\ln x}{x^{-x}+x^x}dx = \int \frac{x^x(1+\ln x)}{1+x^{2x}}dx = \int \frac{dx^x}{1+x^{2x}} = \arctan x^x + C.$

(6) $\displaystyle\int \frac{dx}{(2-x)\sqrt{1-x}} = -\int \frac{d(1-x)}{(2-x)\sqrt{1-x}} = -2\int \frac{d\sqrt{1-x}}{2-x}$

$$=-2\int \frac{\mathrm{d}\sqrt{1-x}}{1+(\sqrt{1-x})^2}=-2\arctan\sqrt{1-x}+C.$$

考点4 不定积分的第二类换元法

知识补给库

常见的代换有:

(1) 三角函数代换 $\begin{cases} \sqrt{a^2-x^2}, & \text{令 } x=a\sin t, \\ \sqrt{a^2+x^2}, & \text{令 } x=a\tan t, \\ \sqrt{x^2-a^2}, & \text{令 } x=a\sec t. \end{cases}$

(2) 根式代换.

被积函数含 $\sqrt[n]{ax+b}$,令 $t=\sqrt[n]{ax+b}$;

含 $\sqrt[n]{ax+b}$ 和 $\sqrt[m]{ax+b}$,若 k 是 n 和 m 的最小公倍数,令 $\sqrt[k]{ax+b}=t$;

含 $\sqrt[n]{\dfrac{ax+b}{cx+d}}$,令 $\sqrt[n]{\dfrac{ax+b}{cx+d}}=t$.

(3) 倒代换.

被积函数是分式,若分母、分子关于 x 的最高次幂分别是 m 和 n,当 $m-n>1$ 时,可试用 $x=\dfrac{1}{t}$.

总结.形如

$$\int \frac{\mathrm{d}x}{x\sqrt{a^2\pm x^2}}, \qquad \int \frac{\mathrm{d}x}{x\sqrt{x^2-a^2}}, \qquad \int \frac{\mathrm{d}x}{x^2\sqrt{a^2\pm x^2}},$$

$$\int \frac{\mathrm{d}x}{x^2\sqrt{x^2-a^2}}, \qquad \int \frac{\sqrt{a^2\pm x^2}}{x^4}\mathrm{d}x, \qquad \int \frac{\sqrt{x^2-a^2}}{x^4}\mathrm{d}x$$

等不定积分,除了可以用三角函数换元法外,还可以用倒代换 $x=\dfrac{1}{t}$ 来求解.

(4) 指数代换及其推广.

典型例题

例❶ 求下列不定积分：

(1) $\int \sqrt{\dfrac{4-x}{x}}\,\mathrm{d}x$；　　　(2) $\int x\sqrt{\dfrac{1+x}{1-x}}\,\mathrm{d}x$；　　　(3) $\int \dfrac{1}{x}\sqrt{\dfrac{1-x}{1+x}}\,\mathrm{d}x$.

分析　以上三个积分都含有根式，若令根式为 t，则解出的 x 是如 $x=\dfrac{\varphi(1)}{1+t^2}$ 的形式，这时 $\mathrm{d}x=\dfrac{\varphi'(t)(1+t^2)-2t\varphi(t)}{(1+t^2)^2}\mathrm{d}t$. 一般求分母含有 $(1+t^2)^2$ 的积分是比较困难的. 我们采用先对根式变形，再用三角函数换元去根号或凑微分的方法求出不定积分.

解　(1) 因为 $\sqrt{\dfrac{4-x}{x}}=\dfrac{4-x}{\sqrt{4x-x^2}}=\dfrac{2-x+2}{\sqrt{4-(2-x)^2}}$　$(0<x<4)$，

故用凑微分的方法有

$$\int \sqrt{\frac{4-x}{x}}\,\mathrm{d}x=\int \frac{4-x}{\sqrt{(4-x)x}}\,\mathrm{d}x=-\int \frac{(2-x)+2}{\sqrt{4-(2-x)^2}}\,\mathrm{d}(2-x)$$

$$\xlongequal{2-x=t}-\int \frac{t+2}{\sqrt{4-t^2}}\,\mathrm{d}t=\frac{1}{2}\int \frac{\mathrm{d}(4-t^2)}{\sqrt{4-t^2}}-2\int \frac{\mathrm{d}t}{\sqrt{4-t^2}}$$

$$=\sqrt{4-t^2}-2\arcsin \frac{t}{2}+C$$

$$=\sqrt{4x-x^2}-2\arcsin \frac{2-x}{2}+C.$$

或用三角函数换元去根号，然后积分.

$$-\int \frac{t+2}{\sqrt{4-t^2}}\,\mathrm{d}t \xlongequal{t=2\sin u}-\int \frac{2\sin u+2}{2\cos u}\cdot 2\cos u\,\mathrm{d}u$$

$$=-2\int (\sin u+1)\mathrm{d}u=2\cos u-2u+C$$

$$=2\sqrt{1-\left(\frac{t}{2}\right)^2}-2\arcsin \frac{t}{2}+C$$

$$=\sqrt{4x-x^2}-2\arcsin \frac{2-x}{2}+C.$$

(2) 因为
$$x\sqrt{\frac{1+x}{1-x}}=x\frac{1+x}{\sqrt{1-x^2}}=\frac{x+x^2}{\sqrt{1-x^2}}$$

$$=\frac{x}{\sqrt{1-x^2}}-\frac{1-x^2}{\sqrt{1-x^2}}+\frac{1}{\sqrt{1-x^2}},$$

故
$$\int x\sqrt{\frac{1+x}{1-x}}\,\mathrm{d}x=\int \frac{x}{\sqrt{1-x^2}}\,\mathrm{d}x+\int \frac{1}{\sqrt{1-x^2}}\,\mathrm{d}x-\int \sqrt{1-x^2}\,\mathrm{d}x$$

$$=-\sqrt{1-x^2}+\arcsin x-\left(\frac{x}{2}\sqrt{1-x^2}+\frac{1}{2}\arcsin x\right)+C$$

$$=\frac{1}{2}\arcsin x-\frac{1}{2}(x+2)\sqrt{1-x^2}+C.$$

注 对于积分 $\int \sqrt{1-x^2}\, \mathrm{d}x$ 可以直接套用积分表中的公式,也可以用换元积分法再推导一次:

$$\int \sqrt{1-x^2}\, \mathrm{d}x \xlongequal[t\in\left(-\frac{\pi}{2},\frac{\pi}{2}\right)]{x=\sin t} \int \cos t \cdot \cos t\, \mathrm{d}t = \frac{1}{2}\int (1+\cos 2t)\, \mathrm{d}t$$

$$= \frac{1}{2}t + \frac{1}{4}\sin 2t + C = \frac{1}{2}\arcsin x + \frac{1}{2}\sin t \cos t + C$$

$$= \frac{1}{2}\arcsin x + \frac{1}{2}x\sqrt{1-x^2} + C.$$

本题也可以开始即换元,令 $x=\sin t$,原式变为 $\int (\sin t + \sin^2 t)\, \mathrm{d}t$,该积分容易求.

(3) 由于 $\dfrac{1}{x}\sqrt{\dfrac{1-x}{1+x}} = \dfrac{1}{x}\dfrac{1-x}{\sqrt{1-x^2}}$,可用三角函数换元. 故

$$\int \frac{1}{x}\sqrt{\frac{1-x}{1+x}}\, \mathrm{d}x = \int \frac{1}{x}\frac{1-x}{\sqrt{1-x^2}}\, \mathrm{d}x \xlongequal{x=\sin t} \int \frac{1-\sin t}{\sin t \cos t}\cdot \cos t\, \mathrm{d}t$$

$$= \int \left(\frac{1}{\sin t}-1\right)\mathrm{d}t = \int \frac{\sin t}{1-\cos^2 t}\, \mathrm{d}t - t$$

$$= \int \frac{\mathrm{d}\cos t}{\cos^2 t - 1} - t = \frac{1}{2}\ln \left|\frac{\cos t - 1}{\cos t + 1}\right| - t + C$$

$$= \frac{1}{2}\ln \left|\frac{\sqrt{1-x^2}-1}{\sqrt{1-x^2}+1}\right| - \arcsin x + C$$

$$= \ln \left|\frac{\sqrt{1-x^2}-1}{x}\right| - \arcsin x + C.$$

注 另一解法:令 $\sqrt{\dfrac{1-x}{1+x}} = t$,$x = \dfrac{1-t^2}{1+t^2}$,$\mathrm{d}x = \dfrac{-4t}{(1+t^2)^2}\mathrm{d}t$, 则

$$\int \frac{1}{x}\sqrt{\frac{1-x}{1+x}}\, \mathrm{d}x$$

$$= \int \frac{1+t^2}{1-t^2}\cdot t \cdot \frac{-4t}{(1+t^2)^2}\mathrm{d}t = \int \frac{-4t^2}{(1-t^2)(1+t^2)}\mathrm{d}t$$

$$= \int \frac{-4t^2-4+4}{(1-t^2)(1+t^2)}\mathrm{d}t = -4\int \frac{\mathrm{d}t}{1-t^2} + 2\int \left(\frac{1}{1+t^2}+\frac{1}{1-t^2}\right)\mathrm{d}t$$

$$= 2\int \frac{\mathrm{d}t}{1+t^2} - 2\int \frac{\mathrm{d}t}{1-t^2} = 2\arctan t + \ln \left|\frac{1-t}{1+t}\right| + C$$

$$= 2\arctan \sqrt{\frac{1-x}{1+x}} + \ln \left|\frac{1-\sqrt{\dfrac{1-x}{1+x}}}{1+\sqrt{\dfrac{1-x}{1+x}}}\right| + C$$

$$= 2\arctan \sqrt{\frac{1-x}{1+x}} + \ln \left|\frac{1-\sqrt{1-x^2}}{x}\right| + C.$$

例 ❷ 求 $\displaystyle\int \frac{\mathrm{d}x}{x\sqrt{4-x^2}}$.

解法 1 令 $x = 2\sin t$，$|t| < \dfrac{\pi}{2}$，则 $\mathrm{d}x = 2\cos t\mathrm{d}t$，因而

$$\int \frac{\mathrm{d}x}{x\sqrt{4-x^2}} = \int \frac{2\cos t}{2\sin t \cdot 2\cos t}\mathrm{d}t = \frac{1}{2}\int \csc t\mathrm{d}t$$

$$= \frac{1}{2}\ln|\csc t - \cot t| + C = \frac{1}{2}\ln\left|\frac{2-\sqrt{4-x^2}}{x}\right| + C.$$

解法 2 令 $x = \dfrac{1}{t}$，$\mathrm{d}x = -\dfrac{1}{t^2}\mathrm{d}t$，因而

$$\int \frac{\mathrm{d}x}{x\sqrt{4-x^2}} = -\int \frac{\frac{1}{t^2}\mathrm{d}t}{\frac{1}{t}\sqrt{4-\frac{1}{t^2}}} = -\int \frac{\mathrm{d}t}{\sqrt{4t^2-1}} = -\frac{1}{2}\int \frac{\mathrm{d}(2t)}{\sqrt{(2t)^2-1}}$$

$$= -\frac{1}{2}\ln\left|2t + \sqrt{4t^2-1}\right| + C = -\frac{1}{2}\ln\left|\frac{2+\sqrt{4-x^2}}{x}\right| + C.$$

解法 3 令 $u = \sqrt{4-x^2}$，则有 $x^2 = 4-u^2$，$x\mathrm{d}x = -u\mathrm{d}u$.

$$\int \frac{\mathrm{d}x}{x\sqrt{4-x^2}} = \int \frac{x\mathrm{d}x}{x^2\sqrt{4-x^2}} = \int \frac{-u\mathrm{d}u}{(4-u^2)u} = \int \frac{\mathrm{d}u}{u^2-4} = \frac{1}{4}\ln\left|\frac{u-2}{u+2}\right| + C$$

$$= \frac{1}{4}\ln\left|\frac{\sqrt{4-x^2}-2}{\sqrt{4-x^2}+2}\right| + C.$$

例❸ 计算 $\displaystyle\int \frac{1}{(2x+1)\sqrt{3+4x-4x^2}}\mathrm{d}x$.

解 原不定积分 $I = \displaystyle\int \frac{1}{(2x+1)\sqrt{4-(2x-1)^2}}\mathrm{d}x$.

令 $2x-1 = 2\sin t$，$\mathrm{d}x = \cos t\mathrm{d}t$.

$$I = \int \frac{1}{(2\sin t + 2)2\cos t}\cos t\mathrm{d}t = \frac{1}{4}\int \frac{1}{1+\sin t}\mathrm{d}t = \frac{1}{4}\int \frac{1-\sin t}{(1+\sin t)(1-\sin t)}\mathrm{d}t$$

$$= \frac{1}{4}\int \frac{1-\sin t}{\cos^2 t}\mathrm{d}t = \frac{1}{4}\int \sec^2 t\mathrm{d}t + \frac{1}{4}\int \frac{\mathrm{d}\cos t}{\cos^2 t} = \frac{1}{4}\tan t - \frac{1}{4}\cdot\frac{1}{\cos t} + C.$$

由 $2x-1 = 2\sin t$ 可知，$\cos t = \dfrac{\sqrt{4-(2x-1)^2}}{2}$，$\tan t = \dfrac{2x-1}{\sqrt{4-(2x-1)^2}}$.

所以 $I = \dfrac{2x-1}{4\sqrt{4-(2x-1)^2}} - \dfrac{1}{2\sqrt{4-(2x-1)^2}} + C.$

考点 5 分部积分法的五大功能

知识补给库

1. 分部积分法的消幂功能

由 $\int u\mathrm{d}v = uv - \int v\mathrm{d}u$，改写为 $\int uv'\mathrm{d}x = uv - \int vu'\mathrm{d}x.$

该公式推广以而得到表格计算法.

设 $u = u(x)$, $v = v(x)$ 有一阶连续导数, 则

$$\int u v'' dx = \int u dv' = uv' - \int v' du = uv' - \int v' u' dx$$

$$= uv' - \int u' dv = uv' - u'v + \int v u'' dx.$$

若 $u = u(x)$, $v = v(x)$ 有 $(n+1)$ 阶连续导数,

$$\int u v^{(n+1)} dx = uv^{(n)} - u'v^{(n-1)} + u''v^{(n-2)} - u'''v^{(n-3)} + \cdots + (-1)^{n+1}\int u^{(n+1)} v dx.$$

当 $n = 0$ 时, 即为分部积分公式.

表格计算法如表3-1所示.

表3-1

u 的各阶导数	u $\oplus$	u' $\ominus$	u'' $\oplus$	u'''	$\cdots$	$u^{(n+1)}$
$v^{(n+1)}$ 的各阶原函数	$v^{(n+1)}$	$v^{(n)}$	$v^{(n-1)}$	$v^{(n-2)}$	$\cdots$	v

口诀为: 对角相乘, 正负相间.

典型例题如例1, 例2.

2. 分部积分法的循环功能

常见的题有: $\int e^{ax} \sin bx\, dx$, $\int e^{ax} \cos bx\, dx$, $\int \sec^3 x\, dx$,

$\int \csc^3 x\, dx$, $\int \sqrt{a^2 + x^2}\, dx$, $\int \sqrt{a^2 - x^2}\, dx$, $\int \sin(\ln x)\, dx$, $\int \cos(\ln x)\, dx$

等, 所谓的循环是这些不定积分经若干次分部积分后, 出现形如 $I = \cdots = F(x) + \lambda I$, $\lambda \neq 1$ 的 "循环" (或 "重现") 形式, 由此即可求得 $I = \dfrac{1}{1-\lambda} F(x) + C$.

典型例题如例3.

3. 分部积分法的"去分母"功能

典型例题如例4—例8.

4. 分部积分法的抵消作用

典型例题如例9—例12.

5. 分部积分法的递推功能

典型例题如例13—例14.

典型例题

例❶　求 $\int e^{2x}x^2 \, dx$.

解　由表格计算法，$u = x^2$，$v^{(n+1)} = e^{2x}$.

求导	x^2	$2x$	2	0
积分	e^{2x}	$\frac{1}{2}e^{2x}$	$\frac{1}{4}e^{2x}$	$\frac{1}{8}e^{2x}$

故 $\int e^{2x}x^2 \, dx = \frac{1}{2}x^2 e^{2x} - \frac{1}{2}xe^{2x} + \frac{1}{4}e^{2x} + C$.

注　该方法只适用于以下几种积分：

(1) $\int P_n(x)e^{ax} \, dx$，其中 $P_n(x)$ 为 n 次多项式；

(2) $\int P_n(x)\cos bx \, dx$，$\int P_n(x)\sin bx \, dx$；

(3) $\int P_n(x)\ln^a x \, dx$.

例❷　求下列不定积分：

(1) $\int x^2 e^{-x} \, dx$；(2) $\int x^2 \cos 3x \, dx$；(3) $\int x^2 \ln x \, dx$；

解　(1) 由表格计算法，$u = x^2$，$v^{(n+1)} = e^{-x}$.

求导	x^2	$2x$	2	0
积分	e^{-x}	$-e^{-x}$	e^{-x}	$-e^{-x}$

故 $\int x^2 e^{-x} \, dx = -x^2 e^{-x} - 2xe^{-x} - 2e^{-x} + C$.

(2) 由表格计算法，$u = x^2$，$v^{(n+1)} = \cos 3x$.

求导	x^2	$2x$	2	0
积分	$\cos 3x$	$\frac{1}{3}\sin 3x$	$-\frac{1}{9}\cos 3x$	$-\frac{1}{27}\sin 3x$

故 $\int x^2 \cos 3x \, dx = \frac{1}{3} x^2 \sin 3x + \frac{2}{9} x \cos 3x - \frac{2}{27} \sin 3x + C.$

（3）令 $\ln x = t$，则 $x = e^t$，$dx = e^t dt$，$\int x^2 \ln x \, dx = \int e^{2t} \cdot t \cdot e^t dt = \int t \cdot e^{3t} dt.$

由表格计算法，$u = t$，$v^{(n+1)} = e^{3t}.$

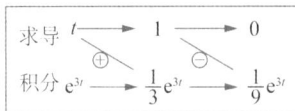

$$\begin{array}{c} \text{求导 } t \longrightarrow 1 \longrightarrow 0 \\ \text{积分 } e^{3t} \longrightarrow \frac{1}{3} e^{3t} \longrightarrow \frac{1}{9} e^{3t} \end{array}$$

故 $\int t \cdot e^{3t} dt = \frac{1}{3} t e^{3t} - \frac{1}{9} e^{3t} + C.$

原积分 $\int x^2 \ln x \, dx = \frac{1}{3} \cdot \ln x \cdot x^3 - \frac{1}{9} x^3 + C.$

例❸ $\int e^{-x} \cos x \, dx.$

解 $\int e^{-x} \cos x \, dx = \int e^{-x} d\sin x = e^{-x} \sin x + \int e^{-x} \sin x \, dx$

$= e^{-x} \sin x - e^{-x} \cos x - \int e^{-x} \cos x \, dx,$

所以，$\int e^{-x} \cos x \, dx = \frac{\sin x - \cos x}{2} e^{-x} + C.$

注 一组重要公式：

$$\int e^{ax} \sin bx \, dx = \frac{1}{a^2+b^2} \begin{vmatrix} (e^{ax})' & (\sin bx)' \\ e^{ax} & \sin bx \end{vmatrix} + C;$$

$$\int e^{ax} \cos bx \, dx = \frac{1}{a^2+b^2} \begin{vmatrix} (e^{ax})' & (\cos bx)' \\ e^{ax} & \cos bx \end{vmatrix} + C.$$

有了这组公式，读者便可口算这类型积分的原函数. 例如，

$$\int e^{2x} \sin 3x \, dx = \frac{1}{2^2+3^2} \begin{vmatrix} (e^{2x})' & (\sin 3x)' \\ e^{2x} & \sin 3x \end{vmatrix} + C = \frac{1}{13}(2e^{2x}\sin 3x - 3\cos 3x e^{2x}) + C.$$

例❹ $I = \int \dfrac{x \cos^4 \frac{x}{2}}{\sin^3 x} dx.$

解 $I = \frac{1}{8} \int x \dfrac{\cos \frac{x}{2}}{\sin^3 \frac{x}{2}} dx = \frac{1}{4} \int x \dfrac{1}{\sin^3 \frac{x}{2}} d\left(\sin \frac{x}{2}\right) = -\frac{1}{8} \int x d\left(\dfrac{1}{\sin^2 \frac{x}{2}}\right)$

$= -\frac{1}{8}\left(x \cdot \dfrac{1}{\sin^2 \frac{x}{2}} - \int \dfrac{dx}{\sin^2 \frac{x}{2}}\right) = -\frac{1}{8}\left(x \cdot \dfrac{1}{\sin^2 \frac{x}{2}} + 2\cot \frac{x}{2}\right) + C.$

例❺ $I = \int \dfrac{x e^x}{\sqrt{e^x - 1}} dx.$

解 $I = \int \dfrac{x d(e^x-1)}{\sqrt{e^x-1}} = 2\int x d\sqrt{e^x-1} = 2\left(x\sqrt{e^x-1} - \int \sqrt{e^x-1}\, dx\right).$

令 $u = \sqrt{e^x - 1}$，有 $dx = \dfrac{2u}{1 + u^2} du$，

则 $\displaystyle\int \sqrt{e^x - 1}\, dx = \int \dfrac{2u}{1 + u^2} u\, du = 2\int \dfrac{u^2 + 1 - 1}{u^2 + 1}\, du = 2u - 2\arctan u + C$，

故 $\displaystyle\int \dfrac{x e^x}{\sqrt{e^x - 1}}\, dx = 2x\sqrt{e^x - 1} - 4\sqrt{e^x - 1} + 4\arctan\sqrt{e^x - 1} + C.$

例⑥　$I = \displaystyle\int \dfrac{x e^x}{(1 + e^x)^2}\, dx.$

解　$I = \displaystyle\int \dfrac{x\, d(e^x + 1)}{(e^x + 1)^2} = -\int x\, d\left(\dfrac{1}{e^x + 1}\right) = \dfrac{-x}{e^x + 1} + \int \dfrac{1}{e^x + 1}\, dx.$

因 $\displaystyle\int \dfrac{dx}{1 + e^x} = \int \dfrac{e^x dx}{e^x(1 + e^x)} = \int \dfrac{d e^x}{e^x(1 + e^x)} = \int \left(\dfrac{1}{e^x} - \dfrac{1}{1 + e^x}\right) d e^x = x - \ln(1 + e^x) + C,$

故原积分 $= \dfrac{-x}{e^x + 1} + x - \ln(1 + e^x) + C = \dfrac{x e^x}{1 + e^x} - \ln(1 + e^x) + C.$

例⑦　$I = \displaystyle\int \dfrac{\sin^2 x}{(x\cos x - \sin x)^2}\, dx.$

解　$\displaystyle\int \dfrac{\sin x}{x} d\left(\dfrac{1}{x\cos x - \sin x}\right) = \dfrac{\sin x}{x(x\cos x - \sin x)} - \int \dfrac{1}{x\cos x - \sin x} \cdot \dfrac{x\cos x - \sin x}{x^2}\, dx$

$$= \dfrac{\sin x}{x(x\cos x - \sin x)} + \dfrac{1}{x} + C.$$

另解，$I = \displaystyle\int \dfrac{1 - \cos^2 x}{\cos^2 x (x - \tan x)^2}\, dx = \int \dfrac{\sec^2 x - 1}{(x - \tan x)^2}\, dx = \int \dfrac{d(\tan x - x)}{(x - \tan x)^2}$

$$= \dfrac{1}{x - \tan x} + C.$$

例⑧　$I = \displaystyle\int \dfrac{x}{1 + \cos x}\, dx.$

解　$I = \displaystyle\int \dfrac{x}{2\cos^2 \dfrac{x}{2}}\, dx = \int x\sec^2 \dfrac{x}{2}\, d\left(\dfrac{x}{2}\right) = \int x\, d\left(\tan \dfrac{x}{2}\right) = x\tan \dfrac{x}{2} - \int \tan \dfrac{x}{2}\, dx$

$$= x\tan \dfrac{x}{2} + 2\ln\left|\cos \dfrac{x}{2}\right| + C.$$

例⑨　$I = \displaystyle\int e^{3x}(\cot^2 x - 3\cot x + 1)\, dx.$

解　原式 $= \displaystyle\int e^{3x}(\csc^2 x - 3\cot x)\, dx.$

对被积函数中第一项用分部积分法：

$$\int e^{3x}\csc^2 x\, dx = -\int e^{3x}\, d(\cot x) = -\left(e^{3x}\cot x - 3\int \cot x \cdot e^{3x}\, dx\right)$$

$$= -e^{3x}\cot x + 3\int e^{3x}\cot x\, dx,$$

代入即得原式 $= -e^{3x}\cot x + C.$

例⑩　$I = \displaystyle\int e^{2x}(1 + \tan x)^2\, dx.$

解　原式 $= \int e^{2x}(1 + \tan^2 x + 2\tan x)\mathrm{d}x = \int e^{2x}(\sec^2 x + 2\tan x)\mathrm{d}x$

$$= \int e^{2x}\mathrm{d}\tan x + 2\int e^{2x}\tan x\mathrm{d}x = e^{2x}\tan x - 2\int e^{2x}\tan x\mathrm{d}x + 2\int e^{2x}\tan x\mathrm{d}x$$

$$= e^{2x}\tan x + C.$$

注　本题中 $\int e^{2x}\tan x\mathrm{d}x$ 的原函数无法求出,必须从另一积分入手,分部积分后将不可积出的积分消去.

例⑪　$\int \dfrac{e^{\sin x}(x\cos^3 x - \sin x)}{1 + \cos 2x}\mathrm{d}x.$

解　将被积函数拆项,再分部积分,

$$\frac{e^{\sin x}(x\cos^3 x - \sin x)}{1 + \cos 2x} = \frac{e^{\sin x}}{2}\left(x\cos x - \frac{\sin x}{\cos^2 x}\right).$$

故原积分 $= \dfrac{1}{2}\displaystyle\int\left(x\cos x\, e^{\sin x} - \dfrac{\sin x}{\cos^2 x}e^{\sin x}\right)\mathrm{d}x$

$$= \frac{1}{2}\left(\int x\mathrm{d}e^{\sin x} - \int e^{\sin x}\mathrm{d}\frac{1}{\cos x}\right)$$

$$= \frac{1}{2}\left(x e^{\sin x} - \int e^{\sin x}\mathrm{d}x - \frac{e^{\sin x}}{\cos x} + \int \frac{1}{\cos x}e^{\sin x}\cos x\mathrm{d}x\right)$$

$$= \frac{1}{2}\left(x - \frac{1}{\cos x}\right)e^{\sin x} + C.$$

例⑫　$I = \displaystyle\int \dfrac{1 + \sin x}{1 + \cos x}e^x\mathrm{d}x.$

解　$I = \displaystyle\int \dfrac{1}{1 + \cos x}e^x\mathrm{d}x + \int \dfrac{\sin x}{1 + \cos x}e^x\mathrm{d}x$

$$= \int \frac{e^x}{1 + \cos x}\mathrm{d}x + \int \frac{\sin x}{1 + \cos x}\mathrm{d}e^x$$

$$= \int \frac{e^x}{1 + \cos x}\mathrm{d}x + \frac{e^x\sin x}{1 + \cos x} - \int e^x \cdot \frac{\cos x(1 + \cos x) + \sin^2 x}{(1 + \cos x)^2}\mathrm{d}x$$

$$= \int \frac{e^x}{1 + \cos x}\mathrm{d}x + \frac{e^x\sin x}{1 + \cos x} - \int e^x \cdot \frac{\cos x + 1}{(1 + \cos x)^2}\mathrm{d}x$$

$$= \frac{e^x\sin x}{1 + \cos x} + C.$$

例⑬　若 $I_n = \displaystyle\int \tan^n x\mathrm{d}x$, $n = 2, 3, \cdots$,则 $I_n = \dfrac{1}{n - 1}\tan^{n-1} x - I_{n-2}.$

证　$I_n = \displaystyle\int \tan^n x\mathrm{d}x = \int \tan^{n-2} x(\sec^2 x - 1)\mathrm{d}x$

$$= \int \tan^{n-2} x \cdot \sec^2 x\mathrm{d}x - \int \tan^{n-2} x\mathrm{d}x$$

$$= \int \tan^{n-2} x\mathrm{d}(\tan x) - I_{n-2} = \frac{1}{n-1}\tan^{n-1} x - I_{n-2}.$$

例如求 $\displaystyle\int \tan^4 x\mathrm{d}x$,则 $n = 4$,

$$I_4 = \int \tan^4 x \, dx = \frac{1}{3}\tan^3 x - I_2 = \frac{1}{3}\tan^3 x - \int \tan^2 x \, dx$$

$$= \frac{1}{3}\tan^3 x - \int (\sec^2 x - 1)\,dx = \frac{1}{3}\tan^3 x - \int \sec^2 x \, dx + \int dx$$

$$= \frac{1}{3}\tan^3 x - \tan x + x + C.$$

例⑭ 求 $\int \sec^n x \, dx$.

解 $I_n = \int \sec^n x \, dx = \int \sec^{n-2} x \, d\tan x$

$$= \sec^{n-2} x \cdot \tan x - (n-2)\int \tan^2 x \cdot \sec^{n-2} x \, dx$$

$$= \sec^{n-2} x \cdot \tan x - (n-2)\int (\sec^2 x - 1)\sec^{n-2} x \, dx$$

$$= \sec^{n-2} x \cdot \tan x - (n-2)\int \sec^n x \, dx + (n-2)\int \sec^{n-2} x \, dx,$$

即 $I_n = \sec^{n-2} x \tan x - (n-2)I_n + (n-2)I_{n-2}$,

解得 $I_n = \dfrac{1}{n-1}\sec^{n-2} x \tan x + \dfrac{n-2}{n-1}I_{n-2}$ ($n = 3, 4, \cdots$).

从而有

$$I_1 = \int \sec x \, dx = \ln|\sec x + \tan x| + C;$$

$$I_2 = \int \sec^2 x \, dx = \tan x + C;$$

$$I_3 = \int \sec^3 x \, dx = \frac{1}{2}\sec x \tan x + \frac{1}{2}\ln|\sec x + \tan x| + C;$$

$$I_4 = \int \sec^4 x \, dx = \frac{1}{3}\sec^2 x \tan x + \frac{2}{3}\tan x + C.$$

读者还可以自己练习 $I_n = \int x^n e^{kx} \, dx$ $\left(\text{答案为 } I_n = \dfrac{1}{k}x^n e^{kx} - \dfrac{n}{k}I_{n-1}\right)$.

例⑮ 求下列不定积分:

(1) $\int x^2 \arcsin x \, dx$;　　　(2) $\int (\arcsin x)^2 \, dx$;

(3) $\int \dfrac{x + \sin x}{1 + \cos x}\,dx$;　　　(4) $\int \dfrac{\arcsin x}{x^2} \cdot \dfrac{1 + x^2}{\sqrt{1-x^2}}\,dx$;

(5) $\int \dfrac{x}{(1+x^2)^2}e^{\arctan x}\,dx$;　(6) (2018)$\int e^{2x}\arctan\sqrt{e^x - 1}\,dx$.

解 (1) $\int x^2 \arcsin x \, dx = \dfrac{1}{3}\int \arcsin x \, dx^3 = \dfrac{x^3}{3}\arcsin x - \dfrac{1}{3}\int \dfrac{x^3 \, dx}{\sqrt{1-x^2}}$

$$= \frac{x^3}{3}\arcsin x - \frac{1}{6}\int \frac{x^2 \, d(x^2)}{\sqrt{1-x^2}}$$

$$= \frac{x^3}{3}\arcsin x - \frac{1}{6}\int \sqrt{1-x^2}\,d(1-x^2) + \frac{1}{6}\int \frac{d(1-x^2)}{\sqrt{1-x^2}}$$

$$= \frac{x^3}{3}\arcsin x - \frac{1}{9}(1-x^2)^{\frac{3}{2}} + \frac{1}{3}\sqrt{1-x^2} + C.$$

（2）令 $\arcsin x = t$，$x = \sin t$，$\mathrm{d}x = \cos t\mathrm{d}t$，

$$原式 = \int(\arcsin x)^2\mathrm{d}x = \int t^2\cos t\mathrm{d}t = \int t^2\mathrm{d}(\sin t) = t^2\sin t - \int\sin t \cdot 2t\mathrm{d}t$$

$$= t^2\sin t + 2\int t\mathrm{d}(\cos t) = t^2\sin t + 2t\cos t - 2\sin t + C$$

$$= x(\arcsin x)^2 + 2\sqrt{1-x^2}\arcsin x - 2x + C.$$

（3）$\displaystyle\int\frac{x+\sin x}{1+\cos x}\mathrm{d}x = \int\frac{x\mathrm{d}x}{2\cos^2\frac{x}{2}} + \int\frac{2\sin\frac{x}{2}\cos\frac{x}{2}}{2\cos^2\frac{x}{2}}\mathrm{d}x$

$$= \int x\mathrm{d}\left(\tan\frac{x}{2}\right) + \int\tan\frac{x}{2}\mathrm{d}x = x\tan\frac{x}{2} + C.$$

注 $\displaystyle\int u\mathrm{d}v + \int v\mathrm{d}u = \int(u\mathrm{d}v + v\mathrm{d}u) = \int\mathrm{d}(uv) = uv + C.$

（4）$\displaystyle\int\frac{\arcsin x}{x^2}\cdot\frac{1+x^2}{\sqrt{1-x^2}}\mathrm{d}x = \int\frac{\arcsin x}{\sqrt{1-x^2}}\mathrm{d}x + \int\frac{\arcsin x}{x^2\sqrt{1-x^2}}\mathrm{d}x,$

而 $\displaystyle\int\frac{\arcsin x}{\sqrt{1-x^2}}\mathrm{d}x = \int\arcsin x\mathrm{d}(\arcsin x) = \frac{1}{2}(\arcsin x)^2 + C.$

$$\int\frac{\arcsin x}{x^2\sqrt{1-x^2}}\mathrm{d}x \xlongequal{\text{令}x=\sin t} \int\frac{t}{\sin^2 t\cos t}\cdot\cos t\mathrm{d}t = \int t\csc^2 t\mathrm{d}t$$

$$= -\int t\mathrm{d}(\cot t) = -t\cot t + \int\cot t\mathrm{d}t = -t\cot t + \ln|\sin t| + C$$

$$= -\arcsin x\cdot\frac{\sqrt{1-x^2}}{x} + \ln|x| + C.$$

两式相加即得结果.

（5）令 $t = \arctan x$，则 $x = \tan t$，

$$原积分 = \int\frac{\tan t\cdot\mathrm{e}^t}{\sec^4 t}\sec^2 t\mathrm{d}t = \int\frac{\tan t}{\sec^2 t}\mathrm{e}^t\mathrm{d}t = \int\sin t\cos t\mathrm{e}^t\mathrm{d}t$$

$$= \frac{1}{2}\int\sin 2t\cdot\mathrm{e}^t\mathrm{d}t = \frac{1}{2}\cdot\frac{\mathrm{e}^t}{5}(\sin 2t - 2\cos 2t) + C$$

$$= \frac{1}{10}\mathrm{e}^{\arctan x}(\sin(2\arctan x) - 2\cos(2\arctan x)) + C = \frac{1}{5}\mathrm{e}^{\arctan x}\frac{x^2+x-1}{x^2+1} + C.$$

（6）$\displaystyle\int\mathrm{e}^{2x}\arctan\sqrt{\mathrm{e}^x-1}\mathrm{d}x = \frac{1}{2}\int\arctan\sqrt{\mathrm{e}^x-1}\mathrm{d}(\mathrm{e}^{2x})$

$$= \frac{1}{2}\mathrm{e}^{2x}\arctan\sqrt{\mathrm{e}^x-1} - \frac{1}{4}\int\frac{\mathrm{e}^{2x}}{\sqrt{\mathrm{e}^x-1}}\mathrm{d}x.$$

$$\int\frac{\mathrm{e}^{2x}}{\sqrt{\mathrm{e}^x-1}}\mathrm{d}x = \int\frac{\mathrm{e}^x\mathrm{d}(\mathrm{e}^x)}{\sqrt{\mathrm{e}^x-1}} = \int\sqrt{\mathrm{e}^x-1}\mathrm{d}(\mathrm{e}^x) + \int\frac{\mathrm{d}(\mathrm{e}^x)}{\sqrt{\mathrm{e}^x-1}}$$

$$= \frac{2}{3}(\mathrm{e}^x-1)\sqrt{\mathrm{e}^x-1} + 2\sqrt{\mathrm{e}^x-1} + C.$$

所以原积分 $= \dfrac{1}{2}\mathrm{e}^{2x}\arctan\sqrt{\mathrm{e}^x-1} - \dfrac{1}{6}(\mathrm{e}^x+2)\sqrt{\mathrm{e}^x-1} + C.$

考点6 有理函数积分

知识补给库

有理函数的积分：

(1) 如果被积函数是假分式，则需先化为有理整式与真分式之和；

(2) 用待定系数法将真分式化为部分分式，最后得到4个基本类型的积分．

① $\int \dfrac{A}{x-a}dx$；

② $\int \dfrac{A}{(x-a)^n}dx \ (n=2,3,\cdots)$；

③ $\int \dfrac{Mx+N}{x^2+px+q}dx$；

④ $\int \dfrac{Mx+N}{(x^2+px+q)^n}dx \ (n=2,3,\cdots)$，

其中，A,M,N,a,p,q 都是常数，且 $4q-p^2>0$．

对于真分式 $\dfrac{P(x)}{Q(x)}$，它的不定积分可按下列三步求出：

第一步，将 $Q(x)$ 在实数范围内分解成一次式和二次质因式的乘积，分解结果只含两种类型的因式：一种是 $(x-a)^k$，另一种是 $(x^2+px+q)^l$，其中，$p^2-4q<0$，k,l 为正整数．

第二步，按照 $Q(x)$ 的分解结果，将真分式 $\dfrac{P(x)}{Q(x)}$ 拆成若干个部分分式之和（部分分式是指一种简单分式，其分母为一次式或二次质因式的正整数次幂）．具体为：

若 $Q(x)$ 有因式 $(x-a)^k$，则和式中对应地含有以下 k 个部分分式之和：

$$\dfrac{A_1}{(x-a)^k}+\dfrac{A_2}{(x-a)^{k-1}}+\cdots+\dfrac{A_k}{x-a};$$

若 $Q(x)$ 有因式 $(x^2+px+q)^l$，则和式中对应地含有以下 l 个部分分式之和：

$$\frac{M_1x+N_1}{(x^2+px+q)^l}+\frac{M_2x+N_2}{(x^2+px+q)^{l-1}}+\cdots+\frac{M_lx+N_l}{x^2+px+q}.$$

上述两式中的诸常数 $A_i(1\leqslant i\leqslant k)$，$M_j$，$N_j(1\leqslant j\leqslant l)$ 为待定常数，可通过待定系数法求得.

第三步，求出各部分分式的原函数.

在处理拆分的过程中，有快速的方法来求解分子的 A,B,C.

① 留数法. 上述通过拆分后的式子依次相乘因式，并代入因式为零的 x 的值的方法.

② 极限法.

极限法的核心在于求解分母为二阶，分子一阶处的系数，即快速求解 B.

③ 特值法. 特值法是万能方法，三个变量只需代入三个数，列方程即可求解. 但计算量过大，只是略优于通分的方法，故只剩一个未知量时，优先使用特值法.

④ 求导法.

典型例题

例❶　求 $\int\frac{2x+1}{x^2-3x-4}dx$.

解　原不定积分 $=\int\frac{2x+1}{(x-4)(x+1)}dx=\int\frac{A}{x-4}+\frac{B}{x+1}dx$.

快速求 A：

两边同乘 $x-4$，则有 $(x-4)\frac{2x+1}{(x-4)(x+1)}=(x-4)\frac{A}{x-4}+\frac{B}{x+1}(x-4)$，

$\frac{2x+1}{x+1}=A+\frac{B}{x+1}(x-4)$，令 $x=4$，则有 $\frac{9}{5}=A+0$，故 $A=\frac{9}{5}$.

快速求 B：

两边同乘 $x+1$，得 $\dfrac{2x+1}{(x-4)(x+1)}(x+1)=\dfrac{A}{x-4}(x+1)+\dfrac{B}{(x+1)}(x+1)$，

$\dfrac{2x+1}{x-4}=\dfrac{A}{x-4}(x+1)+B$，令 $x=-1$，$\dfrac{1}{5}=0+B$，故 $B=\dfrac{1}{5}$.

$$\int\dfrac{2x+1}{(x-4)(x+1)}\mathrm{d}x=\dfrac{9}{5}\int\dfrac{1}{x-4}\mathrm{d}x+\dfrac{1}{5}\int\dfrac{1}{x+1}\mathrm{d}x$$
$$=\dfrac{9}{5}\ln\mid x-4\mid+\dfrac{1}{5}\ln\mid x-1\mid+C.$$

例❷　求 $\displaystyle\int\dfrac{x^2}{(x+1)(x^2-2)}\mathrm{d}x$.

解　$\dfrac{x^2}{(x+1)(x^2-2)}=\dfrac{A}{x+1}+\dfrac{Bx+C}{x^2-2}.$

两边同乘 $x+1$，有 $\dfrac{x^2}{x^2-2}=A+\dfrac{Bx+C}{x^2-2}(x+1)$.

令 $x=-1$，$A=-1$.

因为右侧分子阶均比分母低一阶，故对右侧乘 x，取 $x\to+\infty$，此时右侧极限存在. 同理，左侧乘 x，两侧极限一致.

左侧 $\displaystyle\lim_{x\to+\infty}\dfrac{x^3}{(x+1)(x^2-2)}=1$；右侧 $\displaystyle\lim_{x\to+\infty}\dfrac{Ax}{x+1}+\lim_{x\to+\infty}\dfrac{Bx^2+Cx}{x^2-2}=A+B$，

$A+B=1$，又 $A=-1$，故 $B=2$.

$$\dfrac{-1}{x+1}+\dfrac{2x+C}{x^2-2}=\dfrac{x^2}{(x+1)(x^2-2)}.$$

令 $x=0$，$-1+\dfrac{C}{-2}=0$，故 $C=-2$.

$$原不定积分=\int\dfrac{-1}{x+1}+\dfrac{2x+C}{x^2-2}\mathrm{d}x$$
$$=-\ln\mid x+1\mid+\int\dfrac{2x-2}{x^2-2}\mathrm{d}x$$
$$=-\ln\mid x+1\mid+\int\dfrac{\mathrm{d}(x^2-2)}{x^2-2}-2\int\dfrac{1}{x^2-2}\mathrm{d}x$$
$$=-\ln\mid x+1\mid+\ln\mid x^2-2\mid-\dfrac{\sqrt2}{2}\ln\mid\dfrac{x-\sqrt2}{x+\sqrt2}\mid+C.$$

例❸　求 $\displaystyle\int\dfrac{1}{(1-x)(1+x)^2}\mathrm{d}x$.

解　$\dfrac{1}{(1-x)(1+x)^2}=\dfrac{A}{1-x}+\dfrac{B}{1+x}+\dfrac{C}{(1+x)^2}.$

利用留数法：两边同乘 $1-x$，令 $x=1$，故 $A=\dfrac{1}{4}$.

两边同乘 $(1+x)^2$，令 $x=-1$，故 $C=\dfrac{1}{2}$.

此时，留数法对 B 失效，使用求导法.

两边同乘 $(1+x)^2$，变为 $\dfrac{1}{1-x}=\dfrac{A}{1-x}(1+x)^2+B(1+x)+C$.

对两边求导,再令 $x=-1$,求导后 C 为 0,取 $x=-1$,消去 A,仅剩 B.

$$B=\left(\frac{1}{1-x}\right)'\Big|_{x=-1}=\frac{1}{(1-x)^2}\Big|_{x=-1}=\frac{1}{4}.$$

原不定积分 $=\dfrac{1}{4}\displaystyle\int\dfrac{1}{1-x}\mathrm{d}x+\dfrac{1}{4}\displaystyle\int\dfrac{1}{1+x}\mathrm{d}x+\dfrac{1}{2}\displaystyle\int\dfrac{1}{(1+x)^2}\mathrm{d}x$

$$=-\frac{1}{4}\ln|1-x|+\frac{1}{4}\ln|1+x|-\frac{1}{2}\cdot\frac{1}{1+x}+C.$$

例❹ 求 $\displaystyle\int\dfrac{3x+6}{(x-1)^2(x^2+x+1)}\mathrm{d}x.$

解 $\dfrac{3x+6}{(x-1)^2(x^2+x+1)}=\dfrac{A}{x-1}+\dfrac{B}{(x-1)^2}+\dfrac{Cx+D}{x^2+x+1}.$

① 留数法: $B=\dfrac{3x+6}{x^2+x+1}\Big|_{x=1}=3.$

② 极限法: $\displaystyle\lim_{x\to+\infty}\dfrac{(3x+6)x}{(x-1)^2(x^2+x+1)}=0.$

$\displaystyle\lim_{x\to+\infty}\dfrac{Ax}{x-1}+\dfrac{Bx}{(x-1)^2}+\dfrac{(Cx+D)x}{x^2+x+1}=A+C$,故 $A+C=0$.

③ 特值法:此时仍有三个未知量,暂时失效.

④ 求导法:两边同乘 $(x-1)^2$,

$$\frac{3x+6}{x^2+x+1}=\frac{A}{x-1}(x-1)^2+B+\frac{Cx+D}{x^2+x+1}(x-1)^2.$$

对 x 求导并取 $x=1$,

$$A=\left(\frac{3x+6}{x^2+x+1}\right)'\Big|_{x=1}=-2.$$

又 $A+C=0$,故 $C=2$.

此时未知量只剩 D,令 $x=0$,代入两侧,

$6=-A+B+D=2+3+D$,故 $D=1$.

$$\int\frac{3x+6}{(x-1)^2(x^2+x+1)}\mathrm{d}x$$

$$=\int\frac{-2}{x-1}+\frac{3}{(x-1)^2}+\frac{2x+1}{x^2+x+1}\mathrm{d}x$$

$$=-2\ln|x-1|-\frac{3}{x-1}+\int\frac{\mathrm{d}(x^2+x+1)}{x^2+x+1}$$

$$=-2\ln|x-1|-\frac{3}{x-1}+\ln|x^2+x+1|+C.$$

考点7 三角函数有理式的积分

知识补给库

1、万能代换

令 $\tan\dfrac{x}{2}=u$,则 $\sin x=\dfrac{2u}{1+u^2}$,$\cos x=\dfrac{1-u^2}{1+u^2}$,$\mathrm{d}x=\dfrac{2\mathrm{d}u}{1+u^2}$,

于是 $\int R(\sin x, \cos x)\,dx$ 就化为有理函数的积分，但该法计算量较大，一般形如 $\int \dfrac{dx}{a\sin x + b\cos x + c}$ 的积分，常用万能代换法.

2. 三角恒等变换

(1) 利用倍角公式降低三角函数的次幂.

(2) $\int \sin^m x \cdot \cos^n x\,dx$：

① 当 m, n 中有一个奇数，谁为奇数把谁拿出来凑微分.

② 当 m, n 都是偶数，可利用倍角公式逐步求出积分.

(3) $\int \sin mx \cdot \sin nx\,dx$，$\int \sin mx \cdot \cos nx\,dx$，$\int \cos mx \cdot \cos nx\,dx$

$(m \neq n)$ 可利用积化和差来计算.

(4) 绝大部分三角函数积分题还是要利用前面所学的换元法、凑微分法以及分部积分法.

3. 简单无理函数的积分

关键是找出适当的变量代换去掉根号，化为有理函数的积分.

典型例题

例❶　求 $\int \dfrac{dx}{2+\sin x}$.

解　令 $u = \tan\dfrac{x}{2}$，则 $x = 2\arctan u$，$dx = \dfrac{2\,du}{1+u^2}$，$\sin x = \dfrac{2u}{1+u^2}$，$\cos x = \dfrac{1-u^2}{1+u^2}$，

$$\int \frac{1}{2+\dfrac{2u}{1+u^2}} \cdot \frac{2}{1+u^2}\,du = \int \frac{2\,du}{2+2u^2+2u} = \int \frac{du}{u^2+u+1} = \int \frac{du}{\left(u+\dfrac{1}{2}\right)^2 + \dfrac{3}{4}}$$

$$= \frac{2\sqrt{3}}{3}\arctan\frac{2\left(u+\dfrac{1}{2}\right)}{\sqrt{3}} + C = \frac{2\sqrt{3}}{3}\arctan\frac{2\tan\dfrac{x}{2}+1}{\sqrt{3}} + C.$$

例❷   求 $\int \dfrac{1}{1+\cos x}\mathrm{d}x$.

解法 1 $\displaystyle\int \dfrac{\mathrm{d}x}{1+\cos x} = \int \dfrac{1-\cos x}{1-\cos^2 x}\mathrm{d}x = \int \dfrac{1-\cos x}{\sin^2 x}\mathrm{d}x$

$$= \int \dfrac{\mathrm{d}x}{\sin^2 x} - \int \dfrac{\mathrm{d}(\sin x)}{\sin^2 x} = -\cot x + \dfrac{1}{\sin x} + C.$$

解法 2 $\displaystyle\int \dfrac{\mathrm{d}x}{1+\cos x} = \int \dfrac{\mathrm{d}x}{2\cos^2 \frac{x}{2}} = \dfrac{1}{2}\int \sec^2 \dfrac{x}{2}\mathrm{d}x = \tan \dfrac{x}{2} + C.$

解法 3 $\displaystyle\int \dfrac{1}{1+\cos x}\mathrm{d}x \xrightarrow{t=\tan\frac{x}{2}} \int \dfrac{1}{1+\dfrac{1-t^2}{1+t^2}} \cdot \dfrac{2}{1+t^2}\mathrm{d}t = \int \mathrm{d}t = t + C = \tan \dfrac{x}{2} + C.$

例❸   求 $\int \dfrac{\mathrm{e}^{-\sin x} \cdot \sin(2x)}{\sin^4\left(\dfrac{\pi}{4} - \dfrac{x}{2}\right)}\mathrm{d}x$.

解   原式 $= \displaystyle\int \dfrac{\mathrm{e}^{-\sin x} \cdot 2\sin x \cos x}{\dfrac{1}{4}\left[1 - \cos\left(\dfrac{\pi}{2} - x\right)\right]^2}\mathrm{d}x = 8\int \dfrac{\mathrm{e}^{-\sin x} \cdot \sin x \cos x}{(1-\sin x)^2}\mathrm{d}x$

$$= 8\int \dfrac{\mathrm{e}^{-\sin x} \cdot \sin x}{(1-\sin x)^2}\mathrm{d}(\sin x).$$

故令 $t = \sin x$，则

原式 $= \displaystyle 8\int \dfrac{\mathrm{e}^{-t} \cdot t}{(1-t)^2}\mathrm{d}t = -8\int \mathrm{e}^{-t}\left[\dfrac{1}{1-t} - \dfrac{1}{(1-t)^2}\right]\mathrm{d}t$

$$= -8\int \mathrm{e}^{-t} \dfrac{1}{1-t}\mathrm{d}t + 8\int \mathrm{e}^{-t} \dfrac{1}{(1-t)^2}\mathrm{d}t$$

$$= -8\int \mathrm{e}^{-t} \dfrac{1}{1-t}\mathrm{d}t + 8\int \mathrm{e}^{-t}\mathrm{d}\left(\dfrac{1}{1-t}\right)$$

$$= -8\int \mathrm{e}^{-t} \dfrac{1}{1-t}\mathrm{d}t + 8\mathrm{e}^{-t} \dfrac{1}{1-t} - 8\int \dfrac{1}{1-t}\mathrm{d}(\mathrm{e}^{-t})$$

$$= 8\mathrm{e}^{-t} \dfrac{1}{1-t} + C = 8\mathrm{e}^{-\sin x} \dfrac{1}{1-\sin x} + C.$$

例❹   求 $\int \dfrac{\cos x - \sin x}{\cos x + \sin x}\mathrm{d}x$.

解法 1 $\displaystyle\int \dfrac{\cos x - \sin x}{\cos x + \sin x}\mathrm{d}x = \int \dfrac{\mathrm{d}(\cos x + \sin x)}{\cos x + \sin x} = \ln|\cos x + \sin x| + C.$

解法 2 $\displaystyle\int \dfrac{\cos x - \sin x}{\cos x + \sin x}\mathrm{d}x = \int \dfrac{\cos^2 x - \sin^2 x}{(\cos x + \sin x)^2}\mathrm{d}x = \int \dfrac{\cos 2x}{1 + \sin 2x}\mathrm{d}x$

$$= \dfrac{1}{2}\ln|1 + \sin 2x| + C.$$

解法 3 $\displaystyle\int \dfrac{\cos x - \sin x}{\cos x + \sin x}\mathrm{d}x = \int \dfrac{(\cos x - \sin x)^2}{\cos^2 x - \sin^2 x}\mathrm{d}x = \int \dfrac{1 - \sin 2x}{\cos 2x}\mathrm{d}x$

$$= \int \dfrac{\mathrm{d}x}{\cos 2x} - \int \dfrac{\sin 2x}{\cos 2x}\mathrm{d}x = \dfrac{1}{2}\ln|\tan 2x + \sec 2x| + \dfrac{1}{2}\ln|\cos 2x| + C.$$

解法 4　$\displaystyle\int\frac{\cos x-\sin x}{\cos x+\sin x}\mathrm{d}x=\int\frac{\sqrt{2}\sin\left(\frac{\pi}{4}-x\right)}{\sqrt{2}\cos\left(\frac{\pi}{4}-x\right)}\mathrm{d}x=\ln\left|\cos\left(\frac{\pi}{4}-x\right)\right|+C.$

解法 5　$\displaystyle\int\frac{\cos x-\sin x}{\cos x+\sin x}\mathrm{d}x=\int\frac{\sqrt{2}\cos\left(x+\frac{\pi}{4}\right)}{\sqrt{2}\sin\left(x+\frac{\pi}{4}\right)}\mathrm{d}x=\ln\left|\sin\left(x+\frac{\pi}{4}\right)\right|+C.$

解法 6　$\displaystyle\int\frac{\cos x-\sin x}{\cos x+\sin x}\mathrm{d}x=\int\frac{1-\tan x}{1+\tan x}\mathrm{d}x=\int\frac{1+\tan^2 x-\tan x-\tan^2 x}{1+\tan x}\mathrm{d}x$

$\displaystyle=\int\frac{\sec^2 x}{1+\tan x}\mathrm{d}x-\int\tan x\mathrm{d}x=\ln|1+\tan x|+\ln|\cos x|+C.$

解法 7　$\displaystyle\int\frac{\cos x-\sin x}{\cos x+\sin x}\mathrm{d}x=\int\frac{1-\tan x}{1+\tan x}\mathrm{d}x$，令 $\tan x=t$，则 $\mathrm{d}x=\dfrac{\mathrm{d}t}{1+t^2}$.

原积分 $\displaystyle=\int\frac{1-t}{(1+t)(1+t^2)}\mathrm{d}t=\int\left(\frac{1}{1+t}-\frac{t}{1+t^2}\right)\mathrm{d}t=\ln|1+t|-\frac{1}{2}\ln(1+t^2)+C$

$\displaystyle=\ln|1+\tan x|-\frac{1}{2}\ln(1+\tan^2 x)+C=\ln|1+\tan x|+\ln|\cos x|+C.$

解法 8　令 $\tan\dfrac{x}{2}=t$，则

$$\int\frac{\cos x-\sin x}{\cos x+\sin x}\mathrm{d}x=\int\frac{\frac{1-t^2}{1+t^2}-\frac{2t}{1+t^2}}{\frac{1-t^2}{1+t^2}+\frac{2t}{1+t^2}}\cdot\frac{2}{1+t^2}\mathrm{d}t=2\int\frac{1-2t-t^2}{(1+t^2)(1+2t-t^2)}\mathrm{d}t$$

$$=2\int\left(\frac{-t}{1+t^2}+\frac{1-t}{1+2t-t^2}\right)\mathrm{d}t=-\ln(1+t^2)+\ln|1+2t-t^2|+C$$

$$=-\ln\left(1+\tan^2\frac{x}{2}\right)+\ln\left|1+2\tan\frac{x}{2}-\tan^2\frac{x}{2}\right|+C$$

$$=2\ln\left|\cos\frac{x}{2}\right|+\ln\left|1+2\tan\frac{x}{2}-\tan^2\frac{x}{2}\right|+C.$$

考点 8　定积分计算

知识补给库

1. 牛顿-莱布尼茨公式
$$\int_a^b f(x)\mathrm{d}x=F(b)-F(a).$$

2. 换元法

假设函数 $f(x)$ 在区间 $[a,b]$ 上连续，$x=\varphi(t)$ 在 $[\alpha,\beta]$ 上

单值且 $\varphi'(t)$ 连续,当 t 在 $[\alpha,\beta]$ 上变化时,$x=\varphi(t)$ 的值在 $[a,b]$ 上变化,且 $\varphi(\alpha)=a$,$\varphi(\beta)=b$,则

$$\int_a^b f(x)\,dx = \int_\alpha^\beta f[\varphi(t)]\varphi'(t)\,dt.$$

3. 分部积分法

设 $u(x),v(x),v'(x),u'(x)$ 在 $[a,b]$ 上连续,则

$$\int_a^b uv'\,dx = [uv]_a^b - \int_a^b vu'\,dx.$$

4. 定积分的几个常用公式

(1) $f(x)$ 在 $[-a,a]$ 连续,$a>0$.

① 当 $f(x)$ 为奇函数时,则 $\int_{-a}^a f(x)\,dx = 0$;

② 当 $f(x)$ 为偶函数时,则 $\int_{-a}^a f(x)\,dx = 2\int_0^a f(x)\,dx$;

③ 当 $f(x)$ 为非奇非偶函数时,利用 $f(x) = \dfrac{f(x)+f(-x)}{2} + \dfrac{f(x)-f(-x)}{2}$,

以而有 $\int_{-a}^a f(x)\,dx = \int_{-a}^a \dfrac{f(x)+f(-x)}{2}\,dx = \int_0^a (f(x)+f(-x))\,dx.$

注 $\dfrac{f(x)-f(-x)}{2}$ 为奇函数,故 $\int_{-a}^a \dfrac{f(x)-f(-x)}{2}\,dx = 0.$

(2) 若 $f(x+T)=f(x)$,则 $\int_0^T f(x)\,dx = \int_a^{a+T} f(x)\,dx.$

(3) $\int_0^{\frac{\pi}{2}} f(\sin x)\,dx = \int_0^{\frac{\pi}{2}} f(\cos x)\,dx.$

(4) $\int_0^\pi x f(\sin x)\,dx = \dfrac{\pi}{2}\int_0^\pi f(\sin x)\,dx.$

$$(5) \int_0^{\frac{\pi}{2}} \sin^n x \, dx = \int_0^{\frac{\pi}{2}} \cos^n x \, dx = \begin{cases} \dfrac{(n-1)!!}{n!!} \cdot \dfrac{\pi}{2}, & n \text{ 为偶数}, \\[3mm] \dfrac{(n-1)!!}{n!!}, & n \text{ 为奇数}. \end{cases}$$

$$(6) \int_a^b f(x) \, dx = \int_a^b f(a+b-x) \, dx.$$

注 要证 (3) 成立, 只需令 $t = \dfrac{\pi}{2} - x$,

$$\int_0^{\frac{\pi}{2}} f(\sin x) \, dx = \int_{\frac{\pi}{2}}^0 f\left(\sin\left(\frac{\pi}{2}-t\right)\right)(-dt) = \int_0^{\frac{\pi}{2}} f(\cos t) \, dt = \int_0^{\frac{\pi}{2}} f(\cos x) \, dx.$$

要证 (4) 成立, 令 $t = \pi - x$.

证 (6) 成立, 令 $t = a + b - x$, 过程读者自己完成.

5. 几何意义

常见结论: $\int_0^a \sqrt{2ax - x^2} \, dx = \dfrac{1}{4} \pi a^2$ (曲线 $y = \sqrt{2ax-x^2}$ 为圆心

在 $(a, 0)$, 半径为 a 的 $1/4$ 的圆).

典型例题

例❶ 求下列定积分.

(1) $\displaystyle\int_{-1}^1 \frac{2x^2 + x\cos x}{1 + \sqrt{1-x^2}} \mathrm{d}x$;　　(2) $\displaystyle\int_{-1}^1 \cos x \ln(x + \sqrt{1+x^2}) \mathrm{d}x$;

(3) $\displaystyle\int_0^{2\pi} \sin^{99} x \, \mathrm{d}x$;　　(4) $\displaystyle\int_0^{n\pi} \sqrt{1 - \sin 2x} \, \mathrm{d}x$;

(5) $\displaystyle\int_0^\pi (\mathrm{e}^{\cos x} - \mathrm{e}^{-\cos x}) \mathrm{d}x$;　　(6) $\displaystyle\int_0^1 x^5 \sqrt{1-x^2} \, \mathrm{d}x$.

解 (1) 原式 $= \displaystyle\int_{-1}^1 \underbrace{\frac{2x^2}{1 + \sqrt{1-x^2}}}_{\text{偶函数}} \mathrm{d}x + \int_{-1}^1 \underbrace{\frac{x\cos x}{1 + \sqrt{1-x^2}}}_{\text{奇函数}} \mathrm{d}x$

$= 4\displaystyle\int_0^1 \frac{x^2}{1 + \sqrt{1-x^2}} \mathrm{d}x = 4\int_0^1 \frac{x^2(1 - \sqrt{1-x^2})}{1 - (1-x^2)} \mathrm{d}x$

$$= 4\int_0^1 (1 - \sqrt{1-x^2})\,\mathrm{d}x = 4 - 4\int_0^1 \sqrt{1-x^2} \quad \left(\frac{1}{4}\ \text{圆的面积}\right)$$

$$= 4 - \pi.$$

(2) 被积函数 $f(x) = \cos x \ln(x + \sqrt{1+x^2})$ 是 $[-1,1]$ 上的奇函数,故积分为零.

(3) $\sin^{99} x$ 是以 2π 为周期的周期函数,故 $\int_0^{2\pi} \sin^{99} x\,\mathrm{d}x = \int_{-\pi}^{\pi} \sin^{99} x\,\mathrm{d}x = 0$.

(4) $\sqrt{1 - \sin 2x} = \sqrt{\sin^2 x - 2\sin x \cos x + \cos^2 x} = |\sin x - \cos x|$,以 π 为周期,

$$I = n\int_0^{\pi} |\sin x - \cos x|\,\mathrm{d}x = n\left[\int_0^{\frac{\pi}{4}} (\cos x - \sin x)\,\mathrm{d}x + \int_{\frac{\pi}{4}}^{\pi} (\sin x - \cos x)\,\mathrm{d}x\right] = 2\sqrt{2}\,n.$$

(5) 设 $\cos x = t$,则 $x = \arccos t$,于是

$$原式 = \int_1^{-1} (\mathrm{e}^t - \mathrm{e}^{-t}) \frac{-1}{\sqrt{1-t^2}}\,\mathrm{d}t = \int_{-1}^{1} \frac{\mathrm{e}^t - \mathrm{e}^{-t}}{\sqrt{1-t^2}}\,\mathrm{d}t = 0.$$

注 $\mathrm{e}^t - \mathrm{e}^{-t}$ 为 $[-1,1]$ 上的奇函数.

(6) 令 $x = \sin t\ \left(0 \leqslant t \leqslant \dfrac{\pi}{2}\right)$,则有

$$\int_0^1 x^5 \sqrt{1-x^2}\,\mathrm{d}x = \int_0^{\frac{\pi}{2}} \sin^5 t(1-\sin^2 t)\,\mathrm{d}t = \int_0^{\frac{\pi}{2}} \sin^5 t\,\mathrm{d}t - \int_0^{\frac{\pi}{2}} \sin^7 t\,\mathrm{d}t = \frac{4}{5} \cdot \frac{2}{3} - \frac{6}{7} \cdot \frac{4}{5} \cdot \frac{2}{3}$$

$$= \left(1 - \frac{6}{7}\right)\frac{4}{5} \cdot \frac{2}{3} = \frac{8}{105}.$$

例❷ 计算下列定积分.

(1) $\displaystyle\int_0^a \sqrt{a^2 - x^2}\,\mathrm{d}x$;

(2) $\displaystyle\int_0^a \frac{\mathrm{d}x}{\sqrt{a^2 - x^2}}$;

(3) $\displaystyle\int_0^a x\sqrt{a^2 - x^2}\,\mathrm{d}x$;

(4) $\displaystyle\int_0^a \frac{x}{\sqrt{a^2 - x^2}}\,\mathrm{d}x$;

(5) $\displaystyle\int_0^a x^2\sqrt{a^2 - x^2}\,\mathrm{d}x$;

(6) $\displaystyle\int_0^a \frac{x^2}{\sqrt{a^2 - x^2}}\,\mathrm{d}x$.

解 (1) 运用定积分几何意义,积分大小代表 $x^2 + y^2 = a^2$ 在第一象限的面积,故 $\int_0^a \sqrt{a^2 - x^2}\,\mathrm{d}x = \dfrac{1}{4}\pi a^2$.

(2) $\displaystyle\int_0^a \frac{\mathrm{d}x}{\sqrt{a^2 - x^2}} = \arcsin\frac{x}{a}\Big|_0^a = \frac{\pi}{2} - 0 = \frac{\pi}{2}$.

(3) $\displaystyle\int_0^a x\sqrt{a^2 - x^2}\,\mathrm{d}x = -\frac{1}{2}\int_0^a \sqrt{a^2 - x^2}\,\mathrm{d}(a^2 - x^2) = -\frac{1}{2} \times \frac{2}{3}(a^2 - x^2)^{\frac{3}{2}}\Big|_0^a$

$$= -\frac{1}{3}(0 - a^3) = \frac{a^3}{3}.$$

(4) $\displaystyle\int_0^a \frac{x}{\sqrt{a^2 - x^2}}\,\mathrm{d}x = -\frac{1}{2}\int_0^a \frac{\mathrm{d}(a^2 - x^2)}{\sqrt{a^2 - x^2}} = -\sqrt{a^2 - x^2}\Big|_0^a = -(0 - a) = a$.

(5) 令 $x = a\sin t$,

$$\int_0^a x^2 \sqrt{a^2-x^2}\,\mathrm{d}x = \int_0^{\frac{\pi}{2}} a^2\sin^2 t \cdot a\cos t \cdot a\cos t\,\mathrm{d}t$$

$$= a^4\int_0^{\frac{\pi}{2}}\sin^2 t\cos^2 t\,\mathrm{d}t = a^4\int_0^{\frac{\pi}{2}}\sin^2 t(1-\sin^2 t)\,\mathrm{d}t$$

$$= a^4\left(\frac{1}{2}\cdot\frac{\pi}{2}-\frac{3}{4}\cdot\frac{1}{2}\cdot\frac{\pi}{2}\right)=\frac{\pi a^4}{16}.$$

(6) 令 $x=a\sin t$,

$$\int_0^a \frac{x^2}{\sqrt{a^2-x^2}}\,\mathrm{d}x = \int_0^{\frac{\pi}{2}}\frac{a^2\sin^2 t}{a\cos t}a\cos t\,\mathrm{d}t$$

$$= a^2\int_0^{\frac{\pi}{2}}\sin^2 t\,\mathrm{d}t = a^2\,\frac{1}{2}\cdot\frac{\pi}{2}=\frac{1}{4}\pi a^2.$$

例❸ 设 $f(x)$ 在 $[a,b]$ 上连续,求证:

$$\int_a^b f(x)\mathrm{d}x = \int_a^b f(a+b-x)\mathrm{d}x = \frac{1}{2}\int_a^b[f(x)+f(a+b-x)]\mathrm{d}x,$$

并用此计算:

(1) $\int_0^{\frac{\pi}{2}}\frac{\cos x}{\cos x+\sin x}\mathrm{d}x$; 　　(2) $\int_0^a \frac{\mathrm{d}x}{x+\sqrt{a^2-x^2}}$;

(3) $\int_0^{\frac{\pi}{2}}\frac{\mathrm{d}x}{1+\tan^\alpha x}$; 　　(4) $\int_2^4 \frac{\sqrt{\ln(9-x)}}{\sqrt{\ln(9-x)}+\sqrt{\ln(3+x)}}\mathrm{d}x$.

证 令 $x=a+b-t$,则

$$\int_a^b f(x)\mathrm{d}x = \int_b^a f(a+b-t)(-\mathrm{d}t)=\int_a^b f(a+b-t)\mathrm{d}t$$

$$=\int_a^b f(a+b-x)\mathrm{d}x,$$

从而 $\int_a^b f(x)\mathrm{d}x = \frac{1}{2}\int_a^b[f(x)+f(a+b-x)]\mathrm{d}x.$

(1) 令 $f(x)=\frac{\cos x}{\cos x+\sin x}$, $f\left(\frac{\pi}{2}-x\right)=\frac{\sin x}{\sin x+\cos x}$,

$f(x)+f\left(\frac{\pi}{2}-x\right)=1$,即原积分 $=\frac{1}{2}\int_0^{\frac{\pi}{2}}\left[f(x)+f\left(\frac{\pi}{2}-x\right)\right]\mathrm{d}x=\frac{\pi}{4}.$

(2) 令 $x=a\sin t$,则 $\int_0^a \frac{\mathrm{d}x}{x+\sqrt{a^2-x^2}}=\int_0^{\frac{\pi}{2}}\frac{\cos t\,\mathrm{d}t}{\cos t+\sin t}.$

应用第(1)小题的结果,即得结果为 $\frac{\pi}{4}$.

(3) 令 $f(x)=\frac{1}{1+\tan^\alpha x}$,则 $f\left(\frac{\pi}{2}-x\right)=\frac{1}{1+\cot^\alpha x}$,

$$f(x)+f\left(\frac{\pi}{2}-x\right)=\frac{1}{1+\tan^\alpha x}+\frac{1}{1+\cot^\alpha x}=1.$$

故原积分 $=\frac{1}{2}\int_0^{\frac{\pi}{2}}1\mathrm{d}x=\frac{\pi}{4}.$

(4) 令 $f(x) = \dfrac{\sqrt{\ln(9-x)}}{\sqrt{\ln(9-x)} + \sqrt{\ln(3+x)}}$，则 $f(6-x) = \dfrac{\sqrt{\ln(3+x)}}{\sqrt{\ln(3+x)} + \sqrt{\ln(9-x)}}$，

$f(x) + f(6-x) = 1$，故原积分 $= \dfrac{1}{2}\displaystyle\int_2^4 1\,dx = 1$.

例④ 若函数 $f(x)$ 连续，且满足 $f(x) \cdot f(-x) = 1$，$g(x)$ 是连续的偶函数，试证明：

$$\int_{-a}^a \frac{g(x)}{1+f(x)}dx = \int_0^a g(x)dx,$$

并计算 $\displaystyle\int_{-\frac{\pi}{4}}^{\frac{\pi}{4}} \frac{1}{(1+e^x)\cos^2 x}dx$.

证 $\displaystyle\int_{-a}^a \frac{g(x)}{1+f(x)}dx = \int_{-a}^0 \frac{g(x)}{1+f(x)}dx + \int_0^a \frac{g(x)}{1+f(x)}dx$，

其中， $\displaystyle\int_{-a}^0 \frac{g(x)}{1+f(x)}dx \xlongequal{x=-t} \int_a^0 \frac{g(-t)}{1+f(-t)}d(-t) = \int_0^a \frac{g(-x)}{1+f(-x)}dx$.

由于 $f(x) \cdot f(-x) = 1$，$g(-x) = g(x)$，所以，

$$\int_{-a}^a \frac{g(x)}{1+f(x)}dx = \int_0^a \left[\frac{g(-x)}{1+f(-x)} + \frac{g(x)}{1+f(x)}\right]dx$$
$$= \int_0^a \frac{g(x)[1+f(x)] + g(x)[1+f(-x)]}{[1+f(-x)] \cdot [1+f(x)]}dx$$
$$= \int_0^a \frac{g(x) \cdot [2+f(x)+f(-x)]}{2+f(x)+f(-x)}dx$$
$$= \int_0^a g(x)dx.$$

在此等式中，取 $f(x) = e^x$，$g(x) = \dfrac{1}{\cos^2 x}$，则

$$f(x) \cdot f(-x) = e^x \cdot e^{-x} = 1, \quad g(-x) = g(x),$$

故有 $\displaystyle\int_{-\frac{\pi}{4}}^{\frac{\pi}{4}} \frac{1}{(1+e^x)\cos^2 x}dx = \int_0^{\frac{\pi}{4}} \frac{1}{\cos^2 x}dx = \tan x \Big|_0^{\frac{\pi}{4}} = 1$.

例⑤ 设 $a_n = \displaystyle\int_0^1 x^n \sqrt{1-x^2}\,dx$ $(n = 0, 1, 2, \cdots)$

(1) 证明：数列 $\{a_n\}$ 单调减少，且 $a_n = \dfrac{n-1}{n+2}a_{n-2}$ $(n = 2, 3, \cdots)$；

(2) 求极限 $\displaystyle\lim_{n\to\infty} \frac{a_n}{a_{n-1}}$.

解 (1) 证明：$a_n = \displaystyle\int_0^1 x^n \sqrt{1-x^2}\,dx$，$a_{n+1} = \displaystyle\int_0^1 x^{n+1}\sqrt{1-x^2}\,dx$ $(n = 0, 1, 2, \cdots)$.

当 $x \in (0,1)$ 时，显然有 $x^{n+1} < x^n$，$a_{n+1} - a_n = \displaystyle\int_0^1 (x^{n+1} - x^n)\sqrt{1-x^2}\,dx < 0$，

所以数列 $\{a_n\}$ 单调减少；

令 $x = \sin t$，$t \in \left[0, \dfrac{\pi}{2}\right]$，则

$$a_n = \int_0^1 x^n \sqrt{1-x^2}\,dx = \int_0^{\frac{\pi}{2}} \sin^n t \cos^2 t\,dt = \int_0^{\frac{\pi}{2}} \sin^n t\,dt - \int_0^{\frac{\pi}{2}} \sin^{n+2} t\,dt.$$

设 $I_n = \int_0^{\frac{\pi}{2}} \sin^n x\,dx$，$n = 0, 1, 2, \cdots$，则当 $n \geqslant 2$ 时，

$$I_n = \int_0^{\frac{\pi}{2}} \sin^n x\,dx = -\int_0^{\frac{\pi}{2}} \sin^{n-1} x\,d\cos x = -\cos x \sin^{n-1} x \Big|_0^{\frac{\pi}{2}} + (n-1)\int_0^{\frac{\pi}{2}} \sin^{n-2} x \cos^2 x\,dx$$

$$= (n-1)\int_0^{\frac{\pi}{2}} \sin^{n-2} x (1-\sin^2 x)\,dx = (n-1)(I_{n-2} - I_n).$$

所以 $I_{n+2} = (n+1)(I_n - I_{n+2})$，也就是得到 $I_n = \dfrac{n+2}{n+1} I_{n+2}$，$n = 0, 1, \cdots$，

故 $a_n = I_n - I_{n+2} = \dfrac{1}{n+2} I_n$，同理，$a_{n-2} = I_{n-2} - I_n = \dfrac{1}{n-1} I_n$.

综合上述，可知对任意的正整数 n，均有 $\dfrac{a_n}{a_{n-2}} = \dfrac{n-1}{n+2}$，即 $a_n = \dfrac{n-1}{n+2} a_{n-2}\,(n = 2, 3, \cdots)$.

(2) 由(1)的结论数列 $\{a_n\}$ 单调减少，且 $a_n = \dfrac{n-1}{n+2} a_{n-2}\,(n = 2, 3, \cdots)$

$$a_n = \frac{n-1}{n+2} a_{n-2} > \frac{n-1}{n+2} a_{n-1} \Rightarrow 1 > \frac{a_n}{a_{n-1}} > \frac{n-1}{n+2},$$

令 $n \to \infty$，由夹逼准则，可知 $\lim\limits_{n \to \infty} \dfrac{a_n}{a_{n-1}} = 1$.

考点9　几种特殊形式函数的定积分

知识补给库

常见的函数形式及解题思路为：

① 被积函数是分段函数时，要用定积分对区间的可加性求定积分：先在各区间分别计算定积分，然后相加。

② 被积函数含最大值或最小值符号时，先将最大值或最小值符号去掉，表示成分段函数，再求定积分。

③ 被积函数含取整函数时，要用定积分对区间的可加性求定积分。

④ 被积函数含绝对值符号时，先将绝对值符号去掉，表示成分段函数，再求定积分。

⑤ 被积函数含偶次方根，开方时一般要取绝对值，即

$$\int_a^b \sqrt{(f(x))^2}\,dx = \int_a^b |f(x)|\,dx,$$ 然后按④所述求积分.

⑥ 对变上限 x 的定积分,先讨论和确定变限 x 的取值范围.求积分时,下限固定,按上限的取值范围分别求积分.

⑦ 被积函数含参变量时,假设 t 是积分变量, x 是参变量.在求积分时, x 是常数,但 x 又可任意取值.先确定 x 的可能取值范围,按 x 的取值范围分别求积分.

⑧ 已知被积函数的导数或被积函数含抽象函数的导数,求其积分.

典型例题

例❶ 设 $f(x) = \begin{cases} 2x + \dfrac{3}{2}x^2, & -1 \leqslant x < 0, \\ \dfrac{xe^x}{(e^x+1)^2}, & 0 \leqslant x \leqslant 1, \end{cases}$ 求函数 $F(x) = \displaystyle\int_{-1}^x f(t)\,dt$ 的表达式.

解 当 $x \in [-1, 0)$ 时, $F(x) = \displaystyle\int_{-1}^x f(t)\,dt = \int_{-1}^x \left(2t + \frac{3}{2}t^2\right)dt = \frac{1}{2}x^3 + x^2 - \frac{1}{2}$;

当 $x \in [0, 1]$ 时, $F(x) = \displaystyle\int_{-1}^x f(t)\,dt = \int_{-1}^0 f(t)\,dt + \int_0^x f(t)\,dt = \left(t^2 + \frac{1}{2}t^3\right)\Big|_{-1}^0 + \int_0^x \frac{te^t}{(e^t+1)^2}\,dt$

$$= -\frac{1}{2} - \int_0^x t\,d\left(\frac{1}{e^t+1}\right) = -\frac{1}{2} - \frac{t}{e^t+1}\Big|_0^x + \int_0^x \frac{dt}{e^t+1}$$

$$= -\frac{1}{2} - \frac{x}{e^x+1} + \int_0^x \left(1 - \frac{e^t}{1+e^t}\right)dt = -\frac{1}{2} - \frac{x}{e^x+1} + x - \ln(1+e^t)\Big|_0^x$$

$$= -\frac{1}{2} - \frac{x}{e^x+1} + x - \ln(e^x+1) + \ln 2.$$

例❷ 计算 $I = \displaystyle\int_0^1 [e^x]\,dx$.

解 ① 当 $0 \leqslant x < \ln 2$ 时, $1 \leqslant e^x < 2$,则 $[e^x] = 1$;
② 当 $\ln 2 \leqslant x \leqslant 1$ 时, $2 \leqslant e^x \leqslant e < 3$,则 $[e^x] = 2$.
故 $\displaystyle\int_0^1 [e^x]\,dx = \int_0^{\ln 2} 1\,dx + \int_{\ln 2}^1 2\,dx = 2 - \ln 2$.

例❸ $\displaystyle\int_0^\pi f(x)\,dx$,其中 $f(x) = \displaystyle\int_0^x \frac{\sin t}{\pi - t}\,dt$.

解法 1 $\displaystyle\int_0^\pi f(x)\,dx = \int_0^\pi \left(\int_0^x \frac{\sin t}{\pi - t}\,dt\right)dx = x\int_0^x \frac{\sin t}{\pi - t}\,dt\Big|_0^\pi - \int_0^\pi \frac{x\sin x}{\pi - x}\,dx$

$$= \pi\int_0^\pi \frac{\sin x}{\pi - x}\,dx - \int_0^\pi \frac{x\sin x}{\pi - x}\,dx = \int_0^\pi \frac{(\pi - x)\sin x}{\pi - x}\,dx = 2.$$

解法 2　先画出积分区域,如图 3-1 所示.

$$\int_0^\pi f(x)\mathrm{d}x = \int_0^\pi \left(\int_t^\pi \frac{\sin t}{\pi - t}\mathrm{d}x\right)\mathrm{d}t = \int_0^\pi \frac{(\pi - t)\sin t}{\pi - t}\mathrm{d}t = 2.$$

例❹　设函数 $f(x)$ 在 $(-\infty, +\infty)$ 内满足 $f(x) = f(x - \pi) + \sin x$,且 $f(x) = x$, $x \in [0, \pi)$,计算 $\int_\pi^{3\pi} f(x)\mathrm{d}x$.

图 3-1

解　$\int_\pi^{3\pi} f(x)\mathrm{d}x = \int_\pi^{3\pi}[f(x - \pi) + \sin x]\mathrm{d}x = \int_\pi^{3\pi} f(x - \pi)\mathrm{d}x$

$$\xlongequal{\text{令} t = x - \pi} \int_0^{2\pi} f(t)\mathrm{d}t = \int_0^\pi f(t)\mathrm{d}t + \int_\pi^{2\pi} f(t)\mathrm{d}t$$

$$= \int_0^\pi t\mathrm{d}t + \int_\pi^{2\pi}[f(t - \pi) + \sin t]\mathrm{d}t = \frac{\pi^2}{2} - 2 + \int_\pi^{2\pi} f(t - \pi)\mathrm{d}t$$

$$\xlongequal{\text{令} u = t - \pi} \frac{\pi^2}{2} - 2 + \int_0^\pi f(u)\mathrm{d}u = \pi^2 - 2.$$

例❺　计算 $\int_0^1 \frac{f(x)}{\sqrt{x}}\mathrm{d}x$,其中 $f(x) = \int_1^x \frac{\ln(1 + t)}{t}\mathrm{d}t$.

解　因为 $f(x) = \int_1^x \frac{\ln(t + 1)}{t}\mathrm{d}t$,所以 $f'(x) = \frac{\ln(x + 1)}{x}$,且 $f(1) = 0$.

从而 $\int_0^1 \frac{f(x)}{\sqrt{x}}\mathrm{d}x = 2\left[\sqrt{x} f(x)\Big|_0^1 - \int_0^1 \sqrt{x} f'(x)\mathrm{d}x\right]$

$$= -2\int_0^1 \frac{\ln(x + 1)}{\sqrt{x}}\mathrm{d}x = -4\sqrt{x}\ln(x + 1)\Big|_0^1 + 4\int_0^1 \frac{\sqrt{x}}{x + 1}\mathrm{d}x$$

$$= -4\ln 2 + 4\int_0^1 \frac{\sqrt{x}}{x + 1}\mathrm{d}x.$$

令 $u = \sqrt{x}$,则

$$\int_0^1 \frac{\sqrt{x}}{x + 1}\mathrm{d}x = 2\int_0^1 \frac{u^2}{u^2 + 1}\mathrm{d}u = 2(u - \arctan u)\Big|_0^1 = 2 - \frac{\pi}{2}.$$

所以 $\int_0^1 \frac{f(x)}{\sqrt{x}}\mathrm{d}x = 8 - 2\pi - 4\ln 2.$

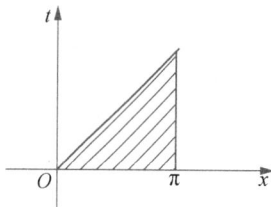

考点 10　变限积分函数

知识补给库

　　高等数学的研究对象为函数,对于变限积分函数这种中学阶段没有学过的函数,考研数学特别爱考,一是因为它可以把高等数学的一些重要知识结合起来,既然是函数,就可以求极限、导数,讨论连续性,求积分,也可以从几何形态上去讨论其奇偶性、单调性、周期性、有界性、最值问题；二是可以与微分方程组合，故在复习过程中要引起高度重视。

变限积分函数求导公式：

(1) $f(x)$ 连续，$F(x) = \int_a^x f(t)dt$ 可导，$F'(x) = f(x)$.

(2) $\left(\int_a^{g(x)} f(t)dt\right)'_x = f(g(x))g'(x)$.

(3) $\left(\int_{h(x)}^{g(x)} f(t)dt\right)'_x = f(g(x))g'(x) - f(h(x))h'(x)$.

(4) $\left(\int_a^x f(t)g(x)dt\right)'_x = \left(g(x)\int_a^x f(t)dt\right)'_x = g'(x)\int_a^x f(t)dt + g(x)f(x)$.

(5) $\int_a^x f(t,x)dt$ 型，作变量代换，只允许 x 出现在积分限，例如 $\left(\int_0^x tf(x^2-t^2)dt\right)'_x = xf(x^2)$.

令 $u = x^2 - t^2$，$du = -2tdt$，则 $\int_0^x tf(x^2-t^2)dt = \int_{x^2}^0 f(u)\left(-\frac{1}{2}du\right) = \frac{1}{2}\int_0^{x^2} f(u)du$，而 $\left(\frac{1}{2}\int_0^{x^2} f(u)du\right)' = xf(x^2)$.

(6) 由两层变限积分表示的函数
$$f(x) = \int_a^{\varphi(x)}\left[\int_c^{h(t)} f(y)dy\right]dt.$$

遇到这种形式，可按如下方法求导数：

a. 由外层向内层直接对变上限求导数；

b. 设 $g(t) = \int_c^{h(t)} f(y)dy$，则 $F(x) = \int_a^{\varphi(x)} g(t)dt$，然后再求导数；

c. 也可用分部积分法，将 $F(x)$ 化成单层积分.

(7) 若用变限积分函数来打造一个无穷小，如何快速判断无穷小的阶数?有以下结论:$x \to 0$,$g(x)$为x的n阶无穷小,$f(x)$为x的m阶无穷小,则$\int_0^{g(x)} f(t)\,dt$为x的$(m+1)n$阶无穷小.

例如,$\int_0^{x-\ln(1+x)} (t-\sin t)\,dt$为$x$的八阶$[(3+1)\times 2 = 8]$无穷小.

因为$x \to 0$时,$x-\sin x$为x的三阶无穷小,$x-\ln(1+x)$为x的二阶无穷小.

典型例题

例❶ 设函数$f(x)$连续,且$f(0) \neq 0$,求极限$\lim\limits_{x \to 0} \dfrac{\int_0^x (x-t)f(t)\,dt}{x\int_0^x f(x-t)\,dt}$.

解 $\int_0^x f(x-t)\,dt = \int_0^x f(u)\,du$ (令$x-t=u$),

$$原式 = \lim_{x \to 0} \frac{x\int_0^x f(t)\,dt - \int_0^x tf(t)\,dt}{x\int_0^x f(t)\,dt}$$

$$= \lim_{x \to 0} \frac{\int_0^x f(t)\,dt + xf(x) - xf(x)}{\int_0^x f(t)\,dt + xf(x)} \quad (洛必达法则)$$

$$= \lim_{x \to 0} \frac{\int_0^x f(t)\,dt}{\int_0^x f(t)\,dt + xf(x)} = \lim_{x \to 0} \frac{xf(\xi)}{xf(\xi) + xf(x)} \quad (积分中值定理)$$

$$= \frac{f(0)}{f(0)+f(0)} = \frac{1}{2}.$$

例❷ (1) 求函数$f(x) = \int_e^x \dfrac{\ln t}{t^2 - 2t + 1}\,dt$在区间$[e, e^2]$上的最大值.

(2) 求函数$f(x) = \int_1^{x^2} (x^2 - t)e^{-t^2}\,dt$的极值.

解 (1) $f'(x) = \dfrac{\ln x}{x^2 - 2x + 1} = \dfrac{\ln x}{(x-1)^2}$,

当$x \in [e, e^2]$时,$f'(x) > 0$,故$f(x)$在$x \in [e, e^2]$上为增函数.

故 $f(x) \leqslant f(e^2) = \displaystyle\int_e^{e^2} \frac{\ln t}{(t-1)^2}\,dt$

$$= \int_e^{e^2} \left(\frac{-1}{t-1}\right)' \ln t\,dt = \frac{-\ln t}{t-1}\bigg|_e^{e^2} + \int_e^{e^2} \frac{1}{t-1} \cdot \frac{1}{t}\,dt$$

$$= \frac{-2}{e^2-1} + \frac{1}{e-1} + \left[\ln(t-1) - \ln t \Big|_e^{e^2}\right]$$

$$= \frac{-2+e+1}{(e-1)(e+1)} + \ln\left(\frac{e^2-1}{e^2} \cdot \frac{e}{e-1}\right)$$

$$= \frac{1}{e+1} + \ln(1+e) - 1.$$

(2) $f(x) = \int_1^{x^2}(x^2-t)e^{-t^2}dt = x^2\int_1^{x^2}e^{-t^2}dt - \int_1^{x^2}te^{-t^2}dt.$

令 $f'(x) = 2x\int_1^{x^2}e^{-t^2}dt + x^2 \cdot e^{-x^4} \cdot 2x - x^2 \cdot e^{-x^4} \cdot 2x = 2x\int_1^{x^2}e^{-t^2}dt = 0.$

故 $x_0 = 0, \pm 1.$

$$f'' = 2\int_1^{x^2}e^{-t^2}dt + 2x \cdot e^{-x^4} \cdot 2x = 2\int_1^{x^2}e^{-t^2}dt + 4x^2e^{-x^4}.$$

$f''(0) < 0,\ f''(\pm 1) > 0,$

故 $f(x)$ 的极小值为 $f(\pm 1) = 0$，极大值为 $f(0) = \frac{1}{2}(1-e^{-1}).$

例❸ 设 $f(x)$ 连续，$F(x) = \int_0^{\sin x}f(tx^2)dt.$

(1) 求 $F'(x)$. (2) 讨论 $F'(x)$ 的连续性.

解 (1) **解法 1** 设 $u = tx^2$，则 $dt = \frac{1}{x^2}du.$ 于是，当 $x \neq 0$ 时，

$$F(x) = \frac{1}{x^2}\int_0^{x^2\sin x}f(u)du,$$

$$F'(x) = -\frac{2}{x^3}\int_0^{x^2\sin x}f(u)du + \frac{1}{x}f(x^2\sin x)(2\sin x + x\cos x).$$

当 $x = 0$ 时，由题设 $F(0) = 0$，用导数定义，并用洛必法达则，

$$F'(0) = \lim_{x\to 0}\frac{F(x)-F(0)}{x} = \lim_{x\to 0}\frac{1}{x^3}\int_0^{x^2\sin x}f(u)du$$

$$= \lim_{x\to 0}\frac{f(x^2\sin x)(2x\sin x + x^2\cos x)}{3x^2}$$

$$= \lim_{x\to 0}f(x^2\sin x) \cdot \lim_{x\to 0}\frac{2x\sin x + x^2\cos x}{3x^2}$$

$$= f(0) \cdot 1 = f(0). \tag{①}$$

故

$$F'(x) = \begin{cases} -\frac{2}{x^3}\int_0^{x^2\sin x}f(u)du + \frac{1}{x}f(x^2\sin x)(2\sin x + x\cos x), & x \neq 0, \\ f(0), & x = 0. \end{cases}$$

解法 2 设 $G(x) = \int_0^x f(u)du$，当 $x \neq 0$ 时，

$$F(x) = \frac{1}{x^2} \int_0^{\sin x} f(tx^2) \mathrm{d}(tx^2) = \frac{1}{x^2} G(tx^2) \Big|_{t=0}^{t=\sin x} = \frac{1}{x^2} G(x^2 \sin x),$$

$$F'(x) = \frac{G'(x^2 \sin x)(2x\sin x + x^2 \cos x)x^2 - 2xG(x^2 \sin x)}{x^4}$$

$$= -\frac{2}{x^3} \int_0^{x^2 \sin x} f(u) \mathrm{d}u + \frac{1}{x} f(x^2 \sin x)(2\sin x + x\cos x).$$

当 $x = 0$ 时,与解法 1 相同.

(2) 当 $x \neq 0$ 时,由变限定积分函数的连续性及函数的连续性质知,$F'(x)$ 连续.

下面考查 $F'(x)$ 在 $x = 0$ 处的连续性. 注意由解法 1 中式①的运算知

$$\lim_{x \to 0} \left(-\frac{2}{x^3} \int_0^{x^2 \sin x} f(u) \mathrm{d}u \right) = -2f(0),$$

又 $$\lim_{x \to 0} \frac{1}{x} f(x^2 \sin x)(2\sin x + x\cos x) = f(0)(2+1) = 3f(0),$$

于是 $$\lim_{x \to 0} F'(x) = -2f(0) + 3f(0) = f(0) = F'(0),$$

即 $F'(x)$ 在 $x = 0$ 处连续,从而 $F'(x)$ 为连续函数.

例❹ 设函数 $f(x)$ 连续,且满足 $\int_0^x f(x-t)\mathrm{d}t = \int_0^x (x-t)f(t)\mathrm{d}t + \mathrm{e}^{-x} - 1$,求 $f(x)$.

解 令 $u = x - t$,则 $\int_0^x f(x-t)\mathrm{d}t = \int_0^x f(u)\mathrm{d}u$.

由题设,$\int_0^x f(u)\mathrm{d}u = x\int_0^x f(t)\mathrm{d}t - \int_0^x tf(t)\mathrm{d}t + \mathrm{e}^{-x} - 1$,

求导得 $f(x) = \int_0^x f(t)\mathrm{d}t - \mathrm{e}^{-x}$,且 $f(0) = -1$.

由上式可得 $f'(x) - f(x) = \mathrm{e}^{-x}$,从而 $f(x) = \mathrm{e}^{\int \mathrm{d}x} \left(C + \int \mathrm{e}^{-x} \mathrm{e}^{-\int \mathrm{d}x} \mathrm{d}x \right) = C\mathrm{e}^x - \frac{\mathrm{e}^{-x}}{2}$.

由 $f(0) = -1$,得 $C = -\frac{1}{2}$,所以 $f(x) = -\frac{1}{2}(\mathrm{e}^x + \mathrm{e}^{-x})$.

例❺ 设函数 $f(x) = \int_0^1 |t^2 - x^2| \mathrm{d}t$ $(x > 0)$,求 $f'(x)$,并求 $f(x)$ 的最小值.

解 当 $0 < x \leqslant 1$ 时,

$$f(x) = \int_0^x |t^2 - x^2| \mathrm{d}t + \int_x^1 |t^2 - x^2| \mathrm{d}t = \int_0^x (x^2 - t^2)\mathrm{d}t + \int_x^1 (t^2 - x^2)\mathrm{d}t$$

$$= x^3 - \frac{1}{3}x^3 + \frac{1}{3} - \frac{1}{3}x^3 - x^2 + x^3 = \frac{4}{3}x^3 - x^2 + \frac{1}{3};$$

当 $x > 1$ 时,$f(x) = \int_0^1 (x^2 - t^2)\mathrm{d}t = x^2 - \frac{1}{3}$,

所以 $f(x) = \begin{cases} \dfrac{4}{3}x^3 - x^2 + \dfrac{1}{3}, & 0 < x \leqslant 1, \\[2mm] x^2 - \dfrac{1}{3}, & x > 1. \end{cases}$

$f(1) = \dfrac{2}{3}$,则有

$$f'_-(1) = \lim_{x \to 1^-} \frac{\left(\frac{4}{3}x^3 - x^2 + \frac{1}{3}\right) - \frac{2}{3}}{x - 1} = 2,$$

$$f'_+(1) = \lim_{x \to 1^+} \frac{\left(x^2 - \frac{1}{3}\right) - \frac{2}{3}}{x - 1} = 2,$$

得 $f'(1) = 2$，所以 $f'(x) = \begin{cases} 4x^2 - 2x, & 0 < x \leqslant 1, \\ 2x, & x > 1. \end{cases}$

由 $f'(x) = 0$，求得唯一驻点 $x = \frac{1}{2}$，又 $f''\left(\frac{1}{2}\right) = 2 > 0$，可知 $x = \frac{1}{2}$ 是 $f(x)$ 的最小值点，最小值为 $f\left(\frac{1}{2}\right) = \frac{1}{4}$.

例 ❻ $f(x) = \int_x^{x^2} \left(1 + \frac{1}{2t}\right)^t \sin \frac{1}{\sqrt{t}} \mathrm{d}t \ (x > 0)$，求 $\lim_{n \to \infty} f(n) \sin \frac{1}{n}$.

解 对定积分作变量代换：$t = y^2$，并利用积分中值定理，得

$$f(x) = 2\int_{\sqrt{x}}^x y \left(1 + \frac{1}{2y^2}\right)^{y^2} \sin \frac{1}{y} \mathrm{d}y$$

$$= 2(x - \sqrt{x})\xi\left(1 + \frac{1}{2\xi^2}\right)^{\xi^2} \sin \frac{1}{\xi}, \ 其中 \sqrt{x} \leqslant \xi \leqslant x,$$

故 $f(n) = 2(n - \sqrt{n})\xi\left(1 + \frac{1}{2\xi^2}\right)^{\xi^2} \sin \frac{1}{\xi}$.

因为，当 $n \to \infty$ 时，$\xi \to +\infty$，所以

$$\lim_{n \to \infty} f(n)\sin \frac{1}{n} = 2\lim_{n \to \infty}\left[(n - \sqrt{n})\xi\left(1 + \frac{1}{2\xi^2}\right)^{\xi^2} \sin \frac{1}{\xi} \cdot \sin \frac{1}{n}\right]$$

$$= 2\lim_{n \to \infty} \frac{n - \sqrt{n}}{n} \cdot \frac{\sin \frac{1}{n}}{\frac{1}{n}} \cdot \lim_{\xi \to +\infty}\left(1 + \frac{1}{2\xi^2}\right)^{\xi^2} \cdot \frac{\sin \frac{1}{\xi}}{\frac{1}{\xi}}$$

$$= 2\sqrt{e}.$$

例 ❼ 求 $\lim_{n \to \infty} \int_{-1}^2 \arctan(nx) \mathrm{d}x$.

解 作变量代换 $u = nx$，则 $\mathrm{d}u = n\mathrm{d}x$.

故原极限 $= \lim_{n \to \infty} \int_{-n}^{2n} \arctan u \left(\frac{1}{n}\mathrm{d}u\right)$

$$= \lim_{n \to \infty} \frac{1}{n}\left(\int_{-n}^n \arctan u \mathrm{d}u + \int_n^{2n} \arctan u \mathrm{d}u\right)$$

$$= \lim_{n \to \infty} \frac{1}{n}\int_n^{2n} \arctan u \mathrm{d}u \ (利用定积分的对称性，第一项积分为零)$$

$$= \lim_{n \to \infty} \frac{1}{n}(2n - n)\arctan \xi \ (n \leqslant \xi \leqslant 2n)$$

$$= \lim_{n \to \infty} \arctan \xi = \lim_{\xi \to +\infty} \arctan \xi = \frac{\pi}{2}.$$

例 8 求以下极限:

(1) $\lim\limits_{n\to\infty}\int_0^1 \dfrac{x^n}{\sqrt{1+x}}\mathrm{d}x$; (2) $\lim\limits_{n\to\infty}\int_0^1 \dfrac{x^2\sin x^n}{1+x^2}\mathrm{d}x$.

解 (1) $\dfrac{1}{\sqrt2}\int_0^1 x^n\mathrm{d}x \leqslant \int_0^1 \dfrac{x^n}{\sqrt{1+x}}\mathrm{d}x \leqslant \int_0^1 x^n\mathrm{d}x$,

所以 $\dfrac{1}{\sqrt2(n+1)} \leqslant \int_0^1 \dfrac{x^n}{\sqrt{1+x}}\mathrm{d}x \leqslant \dfrac{1}{n+1}$.

因为 $\lim\limits_{n\to\infty}\dfrac{1}{\sqrt2(n+1)}=\lim\limits_{n\to\infty}\dfrac{1}{n+1}=0$,

所以 $\lim\limits_{n\to\infty}\int_0^1 \dfrac{x^n}{\sqrt{1+x}}\mathrm{d}x=0$.

(2) $0 \leqslant \int_0^1 \dfrac{x^2\sin x^n}{1+x^2}\mathrm{d}x \leqslant \int_0^1 \sin x^n\mathrm{d}x \leqslant \int_0^1 x^n\mathrm{d}x = \dfrac{1}{n+1}$,

因为 $\lim\limits_{n\to\infty}\dfrac{1}{n+1}=0$, 所以 $\lim\limits_{n\to\infty}\int_0^1 \dfrac{x^2\sin x^n}{1+x^2}\mathrm{d}x=0$.

注 以下用积分中值定理的解法是错误的:

$$\lim\limits_{n\to\infty}\int_0^1 \dfrac{x^n}{\sqrt{1+x}}\mathrm{d}x \xrightarrow{\text{积分中值定理}} \lim\limits_{n\to\infty}\dfrac{\xi^n}{\sqrt{1+\xi}}=0\ (0<\xi<1).$$

错误是由于 ξ 的位置和 $\dfrac{x^n}{\sqrt{1+x}}$ 有关,即 ξ 与 n 有关,虽然对于每一个 n,有 $0<\xi<1$,但不能保证 $\lim\limits_{n\to\infty}\xi^n=0$.

例 9 设 $f(u)$ 为连续函数,a 是常数,说明下列变限函数的奇偶性.

(1) $\int_a^x\left[\int_0^u f(t^2)\mathrm{d}t\right]\mathrm{d}u$ 为_____.

(2) $\int_0^x\left\{\int_a^u[f(t)-f(-t)]\mathrm{d}t\right\}\mathrm{d}u$ 为_____.

(3) 设 $f(t)$ 为奇函数,$\int_0^x\left[\int_x^y f(t^3)\mathrm{d}t\right]\mathrm{d}y$ 为_____.

(4) $\int_a^x\left[\int_{-y}^y f(t)\mathrm{d}t\right]\mathrm{d}y$ 为_____.

解 按下列定理处理:设 $f(x)$ 为连续,若 $f(x)$ 为奇函数,则 $f(x)$ 的任一原函数为偶函数;若 $f(x)$ 为偶函数,则 $f(x)$ 仅有一个原函数 $\int_0^x f(t)\mathrm{d}t$ 为奇函数.

(1) $f(t^2)$ 为 t 的偶函数,$\int_0^u f(t^2)\mathrm{d}t$ 为 u 的奇函数,$\int_a^x\left[\int_0^u f(t^2)\mathrm{d}t\right]\mathrm{d}u$ 为 x 的偶函数.

(2) $[f(t)-f(-t)]$ 为 t 的奇函数,$\int_a^u[f(t)-f(-t)]\mathrm{d}t$ 为 u 的偶函数,再对 u 积分,$\int_0^x\left\{\int_a^u[f(t)-f(-t)]\mathrm{d}t\right\}\mathrm{d}u$ 成为 x 的奇函数.

(3) $f(t^3)$ 为 t 的奇函数,记 $F'(t)=f(t^3)$,有 $\int_x^y f(t^3)\mathrm{d}t=F(t)\Big|_x^y=F(y)-F(x)$,前者为 y 的偶函数,后者为 x 的偶函数.

$$\int_0^x \left[\int_x^y f(t^3)\mathrm{d}t\right]\mathrm{d}y = \int_0^x \left[F(y) - F(x)\right]\mathrm{d}y = \int_0^x F(y)\mathrm{d}y - xF(x),$$

前者为 x 的奇函数,后者也是 x 的奇函数,故 $\int_0^x \left[\int_x^y f(t^3)\mathrm{d}t\right]\mathrm{d}y$ 为 x 的奇函数.

(4) 记 $F'(t) = f(t)$,有 $\int_a^x \left[\int_{-y}^y f(t)\mathrm{d}t\right]\mathrm{d}y = \int_a^x \left[F(y) - F(-y)\right]\mathrm{d}y$,被积函数为 y 的奇函数,所以 $\int_a^x \left[\int_{-y}^y f(t)\mathrm{d}t\right]\mathrm{d}y$ 为 x 的偶函数.

考点 11 反常积分敛散性判定与计算

知识补给库

1. 无穷限的反常积分

(1) $\displaystyle\int_a^{+\infty} f(x)\mathrm{d}x = \lim_{t \to +\infty} \int_a^t f(x)\mathrm{d}x$ (极限存在则收敛).

(2) $\displaystyle\int_{-\infty}^b f(x)\mathrm{d}x = \lim_{t \to -\infty} \int_t^b f(x)\mathrm{d}x$ (极限存在则收敛).

(3) $\displaystyle\int_{-\infty}^{+\infty} f(x)\mathrm{d}x = \int_{-\infty}^c f(x)\mathrm{d}x + \int_c^{+\infty} f(x)\mathrm{d}x$,其中 c 为常

数,如果后面两个反常积分收敛,则称原积分收敛.

2. 无界函数的反常积分

(1) 若 $f(x)$ 在 $x = a$ 点无界,则 $\displaystyle\int_a^b f(x)\mathrm{d}x = \lim_{\varepsilon \to 0} \int_{a+\varepsilon}^b f(x)\mathrm{d}x$

(极限存在则收敛).

(2) 若 $f(x)$ 在 $x = b$ 点无界,则 $\displaystyle\int_a^b f(x)\mathrm{d}x = \lim_{\varepsilon \to 0} \int_a^{b-\varepsilon} f(x)\mathrm{d}x$

(极限存在则收敛).

(3) 若 $f(x)$ 在 $x = c$ 点无界,则 $\displaystyle\int_a^b f(x)\mathrm{d}x = \int_a^c f(x)\mathrm{d}x +$

$\displaystyle\int_c^b f(x)\mathrm{d}x$,如果后面两个反常积分收敛,则称原积分收敛.

3. 四个常见的反常积分的散敛性

(1) $\int_a^{+\infty} \dfrac{dx}{x^p}$ $(a>0)$, 当 $p>1$ 时, 收敛; 当 $p\leqslant 1$ 时, 发散.

(2) $\int_a^{+\infty} \dfrac{dx}{x\ln^p x}$ $(a>1)$, 当 $p>1$ 时, 收敛; 当 $p\leqslant 1$ 时, 发散.

(3) $\int_0^{+\infty} x^k e^{-\lambda x}dx$ $(k\geqslant 0)$, 当 $\lambda>0$ 时, 收敛; 当 $\lambda\leqslant 0$ 时, 发散.

(4) $\int_0^a \dfrac{dx}{x^p}$ $(a>0)$, 当 $p<1$ 时, 收敛; 当 $p\geqslant 1$ 时, 发散.

4. 敛散判别定理

(1) 比较判别法.

若 $0<f(x)<g(x)$,

① 若 $\int_a^{+\infty} f(x)dx$ 发散, 则 $\int_a^{+\infty} g(x)dx$ 发散,

② 若 $\int_a^{+\infty} g(x)dx$ 收敛, 则 $\int_a^{+\infty} f(x)dx$ 收敛.

(简记为小发 $\Rightarrow$ 大发, 大收 $\Rightarrow$ 小收.)

(2) 比较判别法的极限形式.

设 $f(x)$, $g(x)$ 在 $[a,+\infty)$ 上非负连续, 则

$$\lim_{x\to+\infty}\frac{f(x)}{g(x)}=\begin{cases}0, \text{若} \int_a^{+\infty} g(x)dx \text{ 收敛, 则} \int_a^{+\infty} f(x)dx \text{收敛};\\[2mm] \infty, \text{若} \int_a^{+x} g(x)dx \text{ 发散, 则} \int_a^{+\infty} f(x)dx \text{发散};\\[2mm] c\neq 0, \text{则} \int_a^{+\infty} f(x)dx \text{ 与} \int_a^{+\infty} g(x)dx \text{ 同敛散}.\end{cases}$$

5. 重要公式

$$\int_{-\infty}^{+\infty} e^{-x^2}dx=\sqrt{\pi}. \qquad \int_0^{+\infty} x^n e^{-x}dx=n!.$$

典型例题

例❶ 计算下列反常积分.

(1) $\int_0^{+\infty} \dfrac{x\mathrm{e}^{-x}}{(1+\mathrm{e}^{-x})^2}\mathrm{d}x$;

(2) $\int_{-\infty}^1 \dfrac{1}{x^2+2x+5}\mathrm{d}x$;

(3) $\int_{\frac{1}{2}}^{\frac{3}{2}} \dfrac{\mathrm{d}x}{\sqrt{|x-x^2|}}$;

(4) $\int_0^{+\infty} \mathrm{e}^{-2x}|\sin x|\mathrm{d}x$.

解 (1) $\displaystyle\int_0^{+\infty} \dfrac{x\mathrm{e}^{-x}}{(1+\mathrm{e}^{-x})^2}\mathrm{d}x = \int_0^{+\infty} \dfrac{x\mathrm{e}^x}{(1+\mathrm{e}^x)^2}\mathrm{d}x = \int_0^{+\infty} x\mathrm{d}\left(\dfrac{-1}{1+\mathrm{e}^x}\right)$

$$= \dfrac{-1}{1+\mathrm{e}^x}x\Big|_0^{+\infty} + \int_0^{+\infty} \dfrac{1}{1+\mathrm{e}^x}\mathrm{d}x = \ln\dfrac{\mathrm{e}^x}{1+\mathrm{e}^x}\Big|_0^{+\infty}$$

$$= \ln 2.$$

(2) $\displaystyle\int_{-\infty}^1 \dfrac{1}{x^2+2x+5}\mathrm{d}x = \int_{-\infty}^1 \dfrac{\mathrm{d}x}{2^2+(x+1)^2} = \dfrac{1}{2}\arctan\dfrac{x+1}{2}\Big|_{-\infty}^1$

$$= \dfrac{1}{2}\left[\dfrac{\pi}{4}-\left(-\dfrac{\pi}{2}\right)\right]$$

$$= \dfrac{3}{8}\pi.$$

(3) $\displaystyle\int_{\frac{1}{2}}^{\frac{3}{2}} \dfrac{\mathrm{d}x}{\sqrt{|x-x^2|}} = \int_{\frac{1}{2}}^1 \dfrac{\mathrm{d}x}{\sqrt{x-x^2}} + \int_1^{\frac{3}{2}} \dfrac{\mathrm{d}x}{\sqrt{x^2-x}}$

$$= \int_{\frac{1}{2}}^1 \dfrac{\mathrm{d}x}{\sqrt{\dfrac{1}{4}-\left(x-\dfrac{1}{2}\right)^2}} + \int_1^{\frac{3}{2}} \dfrac{\mathrm{d}x}{\sqrt{\left(x-\dfrac{1}{2}\right)^2-\dfrac{1}{4}}}$$

$$= \arcsin\dfrac{x-\dfrac{1}{2}}{\dfrac{1}{2}}\Big|_{\frac{1}{2}}^1 + \ln\left[\left(x-\dfrac{1}{2}\right)+\sqrt{x^2-x}\right]\Big|_1^{\frac{3}{2}}$$

$$= \dfrac{\pi}{2}+\ln(2+\sqrt{3}).$$

(4) $\displaystyle\int_0^{+\infty} \mathrm{e}^{-2x}|\sin x|\mathrm{d}x$

$$= \int_0^\pi \mathrm{e}^{-2x}\sin x\mathrm{d}x - \int_\pi^{2\pi} \mathrm{e}^{-2x}\sin x\mathrm{d}x + \int_{2\pi}^{3\pi} \mathrm{e}^{-2x}\sin x\mathrm{d}x + \cdots + (-1)^k\int_{k\pi}^{(k+1)\pi} \mathrm{e}^{-2x}\sin x\mathrm{d}x$$

$$= \sum_{k=0}^\infty (-1)^k\int_{k\pi}^{(k+1)\pi} \mathrm{e}^{-2x}\sin x\mathrm{d}x.$$

$$\int \mathrm{e}^{-2x}\sin x\mathrm{d}x = -\dfrac{2}{5}\mathrm{e}^{-2x}\sin x - \dfrac{1}{5}\mathrm{e}^{-2x}\cos x + C,$$

故 $\displaystyle\int_{k\pi}^{(k+1)\pi} \mathrm{e}^{-2x}\sin x\mathrm{d}x = -\dfrac{2}{5}\mathrm{e}^{-2x}\sin x\Big|_{k\pi}^{(k+1)\pi} - \dfrac{1}{5}\mathrm{e}^{-2x}\cos x\Big|_{k\pi}^{(k+1)\pi}$

$$= 0 - \left[\dfrac{1}{5}\mathrm{e}^{-2(k+1)\pi}(-1)^{k+1} - \dfrac{1}{5}\mathrm{e}^{-2k\pi}(-1)^k\right]$$

$$= (-1)^k\left[\dfrac{1}{5}\mathrm{e}^{-2(k+1)\pi} + \dfrac{1}{5}\mathrm{e}^{-2k\pi}\right],$$

从而 $\displaystyle\sum_{k=0}^\infty (-1)^k\int_{k\pi}^{(k+1)\pi} \mathrm{e}^{-2x}\sin x\mathrm{d}x = \sum_{k=0}^\infty (-1)^{2k}\left[\dfrac{1}{5}\mathrm{e}^{-2(k+1)\pi} + \dfrac{1}{5}\mathrm{e}^{-2k\pi}\right]$

$$= \frac{1}{5} \sum_{k=0}^{\infty} e^{-2(k+1)\pi} + \frac{1}{5} \sum_{k=0}^{\infty} e^{-2k\pi}$$

$$= \frac{1}{5} \left[e^{-2\pi} (1 + e^{-2\pi} + e^{-4\pi} + \cdots) \right] + \frac{1}{5} (1 + e^{-2\pi} + e^{-4\pi} + \cdots)$$

$$= \frac{1}{5} e^{-2\pi} \frac{1}{1 - e^{-2\pi}} + \frac{1}{5} \cdot \frac{1}{1 - e^{-2\pi}} = \frac{1}{5} \cdot \frac{1 + e^{-2\pi}}{1 - e^{-2\pi}} = \frac{1}{5} \cdot \frac{e^{2\pi} + 1}{e^{2\pi} - 1}.$$

注　第(4)小题计算量较大,以此题为背景,2019 年数一、数三把它改为一道定积分应用的解答题,题为:求曲线 $y = e^{-x} \sin x \ (x \geqslant 0)$ 与 x 轴之间图形的面积.请读者自行练习,答案为 $\frac{1}{2} + \frac{1}{e^\pi - 1}$.

例❷　(1) 下列反常积分中收敛是 　　　　　　　　　　　　　　　　　　　　(　　)

(A) $\displaystyle\int_2^{+\infty} \frac{1}{\sqrt{x}} dx$ 　　(B) $\displaystyle\int_2^{+\infty} \frac{\ln x}{x} dx$ 　　(C) $\displaystyle\int_2^{+\infty} \frac{1}{x \ln x} dx$ 　　(D) $\displaystyle\int_2^{+\infty} \frac{x}{e^x} dx$

(2) 设函数 $f(x) = \begin{cases} \dfrac{1}{(x-1)^{\alpha-1}}, & 1 < x < e, \\ \dfrac{1}{x \ln^{\alpha+1} x}, & x \geqslant e, \end{cases}$ 若反常积分 $\displaystyle\int_1^{+\infty} f(x) dx$ 收敛,则(　　)

(A) $\alpha < -2$ 　　(B) $\alpha > 2$ 　　(C) $-2 < \alpha < 0$ 　　(D) $0 < \alpha < 2$

解　(1) $\displaystyle\int_2^{+\infty} \frac{x}{e^x} dx = \int_2^{+\infty} x e^{-x} dx = -\int_2^{+\infty} x \, de^{-x} = -x e^{-x} \Big|_2^{+\infty} + \int_2^{+\infty} e^{-x} dx$

$$= 2e^{-2} - e^{-x} \Big|_2^{+\infty} = 3e^{-2}.$$

则该反常积分收敛,故应选(D).

(2) $\displaystyle\int_1^{+\infty} f(x) dx = \int_1^e \frac{dx}{(x-1)^{\alpha-1}} + \int_e^{+\infty} \frac{dx}{x \ln^{\alpha+1} x}$,

由题设知 $\displaystyle\int_1^e \frac{dx}{(x-1)^{\alpha-1}}$ 收敛,则 $\alpha - 1 < 1$,即 $\alpha < 2$.

又 $\displaystyle\int_e^{+\infty} \frac{dx}{x \ln^{\alpha+1} x} = \int_e^{+\infty} \frac{d\ln x}{\ln^{\alpha+1} x} = \int_1^{+\infty} \frac{dy}{y^{\alpha+1}} (y = \ln x)$ 收敛,

则 $\alpha + 1 > 1$,即 $\alpha > 0$,故 $0 < \alpha < 2$.故应选(D).

例❸　若反常积分 $\displaystyle\int_0^{+\infty} \frac{1}{x^a (1+x)^b} dx$ 收敛,则 　　　　　　　　　　(　　)

(A) $a < 1$ 且 $b > 1$ 　　　　　　　　(B) $a > 1$ 且 $b > 1$

(C) $a < 1$ 且 $a + b > 1$ 　　　　　　(D) $a > 1$ 且 $a + b > 1$

解　$I = \underbrace{\int_0^1 \frac{1}{x^a (1+x)^b} dx}_{I_1} + \underbrace{\int_1^{+\infty} \frac{1}{x^a (1+x)^b} dx}_{I_2}$.

I_1 为无界函数对应反常积分,$\displaystyle\lim_{x \to 0} \frac{\frac{1}{x^a (1+x)^b}}{\frac{1}{x^a}} = 1$,$\displaystyle\int_0^1 \frac{1}{x^a} dx$ 收敛条件:$a < 1$;

I_2 为无界函数对应反常积分,$\displaystyle\lim_{x \to +\infty} \frac{\frac{1}{x^a (1+x)^b}}{\frac{1}{x^{a+b}}} = 1$,$\displaystyle\int_1^{+\infty} \frac{1}{x^{a+b}} dx$ 收敛条件:$a + b > 1$.

故选(C).

考点 12　定积分应用

知识补给库

几何方面	平面图形面积	直角坐标系 $S=\int_a^b [f(x)-g(x)]dx$ （图3-2） 极坐标系 $S=\frac{1}{2}\int_\alpha^\beta r^2(\theta)d\theta$ （图3-3） 参数方程 $S=\int_\alpha^\beta \psi(t)\varphi'(t)dt$ （图3-4） 图3-2　　　　图3-3　　　　图3-4
	几何体体积	$V=\int_a^b S(x)dx$ （图3-5）　　$V=\pi\int_a^b f^2(x)dx$ （图3-6） 图3-5　　　　　图3-6
	曲线弧长	直角坐标系 $l=\int_a^b \sqrt{1+f'^2(x)}dx$, $\overarc{AB}$: $y=f(x)$, $a\leqslant x\leqslant b$ 参数方程 $l=\int_\alpha^\beta \sqrt{x'^2(t)+y'^2(t)}dt$, $\overarc{AB}$: $x=x(t)$, $y=y(t)$, $a\leqslant t\leqslant\beta$ 极坐标系 $l=\int_\alpha^\beta \sqrt{r^2(\theta)+r'^2(\theta)}dt$, $\overarc{AB}$: $r=r(\theta)$, $\alpha\leqslant\theta\leqslant\beta$
	旋转曲面面积	设 $\overarc{AB}$ 方程为 $y=f(x)$, $a\leqslant x\leqslant b$, $\overarc{AB}$ 绕 Ox 轴旋转曲面面积为 $$S=2\pi\int_a^b f(x)\sqrt{1+f'^2(x)}dx$$

续表

物理方面	功	物体在力 $F(x)$ 作用下沿力的方向从 $x=a$ 到 $x=b$, 此时力 F 所做的功 $$W = \int_a^b F(x)\mathrm{d}x$$
	重心	由 $y=f(x)$, $x=a$, $x=b$ 及 x 轴所围成平面图形的重心 $(\bar{x},\bar{y})$ 可由 $\bar{x} = \frac{1}{S}\int_a^b xf(x)\mathrm{d}x$, $\bar{y} = \frac{1}{2S}\int_a^b f^2(x)\mathrm{d}x$ 给出, 其中 $S = \int_a^b f(x)\mathrm{d}x$

区间上的平均值公式 $\bar{y} = \frac{1}{b-a}\int_a^b f(x)\mathrm{d}x$ 称为 $f(x)$ 在 $[a,b]$ 上的平均值

注　弧长、旋转曲面的侧面积、做功和重心等仅数一、数二的同学考查.

典型例题

例❶　(1) 求位于曲线 $y = \mathrm{e}^x$ 下方, 该曲线过原点的切线的左方以及 x 轴上方之间图形的面积.

(2) 求曲线 $y = x^3 - 4x^2 + 3x$ 与 x 轴所围成的图形的面积.

(3) 设封闭曲线 L 的极坐标方程为 $r = \cos 3\theta \left(-\frac{\pi}{6} \leqslant \theta \leqslant \frac{\pi}{6}\right)$, 求其所围成的平面图形的面积.

(4) 求曲线 $r = 3\cos\theta$ 及 $r = 1+\cos\theta$ 所围图形的公共部分的面积.

(5) 求曲线 $y = \lim\limits_{n\to\infty} \dfrac{x}{1+x^2-\mathrm{e}^{nx}}$, $y = \dfrac{1}{2}x$, $x = 1$ 所围图形的面积.

解　(1) 如图 3-7 所示, 设过原点的切线为 $y = kx$, 切点为 $A(x_0, y_0)$, 则 $k = \mathrm{e}^{x_0}$, 切线为 $y = \mathrm{e}^{x_0}x$. 将 (x_0, y_0) 代入 $y = \mathrm{e}^x$ 和 $y = \mathrm{e}^{x_0}x$, 有 $\mathrm{e}^{x_0} = \mathrm{e}^{x_0}x_0$, 故 $x_0 = 1$, $k = \mathrm{e}$, 于是所求面积为

$$S = \int_{-\infty}^0 \mathrm{e}^x\mathrm{d}x + \int_0^1 (\mathrm{e}^x - \mathrm{e}x)\mathrm{d}x = \frac{\mathrm{e}}{2}.$$

(2) 如图 3-8 所示, 由 $x^3 - 4x^2 + 3x = 0$ 得 $x_1 = 0$, $x_2 = 1$, $x_3 = 3$, 故所求面积为

$$S = \int_0^1 (x^3 - 4x^2 + 3x)\mathrm{d}x - \int_1^3 (x^3 - 4x^2 + 3x)\mathrm{d}x = \frac{37}{12}.$$

(3) 如图 3-9 所示, $S = \dfrac{1}{2}\int_{-\frac{\pi}{6}}^{\frac{\pi}{6}} \cos^2 3\theta\mathrm{d}\theta = \int_0^{\frac{\pi}{6}} \cos^2 3\theta\mathrm{d}\theta = \int_0^{\frac{\pi}{6}} \dfrac{1+\cos 6\theta}{2}\mathrm{d}\theta = \dfrac{\pi}{12}.$

(4) 如图 3-10 所示，$\begin{cases} r = 3\cos\theta, \\ r = 1 + \cos\theta, \end{cases}$ 得交点 $\left(\dfrac{3}{2}, \pm\dfrac{\pi}{3}\right)$，再由对称性，所求面积为

$$S = 2(S_1 + S_2) = 2\left[\frac{1}{2}\int_0^{\frac{\pi}{3}}(1+\cos\theta)^2 \mathrm{d}\theta + \frac{1}{2}\int_{\frac{\pi}{3}}^{\frac{\pi}{2}}(3\cos\theta)^2 \mathrm{d}\theta\right]$$

$$= \int_0^{\frac{\pi}{3}}\left(1 + 2\cos\theta + \frac{1+\cos 2\theta}{2}\right)\mathrm{d}\theta + 9\int_{\frac{\pi}{3}}^{\frac{\pi}{2}}\frac{1+\cos 2\theta}{2}\mathrm{d}\theta = \frac{5}{4}\pi.$$

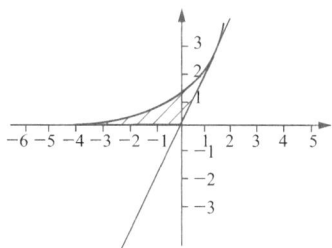

图 3-7

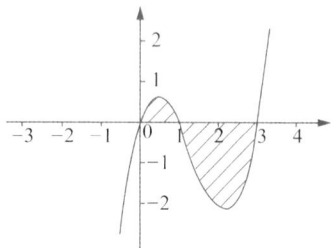

图 3-8

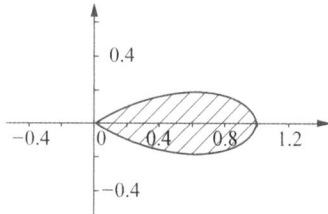

图 3-9

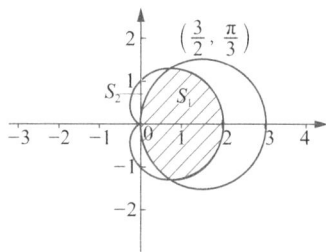

图 3-10

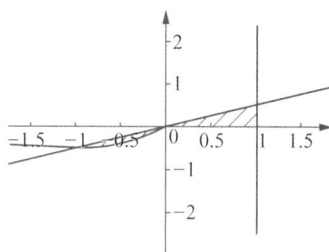

图 3-11

(5) $y = \lim\limits_{n\to\infty}\dfrac{x}{1 + x^2 - \mathrm{e}^{nx}} = \begin{cases} 0, & x \geqslant 0, \\ \dfrac{x}{1+x^2}, & x < 0, \end{cases}$

故三条曲线所围图形如图 3-11 所示.

$$S = \int_{-1}^0\left(\frac{1}{2}x - \frac{x}{1+x^2}\right)\mathrm{d}x + \frac{1}{4} = \frac{1}{2}\ln 2.$$

例 ② 计算：(1) 心形线 $r = a(1 - \cos\theta)$ 所围图形面积.

(2) 双纽线 $(x^2 + y^2)^2 = 2a^2(x^2 - y^2)$ 所围图形面积.

(3) 星形线 $x = a\cos^3 t,\ y = a\sin^3 t$ 所围成的图形的面积，绕 x 轴旋转所得立体体积，它的弧长(数一、二)，绕 x 轴旋转而成的旋转体的表面积.

解 (1) 如图 3-12 所示，此曲线对称于 Ox 轴，故 Ox 轴上方图形($0 \leqslant \theta \leqslant \pi$)面积为所求面积的一半，则

$$S = 2 \cdot \frac{1}{2}\int_0^\pi a^2(1-\cos\theta)^2 \mathrm{d}\theta = a^2\left[\frac{3}{2}\theta - 2\sin\theta + \frac{\sin 2\theta}{4}\right]_0^\pi = \frac{3}{2}\pi a^2.$$

(2) 如图 3-13 所示，双纽线化为极坐标方程为 $r^2 = 2a^2\cos 2\theta$，利用对称性有

$$S = 4 \cdot \frac{1}{2}\int_0^{\frac{\pi}{4}} 2a^2\cos 2\theta \mathrm{d}\theta = 2a^2.$$

(3) 如图 3-14 所示，

$$\text{面积 } S = 4\int_0^a y\mathrm{d}x = 4\int_{\frac{\pi}{2}}^0 a\sin^3 t \cdot 3a\cos^2 t(-\sin t)\mathrm{d}t = 12\int_0^{\frac{\pi}{2}} a^2(\sin^4 t - \sin^6 t)\mathrm{d}t$$

$$= 12a^2\left[\frac{3}{4}\cdot\frac{1}{2}\cdot\frac{\pi}{2}\left(1-\frac{5}{6}\right)\right] = \frac{3}{8}\pi a^2.$$

$$\text{体积 } V_x = 2\pi\int_0^a y^2\mathrm{d}x = 2\pi\int_{\frac{\pi}{2}}^0 (a\sin^3 t)^2\mathrm{d}(a\cos^3 t)$$

$$= 2\pi\int_0^{\frac{\pi}{2}} a^2\sin^6 t \cdot 3a\cos^2 t\sin t\mathrm{d}t = 6\pi a^3\int_0^{\frac{\pi}{2}}(\sin^7 t - \sin^9 t)\mathrm{d}t = \frac{32}{105}\pi a^3.$$

$$\text{弧长 } L = 4\int_0^{\frac{\pi}{2}}\sqrt{x'^2(t)+y'^2(t)}\mathrm{d}t = 4\int_0^{\frac{\pi}{2}} 3a\cos t\sin t\mathrm{d}t = 6a(\sin t)^2\Big|_0^{\frac{\pi}{2}} = 6a.$$

$$\text{表面积 } A = 2\int_0^a 2\pi y\sqrt{1+y_x'^2}\mathrm{d}x = 4\pi\int_0^{\frac{\pi}{2}} a\sin^3 t \cdot 3a\cos t\sin t\mathrm{d}t$$

$$= 12\pi a^2 \cdot \frac{1}{5}\sin^5 t\Big|_0^{\frac{\pi}{2}} = \frac{12}{5}\pi a^2.$$

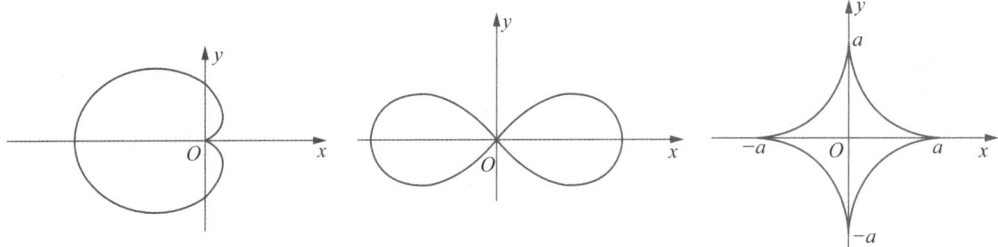

心形线 $r=a(1-\cos\theta)$
图 3-12

$(x^2+y^2)^2 = 2a^2(x^2-y^2)$ 双纽线
图 3-13

星形线
图 3-14

例 3 设 $y = f(x)$ 是区间 $[0,1]$ 上的任一非负连续函数.

(1) 试证:存在 $x_0 \in (0,1)$，使得在区间 $[0,x_0]$ 上以 $f(x_0)$ 为高的矩形面积,等于在区间 $[x_0,1]$ 上以 $y = f(x)$ 为曲边的曲边梯形面积.

(2) 又设 $f(x)$ 在 $(0,1)$ 内可导,且 $f'(x) > -\frac{2f(x)}{x}$，证明(1)中的 x_0 是唯一的.

证 (1) 设 $F(x) = x\int_x^1 f(t)\mathrm{d}t$，则 $F(0) = F(1) = 0$，且 $F'(x) = \int_x^1 f(t)\mathrm{d}t - xf(x)$，对 $F(x)$ 在 $[0,1]$ 上应用罗尔定理知,存在一点 $x_0 \in (0,1)$，使 $F'(x_0) = 0$，因而 $\int_{x_0}^1 f(x)\mathrm{d}x = x_0 f(x_0)$，即矩形面积 $x_0 f(x_0)$ 等于曲边梯形面积 $\int_{x_0}^1 f(x)\mathrm{d}x$.

(2) 设 $\varphi(x) = \int_x^1 f(t)\mathrm{d}t - xf(x)$，则当 $x \in (0,1)$ 时,有

$$\varphi'(x) = -f(x) - f(x) - xf'(x) < 0,$$

所以 $\varphi(x)$ 在 $(0,1)$ 内单调减少,故此时(1)中的 x_0 是唯一的.

例④ 设 $f(x)$，$g(x)$ 在区间 $[a,b]$ 上连续，且 $g(x) < f(x) < m$ (m 为常数)，则 $y = g(x)$，$y = f(x)$，$x = a$ 及 $x = b$ 所围平面图形绕直线 $y = m$ 旋转而成的旋转体体积为

（　　）

(A) $\displaystyle\int_a^b \pi[2m - f(x) + g(x)][f(x) - g(x)]dx$

(B) $\displaystyle\int_a^b \pi[2m - f(x) - g(x)][f(x) - g(x)]dx$

(C) $\displaystyle\int_a^b \pi[m - f(x) + g(x)][f(x) - g(x)]dx$

(D) $\displaystyle\int_a^b \pi[m - f(x) - g(x)][f(x) - g(x)]dx$

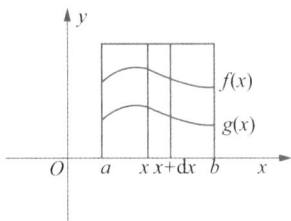

图 3-15

解 如图 3-15 所示，所求体积为 $y = g(x)$ 绕 $y = m$ 旋转而成的大体积减去 $y = f(x)$ 绕 $y = m$ 旋转而得的小体积，故

$$V = \pi\int_a^b [m - g(x)]^2 dx - \pi\int_a^b [m - f(x)]^2 dx$$

$$= \pi\int_a^b [m - g(x) + m - f(x)][m - g(x) - m + f(x)]dx$$

$$= \pi\int_a^b [2m - f(x) - g(x)][f(x) - g(x)]dx. \text{ 故选(B).}$$

例⑤ 已知圆 $(x - R)^2 + y^2 = r^2 (R > r)$，求此圆绕 y 轴旋转一周而成一环体的体积.

解法 1 由圆的方程可解出 $x_{1,2} = R \pm \sqrt{r^2 - y^2}$.

$$dV = \pi x_2^2 dy - \pi x_1^2 dy = \pi(x_2^2 - x_1^2)dy$$

$$= \pi[(R + \sqrt{r^2 - y^2})^2 - (R - \sqrt{r^2 - y^2})^2]dy$$

$$= 4\pi R \sqrt{r^2 - y^2} dy.$$

$$V = \int_{-r}^r 4\pi R \sqrt{r^2 - y^2} dy = 8\int_0^r \pi R \sqrt{r^2 - y^2} dy = 2\pi^2 r^2 R.$$

解法 2 取 x 作为积分变量，$x \in [R - r, R + r]$，

体积微元为 $dV = 2\pi x \cdot 2y dx = 4\pi xy dx$，

$$V = \int_{R-r}^{R+r} 4\pi xy dx = 4\pi \int_{R-r}^{R+r} x \sqrt{r^2 - (x - R)^2} dx$$

$$\xrightarrow{\text{令 } x = t + R} 4\pi \int_{-r}^r (t + R) \sqrt{r^2 - t^2} dt$$

$$= 8\pi \int_0^r R \sqrt{r^2 - t^2} dt = 2\pi^2 r^2 R.$$

解法 3 运用古尔金定理，口算题 $V_y = \pi r^2 \cdot 2\pi R = 2\pi^2 r^2 R$.

注 古尔金定理：面积 S 绕不与它相交的轴旋转一周而成的旋转体，其体积等于 S 与这面积的重心所划出的圆周长的乘积. 例如求圆 $x^2 + (y - a)^2 = b^2 (b < a)$ 绕 x 轴旋转一周所得旋转曲面的体积. 运用古尔金定理，读者立马求出 $V_x = \pi b^2 \cdot 2\pi a = 2\pi^2 ab^2$.

例⑥ (仅数一、数二)求摆线 $x = a(t - \sin t)$，$y = a(1 - \cos t)(0 \leqslant t \leqslant 2\pi)$ 与 $y = 0$ 所围成的图形分别绕 x 轴，y 轴旋转而成的旋转体体积.

解 绕 x 轴旋转的体积为

$$V_x = \int_0^{2\pi a} \pi y^2(x) \mathrm{d}x = \pi \int_0^{2\pi} a^2 (1-\cos t)^2 a(1-\cos t) \mathrm{d}t$$

$$= \pi a^3 \int_0^{2\pi} (1 - 3\cos t + 3\cos^2 t - \cos^3 t) \mathrm{d}t = 5\pi^2 a^3.$$

绕 y 轴旋转的体积可以看作平面图形 $OABC$ 与 OBC 分别绕 y 轴旋转体的体积之差(图 $3-16$),即

$$V_y = \int_0^{2a} \pi x_2^2(y) \mathrm{d}y - \int_0^{2a} \pi x_1^2(y) \mathrm{d}y$$

$$= \pi \int_{2\pi}^{\pi} a^2 (t - \sin t)^2 a\sin t \mathrm{d}t - \pi \int_0^{\pi} a^2 (t - \sin t)^2 a\sin t \mathrm{d}t$$

$$= -\pi a^3 \int_0^{2\pi} (t - \sin t)^2 \sin t \mathrm{d}t = 6\pi^3 a^3.$$

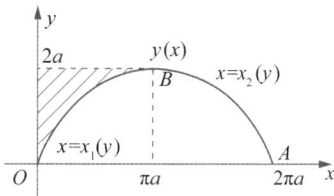

图 3 - 16

例7 (仅数一、数二)三角形薄板垂直地沉没在水中,其底与水面平齐,且薄板的底长为 a,高为 h,计算薄板的侧压力.

解 取坐标系如图 $3-17$ 所示,利用三角形的相似性,得

$$\frac{|AB|}{a} = \frac{h-x}{h}, \quad |AB| = \frac{a}{h}(h-x),$$

所以,在水深 x 处微元侧压力 $\mathrm{d}p = \rho g \dfrac{a}{h} x(h-x) \mathrm{d}x.$

于是整个薄板的侧压力为

$$p = \int_0^h \rho g \frac{a}{h} x(h-x) \mathrm{d}x = \frac{1}{6} \rho g a h^2.$$

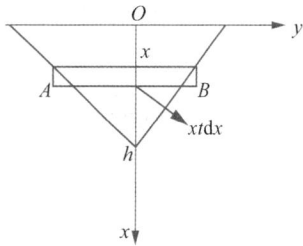

图 3 - 17

例8 (仅数一、数二)设一根均匀细棒放在 x 轴上,其区间为 $[a, b]$,其密度为 $\rho = 1$,质量为 m 的质点位于 y 轴上点 $(0, h)$ 处,求细棒对质点的引力.

解 如图 $3-18$ 所示,取 x 为积分变量,$x \in [a, b]$,又取 $[x, x+\mathrm{d}x]$,则力的微元为 $\mathrm{d}F = k\dfrac{m\rho \mathrm{d}x}{h^2+x^2} = \dfrac{km}{h^2+x^2} \mathrm{d}x.$

它在 x 轴上的分力大小为

$$\mathrm{d}F_x = \mathrm{d}F \cdot \cos\alpha = \frac{kmx}{(h^2+x^2)^{3/2}} \mathrm{d}x;$$

它在 y 轴上的分力大小为

$$\mathrm{d}F_y = \mathrm{d}F \cdot \sin\alpha = \frac{kmh}{(h^2+x^2)^{3/2}} \mathrm{d}x.$$

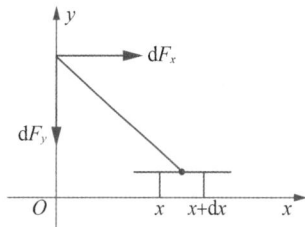

图 3 - 18

故 $F_x = \displaystyle\int_a^b \frac{kmx}{(h^2+x^2)^{3/2}} \mathrm{d}x = km\left(\frac{1}{\sqrt{a^2+h^2}} - \frac{1}{\sqrt{b^2+h^2}} \right),$

$$F_y = \int_a^b \frac{-kmh}{(h^2+x^2)^{3/2}} \mathrm{d}x = -\frac{km}{h}\left(\frac{b}{\sqrt{b^2+h^2}} - \frac{a}{\sqrt{a^2+h^2}} \right),$$

从而引力为 $\boldsymbol{F} = F_x \boldsymbol{i} + F_y \boldsymbol{j}.$

例**9** （仅数一、数二）设水的密度为 1. 现把一个半径为 1、相对密度为 0.1 的均质球体放入水中.

（1）求该球体在水中的深度 h 应满足的方程.

（2）证明（1）所建立的方程在开区间（0，2）内有唯一的实根 h_0.

（3）如果对该球体施加压力，把它的一半压入水中，求其克服浮力所做的功 W 关于 h_0 的表达式.

解 取该球体的球面在水下的最低点为坐标系的原点，过原点与球心的直线为垂直于水平面向上方向，它的截面如图 3-19 所示. 因球体在水中的深度为 h，故水平面的方程为 $x=h$. 球面在该平面坐标系 Oxy 的截面圆方程为

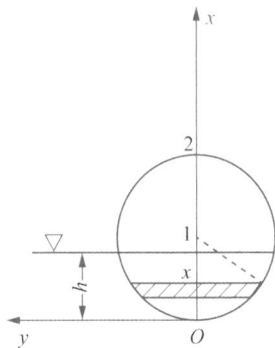

图 3-19

$$(x-1)^2 + y^2 = 1.$$

（1）由上述分析便知，球体在水下部分的体积

$$V = \pi \int_0^h y^2 \,\mathrm{d}x = \pi \int_0^h [1-(x-1)^2] \,\mathrm{d}x = \pi\left(h^2 - \frac{1}{3}h^3\right).$$

因水的密度为 1，于是由物理知识知，球体所受的浮力为 $\pi g\left(h^2 - \frac{1}{3}h^3\right)$. 它应等于球体的重力 $\frac{4}{3}\pi \times 0.1g = \frac{2}{15}\pi g$，化简得 h 应满足的方程为

$$5h^3 - 15h^2 + 2 = 0.$$

（2）显然函数 $f(h) = 5h^3 - 15h^2 + 2$ 在闭区间 $[0,2]$ 上连续，又 $f(0) = 2 > 0$，$f(2) = -18 < 0$，则根据闭区间上连续函数的性质得方程 $5h^3 - 15h^2 + 2 = 0$ 在开区间 $(0,2)$ 内至少存在一实根.

因为在 $0 < h < 2$ 时，$f'(h) = 15h^2 - 30h < 0$，故 $f(h)$ 在 $0 < h < 2$ 内严格单调减少，于是方程 $5h^3 - 15h^2 + 2 = 0$ 在 $(0,2)$ 内有唯一实根 h_0，h_0 表示在不加外力时该球体放入水中处于平衡状态时这个球体在水下的深度.

（3）将球体下压需克服浮力做功，注意到把球体下压 $\mathrm{d}x$，克服浮力 $\pi g\left(x^2 - \frac{1}{3}x^3\right)$ 所做的微元功 $\mathrm{d}W = \pi g\left(x^2 - \frac{1}{3}x^3\right)\mathrm{d}x$，则所求的克服浮力所做的功

$$W = \pi g \int_{h_0}^1 \left(x^2 - \frac{1}{3}x^3\right)\mathrm{d}x = \pi g\left(\frac{1}{4} - \frac{1}{3}h_0^3 + \frac{1}{12}h_0^4\right).$$

考点 13　涉及积分等式和不等式证明

典型例题

例**1** 设 $f''(x)$ 在 $[0,1]$ 上连续，且 $f(0) = f(1) = 0$，证明：

(1) $\int_0^1 f(x)\mathrm{d}x = \dfrac{1}{2}\int_0^1 x(x-1)f''(x)\mathrm{d}x$;

(2) $\left|\int_0^1 f(x)\mathrm{d}x\right| \leqslant \dfrac{1}{12}\max\limits_{0\leqslant x\leqslant 1}|f''(x)|$.

证 (1) $\displaystyle\int_0^1 x(x-1)f''(x)\mathrm{d}x = \int_0^1 (x^2-x)\mathrm{d}f'(x)$

$\qquad = (x^2-x)f'(x)\Big|_0^1 - \int_0^1 (2x-1)f'(x)\mathrm{d}x$

$\qquad = -\int_0^1 (2x-1)\mathrm{d}f(x) = -(2x-1)f(x)\Big|_0^1 + 2\int_0^1 f(x)\mathrm{d}x$

$\qquad = -f(1)-f(0)+2\int_0^1 f(x)\mathrm{d}x = 2\int_0^1 f(x)\mathrm{d}x.$

(2) $\left|\int_0^1 f(x)\mathrm{d}x\right| \leqslant \dfrac{1}{2}\int_0^1 |x(x-1)|\,|f''(x)|\mathrm{d}x$

$\qquad \leqslant \dfrac{1}{2}\max\limits_{0\leqslant x\leqslant 1}|f''(x)|\cdot\int_0^1 x(1-x)\mathrm{d}x$

$\qquad = \dfrac{1}{2}\max\limits_{0\leqslant x\leqslant 1}|f''(x)|\int_0^1 (x-x^2)\mathrm{d}x$

$\qquad = \dfrac{1}{12}\max\limits_{0\leqslant x\leqslant 1}|f''(x)|.$

例❷ 在下列两个积分 $\displaystyle\int_0^\pi \mathrm{e}^{-x^2}\cos^2 x\mathrm{d}x$, $\displaystyle\int_\pi^{2\pi}\mathrm{e}^{-x^2}\cos^2 x\mathrm{d}x$ 中确定哪个积分值较大,并说明理由.

解 通过变量代换将积分区间变换成一样的,然后就可比较被积函数的大小.

$$\int_\pi^{2\pi}\mathrm{e}^{-x^2}\cos^2 x\mathrm{d}x \xlongequal{x=t+\pi} \int_0^\pi \mathrm{e}^{-(t+\pi)^2}\cos^2(t+\pi)\mathrm{d}t = \int_0^\pi \mathrm{e}^{-(t+\pi)^2}\cos^2 t\mathrm{d}t$$

$$= \int_0^\pi \mathrm{e}^{-(x+\pi)^2}\cos^2 x\mathrm{d}x,$$

因为 $\mathrm{e}^{-(x+\pi)^2}\cos^2 x \leqslant \mathrm{e}^{-x^2}\cos^2 x$, $x\in[0,\pi)$,

所以 $\displaystyle\int_0^\pi \mathrm{e}^{-x^2}\cos^2 x\mathrm{d}x > \int_\pi^{2\pi}\mathrm{e}^{-x^2}\cos^2 x\mathrm{d}x.$

例❸ 证明 $\displaystyle\int_0^{\sqrt{2\pi}}\sin x^2\mathrm{d}x > 0.$

证 令 $t = x^2\,(x>0)$,即 $x=\sqrt{t}$, $\mathrm{d}x = \dfrac{\mathrm{d}t}{2\sqrt{t}}$,

$$\text{原式} = \dfrac{1}{2}\int_0^{2\pi}\dfrac{\sin t}{\sqrt{t}}\mathrm{d}t = \dfrac{1}{2}\left(\int_0^\pi \dfrac{\sin t}{\sqrt{t}}\mathrm{d}t + \int_\pi^{2\pi}\dfrac{\sin t}{\sqrt{t}}\mathrm{d}t\right),$$

其中,$\displaystyle\int_\pi^{2\pi}\dfrac{\sin t}{\sqrt{t}}\mathrm{d}t \xlongequal{u=t-\pi} \int_0^\pi \dfrac{-\sin u}{\sqrt{u+\pi}}\mathrm{d}u = -\int_0^\pi \dfrac{\sin t}{\sqrt{t+\pi}}\mathrm{d}t.$

代入上式得,原式 $= \dfrac{1}{2}\left(\int_0^\pi \sin t\left(\dfrac{1}{\sqrt{t}}-\dfrac{1}{\sqrt{t+\pi}}\right)\mathrm{d}t\right).$

例❹ 设函数 $f(x)$,$g(x)$ 在区间 $[a,b]$ 上连续,且 $f(x)$ 单调增加,$0\leqslant g(x)\leqslant 1$.

证明:(1) $0\leqslant \displaystyle\int_a^x g(t)\mathrm{d}t \leqslant x-a$, $x\in[a,b]$;(2) $\displaystyle\int_a^{a+\int_a^b g(t)\mathrm{d}t} f(x)\mathrm{d}x \leqslant \int_a^b f(x)g(x)\mathrm{d}x.$

证 (1) 由 $0 \leqslant g(x) \leqslant 1$, 得

$$0 \leqslant \int_a^x g(t)\mathrm{d}t \leqslant \int_a^x 1\mathrm{d}t = x - a, \ x \in [a, b].$$

(2) 令 $F(u) = \int_a^u f(x)g(x)\mathrm{d}x - \int_a^{a+\int_a^u g(t)\mathrm{d}t} f(x)\mathrm{d}x$,

只要证明 $F(b) \geqslant 0$, 显然 $F(a) = 0$, 只要证明 $F(u)$ 单调增加. 又

$$F'(u) = f(u)g(u) - f\left(a + \int_a^u g(t)\mathrm{d}t\right)g(u)$$

$$= g(u)\left[f(u) - f\left(a + \int_a^u g(t)\mathrm{d}t\right)\right].$$

由(1)的结论 $0 \leqslant \int_a^x g(t)\mathrm{d}t \leqslant x - a$ 知, $a \leqslant a + \int_a^x g(t)\mathrm{d}t \leqslant x$, 即

$$a \leqslant a + \int_a^u g(t)\mathrm{d}t \leqslant u.$$

又 $f(x)$ 单调增加, 则 $f(u) \geqslant f\left(a + \int_a^u g(t)\mathrm{d}t\right)$, 因此, $F'(u) \geqslant 0$, $F(b) \geqslant 0$,

故 $$\int_a^{a+\int_a^x g(t)\mathrm{d}t} f(x)\mathrm{d}x \leqslant \int_a^b f(x)g(x)\mathrm{d}x.$$

例❺ 设 $f(x)$, $g(x)$ 在 $[0, 1]$ 上的导数连续, 且 $f(0) = 0$, $f'(x) \geqslant 0$, $g'(x) \geqslant 0$. 证明: 对任何 $a \in [0, 1]$, 有 $\int_0^a g(x)f'(x)\mathrm{d}x + \int_0^1 f(x)g'(x)\mathrm{d}x \geqslant f(a)g(1)$.

证 记 $F(a) = \int_0^a g(x)f'(x)\mathrm{d}x + \int_0^1 f(x)g'(x)\mathrm{d}x - f(a)g(1)$, 则 $F(a)$ 在 $[0, 1]$ 上连续, 在 $(0, 1)$ 内可导, 且

$$F'(a) = g(a)f'(a) - f'(a)g(1) = f'(a)[g(a) - g(1)] \leqslant 0,$$

(这是由于 $f'(a) \geqslant 0$, 以及由 $g'(x) \geqslant 0$ 知 $g(a) \leqslant g(1)$) 所以,

$$F(a) \geqslant F(1) = \int_0^1 g(x)f'(x)\mathrm{d}x + \int_0^1 f(x)g'(x)\mathrm{d}x - f(1)g(1)$$

$$= \int_0^1 \mathrm{d}[f(x)g(x)] - f(1)g(1)$$

$$= [f(1)g(1) - f(0)g(0)] - f(1)g(1) = 0 \ (a \in [0, 1]),$$

即对任意 $a \in [0, 1]$, 有 $\int_0^a g(x)f'(x)\mathrm{d}x + \int_0^1 f(x)g'(x)\mathrm{d}x \geqslant f(a)g(1)$.

例❻ 设 $f(x)$ 在 $(-\infty, +\infty)$ 连续, 以 T 为周期.

(1) 证明: $F(x) = \int_0^x f(t)\mathrm{d}t - \frac{x}{T}\int_0^T f(t)\mathrm{d}t$ 以 T 为周期;

(2) 证明: $\lim\limits_{x \to +\infty} \frac{1}{x}\int_0^x f(t)\mathrm{d}t = \frac{1}{T}\int_0^T f(t)\mathrm{d}t$;

(3) 求 $\lim\limits_{x \to +\infty} \int_0^x \frac{|\sin t|}{x}\mathrm{d}t$.

解 (1) $F(x+T) = \int_0^{x+T} f(t)\mathrm{d}t - \frac{x+T}{T}\int_0^T f(t)\mathrm{d}t$

$\qquad = \int_0^x f(t)\mathrm{d}t + \int_x^{x+T} f(t)\mathrm{d}t - \frac{x}{T}\int_0^T f(t)\mathrm{d}t - \int_0^T f(t)\mathrm{d}t$

$\qquad = \int_0^x f(t)\mathrm{d}t - \frac{x}{T}\int_0^T f(t)\mathrm{d}t = F(x)\left(\text{注意到}\int_x^{x+T} f(t)\mathrm{d}t = \int_0^T f(t)\mathrm{d}t\right).$

(2) 由 $F(x) = \int_0^x f(t)\mathrm{d}t - \frac{x}{T}\int_0^T f(t)\mathrm{d}t,$

得 $\frac{1}{x}\int_0^x f(t)\mathrm{d}t = \frac{1}{T}\int_0^T f(t)\mathrm{d}t + \frac{1}{x}F(x).$

注意 $F(x)$ 以 T 为周期，在 $(-\infty, +\infty)$ 连续，故有界，即存在常数 $M > 0$，使得 $|F(x)| \leqslant M\ (x \in (-\infty, +\infty))$，

于是 $\left|\frac{F(x)}{x}\right| \leqslant \frac{M}{|x|}$，$\lim\limits_{x \to +\infty} \frac{F(x)}{x} = 0$，

因此，$\lim\limits_{x \to +\infty} \frac{1}{x}\int_0^x f(t)\mathrm{d}t = \frac{1}{T}\int_0^T f(t)\mathrm{d}t.$

(3) $f(x) = |\sin x|$ 周期为 π，由(2)可知

$$\lim\limits_{x \to +\infty} \frac{1}{x}\int_0^x f(t)\mathrm{d}t = \frac{1}{\pi}\int_0^\pi |\sin x|\,\mathrm{d}x = \frac{2}{\pi}.$$

第四章　常微分方程

考点1　一阶微分方程

知识补给库

可分离变量、齐次、一阶线性方程是共同的考点,其中,一阶线性方程是重点,有两种形式,考生要注意 y 为自变量,x 为 y 函数的情形.伯努利方程、全微分方程仅数一同学掌握.

1. 可分离变量方程

$$\frac{dy}{dx} = f(x)g(y).$$

解法:$\int \frac{dy}{g(y)} = \int f(x)dx.$

左端对 y 积分,右端对 x 积分,求其原函数.

2. 齐次方程

$$\frac{dy}{dx} = f\left(\frac{y}{x}\right).$$

解法:变量代换,令 $\frac{y}{x} = u$,$y = ux$,

$\frac{dy}{dx} = u + x\frac{du}{dx}$,代入方程得 $u + x\frac{du}{dx} = f(u)$,

即 $\frac{du}{f(u) - u} = \frac{dx}{x}$,再两端积分.

3. 一阶线性微分方程

$$y' + p(x)y = q(x).$$

解法 1　常数变易法．

先求对应齐次方程通解 $y' + p(x)y = 0$，可得 $y = ce^{-\int p(x)dx}$．

再令 $y = C(x)e^{\int p(x)dx}$，代入原方程，求出 $C(x) = \int q(x)e^{\int p(x)dx}dx + c$．

故通解为 $y = e^{-\int p(x)dx}\left(\int q(x)e^{\int p(x)dx}dx + C\right)$．

解法 2　积分因子法．

为了把 $y' + p(x)y$ 构造成两函数相乘求导的结果，即看作 $u'v + v'u$，方程两端同时乘以 $e^{\int p(x)dx}$．

$$e^{\int p(x)dx}y' + p(x)e^{\int p(x)dx}y = q(x)e^{\int p(x)dx}.$$

$$\downarrow \qquad \downarrow \qquad \downarrow \qquad \downarrow$$

$$v \qquad u' \qquad v' \qquad u$$

由于方程左端为 $(ye^{\int p(x)dx})'$ 的结果，故方程可化为

$(ye^{\int p(x)dx})' = q(x)e^{\int p(x)dx}$．

两端积分，得 $ye^{\int p(x)dx} = \int q(x)e^{\int p(x)dx}dx + c$．

通解为 $y = e^{-\int p(x)dx}\left(\int q(x)e^{\int p(x)dx}dx + C\right)$．

注　有些一阶微分方程，需要把 y 看作自变量，x 看作 y 的函数，即 $\frac{dx}{dy} + p(y)x = q(y)$，这时方程的通解为

$$x = e^{-\int p(y)dy}\left(\int q(y)e^{\int p(y)dy}dy + C\right).$$

4. 伯努利方程（仅数一）

$$\frac{dy}{dx} + p(x)y = q(x)y^n \ (n \neq 0, 1).$$

143

方程两端同除以 y^n,令 $z = y^{1-n}$,将原方程化为关于新的未知函数 z 的一阶线性微分方程

$$\frac{dz}{dx} + (1-n)p(x)z = (1-n)q(x).$$

5. 全微分方程(仅数一)

$$P(x,y)dx + Q(x,y)dy = 0$$

为全微分方程的充要条件是 $\dfrac{\partial Q}{\partial x} = \dfrac{\partial P}{\partial y}$.

通解为 $u(x,y) = \displaystyle\int_{x_0}^{x} P(x,y_0)dx + \int_{y_0}^{y} Q(x,y)dy = C$,

或 $u(x,y) = \displaystyle\int_{x_0}^{x} P(x,y)dx + \int_{y_0}^{y} Q(x_0,y)dy = C$.

典型例题

例❶ 已知函数 $y = y(x)$ 在任意点 x 处的增量 $\Delta y = \dfrac{y\Delta x}{1+x^2} + \alpha$,其中 α 是当 $\Delta x \to$ 0 时比 Δx 高阶的无穷小,且 $y(0) = \pi$,则 $y(1) = $ (   )

(A) $\pi e^{\frac{\pi}{4}}$ (B) 2π (C) π (D) $e^{\frac{\pi}{4}}$

解 $\displaystyle\lim_{\Delta x \to 0}\frac{\Delta y}{\Delta x} = \frac{y}{1+x^2}$,即 $\dfrac{dy}{dx} = \dfrac{y}{1+x^2}$,分离变量,解得 $y = Ce^{\arctan x}$. 将 $x = 0$,$y = \pi$ 代入,得 $C = \pi$,$y = \pi e^{\arctan x}$,$y(1) = \pi e^{\frac{\pi}{4}}$. 故应选(A).

例❷ 微分方程 $y' = \dfrac{y(1-x)}{x}$ 的通解为_____.

解 分离变量,得

$$\frac{dy}{y} = \frac{1-x}{x}dx,$$

两端同时积分,得 $\ln|y| = \ln|x| - \ln e^x + \ln|C|$,整理得

$$y = Cxe^{-x}, \quad C \text{ 为任意常数}.$$

例❸ 求初值问题 $\begin{cases} (y + \sqrt{x^2 + y^2})dx - xdy = 0, \\ y\big|_{x=1} = 0 \end{cases}$ 的解.

解 方程化简为

$$\frac{dy}{dx} = \frac{y + \sqrt{x^2 + y^2}}{x} = \frac{y}{x} + \sqrt{1 + \left(\frac{y}{x}\right)^2}.$$

令 $u = \dfrac{y}{x}$，$\dfrac{\mathrm{d}y}{\mathrm{d}x} = u + x\dfrac{\mathrm{d}u}{\mathrm{d}x}$，故

$$u + x\frac{\mathrm{d}u}{\mathrm{d}x} = u + \sqrt{1+u^2},$$

分离变量，解得 $\ln(u + \sqrt{1+u^2}) = \ln Cx$，即

$$\frac{y}{x} + \sqrt{1 + \frac{y^2}{x^2}} = Cx,$$

将 $x=1$，$y=0$ 代入，解得 $C=1$. 故所求解为

$$y = \frac{1}{2}x^2 - \frac{1}{2}.$$

例❹　已知 $y = \dfrac{x}{\ln x}$ 是微分方程 $y' = \dfrac{y}{x} + \varphi\left(\dfrac{y}{x}\right)$ 的解，则 $\varphi\left(\dfrac{y}{x}\right)$ 的表达式为（　　）

(A) $-\dfrac{y^2}{x^2}$ 　　　(B) $\dfrac{y^2}{x^2}$ 　　　(C) $-\dfrac{x^2}{y^2}$ 　　　(D) $\dfrac{x^2}{y^2}$

解　将 $y = \dfrac{x}{\ln x}$ 代入方程，得

$$\frac{\ln x - 1}{\ln^2 x} = \frac{1}{\ln x} + \varphi\left(\frac{y}{x}\right),$$
$$\varphi\left(\frac{y}{x}\right) = -\frac{1}{\ln^2 x} = -\frac{y^2}{x^2}.$$

例❺　设 $y = \mathrm{e}^x$ 是微分方程 $xy' + p(x)y = x$ 的一个解，求此微分方程满足 $y\big|_{x=\ln 2} = 0$ 的特解.

解　将 $y = \mathrm{e}^x$ 代入方程，得 $x\mathrm{e}^x + p(x)\mathrm{e}^x = x$，即

$$p(x) = x\mathrm{e}^{-x} - x,$$

故原方程可化为

$$y' + (\mathrm{e}^{-x} - 1)y = 1,$$

其通解为

$$y = \mathrm{e}^{-\int(\mathrm{e}^{-x}-1)\mathrm{d}x}\left(\int \mathrm{e}^{\int(\mathrm{e}^{-x}-1)\mathrm{d}x}\mathrm{d}x + C\right) = C\mathrm{e}^{x+\mathrm{e}^{-x}} + \mathrm{e}^x,$$

由 $y\big|_{x=\ln 2} = 0$，可得 $C = -\mathrm{e}^{-\frac{1}{2}}$，故 $y = -\mathrm{e}^{x+\mathrm{e}^{-x}-\frac{1}{2}} + \mathrm{e}^x$.

例❻　过点 $\left(\dfrac{1}{2}, 0\right)$ 且满足关系式 $y'\arcsin x + \dfrac{y}{\sqrt{1-x^2}} = 1$ 的曲线方程为_____.

解　$(\arcsin x)' = \dfrac{1}{\sqrt{1-x^2}}$，故

$$y'\arcsin x + \frac{y}{\sqrt{1-x^2}} = (y \cdot \arcsin x)' = 1,$$

解得

$$y \cdot \arcsin x = x + C,$$

将 $\left(\dfrac{1}{2}, 0\right)$ 代入,得 $C = -\dfrac{1}{2}$. 故所求曲线方程为

$$y \cdot \arcsin x = x - \dfrac{1}{2}.$$

例 ❼ (2004) 微分方程 $(y + x^3)\mathrm{d}x - 2x\mathrm{d}y = 0$ 满足 $y\big|_{x=1} = \dfrac{6}{5}$ 的特解为 _____.

解 方程化简为 $\dfrac{\mathrm{d}y}{\mathrm{d}x} - \dfrac{y}{2x} = \dfrac{1}{2}x^2$,通解为

$$y = \mathrm{e}^{\int \frac{1}{2x}\mathrm{d}x}\left(\int \dfrac{1}{2}x^2 \mathrm{e}^{-\int \frac{1}{2x}\mathrm{d}x}\mathrm{d}x + C\right) = \dfrac{1}{5}x^3 + C\sqrt{x},$$

将 $x = 1$,$y = \dfrac{6}{5}$ 代入,得 $C = 1$. 故所求特解为

$$y = \dfrac{1}{5}x^3 + \sqrt{x}.$$

例 ❽ $\dfrac{\mathrm{d}y}{\mathrm{d}x} = \dfrac{y}{2x - y^2}$ 的通解为 _____.

解 原方程以 x 为因变量,y 为自变量,可化为

$$\dfrac{\mathrm{d}x}{\mathrm{d}y} = \dfrac{2x - y^2}{y},\ 即 \dfrac{\mathrm{d}x}{\mathrm{d}y} - \dfrac{2}{y}x = -y,$$

其通解为 $x = \mathrm{e}^{\int \frac{2}{y}\mathrm{d}y}\left[\int\left(-y\mathrm{e}^{-\int \frac{2}{y}\mathrm{d}y}\right)\mathrm{d}y + C\right] = y^2(-\ln|y| + C)$.

考点2 可降阶的高阶微分方程(仅数一、数二)

知识补给库

本考点是数一、数二的考试内容. 一般用变量代换降阶,考生尤其要注意当方程不显含 x 的情形.

(1) $y^{(n)} = f(x)$,方法:两端积分 n 次.

(2) 不显含 y 型,$y'' = f(x, y')$,令 $y' = p$,则 $y'' = \dfrac{dp}{dx}$.

(3) 不显含 x 型,$y'' = f(y, y')$,令 $y' = p$,$y'' = \dfrac{dp}{dx} = \dfrac{dp}{dy} \cdot \dfrac{dy}{dx} = p\dfrac{dp}{dy}$.

典型例题

例❶ 求方程 $(1+x^2)y'' = 2xy'$ 满足初始条件 $y(0) = 1$，$y'(0) = 3$ 的特解.

解法 1 属于 $y'' = f(x, y')$ 型.

令 $y' = p$，则 $y'' = p'$，原方程可化为 $p' = \dfrac{2x}{1+x^2}p$，

$\dfrac{\mathrm{d}p}{p} = \dfrac{2x}{1+x^2}\mathrm{d}x$，两端积分，得 $\ln p = \ln(1+x^2) + \ln C_1$.

$p = C_1(1+x^2)$，由 $y'(0) = 3$，得 $C_1 = 3$，于是 $y' = 3(1+x^2)$，两端积分，得 $y = x^3 + 3x + C_2$，再由 $y(0) = 1$ 得 $C_2 = 1$.

故所求特解为 $y = x^3 + 3x + 1$.

解法 2 原方程可化简为 $\dfrac{(1+x^2)y'' - 2xy'}{(1+x^2)^2} = 0$，

即 $\left(\dfrac{y'}{1+x^2}\right)' = 0$，所以 $\dfrac{y'}{1+x^2} = C_1$，再由 $y'(0) = 3$，

得 $C_1 = 3$，于是 $y' = 3(1+x^2)$，两端积分得 $y = x^3 + 3x + C_2$.
再由 $y(0) = 1$ 得 $C_2 = 1$.

故方程特解为 $y = x^3 + 3x + 1$.

例❷ 求微分方程 $yy'' + (y')^2 = 0$ 满足条件 $y(0) = 1$，$y'(0) = \dfrac{1}{2}$ 的特解.

解 令 $p(y) = y'$，则 $y'' = \dfrac{\mathrm{d}p}{\mathrm{d}y} \cdot \dfrac{\mathrm{d}y}{\mathrm{d}x} = p\dfrac{\mathrm{d}p}{\mathrm{d}y}$，从而原方程化为

$$yp\dfrac{\mathrm{d}p}{\mathrm{d}y} + p^2 = 0.$$

由条件有 $p \neq 0$，上式分离变量得

$$\dfrac{\mathrm{d}p}{p} = -\dfrac{\mathrm{d}y}{y},$$

两端积分得 $p = C_1\dfrac{1}{y}$，即有

$$\dfrac{\mathrm{d}y}{\mathrm{d}x} = C_1\dfrac{1}{y} \quad \text{或} \quad y\mathrm{d}y = C_1\mathrm{d}x.$$

两端再积分得原方程的通解为

$$y^2 = 2C_1x + C_2.$$

由 $y(0) = 1$，$y'(0) = \dfrac{1}{2}$，可得 $C_1 = \dfrac{1}{2}$，$C_2 = 1$，故所求特解为 $y^2 = x + 1$.

例❸ 设非负函数 $y = y(x)$ $(x \geq 0)$ 满足微分方程 $xy'' - y' + 2 = 0$. 当曲线 $y = y(x)$ 过原点时，其与直线 $x = 1$ 及 $y = 0$ 围成的平面区域 D 的面积为 2，求 D 绕 y 轴旋转一周所得旋转体的体积.

解法 1 解微分方程 $xy'' - y' + 2 = 0$，得其通解 $y = C_1 + 2x + C_2x^2$，其中 C_1，C_2 为任意常数.

又因为 $y=y(x)$ 通过原点时与直线 $x=1$ 及 $y=0$ 围成平面区域的面积为 2，于是可得 $C_1=0$，

$$2=\int_0^1 y(x)\mathrm{d}x=\int_0^1(2x+C_2x^2)\mathrm{d}x$$

$$=\left(x^2+\frac{C_2}{3}x^3\right)\Big|_0^1=1+\frac{C_2}{3},$$

从而 $C_2=3$.

于是，所求非负函数

$$y=2x+3x^2\,(x\geqslant 0).$$

根据旋转体体积公式，有

$$V_y=2\pi\int_0^1 y(x)x\mathrm{d}x=2\pi\int_0^1(3x^2+2x)x\mathrm{d}x=2\pi\left(\frac{3}{4}+\frac{2}{3}\right)=\frac{17}{6}\pi.$$

解法 2　方程两端同除以 x^2，化为 $\dfrac{xy''-y'}{x^2}=-\dfrac{2}{x^2}$，

即 $\left(\dfrac{y'}{x}\right)'=\left(\dfrac{2}{x}\right)'$，于是 $\dfrac{y'}{x}=\dfrac{2}{x}+C_1$，即 $y'=2+C_1x$.

两端积分，得 $y=2x+\dfrac{C_1}{2}x^2+C_2$. 而由 $y(0)=0$，得 $C_2=0$，从而 $y=2x+\dfrac{C_1}{2}x^2$；后面同解法 1.

例 **④**　(1) $xy'-4y=x^2\sqrt{y}$；(2) $x^2y\mathrm{d}x-(x^3+y^4)\mathrm{d}y=0$.

解　(1) 原方程可化为 $\dfrac{\mathrm{d}y}{\mathrm{d}x}-\dfrac{4}{x}y=xy^{\frac{1}{2}}$，属于 $n=\dfrac{1}{2}$ 的伯努利方程. 令 $z=y^{1-n}=y^{\frac{1}{2}}$，则 $\dfrac{\mathrm{d}z}{\mathrm{d}x}=\dfrac{1}{2}y^{-\frac{1}{2}}\dfrac{\mathrm{d}y}{\mathrm{d}x}$，方程化为 $\dfrac{\mathrm{d}z}{\mathrm{d}x}-\dfrac{2}{x}z=\dfrac{x}{2}$，所以

$$z=\mathrm{e}^{-\int(-\frac{2}{x})\mathrm{d}x}\left(\int\frac{x}{2}\mathrm{e}^{\int(-\frac{2}{x})\mathrm{d}x}\mathrm{d}x+C\right)=x^2\left(\int\frac{1}{2x}\mathrm{d}x+C\right)=x^2\left(\frac{1}{2}\ln x+C\right),$$

故原方程通解为 $y=x^4\left(\dfrac{1}{2}\ln x+C\right)^2$.

(2) 原方程可化为 $x^2\dfrac{\mathrm{d}x}{\mathrm{d}y}-\dfrac{1}{y}x^3=y^3$.

令 $z=x^3$，则 $\dfrac{\mathrm{d}z}{\mathrm{d}y}=3x^2\dfrac{\mathrm{d}x}{\mathrm{d}y}$，方程化为 $\dfrac{1}{3}\cdot\dfrac{\mathrm{d}z}{\mathrm{d}y}-\dfrac{1}{y}z=y^3$，即 $\dfrac{\mathrm{d}z}{\mathrm{d}y}-\dfrac{3}{y}z=3y^3$，所以

$$z=\mathrm{e}^{-\int(-\frac{3}{y})\mathrm{d}y}\left(\int 3y^3\mathrm{e}^{\int(-\frac{3}{y})\mathrm{d}y}\mathrm{d}y+C\right)=y^3(3y+C)=3y^4+Cy^3,$$

故原方程通解为 $x^3=3y^4+Cy^3$.

例 **⑤**　求微分方程 $y''=\dfrac{1}{a}\sqrt{1+y'^2}$ 满足初始条件 $y(0)=a$，$y'(0)=0$，$a>0$ 的特解.

解　令 $y'=p$，$y''=\dfrac{\mathrm{d}p}{\mathrm{d}x}=p'$，原方程化为 $\dfrac{\mathrm{d}p}{\sqrt{1+p^2}}=\dfrac{\mathrm{d}x}{a}$.

两边积分,得 $\ln(p+\sqrt{1+p^2}) = \dfrac{x}{a}+C_1$,由 $y'(0)=0 \Rightarrow C_1=0$.

于是 $\ln(p+\sqrt{1+p^2}) = \dfrac{x}{a} \Rightarrow p = y' = \dfrac{1}{2}\left(e^{\frac{x}{a}} - e^{-\frac{x}{a}}\right)$,于是

$y = \dfrac{a}{2}\left(e^{\frac{x}{a}} + e^{-\frac{x}{a}}\right) + C_2$,由 $y(0)=a \Rightarrow C_2=0$,所以特解为 $y = \dfrac{a}{2}\left(e^{\frac{x}{a}} + e^{-\frac{x}{a}}\right)$.

考点3　线性微分方程解的性质与结构

知识补给库

该考点主要以填空、选择出现,建议考生把此考点与线性代数中线性方程组解的性质与结构联系在一起学习.

设 $y''+p(x)y'+q(x)y = f(x)$, ①

设 $y''+p(x)y'+q(x)y = 0$. ②

(1) 齐次线性方程的叠加原理:设 $y_1(x)$, $y_2(x)$ 是任意两个解,则 $y = C_1y_1(x) + C_2y_2(x)$ 仍是式②的解.

(2) 齐次线性方程的通解结构:设 $y_1(x)$, $y_2(x)$ 是式②的任意两个无关解($\dfrac{y_1}{y_2}$ 不恒为常数),则式②的通解为

$$y = C_1y_1(x) + C_2y_2(x).$$

(3) 非齐次线性方程的通解结构:$y = Y + y^*$,其中,Y 是对应齐次方程的通解,y^* 是非齐次线性方程的特解.

(4) 非齐次线性方程解的叠加原理:设 $y_1(x)$, $y_2(x)$ 分别是 $y''+p(x)y'+q(x)y = f_1(x)$, $y''+p(x)y'+q(x)y = f_2(x)$ 的解,则 $\alpha y_1(x) + \beta(y_2)$ 是 $y''+p(x)y'+q(x)y = \alpha f_1(x) + \beta f_2(x)$ 的解.

(5) 非齐次线性方程任意两解 $y_1(x)$、$y_2(x)$ 之差是对应齐次方程的解.

另外,若 $k_1+k_2=1$,则 $k_1y_1(x)+k_2y_2(x)$ 是非齐次线性方程的解;若 $k_1+k_2=0$,则 $k_1y_1(x)+k_2y_2(x)$ 是对应齐次线性方程的解.

典型例题

例❶ 设 y_1，y_2 是一阶非齐次线性微分方程 $y' + p(x)y = q(x)$ 的两个特解，若常数 λ，μ 使 $\lambda y_1 + \mu y_2$ 是该方程的解，$\lambda y_1 - \mu y_2$ 是该方程对应的齐次方程的解，则 （   ）

(A) $\lambda = \dfrac{1}{2}$，$\mu = \dfrac{1}{2}$ (B) $\lambda = -\dfrac{1}{2}$，$\mu = -\dfrac{1}{2}$

(C) $\lambda = \dfrac{2}{3}$，$\mu = \dfrac{1}{3}$ (D) $\lambda = \dfrac{2}{3}$，$\mu = \dfrac{2}{3}$

解 $\lambda y_1 + \mu y_2$ 是该方程的解，

$$(\lambda y_1' + \mu y_2') + p(x)(\lambda y_1 + \mu y_2) = (\lambda + \mu)q(x) = q(x),$$

故 $\lambda + \mu = 1$.

$\lambda y_1 - \mu y_2$ 是对应齐次方程的解，

$$(\lambda y_1' - \mu y_2') + p(x)(\lambda y_1 - \mu y_2) = (\lambda - \mu)q(x) = 0,$$

故 $\lambda - \mu = 0$，解得 $\lambda = \mu = \dfrac{1}{2}$. 故选(A).

例❷ 若 $y = (1+x^2)^2 - \sqrt{1+x^2}$，$y = (1+x^2)^2 + \sqrt{1+x^2}$ 是微分方程 $y' + p(x)y = q(x)$ 的两个解，则 $q(x) =$ （   ）

(A) $3x(1+x^2)$ (B) $-3x(1+x^2)$

(C) $\dfrac{x}{1+x^2}$ (D) $-\dfrac{x}{1+x^2}$

解 由题设及线性微分方程解的叠加原理可知，$y = \sqrt{1+x^2}$ 是齐次线性微分方程 $y' + p(x)y = 0$ 的解，所以 $p(x) = -\dfrac{y'}{y} = -\dfrac{x}{1+x^2}$.

又因为 $y = (1+x^2)^2 - \sqrt{1+x^2}$ 是微分方程 $y' + p(x)y = q(x)$ 的解，所以

$$\begin{aligned}
q(x) &= y' + p(x)y \\
&= 4x(1+x^2) - \dfrac{x}{\sqrt{1+x^2}} - \dfrac{x}{1+x^2}\left[(1+x^2)^2 - \sqrt{1+x^2}\right] \\
&= 3x(1+x^2).
\end{aligned}$$

故选(A).

例❸ 已知 $y_1(x) = e^x$，$y_2(x) = u(x)e^x$ 是二阶微分方程 $(2x-1)y'' - (2x+1)y' + 2y = 0$ 的两个解. 若 $u(-1) = e$，$u(0) = -1$，求 $u(x)$，并写出该微分方程的通解.

解 $y_2(x) = u(x)e^x$，$y_2'(x) = (u' + u)e^x$，$y_2''(x) = (u'' + 2u' + u)e^x$，代入方程 $(2x-1)y'' - (2x+1)y' + 2y = 0$. 经化简整理得 $(2x-1)u'' + (2x-3)u' = 0$.

这是可降阶的微分方程，令 $u'(x) = z$，则 $(2x-1)\dfrac{\mathrm{d}z}{\mathrm{d}x} + (2x-3)z = 0$.

解此一阶可分离变量型方程，得 $z = \bar{C}_1(2x-1)e^{-x}$，再积分，得

$$u(x) = \int \bar{C}_1(2x-1)e^{-x}\mathrm{d}x = -\bar{C}_1\left[(2x-1)e^{-x} + 2e^{-x}\right] + \bar{C}_2.$$

由 $u(-1) = e$，$u(0) = -1$，得 $\bar{C}_1 = 1$，$\bar{C}_2 = 0$，所以 $u(x) = -(2x+1)e^{-x}$.

这样就得到二阶齐次线性微分方程 $(2x-1)y''-(2x+1)y'+2y=0$ 的两个线性无关的解 $y_1=e^x$，$y_2=-(2x+1)$，故该微分方程的通解是 $y=C_1e^x-C_2(2x+1)$.

考点4　常系数线性微分方程

知识补给库

二阶常系数线性微分方程的求解是考试的重要内容，须熟练掌握.

1. 齐次方程

$$y''+py'+qy=0.$$

特征方程为 $r^2+pr+q=0$，求出 r_1、r_2. 根据特征根 r_1、r_2 是单根、重根及复数根，可得通解为 $y=C_1e^{r_1x}+C_2e^{r_2x}$；$y=C_1e^{r_1x}+C_2xe^{r_2x}$；$y=e^{\lambda x}(C_1\cos\omega x+C_2\sin\omega x)$.

2. 非齐次方程

$$y''+py'+qy=f(x).$$

(1) 先求对应齐次方程通解 Y.

(2) 用待定系数法求非齐次方程特解 y^*.

当 $f(x)=Q(x)e^{\lambda x}$ 时，设 $y^*=x^kP(x)e^{\lambda x}$，$P(x)$，$Q(x)$ 为同次多项式，按 λ 不是特征根、是单根或是重根，k 分别取 0,1,2.

当 $f(x)=e^{\lambda x}[P_l(x)\cos\omega x+P_n(x)\sin\omega x]$ 时，设 $y^*=x^ke^{\lambda x}[R_m^{(1)}(x)\cos\omega x+R_m^{(2)}(x)\sin\omega x]$. P，Q，R 分别为 l,n，m 次多项式，$m=\max\{l,n\}$. 按 $\lambda\pm i\omega$ 不是特征根、是特征根，k 分别取 0、1，然后代入原方程分别求解.

3. n 阶常系数齐次线性微分方程的解法

$$y^{(n)}+p_1y^{(n-1)}+\cdots+p_{n-1}y'+p_ny=0,$$

其中 p_1，p_2，$\cdots$，p_n 均为常数，其特征方程为

$$r^n+p_1r^{n-1}+\cdots+p_{n-1}r+p_n=0.$$

类似于二阶常系数齐次线性微分方程，写出其微分方程的解.

① 当 r 是 k 重根, 通解为 $y=(c_0+c_1 x+\cdots+c_{k-1} x^{k-1})e^{rx}$.

② 当 $r=\lambda\pm i\omega$ 是 k 重共轭复根, 通解为

$y=[(c_0+c_1 x+\cdots+c_{k-1} x^{k-1})\cos\omega x+(D_0+D_1 x+\cdots+D_{k-1} x^{k-1})\sin\omega x]e^{\lambda x}$.

4. 求特解的另一种方法:微分算子法

引入记号 D 表示求导运算, 即微分算子 $D=\dfrac{d}{dx}$, $D^2=\dfrac{d^2}{dx^2}$, $\cdots$,

$D^n=\dfrac{d^n}{dx^n}$, $\dfrac{1}{D}$ 表示积分, 如 $\dfrac{1}{D}\sin x=\int\sin x\,dx=-\cos x$.

于是 $y''+py'+qy=f(x)$ 可以改写为 $D^2 y+pDy+qy=f(x)$,

$$(D^2+pD+q)y=f(x).$$

于是
$$y^*=\frac{1}{D^2+pD+q}f(x)=\frac{1}{L(D)}f(x).$$

注意, 这时方程的特解关键是把 $L(D)$ 求出来, 求 $L(D)$ 又要取决于 $f(x)$ 的形式. 这里, 我们学几种易掌握的情况.

(1) $f(x)=e^{ax}$.

① 若 $L(a)\neq 0$, 即 $a^2+pa+q\neq 0$, 这时 $L(D)=a^2+pa+q$, 换句话说, $L(D)$ 中的 D 用 a 代入.

② 若 $L(a)=0$, 即 $a^2+pa+q=0$, 这时 $L(D)$ 对 D 求导一次, 即 $L(D)=2D+p$, 再把 D 用 a 代入, 结果为 $2a+p$, 若 $2a+p\neq 0$, 则方程特解为 $y^*=x\dfrac{1}{2a+p}f(x)$, 切记, 分母 $L(D)$ 对 D 求过一次导, 分子就要乘以 x, 以此类推.

(2) 若方程 $y''+py'+qy=f(x)$, $p=0$, 且 $f(x)$ 为 $\cos ax$ 或 $\sin ax$.

即方程为 $y''+qy=\sin ax$; $y''+qy=\cos ax$.

特解为$y^* = \dfrac{1}{D^2+9}\sin ax$；$y^* = \dfrac{1}{D^2+9}\cos ax$.

注 这时分母D^2+9中的D^2看作一个整体，$D^2 = -a^2$.

(3) 若$f(x) = e^{ax}P_m(x)$，这时$y^* = \dfrac{1}{L(D)}(e^{ax}P_m(x)) =$

$e^{ax}\dfrac{1}{L(D+a)}P_m(x)$，其中，$L(D+a)$为用$D+a$替代$L(D)$中$D$

的表示式.

(4) 若$f(x)$为m次多项式，记$Q(D)$为1除以按D的升幂排列的$L(D)$所得的商，其最高次数取为m，则有$\dfrac{1}{L(D)}f(x)$
$= Q(D)f(x)$.

典型例题

例❶ 求微分方程$y'' - 5y' + 6y = xe^{2x}$的通解.

解 这是二阶常系数非齐次线性微分方程. 首先，求相应的齐次方程

$$y'' - 5y' + 6y = 0$$

的通解. 由特征方程$r^2 - 5r + 6 = 0$的两个实根，$r_1 = 2$，$r_2 = 3$,知齐次方程的通解为$Y = C_1 e^{2x} + C_2 e^{3x}$.

其次，求非齐次方程的一个特解y^*. 因为$\lambda = 2$是特征方程的单根. 由$f(x) = xe^{2x}$，得

$$y^* = x(b_1 x + b_0)e^{2x}.$$

为了求出b_1，b_0,将y^*代入原非齐次方程,整理后得

$$-2b_1 x + 2b_1 - b_0 = x.$$

比较两端同次幂的系数,有$\begin{cases} -2b_1 = 1, \\ 2b_1 - b_0 = 0, \end{cases}$ 解得$b_1 = -\dfrac{1}{2}$，$b_0 = -1$.

所以

$$y^* = x\left(-\frac{1}{2}x - 1\right)e^{2x}.$$

于是,原方程的通解为

$$y = C_1 e^{2x} + C_2 e^{3x} - \frac{1}{2}(x^2 + 2x)e^{2x}.$$

例❷ 微分方程 $y'' + y = x^2 + 1 + \sin x$ 的特解形式可设为 　　　　(　)

(A) $y^* = ax^2 + bx + c + x(A\sin x + B\cos x)$

(B) $y^* = x(ax^2 + bx + c + A\sin x + B\cos x)$

(C) $y^* = ax^2 + bx + c + A\sin x$

(D) $y^* = ax^2 + bx + c + A\cos x$

解 对应的特征方程为 $r^2 + 1 = 0$,解 $r_{1,2} = \pm i$.

原方程的解由 $y'' + y = x^2 + 1$ 与 $y'' + y = \sin x$ 的解相加构成,$y'' + y = x^2 + 1$ 的特解形式可设为 $ax^2 + bx + c$, $y'' + y = \sin x$ 的特解形式为 $x(A\sin x + B\cos x)$. 故选(A).

例❸ 求微分方程 $y^{(4)} - 2y''' + 5y'' = 0$ 的通解.

解 特征方程为 $r^4 - 2r^3 + 5r^2 = 0$,

即 $r^2(r^2 - 2r + 5) = 0$,特征根是 $r_1 = r_2 = 0$ 和 $r_{3,4} = 1 \pm 2i$,因此通解为

$$y = C_1 + C_2 x + e^x(C_3 \cos 2x + C_4 \sin 2x).$$

例❹ 已知某四阶常系数齐次线性微分方程的 4 个线性无关的解为

$$y_1 = e^{2x}, \quad y_2 = xe^{2x}, \quad y_3 = \cos 2x, \quad y_4 = 3\sin 2x,$$

求此四阶微分方程及其通解.

解 由 y_1 与 y_2 可知,它们对应的特征根为二重根 $r_1 = r_2 = 2$,而由 y_3 与 y_4 可知,它们对应的特征根为一对共轭复根 $r_{3,4} = \pm 2i$. 所以特征方程为

$$(r-2)^2(r^2+4) = 0,$$

即

$$r^4 - 4r^3 + 8r^2 - 16r + 16 = 0.$$

它所对应的微分方程为

$$y^{(4)} - 4y''' + 8y'' - 16y' + 16y = 0,$$

其通解为

$$y = (C_1 + C_2 x)e^{2x} + C_3 \cos 2x + C_4 \sin 2x \quad (C_1, C_2, C_3, C_4 \text{ 为任意常数}).$$

例❺ 求下列非齐次微分方程的特解.

(1) $y'' - 3y' + 2y = e^{3x}$; 　　(2) $y''' - 3y'' + 3y' - y = e^x$.

解 (1) $y^* = \dfrac{1}{D^2 - 3D + 2}e^{3x} = \dfrac{1}{3^2 - 3 \times 3 + 2}e^{3x} = \dfrac{1}{2}e^{3x}$.

(2) $y^* = \dfrac{1}{D^3 - 3D^2 + 3D - 1}e^x$.

因为 $1^3 - 3 \times 1^2 + 3 \times 1 - 1 = 0$,故 $D^3 - 3D^2 + 3D - 1$ 对 D 求导,得 $3D^2 - 6D + 3$,再把 $D = 1$ 代入得 $3 \times 1^2 - 6 + 3 = 0$,最后把 $3D^2 - 6D + 3$ 对 D 求导,得 $6D - 6$,把 $D = 1$ 代入,$6 \times 1 - 6 = 0$,再对 D 求导,得 6,一共求导 3 次,故分子要添 x^3. 故 $y^* = \dfrac{1}{6}x^3 e^x$.

例⑥ 求下列非齐次微分方程的特解.

(1) $y'' + y = 3\cos 2x$；(2) $y'' - y = \sin x$；(3) $y'' + y = \cos x$.

解　(1) $y^* = \dfrac{1}{D^2 + 1} 3\cos 2x$，$\alpha = 2$，故 $\alpha^2 = 4$，$D^2 = -\alpha^2 = -4$.

所以 $y^* = \dfrac{3}{-4+1}\cos 2x = -\cos 2x$.

(2) $y^* = \dfrac{1}{D^2 - 1}\sin x$，$\alpha = 1$，故 $D^2 = -1^2 = -1$.

所以 $y^* = \dfrac{1}{-1-1}\sin x = -\dfrac{1}{2}\sin x$.

(3) $y^* = \dfrac{1}{D^2 + 1}\cos x$. $\alpha = 1$，$D^2 = -1^2$，代入，$D^2 + 1 = -1 + 1 = 0$.

怎么办？同前面的思路，数值带入分母等于零，分母就对 D 求导，$(D^2 + 1)' = 2D$，记住求导一次分子添 x. 故 $y^* = x\dfrac{1}{2D}\cos x$，这个时候，要用到 $\dfrac{1}{D}$ 的定义，代表对后面的函数积分，$\dfrac{1}{D}\cos x = \displaystyle\int \cos x\,\mathrm{d}x = \sin x$，从而方程特解为 $y^* = \dfrac{x}{2}\sin x$.

例⑦ 求下列非齐次微分方程的特解.

$$y'' + 2y' + 2y = x^2 \mathrm{e}^{-x}.$$

解　$y^* = \dfrac{1}{D^2 + 2D + 2} x^2 \mathrm{e}^{-x}$.

其中，$L(D) = D^2 + 2D + 2$，$a = -1$，这时

$$L(D + a) = L(D - 1) = (D - 1)^2 + 2(D - 1) + 2 = D^2 + 1.$$

故 $y^* = \mathrm{e}^{-x} \dfrac{1}{D^2 + 1} x^2 = \mathrm{e}^{-x}(1 - D^2)x^2 = \mathrm{e}^{-x}(x^2 - 2)$.

注　$\dfrac{1}{1 + D^2} x^2 = (1 - D^2)x^2$.

例⑧ 求 $y'' + y = x^2 - x + 2$ 的特解.

解　$y^* = \dfrac{1}{D^2 + 1}(x^2 - x + 2)$，利用多项式除法，$1 \div (1 + D^2) = (1 - D^2 + \cdots)$. （这里 x 的最高次幂为 2，故 D 的最高次幂为 2 即可.）

于是 $y^* = (1 - D^2)(x^2 - x + 2) = (x^2 - x + 2) - D^2(x^2 - x + 2)$.

$D^2(x^2 - x + 2)$ 的含义为 $x^2 - x + 2$ 对 x 求两次导，故 $D^2(x^2 - x + 2) = 2$.

最终 $y^* = x^2 - x + 2 - 2 = x^2 - x$.

考点 5　利用变量代换解微分方程

知识补给库

此考点主要以综合题形式考查,关键在于学会参数方程求导.

数一考生要掌握欧拉方程.

形如 $x^n y^{(n)} + p_1 x^{n-1} y^{(n-1)} + \cdots + p_{n-1} xy' + p_n y = f(x)$ 的微分方程称为欧拉方程,其中 p_1, p_2, $\cdots p_n$ 均为常数.

特殊地,若 $n = 2$, 方程为 $x^2 y'' + p_1 xy' + p_2 y = f(x)$, 作变换 $x = e^t$, 则

$$\frac{dy}{dx} = \frac{dy}{de^t} = \frac{dy}{e^t dt} = e^{-t}\frac{dy}{dt},$$

$$\frac{d^2 y}{dx^2} = \frac{d\left(\frac{dy}{dx}\right)}{dx} = \frac{d\left(\frac{dy}{dx}\right)}{dt} \cdot \frac{dt}{dx} = \left(e^{-t}\frac{dy}{dt}\right)'_t \cdot e^{-t}$$

$$= \left(-e^{-t}\frac{dy}{dt} + e^{-t}\frac{d^2 y}{dt^2}\right) e^{-t}$$

$$= -e^{-2t}\frac{dy}{dt} + e^{-2t}\frac{d^2 y}{dt^2}.$$

代入 $x^2 y'' + p_1 xy' + p_2 y = f(x)$, 得

$$e^{2t}\left(-e^{-2t}\frac{dy}{dt} + e^{-2t}\frac{d^2 y}{dt^2}\right) + p_1 e^t e^{-t}\frac{dy}{dt} + p_2 y = f(e^t).$$

$$\frac{d^2 y}{dt^2} + (p_1 - 1)\frac{dy}{dt} + p_2 y = f(e^t).$$

典型例题

例❶　用变量代换 $x = \cos t (0 < t < \pi)$ 化简微分方程 $(1 - x^2)y'' - xy' + y = 0$,并求其满足 $y\big|_{x=0} = 1$, $y'\big|_{x=0} = 2$ 的特解.

解　$y' = \dfrac{\dfrac{dy}{dt}}{\dfrac{dx}{dt}} = -\dfrac{1}{\sin t} \cdot \dfrac{dy}{dt},$

$$\dfrac{d^2 y}{dx^2} = \dfrac{d}{dx}\left(\dfrac{dy}{dx}\right) = \left(\dfrac{\cos t}{\sin^2 t} \cdot \dfrac{dy}{dt} - \dfrac{1}{\sin t} \cdot \dfrac{d^2 y}{dt^2}\right) \cdot \dfrac{1}{-\sin t} = \dfrac{1}{\sin^2 t} \cdot \dfrac{d^2 y}{dt^2} - \dfrac{\cos t}{\sin^3 t} \cdot \dfrac{dy}{dt},$$

代入原方程可得
$$\dfrac{d^2 y}{dt^2} + y = 0,$$

其通解为
$$y = C_1 \cos t + C_2 \sin t,$$

将 $x = \cos t$ 回代可得
$$y = C_1 x + C_2 \sqrt{1 - x^2},$$

将初始条件代入,可得 $C_1 = 2, C_2 = 1$,故所求特解为

$$y = 2x + \sqrt{1 - x^2}.$$

例❷　欧拉方程 $x^2 \dfrac{d^2 y}{dx^2} + 4x \dfrac{dy}{dx} + 2y = 0 \ (x > 0)$ 的通解为 _____.

解　令 $x = e^t$,则 $\dfrac{dy}{dx} = \dfrac{dy}{dt} \cdot \dfrac{dt}{dx} = e^{-t} \dfrac{dy}{dt} = \dfrac{1}{x} \cdot \dfrac{dy}{dt}$,且

$$\dfrac{d^2 y}{dx^2} = -\dfrac{1}{x^2} \cdot \dfrac{dy}{dt} + \dfrac{1}{x} \cdot \dfrac{d^2 y}{dt^2} \cdot \dfrac{dt}{dx} = \dfrac{1}{x^2}\left(\dfrac{d^2 y}{dt^2} - \dfrac{dy}{dt}\right).$$

将上面两式代入原方程后,整理可得 $\dfrac{d^2 y}{dt^2} + 3\dfrac{dy}{dt} + 2y = 0$.

解此方程,得通解为 $y = C_1 e^{-t} + C_2 e^{-2t} = \dfrac{C_1}{x} + \dfrac{C_2}{x^2}$.

考点 6　微分方程应用及综合题

典型例题

例❶　(1) 设 $f(x)$ 可导,且满足 $\displaystyle\int_0^x x f(x - t) dt = x + \int_0^x f(t) dt$,求 $f(x)$.

(2) 当 $x > 0$ 时,可导函数 $f(x)$ 有反函数 $g(x)$,且满足 $\displaystyle\int_0^{f(x)} g(t) dt = \ln x - 1$,求 $f(x)$.

解　(1) $\displaystyle\int_0^x f(x - t) dt \xLeftrightarrow{\text{令} x - t = u} \int_x^0 f(u)(-du) = \int_0^x f(u) du$,代入原方程,得

$$x \int_0^x f(u) du = x + \int_0^x f(t) dt.$$

两端求导,得
$$\int_0^x f(u) du + x f(x) = 1 + f(x), \text{令} x = 0, \text{得} f(0) = -1.$$

再求导,得

$$f(x) + f(x) + xf'(x) = f'(x),$$

$$(1-x)f'(x) = 2f(x), \quad f(x) = \frac{C}{(1-x)^2}.$$

由 $f(0) = -1$，得 $C = -1$，$f(x) = \frac{-1}{(1-x)^2}$.

(2) 对 $\int_0^{f(x)} g(t)\mathrm{d}t = \ln x - 1$ 两端求导，

$$g[f(x)]f'(x) = \frac{1}{x}, \quad xf'(x) = \frac{1}{x},$$

$$f'(x) = \frac{1}{x^2}, \quad f(x) = -\frac{1}{x} + C.$$

当 x 使 $f(x) = 0$ 时，有

$$\ln x - 1 = \int_0^{f(x)} g(t)\mathrm{d}t = \int_0^0 g(t)\mathrm{d}t = 0,$$

$x = \mathrm{e}$，即 $f(\mathrm{e}) = 0$，所以 $C = \frac{1}{\mathrm{e}}$，$f(x) = -\frac{1}{x} + \frac{1}{\mathrm{e}}$.

例❷ 设函数 $f(x)$，$g(x)$ 满足 $f'(x) = g(x)$，$g'(x) = 2\mathrm{e}^x - f(x)$，且 $f(0) = 0$，$g(0) = 2$，求 $\int_0^\pi \left[\frac{g(x)}{1+x} - \frac{f(x)}{(1+x)^2} \right] \mathrm{d}x$.

解 由 $f'(x) = g(x)$ 得

$$f''(x) = g'(x) = 2\mathrm{e}^x - f(x),$$

又 $f(0) = 0$，$g(0) = f'(0) = 2$，解得

$$f(x) = \sin x - \cos x + \mathrm{e}^x,$$

故

$$\int_0^\pi \left[\frac{g(x)}{1+x} - \frac{f(x)}{(1+x)^2} \right]\mathrm{d}x = \int_0^\pi \frac{g(x)(1+x) - f(x)}{(1+x)^2}\mathrm{d}x$$

$$= \int_0^\pi \frac{f'(x)(1+x) - f(x)}{(1+x)^2}\mathrm{d}x$$

$$= \int_0^\pi \left[\frac{f(x)}{1+x} \right]'\mathrm{d}x = \frac{f(x)}{1+x} \Big|_0^\pi = \frac{1+\mathrm{e}^\pi}{1+\pi}.$$

例❸ 已知函数 $f(x)$ 满足方程

$$f''(x) + f'(x) - 2f(x) = 0 \text{ 及 } f''(x) + f(x) = 2\mathrm{e}^x.$$

(1) 求 $f(x)$ 的表达式；

(2) 求曲线 $y = f(x^2)\int_0^x f(-t^2)\mathrm{d}t$ 的拐点.

解 (1) $f''(x) + f'(x) - 2f(x) = 0$ 所对应的特征方程为 $r^2 + r - 2 = 0$，其根为 $r_1 = 1$，$r_2 = -2$，微分方程的通解为

$$f(x) = C_1 \mathrm{e}^x + C_2 \mathrm{e}^{-2x}.$$

将 $f(x)=C_1\mathrm{e}^x+C_2\mathrm{e}^{-2x}$ 代入方程 $f''(x)+f(x)=2\mathrm{e}^x$, 得

$$C_1\mathrm{e}^x+4C_2\mathrm{e}^{-2x}+C_1\mathrm{e}^x+C_2\mathrm{e}^{-2x}=2\mathrm{e}^x,$$

解得 $C_1=1$, $C_2=0$, 即 $f(x)=\mathrm{e}^x$.

(2) 曲线方程为 $y=\mathrm{e}^{x^2}\displaystyle\int_0^x\mathrm{e}^{-t^2}\mathrm{d}t$, 求导可得

$$y'=2x\mathrm{e}^{x^2}\int_0^x\mathrm{e}^{-t^2}\mathrm{d}t+1,$$

求二阶导数得

$$y''=2\left[\mathrm{e}^{x^2}\int_0^x\mathrm{e}^{-t^2}\mathrm{d}t+x\mathrm{e}^{x^2}(2x)\int_0^x\mathrm{e}^{-t^2}\mathrm{d}t+x\right].$$

由上述条件可知, $y''(0)=0$; 当 $x>0$ 时, $y''(x)>0$; 当 $x<0$ 时, $y''(x)<0$.
所以曲线唯一拐点为 $(0,f(0))=(0,0)$.

例④ 设位于第一象限的曲线 $y=f(x)$ 过点 $\left(\dfrac{\sqrt{2}}{2},\dfrac{1}{2}\right)$, 其上任一点 $P(x,y)$ 处的法线与 y 轴的交点为 Q, 且线段 PQ 被 x 轴平分.

(1) 求曲线 $y=f(x)$ 的方程.

(2)(仅数一、数二)已知曲线 $y=\sin x$ 在 $[0,\pi]$ 上的弧长为 l, 试用 l 表示 $y=f(x)$ 的弧长.

解 (1) 由已知列方程 $2y\mathrm{d}y+x\mathrm{d}x=0$, 得 $x^2+2y^2=c$. 又 $y\left(\dfrac{\sqrt{2}}{2}\right)=\dfrac{1}{2}$, $c=1$, 故 $x^2+2y^2=1$.

(2) $l=2\displaystyle\int_0^{\frac{\pi}{2}}\sqrt{1+\cos^2 x}\,\mathrm{d}x$, 将 $x^2+2y^2=1$ 写成参数方程 $\begin{cases}x=\cos\theta,\\ y=\dfrac{1}{\sqrt{2}}\sin\theta,\end{cases}$ 则弧长公式为 $s=\dfrac{1}{\sqrt{2}}\displaystyle\int_0^{\frac{\pi}{2}}\sqrt{1+\sin^2\theta}\,\mathrm{d}\theta$. 由 $\theta=\dfrac{\pi}{2}-x$, 则 $s=\dfrac{1}{\sqrt{2}}\displaystyle\int_0^{\frac{\pi}{2}}\sqrt{1+\cos^2 x}\,\mathrm{d}x=\dfrac{\sqrt{2}}{4}l$.

例⑤ 设函数 $y(x)$ $(x\geqslant0)$ 有三阶导数, 且 $y'(x)>0$, $y(0)=1$. 过曲线 $y=y(x)$ 上任一点 $P(x,y)$ 作该曲线的切线及 x 轴的垂线, 将上述两直线与 x 轴所围的三角形面积记为 S_1; 区间 $[0,x]$ 上以 $y=y(x)$ 为曲边的曲边梯形面积为 S_2, 且 $2S_1-S_2=1$. 求 $y=y(x)$ 的方程.

解 切线方程为 $Y-y=y'(X-x)$, 切线与 x 轴交点为 $\left(x-\dfrac{y}{y'}\right)$, 故 $S_1=\dfrac{1}{2}y\left|x-\left(x-\dfrac{y}{y'}\right)\right|=\dfrac{y^2}{2y'}$. 而 $S_2=\displaystyle\int_0^x y(t)\mathrm{d}t$, 则由 $2S_1-S_2=1$ 可得 $\dfrac{y^2}{y'}-\displaystyle\int_0^x y(t)\mathrm{d}t=1$, 两端求导并整理可列方程 $yy''=(y')^2$.

令 $y'=p$, $y''=p\dfrac{\mathrm{d}p}{\mathrm{d}y}$, 得 $\dfrac{\mathrm{d}p}{p}=\dfrac{\mathrm{d}y}{y}$, 积分得 $p=C_1y$, 故 $y=\mathrm{e}^{C_1x+C_2}$.

由 $y(0)=1$, $y'(0)=1$, 得 $C_1=1$, $C_2=0$, 故 $y=\mathrm{e}^x$.

例 **6** 已知 $f(x)$ 是连续函数.

(1) 求 $\begin{cases} y' + ay = f(x), \\ y\big|_{x=0} = 0 \end{cases}$ 的通解 $y(x)(a > 0$ 的常数$)$；

(2) 若 $|f(x)| \leqslant k(k$ 为常数$)$，证明：当 $x > 0$ 时，有 $|y(x)| \leqslant \dfrac{k}{a}(1 - e^{-ax})$.

解　(1) $y = e^{-\int a \mathrm{d}x}\left(\int f(x)e^{\int a \mathrm{d}x}\mathrm{d}x + C\right) = e^{-ax}[F(x) + C]$, $y(0) = 0 \Rightarrow C = -F(0)$.

于是 $y(x) = e^{-ax}\displaystyle\int_0^x f(t)e^{at}\,\mathrm{d}t$.

(2) $|y(x)| \leqslant e^{-ax}\displaystyle\int_0^x |f(t)|\,e^{at}\,\mathrm{d}t \leqslant ke^{-ax}\displaystyle\int_0^x e^{at}\,\mathrm{d}t = \dfrac{k}{a}(1 - e^{-ax})$.

第五章　多元函数微分学

考点1　五大概念之间的关系

知识补给库

偏导数存在、函数极限存在、连续、可微、偏导数连续之间的关系，考试中多以选择题形式考查。

1. 二元函数定义

几何意义：$z = f(x, y)$ 的图形是一张曲面。

2. 二元函数的极限

设 $f(x, y)$ 在点 (x_0, y_0) 的去心邻域内有定义，如果又对任意 $\varepsilon > 0$，存在 $\delta > 0$，只要 $0 < \sqrt{(x - x_0)^2 + (y - y_0)^2} < \delta$，就有 $|f(x, y) - A| < \varepsilon$，则称、

$$\lim_{\substack{x \to x_0 \\ y \to y_0}} f(x, y) = A \text{ 或 } \lim_{(x, y) \to (x_0, y_0)} f(x, y) = A.$$

注　二次极限与二重极限的关系：

在求二元函数 $f(x, y)$ 的极限过程中，若 (x, y) 以任意方式趋于 (x_0, y_0)，则极限 $\lim_{(x, y) \to (x_0, y_0)} f(x, y)$ 称为二重极限，式中只有一个极限记号。

若 (x, y) 按折线 $(x, y) \to (x, y_0) \to (x_0, y_0)$ 或 $(x, y) \to (x_0, y) \to (x_0, y_0)$ 方式趋于 (x_0, y_0)，则极限 $\lim_{x \to x_0} \lim_{y \to y_0} f(x, y)$ 和 $\lim_{y \to y_0} \lim_{x \to x_0} f(x, y)$ 称为二次极限，式中有两个极限记号，表示两次过程。

二重极限与二次极限是两个不同的概念,有以下几种情况:

(1) 二重极限存在,但两个二次极限不存在.

例如, $f(x,y) = x\sin\frac{1}{y} + y\sin\frac{1}{x}$, $x \neq 0$, $y \neq 0$.

因为 $0 \leqslant \left| x\sin\frac{1}{y} + y\sin\frac{1}{x} \right| \leqslant |x| + |y| \leqslant 2\sqrt{x^2+y^2}$,

由夹逼准则可得 $\lim\limits_{\substack{x\to 0 \\ y\to 0}} f(x,y) = 0$,

显然二次极限 $\lim\limits_{y\to 0}\lim\limits_{x\to 0}\left(x\sin\frac{1}{y} + y\sin\frac{1}{x}\right)$ 与 $\lim\limits_{x\to 0}\lim\limits_{y\to 0}\left(x\sin\frac{1}{y} + y\sin\frac{1}{x}\right)$ 都不存在.

(2) 二重极限不存在,但两个二次极限却可以都存在且相等.

例如, $f(x,y) = \dfrac{xy}{x^2+y^2}$, $x^2+y^2 \neq 0$.

若沿直线 $y = kx$, $\lim\limits_{\substack{x\to 0 \\ y\to kx}} f(x,y) = \lim\limits_{\substack{x\to 0 \\ y\to kx}} \dfrac{kx^2}{x^2+k^2x^2} = \dfrac{k}{1+k^2}$, 因 k 的

取值不同,所得极限值不同,从而二重极限不存在,但其两个二次极限都存在且等于零.

求 $\lim\limits_{x\to 0}\lim\limits_{y\to +\infty}\left(\dfrac{y}{1+xy} - \dfrac{1 - y\sin\frac{\pi x}{y}}{\arctan x}\right)$ $(x>0, y>0)$. (请读者自练、

答案为 π.)

3. 函数连续

若 $\lim\limits_{\substack{x\to x_0 \\ y\to y_0}} f(x,y) = f(x_0, y_0)$,称 $f(x,y)$ 在点 (x_0, y_0) 处连续;

若 $f(x,y)$ 在有界闭区域 D 上连续，则 $f(x,y)$ 在 D 上有界，可取得最值，且有介值性.

4. 偏导数

$$f'_x(x_0,y_0) = \lim_{\Delta x \to 0} \frac{f(x_0+\Delta x, y_0) - f(x_0,y_0)}{\Delta x}.$$

$$f'_y(x_0,y_0) = \lim_{\Delta y \to 0} \frac{f(x_0, y_0+\Delta y) - f(x_0,y_0)}{\Delta y}.$$

5. 全微分

若 $\Delta z = f(x_0+\Delta x, y_0+\Delta y) - f(x_0,y_0) = \frac{\partial f}{\partial x}\Delta x + \frac{\partial f}{\partial y}\Delta y + o(\rho)$,

其中，$\rho = \sqrt{(\Delta x)^2 + (\Delta y)^2}$，则称 $z=f(x,y)$ 在 (x_0,y_0) 处可微，且

$dz = \frac{\partial f}{\partial x}dx + \frac{\partial f}{\partial y}dy$ 称为全微分.

6. 判别 $z=f(x,y)$ 在 (x_0,y_0) 可微

按定义，有以下两种写法：

$$\lim_{\substack{\Delta x \to 0 \\ \Delta y \to 0}} \frac{f(x+\Delta x, y+\Delta y) - f(x_0,y_0) - \frac{\partial f}{\partial x}\Big|_{(x_0,y_0)}\Delta x - \frac{\partial f}{\partial y}\Big|_{(x_0,y_0)}\Delta y}{\sqrt{(\Delta x)^2 + (\Delta y)^2}} = 0;$$

$$\lim_{\substack{x \to x_0 \\ y \to y_0}} \frac{f(x,y) - f(x_0,y_0) - \frac{\partial f}{\partial x}\Big|_{(x_0,y_0)}(x-x_0) - \frac{\partial f}{\partial y}\Big|_{(x_0,y_0)}(y-y_0)}{\sqrt{(x-x_0)^2 + (y-y_0)^2}} = 0.$$

7. 高阶偏导数

设 $z=f(x,y)$ 的偏导数 $f'_x(x,y)$ 和 $f'_y(x,y)$ 仍是二元函数，那么它们的偏导数就称为 $z=f(x,y)$ 的二阶偏导数，共有四种：

$$\frac{\partial}{\partial x}\left(\frac{\partial z}{\partial x}\right) = \frac{\partial^2 z}{\partial x^2} = f''_{xx}(x,y), \qquad \frac{\partial}{\partial y}\left(\frac{\partial z}{\partial x}\right) = \frac{\partial^2 z}{\partial x\partial y} = f''_{xy}(x,y),$$

$$\frac{\partial}{\partial x}\left(\frac{\partial z}{\partial y}\right) = \frac{\partial^2 z}{\partial y \partial x} = f''_{yx}(x, y), \qquad \frac{\partial}{\partial y}\left(\frac{\partial z}{\partial y}\right) = \frac{\partial^2 z}{\partial y^2} = f''_{yy}(x, y).$$

当 $\dfrac{\partial^2 z}{\partial x \partial y}$, $\dfrac{\partial^2 z}{\partial y \partial x}$ 在 (x,y) 处连续, 则 $\dfrac{\partial^2 z}{\partial x \partial y} = \dfrac{\partial^2 z}{\partial y \partial x}$, 也就是

说, 在这种情况下混合偏导数与求导的次序无关.

8. 几个概念之间的关系.

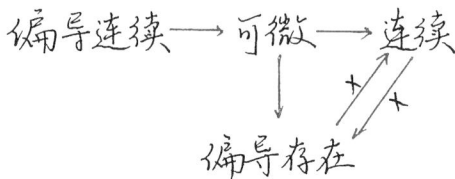

$$ 偏导连续 \longrightarrow 可微 \longrightarrow 连续 $$
$$ \downarrow \qquad\qquad $$
$$ 偏导存在 $$

典型例题

例❶ 设 $f(x, y) = \begin{cases} (x^2 + y^2)\sin\dfrac{1}{x^2 + y^2}, & (x, y) \neq (0, 0), \\ 0, & (x, y) = (0, 0). \end{cases}$ 试证 $f(x, y)$ 在

$(0, 0)$ 点可微, 但偏导数并不连续.

证 $\lim\limits_{x \to 0} \dfrac{f(x, 0) - f(0, 0)}{x} = \lim\limits_{x \to 0} x\sin\dfrac{1}{x^2} = 0$, 故 $f_x(0, 0) = 0$.

同理可求 $f_y(0, 0) = 0$.

故 $f_x(x, y) = \begin{cases} 2x\sin\dfrac{1}{x^2 + y^2} - \dfrac{2x}{x^2 + y^2}\cos\dfrac{1}{x^2 + y^2}, & (x, y) \neq (0, 0), \\ 0, & (x, y) = (0, 0). \end{cases}$

$f_y(x, y) = \begin{cases} 2y\sin\dfrac{1}{x^2 + y^2} - \dfrac{2y}{x^2 + y^2}\cos\dfrac{1}{x^2 + y^2}, & (x, y) \neq (0, 0), \\ 0, & (x, y) = (0, 0). \end{cases}$

由于 $\lim\limits_{\substack{x \to 0 \\ y \to 0}} \dfrac{2x}{x^2 + y^2}\cos\dfrac{1}{x^2 + y^2} = \lim\limits_{x \to 0} \dfrac{2}{x}\cos\dfrac{1}{x^2}$ 不存在, 故 $\lim\limits_{\substack{x \to 0 \\ y \to 0}} \dfrac{2x}{x^2 + y^2}\cos\dfrac{1}{x^2 + y^2}$ 不存在, 而

$\lim\limits_{\substack{x \to 0 \\ y \to 0}} 2x\sin\dfrac{1}{x^2 + y^2} = 0$, 所以 $\lim\limits_{\substack{x \to 0 \\ y \to 0}} f_x(x, y)$ 不存在, $f_x(x, y)$ 在 $(0, 0)$ 点并不连续. 同理可证在

$(0, 0)$ 点 $f_y(x, y)$ 也不连续. 但是由于极限

$$\lim\limits_{\substack{x \to 0 \\ y \to 0}} \frac{f(x, y) - f(0, 0) - f_x(0, 0)x - f_y(0, 0)y}{\sqrt{x^2 + y^2}} = \lim\limits_{\substack{x \to 0 \\ y \to 0}} \sqrt{x^2 + y^2}\sin\frac{1}{x^2 + y^2} = 0,$$

可见 $f(x, y)$ 在 $(0, 0)$ 点可微.

例❷ 设 $f(x, y) = \begin{cases} xy\dfrac{x^2 - y^2}{x^2 + y^2}, & x^2 + y^2 \neq 0, \\ 0, & x^2 + y^2 = 0. \end{cases}$ 证明 $f_{xy}(0, 0) \neq f_{yx}(0, 0)$.

证　$f_x(0, y) = \lim\limits_{x \to 0} \dfrac{f(x, y) - f(0, y)}{x} = \lim\limits_{x \to 0} y \dfrac{x^2 - y^2}{x^2 + y^2} = -y (y \neq 0),$

$\qquad f_y(x, 0) = \lim\limits_{y \to 0} \dfrac{f(x, y) - f(x, 0)}{y} = \lim\limits_{y \to 0} x \dfrac{x^2 - y^2}{x^2 + y^2} = x (x \neq 0),$

$\qquad f_x(0, 0) = \lim\limits_{x \to 0} \dfrac{f(x, 0) - f(0, 0)}{x} = 0; \quad f_y(0, 0) = \lim\limits_{y \to 0} \dfrac{f(0, y) - f(0, 0)}{y} = 0,$

故 $\lim\limits_{y \to 0} \dfrac{f_x(0, y) - f_x(0, 0)}{y} = \lim\limits_{y \to 0} \dfrac{-y}{y} = -1, \quad \lim\limits_{x \to 0} \dfrac{f_y(x, 0) - f_y(0, 0)}{x} = \lim\limits_{x \to 0} \dfrac{x}{x} = 1,$

即 $f_{xy}(0, 0) = -1, f_{yx}(0, 0) = 1, f_{xy}(0, 0) \neq f_{yx}(0, 0).$

例❸　二元函数 $f(x, y)$ 在点 $(0, 0)$ 处可微的一个充分条件是　　　　　（　　）

(A) $\lim\limits_{(x, y) \to (0, 0)} [f(x, y) - f(0, 0)] = 0$

(B) $\lim\limits_{x \to 0} \dfrac{f(x, 0) - f(0, 0)}{x} = 0,$ 且 $\lim\limits_{y \to 0} \dfrac{f(0, y) - f(0, 0)}{y} = 0$

(C) $\lim\limits_{(x, y) \to (0, 0)} \dfrac{f(x, y) - f(0, 0)}{\sqrt{x^2 + y^2}} = 0$

(D) $\lim\limits_{x \to 0} [f'_x(x, 0) - f'_x(0, 0)] = 0,$ 且 $\lim\limits_{y \to 0} [f'_y(0, y) - f'_y(0, 0)] = 0$

解法 1　排除法. 因为连续和可导都不是可微的充分条件,则 (A)(B) 都不正确;(D) 也

不正确, 例如对 $f(x, y) = \begin{cases} 0, & xy \neq 0, \\ 1, & xy = 0, \end{cases}$ 有 $\lim\limits_{x \to 0} [f'_x(x, 0) - f'_x(0, 0)] = 0,$

且 $\lim\limits_{y \to 0} [f'_y(0, y) - f'_y(0, 0)] = 0.$ 但 $f(x, y)$ 在 $(0, 0)$ 点不可微,因为其在 $(0, 0)$ 点不连

续. 故应选 (C).

解法 2　直接法. 由 $\lim\limits_{(x, y) \to (0, 0)} \dfrac{f(x, y) - f(0, 0)}{\sqrt{x^2 + y^2}} = 0$ 知

$$\lim\limits_{x \to 0} \dfrac{f(x, 0) - f(0, 0)}{\sqrt{x^2}} = \lim\limits_{x \to 0} \dfrac{f(x, 0) - f(0, 0)}{|x|}$$

$$= \lim\limits_{x \to 0} \left[\dfrac{f(x, 0) - f(0, 0)}{x} \cdot \dfrac{x}{|x|} \right] = 0,$$

则 $f'_x(0, 0) = \lim\limits_{x \to 0} \dfrac{f(x, 0) - f(0, 0)}{x} = 0,$ 同理 $f'_y(0, 0) = 0.$

$$\lim\limits_{(x, y) \to (0, 0)} \dfrac{f(x, y) - f(0, 0) - [f'_x(0, 0)x + f'_y(0, 0)y]}{\sqrt{x^2 + y^2}}$$

$$= \lim\limits_{(x, y) \to (0, 0)} \dfrac{f(x, y) - f(0, 0)}{\sqrt{7x^2 + y^2}} = 0,$$

则 $f(x, y)$ 在 $(0, 0)$ 点处可微,故应选 (C).

解法 3　直接法. 由 $\lim\limits_{(x, y) \to (0, 0)} \dfrac{f(x, y) - f(0, 0)}{\sqrt{x^2 + y^2}} = 0$ 知, $f(x, y) - f(0, 0) = o(\rho).$

由定义知 $f(x, y)$ 在 $(0, 0)$ 点可微.

例❹　$z = f(x, y)$ 在 $(0, 1)$ 点连续,满足 $\lim\limits_{\substack{x \to 0 \\ y \to 1}} \dfrac{f(x, y) - 2x + y - 2}{\sqrt{x^2 + (y - 1)^2}} = 0,$ 则 $\mathrm{d}z \big|_{(0, 1)}$

$=$ _____.

解　由已知可得，$\lim\limits_{\substack{x \to 0 \\ y \to 1}}(f(x, y) - 2x + y - 2) = 0$，

即 $f(0, 1) - 2 \times 0 + 1 - 2 = 0$，$f(0, 1) = 1$.

已知极限可以改写为 $\lim\limits_{\substack{x \to 0 \\ y \to 1}} \dfrac{(f(x, y) - f(0, 1)) - 2(x - 0) - ((-1)(y - 1))}{\sqrt{x^2 + (y - 1)^2}} = 0$.

这就是 $f(x, y)$ 在$(0, 1)$点可微的定义，从而 $\dfrac{\partial f}{\partial x}\bigg|_{(0, 1)} = 2$，$\dfrac{\partial f}{\partial y}\bigg|_{(0, 1)} = -1$，故

$$dz = 2dx - dy.$$

例❺　关于函数 $f(x, y) = \begin{cases} xy, & xy \neq 0, \\ x, & y = 0, \\ y, & x = 0, \end{cases}$ 给出以下结论：

① $\dfrac{\partial f}{\partial x}\bigg|_{(0, 0)} = 1$；② $\dfrac{\partial^2 f}{\partial x \partial y}\bigg|_{(0, 0)} = 1$；③ $\lim\limits_{(x, y) \to (0, 0)} f(x, y) = 0$；④ $\lim\limits_{y \to 0}\lim\limits_{x \to 0} f(x, y) = 0$.

其中正确的个数为　　　　　　　　　　　　　　　　　　　　（　　）

(A) 4　　　　　　(B) 3　　　　　　(C) 2　　　　　　(D) 1

解　$\lim\limits_{x \to 0} \dfrac{f(x, 0) - f(0, 0)}{x} = \lim\limits_{x \to 0} \dfrac{x - 0}{x} = 1$，所以 $\dfrac{\partial f}{\partial x}\bigg|_{(0, 0)} = 1$.

又当 $y \neq 0$ 时，$\lim\limits_{x \to 0} \dfrac{f(x, y) - f(0, y)}{x} = \lim\limits_{x \to 0} \dfrac{xy - y}{x}$ 不存在，

所以 $y \neq 0$ 时，$\dfrac{\partial f}{\partial x}\bigg|_{(0, y)}$ 不存在，故 $\dfrac{\partial^2 f}{\partial x \partial y}\bigg|_{(0, 0)}$ 不存在.

因为 $|f(x, y)| \leqslant |x| + |y| + |xy|$，

而 $\lim\limits_{(x, y) \to (0, 0)}(|x| + |y| + |xy|) = 0$，$\lim\limits_{y \to 0}\lim\limits_{x \to 0}(|x| + |y| + |xy|) = \lim\limits_{y \to 0}|y| = 0$，

所以 $\lim\limits_{(x, y) \to (0, 0)}|f(x, y)| = 0$，$\lim\limits_{y \to 0}\lim\limits_{x \to 0}|f(x, y)| = 0$.

故①③④正确，②错误. 故选(B).

例❻　如果 $f(x, y)$ 在$(0, 0)$处连续，那么下列选项正确的是　　　　　（　　）

(A) 若极限 $\lim\limits_{\substack{x \to 0 \\ y \to 0}} \dfrac{f(x, y)}{|x| + |y|}$ 存在，则 $f(x, y)$ 在$(0, 0)$处可微

(B) 若极限 $\lim\limits_{\substack{x \to 0 \\ y \to 0}} \dfrac{f(x, y)}{x^2 + y^2}$ 存在，则 $f(x, y)$ 在$(0, 0)$处可微

(C) 若 $f(x, y)$ 在$(0, 0)$处可微，则极限 $\lim\limits_{\substack{x \to 0 \\ y \to 0}} \dfrac{f(x, y)}{|x| + |y|}$ 存在

(D) 若 $f(x, y)$ 在$(0, 0)$处可微，则极限 $\lim\limits_{\substack{x \to 0 \\ y \to 0}} \dfrac{f(x, y)}{x^2 + y^2}$ 存在

解　令 $\lim\limits_{\substack{x \to 0 \\ y \to 0}} \dfrac{f(x, y)}{x^2 + y^2} = A$，$\lim\limits_{\substack{x \to 0 \\ y = 0}} \dfrac{f(x, 0)}{x^2} = \lim\limits_{\substack{x \to 0 \\ y = 0}}\left[\dfrac{f(x, 0)}{x} \cdot \dfrac{x}{x^2}\right] = A$.

$f'_x(0, 0) = 0$. 同理，$f'_y(0, 0) = 0$.

$\lim\limits_{\rho \to 0} \dfrac{\Delta z - f'_x \Delta x - f'_y \Delta y}{\rho} = \lim\limits_{\substack{\Delta x \to 0 \\ \Delta y \to 0}} \dfrac{f(\Delta x, \Delta y)}{\sqrt{(\Delta x)^2 + (\Delta y)^2}}$

$$= \lim_{\substack{\Delta x \to 0 \\ \Delta y \to 0}} \left[\frac{f(\Delta x, \Delta y)}{(\Delta x)^2 + (\Delta y)^2} \cdot \frac{(\Delta x)^2 + (\Delta y)^2}{\sqrt{(\Delta x)^2 + (\Delta y)^2}} \right]$$

$$= A \cdot \lim_{\substack{\Delta x \to 0 \\ \Delta y \to 0}} \sqrt{(\Delta x)^2 + (\Delta y)^2} = 0,$$

故 $f(x, y)$ 在 $(0, 0)$ 处可微,(B)正确.

对于(A),令 $f(x, y) = |x| + |y|$,极限 $\lim\limits_{\substack{x \to 0 \\ y \to 0}} \dfrac{f(x, y)}{|x| + |y|} = 1$ 存在,而 $f(x, y)$ 在 $(0, 0)$ 处不可微.

对于(C),令 $f(x, y) = x + y$,在 $(0, 0)$ 处可微,而极限 $\lim\limits_{\substack{x \to 0 \\ y \to 0}} \dfrac{f(x, y)}{|x| + |y|}$ 不存在.

对于(D),令 $f(x, y) = (x^2 + y^2)^{\frac{2}{3}}$,在 $(0, 0)$ 处可微,而极限 $\lim\limits_{\substack{x \to 0 \\ y \to 0}} \dfrac{(x^2 + y^2)^{\frac{2}{3}}}{x^2 + y^2}$ 不存在.

注 学习数学要善于总结,关于全微分判定,例 6 和例 9 其实是同一道题,读者能看出来吗?

下面推导由 $\lim\limits_{\substack{x \to 0 \\ y \to 0}} \dfrac{f(x, y)}{x^2 + y^2}$ 存在,可以得到 $\lim\limits_{\substack{x \to 0 \\ y \to 0}} f(x, y) = 0$,即 $f(0, 0) = 0$,而且在 $x \to 0$, $y \to 0$ 时,$f(x, y)$ 与 $x^2 + y^2$ 有可能为同阶无穷小,$f(x, y)$ 可能比 $x^2 + y^2$ 更高阶无穷小.无论哪种情况成立,都可以说明 $f(x, y)$ 比 $\sqrt{x^2 + y^2}$ 更高阶无穷小,即 $\lim\limits_{\substack{x \to 0 \\ y \to 0}} \dfrac{f(x, y) - f(0, 0)}{\sqrt{x^2 + y^2}} = 0$,从而 $f(x, y)$ 在 $(0, 0)$ 处可微.

例 7 设函数 $f(x, y)$ 在区域 $D = \{(x, y) \mid x^2 + y^2 < 3\}$ 上可微,$f(0, 0) = 0$,且对任意 $(x, y) \in D$,有 $\dfrac{\partial f}{\partial x} < -\dfrac{1}{2}$,$\dfrac{\partial f}{\partial y} > \dfrac{1}{2}$,则下列结论正确的是 （　　）

(A) $f(1, 1) < 0$ (B) $f(-1, -1) < -1$

(C) $f(1, -1) > 0$ (D) $f(-1, 1) > 1$

解 利用偏导数对区域 D 上的函数值进行大致估计.对任意 $(x, y) \in D$,有

$$f(x, y) = f(x, y) - f(0, 0) = [f(x, y) - f(0, y)] + [f(0, y) - f(0, 0)].$$

根据拉格朗日中值定理,存在 ξ_x 介于 0, x 之间,η_y 介于 0, y 之间,使得

$$f(x, y) = f'_x(\xi_x, y)x + f'_y(0, \eta_y)y.$$

特别地,有 $f(-1, 1) = f'_x(\xi, 1)(-1) + f'_y(0, \eta) > \dfrac{1}{2} + \dfrac{1}{2} = 1$. 因此选(D).

还可以用"反例法"逐一排除. 取 $f(x, y) = -\dfrac{3}{2}x + \dfrac{3}{2}y$,则 $f(x, y)$ 满足题设全部条件,但 $f(1, 1) = f(-1, -1) = 0$,而 $f(1, -1) = -3 < 0$,所以排除(A),(B),(C).

例 8 设 $f(x, y) = \begin{cases} \sin x \cos y, & x \neq 0 \\ 1 - \cos y, & x = 0, \end{cases}$ 则 （　　）

(A) $f'_x(0, 0) = 0$ (B) $\lim\limits_{x \to 0} \lim\limits_{y \to 0} f(x, y) = 0$

(C) $f''_{yx}(0, 0) = 1$ (D) $f'_y(0, 0) = 1$

解　由于 $0 \leqslant |f(x, y)| \leqslant |\sin x \cos y| + 1 - \cos y$，又

$$\lim_{y \to 0}(|\sin x \cos y| + 1 - \cos y) = |\sin x|, \lim_{x \to 0}|\sin x| = 0,$$

故

$$\lim_{x \to 0}\lim_{y \to 0}(|\sin x \cos y| + 1 - \cos y) = 0,$$

由夹逼准则知，$\lim\limits_{x \to 0}\lim\limits_{y \to 0}|f(x, y)| = 0$，故有 $\lim\limits_{x \to 0}\lim\limits_{y \to 0}f(x, y) = 0$，即(B)正确.

对于选项(A)，

$$f'_x(0, 0) = \lim_{x \to 0}\frac{f(x, 0) - f(0, 0)}{x} = \lim_{x \to 0}\frac{\sin x - 0}{x} = 1,$$

故(A)错误.

对于选项(C)，$f''_{yx}(0, 0) = \left[f'_y(x, y)\right]'_x\Big|_{(0, 0)} = \left[f'_y(x, 0)\right]'_x\Big|_{x=0}$.

其中，当 $x \neq 0$ 时，

$$f'_y(x, 0) = \lim_{y \to 0}\frac{f(x, y) - f(x, 0)}{y} = \lim_{y \to 0}\frac{\sin x \cos y - \sin x}{y} = \lim_{y \to 0}\frac{(\cos y - 1)\sin x}{y} = 0,$$

则 $f''_{yx}(0, 0) = 0$，(C)错误.

对于选项(D)，

$$f'_y(0, 0) = \lim_{y \to 0}\frac{f(0, y) - f(0, 0)}{y} = \lim_{y \to 0}\frac{1 - \cos y - 0}{y} = 0,$$

故(D)错误.

考点2　求偏导数与全微分

知识补给库

1. 求多元函数在给定点处的偏导数与全微分

方法1　先求偏导数，再把点的坐标值代入（此方法计算量大）.

方法2　$f'_x(x_0, y_0) = \dfrac{d}{dx}f(x, y_0)\Big|_{x=x_0}$，$f'_y(x_0, y_0) = \dfrac{d}{dy}f(x_0, y)\Big|_{y=y_0}$.

方法3　由偏导数定义，求其相应的极限值.

2. 复合函数微分法

模型I（图5-1）$z = f(u, v)$，$u = u(x, y)$，$v = v(x, y)$，

$$\frac{\partial z}{\partial x}=\frac{\partial z}{\partial u}\cdot\frac{\partial u}{\partial x}+\frac{\partial z}{\partial v}\cdot\frac{\partial v}{\partial x};\quad \frac{\partial z}{\partial y}=\frac{\partial z}{\partial u}\cdot\frac{\partial u}{\partial y}+\frac{\partial z}{\partial v}\cdot\frac{\partial v}{\partial y}.$$

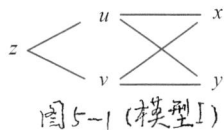

图5-1 (模型 I)

模型 II (图5-2) $u=f(x,y,z)$, $z=z(x,y)$,

$$\begin{cases}\dfrac{\partial u}{\partial x}=f'_x+f'_z\cdot\dfrac{\partial z}{\partial x},\\[2mm]\dfrac{\partial u}{\partial y}=f'_y+f'_z\cdot\dfrac{\partial z}{\partial y}.\end{cases}$$

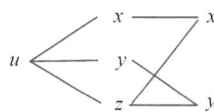

图5-2 (模型 II)

模型 III (图5-3) $u=f(x,y,z)$, $y=y(x)$,

$z=z(x)$, $\dfrac{du}{dx}=f'_x+f'_y\cdot y'(x)+f'_z\cdot z'(x)$.

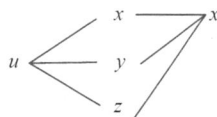

图5-3 (模型 III)

模型 IV (图5-4) $w=f(u,v)$, $u=u(x,y,z)$, $v=v(x,y,z)$,

$$\begin{cases}\dfrac{\partial w}{\partial x}=f'_u\dfrac{\partial u}{\partial x}+f'_v\dfrac{\partial v}{\partial x},\\[2mm]\dfrac{\partial w}{\partial y}=f'_u\dfrac{\partial u}{\partial y}+f'_v\dfrac{\partial u}{\partial y},\\[2mm]\dfrac{\partial w}{\partial z}=f'_u\dfrac{\partial u}{\partial z}+f'_v\dfrac{\partial v}{\partial z}.\end{cases}$$

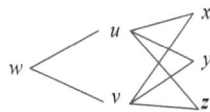

图5-4 (模型 IV)

其他模型可以类似处理.

注 (1) 读者在求偏导时可借助于"树状图".

掌握"分线相加,连线相乘"原则,其实多元本由多复合函数
求偏导,上述四个模型均可总结为以下两句话:

① 偏导数的项数等于中间变量个数;

② 每项再使用复合函数求导的链式法则.

(2) 在模型 II 中, $\dfrac{\partial u}{\partial x}=\dfrac{\partial f}{\partial x}+\dfrac{\partial f}{\partial z}\cdot\dfrac{\partial z}{\partial x}$, $\dfrac{\partial u}{\partial x}$ 与 $\dfrac{\partial f}{\partial x}$ 具有不同意义,

左端 $\dfrac{\partial u}{\partial x}$ 是函数 $u = f(x, y, z(x, y))$ 对自变量 x 的偏导数(即

$\Delta y = 0$ 时的偏导数);右端的 $\dfrac{\partial f}{\partial x}$ 是 $u = f(x, y, z(x, y))$ 对中

间变量 x 的偏导数(即 $\Delta z = 0$ 时的偏导数),为了明确起

见,可以把 $\dfrac{\partial f}{\partial x}$ 记为 f'_x 或 f'_1.

(3) 如果抽象多元复合函数的中间变量是两个或两个以

上,在求其偏导数时应该在抽象函数 f, g 等的导数的右下

标用 $1, 2, \cdots$ 或 $u, v, \cdots$ 分别表示它对第 $1, 2, \cdots$ 个中间变量

的偏导数. 但中间变量只有一个,不用画蛇添足, f, g 等对中

间变量的导数不应该再出现右下标 $1, 2, \cdots$.

(4) 求二阶偏导数是难点,一定要记住 f'_1, f'_2 与 f 具有相

同的复合结构. 如果 $z = f(u, v)$, $u = u(x, y)$, $v = v(x, y)$,

则 $\dfrac{\partial z}{\partial x} = f'_1 \cdot \dfrac{\partial u}{\partial x} + f'_2 \cdot \dfrac{\partial u}{\partial x}$.

那么, f'_1 对 x 求导的结果为 $f''_{11} \dfrac{\partial u}{\partial x} + f''_{12} \dfrac{\partial v}{\partial x}$;

f'_1 对 y 求导的结果为 $f''_{11} \dfrac{\partial u}{\partial y} + f''_{12} \dfrac{\partial v}{\partial y}$;

f'_2 对 x 求导的结果为 $f''_{21} \dfrac{\partial u}{\partial x} + f''_{22} \dfrac{\partial v}{\partial x}$;

f'_2 对 y 求导的结果为 $f''_{21} \dfrac{\partial u}{\partial y} + f''_{22} \dfrac{\partial v}{\partial y}$

典型例题

例❶ 设 $f(x, y) = x^2(y-3) + (x-1)\arctan\sqrt{\dfrac{x}{y}}$,求 $f'_x(1, 3)$,$f'_y(1, 3)$.

解法 1 $f'_x(1, 3) = \dfrac{\mathrm{d}}{\mathrm{d}x} f(x, 3)\Big|_{x=1} = \left[\dfrac{\mathrm{d}}{\mathrm{d}x}(x-1)\arctan\sqrt{\dfrac{x}{3}}\right]\Big|_{x=1}$

$$= \left[\arctan \sqrt{\frac{x}{3}} + \frac{\sqrt{3}(x-1)}{2(x+3)\sqrt{x}} \right] \Big|_{x=1} = \frac{\pi}{6},$$

$$f'_y(1,3) = \frac{\mathrm{d}}{\mathrm{d}y}f(1,y) \Big|_{y=3} = \frac{\mathrm{d}}{\mathrm{d}y}(y-3) \Big|_{y=3} = 1.$$

解法 2　$f'_x(1,3) = \lim_{x \to 1} \frac{f(x,3)-f(1,3)}{x-1} = \lim_{x \to 1} \frac{(x-1)\arctan\sqrt{\frac{x}{3}}}{x-1} = \frac{\pi}{6},$

$$f'_y(1,3) = \lim_{y \to 3} \frac{f(1,y)-f(1,3)}{y-3} = \lim_{y \to 3} \frac{y-3}{y-3} = 1.$$

例❷　设 $f(x,y,z) = \sqrt[z]{\dfrac{x}{y}}$，则 $\mathrm{d}f(1,1,1) = \underline{\qquad}$.

解　$f'_x(1,1,1) = \dfrac{\mathrm{d}}{\mathrm{d}x}f(x,1,1) \Big|_{x=1} = \dfrac{\mathrm{d}}{\mathrm{d}x}(x) \Big|_{x=1} = 1,$

$$f'_y(1,1,1) = \frac{\mathrm{d}}{\mathrm{d}y}f(1,y,1) \Big|_{y=1} = \frac{\mathrm{d}}{\mathrm{d}y}\left(\frac{1}{y}\right) \Big|_{y=1} = -\frac{1}{y^2} \Big|_{y=1} = -1,$$

$$f'_z(1,1,1) = \frac{\mathrm{d}}{\mathrm{d}z}f(1,1,z) \Big|_{z=1} = \frac{\mathrm{d}}{\mathrm{d}z}(1) \Big|_{z=1} = 0,$$

故　$\mathrm{d}f(1,1,1) = \mathrm{d}x - \mathrm{d}y.$

例❸　设 $z = f(\mathrm{e}^x \sin y, x^2 + y^2)$，其中 f 具有二阶连续偏导数，求 $\dfrac{\partial^2 z}{\partial x \partial y}$.

解　$\dfrac{\partial z}{\partial x} = f'_1 \cdot \mathrm{e}^x \sin y + f'_2 \cdot 2x,$

$$\frac{\partial^2 z}{\partial x \partial y} = \cos y \cdot \mathrm{e}^x \cdot f'_1 + \mathrm{e}^x \sin y(f''_{11} \cdot \mathrm{e}^x \cdot \cos y + f''_{12} \cdot 2y) + 2x(f''_{21} \cdot \mathrm{e}^x \cdot \cos y + f''_{22} \cdot 2y)$$

$$= \mathrm{e}^{2x} \sin y \cdot \cos y \cdot f''_{11} + 2y\mathrm{e}^x \sin y \cdot f''_{12} + 2x\mathrm{e}^x \cdot \cos y \cdot f''_{21} + 4xy f''_{22} + \mathrm{e}^x \cdot \cos y \cdot f'_1.$$

例❹　设 $z = f(x,y)$ 在点 $(1,1)$ 处可微，且 $f(1,1) = 1$，$\dfrac{\partial f}{\partial x} \Big|_{(1,1)} = 2$，$\dfrac{\partial f}{\partial y} \Big|_{(1,1)} = 3$.

$\varphi(x) = f(x, f(x,x))$，则 $\dfrac{\mathrm{d}}{\mathrm{d}x}\varphi^3(x) \Big|_{x=1} = \underline{\qquad}$.

解　$\varphi(1) = f(1, f(1,1)) = f(1,1) = 1,$

$\varphi'(x) = f'_1(x, f(x,x)) + f'_2(x, f(x,x))[f'_1(x,x) + f'_2(x,x)],$

所以，$\varphi'(1) = f'_1(1, f(1,1)) + f'_2(1, f(1,1))[f'_1(1,1) + f'_2(1,1)]$

$$= f'_1(1,1) + f'_2(1,1)[f'_1(1,1) + f'_2(1,1)]$$

$$= 2 + 3(2+3) = 17.$$

$$\frac{\mathrm{d}}{\mathrm{d}x}\varphi^3(x) = 3\varphi^2(x)\varphi'(x), \quad \frac{\mathrm{d}}{\mathrm{d}x}\varphi^3(x) \Big|_{x=1} = 3\varphi^2(1)\varphi'(1) = 3 \times 1 \times 17 = 51.$$

例❺　设函数 $f(u,v)$ 具有 2 阶连续偏导数，$y = f(\mathrm{e}^x, \cos x)$，求 $\dfrac{\mathrm{d}y}{\mathrm{d}x} \Big|_{x=0}$，$\dfrac{\mathrm{d}^2 y}{\mathrm{d}x^2} \Big|_{x=0}$.

解　$y(0) = f(\mathrm{e}^x, \cos x) \big|_{x=0} = f(1,1),$

$$\frac{\mathrm{d}y}{\mathrm{d}x} \Big|_{x=0} = [f'_1 \mathrm{e}^x + f'_2(-\sin x)] \big|_{x=0} = f'_1(1,1) \cdot 1 + f'_2(1,1) \cdot 0 = f'_1(1,1),$$

$$\frac{\mathrm{d}^2 y}{\mathrm{d}x^2} = \mathrm{e}^x[f''_{11}\mathrm{e}^x + f''_{12}(-\sin x)] + \mathrm{e}^x f'_1 - \frac{\mathrm{d}f'_2}{\mathrm{d}x}\sin x - f'_2 \cos x,$$

$$\frac{\mathrm{d}^2 y}{\mathrm{d}x^2}\bigg|_{x=0} = f''_{11}(1,\ 1) + f'_1(1,\ 1) - f'_2(1,\ 1).$$

例 **6** 设函数 $f(u)$ 具有 2 阶连续导数，$z = f(\mathrm{e}^x \cos y)$ 满足

$$\frac{\partial^2 z}{\partial x^2} + \frac{\partial^2 z}{\partial y^2} = (4z + \mathrm{e}^x \cos y)\mathrm{e}^{2x}.$$

若 $f(0) = 0$，$f'(0) = 0$，求 $f(u)$ 的表达式.

解 根据已知的关系式，变形得到关于 $f(u)$ 的微分方程，解微分方程求得 $f(u)$.

由 $z = f(\mathrm{e}^x \cos y)$ 得

$$\frac{\partial z}{\partial x} = f'(\mathrm{e}^x \cos y) \cdot \mathrm{e}^x \cos y, \quad \frac{\partial z}{\partial y} = f'(\mathrm{e}^x \cos y) \cdot (-\mathrm{e}^x \sin y),$$

$$\frac{\partial^2 z}{\partial x^2} = f''(\mathrm{e}^x \cos y) \cdot \mathrm{e}^x \cos y \cdot \mathrm{e}^x \cos y + f'(\mathrm{e}^x \cos y) \cdot \mathrm{e}^x \cos y$$

$$= f''(\mathrm{e}^x \cos y) \cdot \mathrm{e}^{2x} \cos^2 y + f'(\mathrm{e}^x \cos y) \cdot \mathrm{e}^x \cos y,$$

$$\frac{\partial^2 z}{\partial y^2} = f''(\mathrm{e}^x \cos y) \cdot (-\mathrm{e}^x \sin y) \cdot (-\mathrm{e}^x \sin y) + f'(\mathrm{e}^x \cos y) \cdot (-\mathrm{e}^x \cos y)$$

$$= f''(\mathrm{e}^x \cos y) \cdot \mathrm{e}^{2x} \sin^2 y - f'(\mathrm{e}^x \cos y) \cdot \mathrm{e}^x \cos y.$$

由 $\dfrac{\partial^2 z}{\partial x^2} + \dfrac{\partial^2 z}{\partial y^2} = (4z + \mathrm{e}^x \cos y)\mathrm{e}^{2x}$，代入得

$$f''(\mathrm{e}^x \cos y) \cdot \mathrm{e}^{2x} = \left[4f(\mathrm{e}^x \cos y) + \mathrm{e}^x \cos y\right]\mathrm{e}^{2x},$$

即

$$f''(\mathrm{e}^x \cos y) - 4f(\mathrm{e}^x \cos y) = \mathrm{e}^x \cos y.$$

令 $\mathrm{e}^x \cos y = u$，得 $f''(u) - 4f(u) = u$，

特征方程 $r^2 - 4 = 0$，$r = \pm 2$，得齐次方程通解 $\bar{y} = C_1 \mathrm{e}^{2u} + C_2 \mathrm{e}^{-2u}$.

设特解 $y^* = au + b$，代入方程得 $a = -\dfrac{1}{4}$，$b = 0$，特解 $y^* = -\dfrac{1}{4}u$，则原方程通解为

$$y = f(u) = C_1 \mathrm{e}^{2u} + C_2 \mathrm{e}^{-2u} - \frac{1}{4}u.$$

由 $f(0) = 0$，$f'(0) = 0$，得 $C_1 = \dfrac{1}{16}$，$C_2 = -\dfrac{1}{16}$，则

$$y = f(u) = \frac{1}{16}\mathrm{e}^{2u} - \frac{1}{16}\mathrm{e}^{-2u} - \frac{1}{4}u.$$

例 **7** 已知函数 $u(x,\ y)$ 满足 $2\dfrac{\partial^2 u}{\partial x^2} - 2\dfrac{\partial^2 u}{\partial y^2} + 3\dfrac{\partial u}{\partial x} + 3\dfrac{\partial u}{\partial y} = 0$，求 a，b 的值，使得在变换 $u(x,\ y) = v(x,\ y)\mathrm{e}^{ax+by}$ 下，上述等式可化为 $v(x,\ y)$ 不含一阶偏导数的等式.

解 $\dfrac{\partial u}{\partial x} = \dfrac{\partial v}{\partial x}\mathrm{e}^{ax+by} + av(x,\ y)\mathrm{e}^{ax+by}$，

$$\frac{\partial^2 u}{\partial x^2} = \frac{\partial^2 v}{\partial x^2}\mathrm{e}^{ax+by} + a\frac{\partial v}{\partial x}\mathrm{e}^{ax+by} + a\frac{\partial v}{\partial x}\mathrm{e}^{ax+by} + a^2 v(x,\ y)\mathrm{e}^{ax+by}$$

$$= \frac{\partial^2 v}{\partial x^2}\mathrm{e}^{ax+by} + 2a\frac{\partial v}{\partial x}\mathrm{e}^{ax+by} + a^2 v(x,\ y)\mathrm{e}^{ax+by},$$

$$\frac{\partial u}{\partial y} = \frac{\partial v}{\partial y} e^{ax+by} + bv(x, y) e^{ax+by},$$

$$\frac{\partial^2 u}{\partial y^2} = \frac{\partial^2 v}{\partial y^2} e^{ax+by} + b\frac{\partial v}{\partial y} e^{ax+by} + b\frac{\partial v}{\partial y} e^{ax+by} + b^2 v(x, y) e^{ax+by}$$

$$= \frac{\partial^2 v}{\partial y^2} e^{ax+by} + 2b\frac{\partial v}{\partial y} e^{ax+by} + b^2 v(x, y) e^{ax+by},$$

$$2\frac{\partial^2 u}{\partial x^2} - 2\frac{\partial^2 u}{\partial y^2} + 3\frac{\partial u}{\partial x} + 3\frac{\partial u}{\partial y}$$

$$= 2\frac{\partial^2 v}{\partial x^2} e^{ax+by} + 4a\frac{\partial v}{\partial x} e^{ax+by} + 2a^2 v(x, y) e^{ax+by} - 2\frac{\partial^2 v}{\partial y^2} e^{ax+by} - 4b\frac{\partial v}{\partial y} e^{ax+by}$$

$$- 2b^2 v(x, y) e^{ax+by} + 3\frac{\partial v}{\partial x} e^{ax+by} + 3av(x, y) e^{ax+by} + 3\frac{\partial v}{\partial y} e^{ax+by} + 3bv(x, y) e^{ax+by} = 0,$$

即 $2\dfrac{\partial^2 v}{\partial x^2} - 2\dfrac{\partial^2 v}{\partial y^2} + (4a+3)\dfrac{\partial v}{\partial x} + (3-4b)\dfrac{\partial v}{\partial y} + (2a^2 - 2b^2 + 3a + 3b)v(x, y) = 0.$

由题意可知 $\begin{cases} 4a + 3 = 0, \\ 3 - 4b = 0 \end{cases} \Rightarrow$ 得 $\begin{cases} a = -\dfrac{3}{4}, \\ b = \dfrac{3}{4}. \end{cases}$

例 8 已知函数 $z = z(x, y)$ 满足 $x^2\dfrac{\partial z}{\partial x} + y^2\dfrac{\partial z}{\partial y} = z^2$，又设

$u = x,\ v = \dfrac{1}{y} - \dfrac{1}{x},\ w = \dfrac{1}{z} - \dfrac{1}{x},\ w = w(u, v)$，证明：$\dfrac{\partial w}{\partial u} = 0.$

证：由已知条件可得 $\mathrm{d}u = \mathrm{d}x,\ \mathrm{d}v = \dfrac{1}{x^2}\mathrm{d}x - \dfrac{1}{y^2}\mathrm{d}y,\ \mathrm{d}w = -\dfrac{1}{z^2}\mathrm{d}z + \dfrac{1}{x^2}\mathrm{d}x,$ ①

又 $w = w(u, v) \Rightarrow \mathrm{d}w = \dfrac{\partial w}{\partial u}\mathrm{d}u + \dfrac{\partial w}{\partial v}\mathrm{d}v = \dfrac{\partial w}{\partial u}\mathrm{d}x + \dfrac{\partial w}{\partial v}\left(\dfrac{1}{x^2}\mathrm{d}x - \dfrac{1}{y^2}\mathrm{d}y\right),$ ②

于是，由式①②可得 $\mathrm{d}z = z^2\left(\dfrac{1}{x^2} - \dfrac{\partial w}{\partial u} - \dfrac{1}{x^2}\dfrac{\partial w}{\partial v}\right)\mathrm{d}x + \dfrac{z^2}{y^2}\dfrac{\partial w}{\partial v}\mathrm{d}y,$

所以 $\dfrac{\partial z}{\partial x} = z^2\left(\dfrac{1}{x^2} - \dfrac{\partial w}{\partial u} - \dfrac{1}{x^2}\dfrac{\partial w}{\partial v}\right),\ \dfrac{\partial z}{\partial y} = \dfrac{z^2}{y^2}\dfrac{\partial w}{\partial v}$ 代入 $x^2\dfrac{\partial z}{\partial x} + y^2\dfrac{\partial z}{\partial y} = z^2$ 中，可得

$$x^2 z^2 \frac{\partial w}{\partial u} = 0 \Rightarrow \frac{\partial w}{\partial u} = 0.$$

考点 3　隐函数求导

知识补给库

2005年数学考纲增加了该考点，当年数一考了一道选择题，本考点在考试中主要以填空题出现。

1.隐函数存在定理

设二元函数 $F(x, y)$ 在点 $P(x_0, y_0)$ 的某个邻域内有定义.若

(1) $F(x_0, y_0) = 0$;

(2) $F(x, y)$ 的偏导数 F'_x, F'_y 均连续;

(3) $F'_y(x_0, y_0) \neq 0$,

则在点 (x_0, y_0) 附近,由 $F(x, y) = 0$ 唯一确定一个一元隐函数 $y = f(x)$,且 $\dfrac{dy}{dx} = -\dfrac{F'_x}{F'_y}$.

同理,设函数 $F(x, y, z)$ 在点 (x_0, y_0, z_0) 的某一邻域内具有连续偏导数,且 $F(x_0, y_0, z_0) = 0$, $F'_z(x_0, y_0, z_0) \neq 0$,则方程 $F(x, y, z) = 0$ 在点 (x_0, y_0, z_0) 的某一邻域内恒能唯一确定一个连续且具有连续偏导数的函数 $z = f(x, y)$,它满足条件 $z_0 = f(x_0, y_0)$.

2.隐函数求导方法

(1) 公式: $\dfrac{\partial z}{\partial x} = -\dfrac{F'_x}{F'_z}$, $\dfrac{\partial z}{\partial y} = -\dfrac{F'_y}{F'_z}$.

(2) 等式两端求导: $F'_x + F'_z \dfrac{\partial z}{\partial x} = 0$, $F'_y + F'_z \dfrac{\partial z}{\partial y} = 0$.

(3) 利用微分形式不变性: $F'_x dx + F'_y dy + F'_z dz = 0$.

典型例题

例❶ (2005) 设有三元方程 $xy - z\ln y + e^{xz} = 1$,根据隐函数存在定理,存在点 $(0, 1, 1)$ 的一个邻域,在此邻域内该方程 (　　)

(A) 只能确定一个具有连续偏导数的隐函数 $z = z(x, y)$

(B) 可确定两个具有连续偏导数的隐函数 $y = y(x, z)$ 和 $z = z(x, y)$

(C) 可确定两个具有连续偏导数的隐函数 $x = x(y, z)$ 和 $z = z(x, y)$

(D) 可确定两个具有连续偏导数的隐函数 $x = x(y, z)$ 和 $y = y(x, z)$

解　记 $\qquad F(x, y, z) = xy - z\ln y + e^{xz} - 1,$

若方程 $F(x, y, z) = 0$ 能够确定隐函数 $z = z(x, y)$,必须有 $F'_z \neq 0$,

$$F'_x(0, 1, 1) = (y + z\mathrm{e}^{xz})|_{(0, 1, 1)} = 2 \neq 0,$$

$$F'_y(0, 1, 1) = \left(x - \frac{z}{y}\right)\Big|_{(0, 1, 1)} = -1 \neq 0,$$

$$F'_z(0, 1, 1) = (-\ln y + x\mathrm{e}^{xz})|_{(0, 1, 1)} = 0.$$

故应选(D).

例❷ （1）若函数 $z = z(x, y)$ 由方程 $\mathrm{e}^{x+2y+3z} + xyz = 1$ 确定,则 $\mathrm{d}z\big|_{(0, 0)} = $ _____.

（2）若函数 $z = z(x, y)$ 由方程 $\mathrm{e}^z + xyz + x + \cos x = 2$ 确定,则 $\mathrm{d}z\big|_{(0, 1)} = $ _____.

解 （1）易得 $x = 0$, $y = 0$ 时, $z = 0$.

方程两端求全微分,得

$$\mathrm{e}^{x+2y+3z}(\mathrm{d}x + 2\mathrm{d}y + 3\mathrm{d}z) + yz\mathrm{d}x + xz\mathrm{d}y + xy\mathrm{d}z = 0,$$

把 $x = 0$, $y = 0$, $z = 0$ 代入方程上式,有 $\mathrm{d}z\big|_{(0, 0)} = -\dfrac{1}{3}\mathrm{d}x - \dfrac{2}{3}\mathrm{d}y$.

（2）此题考查隐函数求导.

令 $F(x, y, z) = \mathrm{e}^z + xyz + x + \cos x - 2$, 则

$$F'_x(x, y, z) = yz + 1 - \sin x, \quad F'_y(x, y, z) = xz, \quad F'_z(x, y, z) = \mathrm{e}^z + xy.$$

又当 $x = 0$, $y = 1$ 时, $\mathrm{e}^z = 1$,即 $z = 0$,

所以, $\dfrac{\partial z}{\partial x}\Big|_{(0, 1)} = -\dfrac{F'_x(0, 1, 0)}{F'_z(0, 1, 0)} = -1$, $\quad \dfrac{\partial z}{\partial y}\Big|_{(0, 1)} = -\dfrac{F'_y(0, 1, 0)}{F'_z(0, 1, 0)} = 0$,

因而 $\mathrm{d}z\big|_{(0, 1)} = -\mathrm{d}x$.

例❸ 设函数 $z = z(x, y)$ 由方程 $F\left(\dfrac{y}{x}, \dfrac{z}{x}\right) = 0$ 确定,其中 F 为可微函数,且 $F'_2 \neq 0$,则 $x\dfrac{\partial z}{\partial x} + y\dfrac{\partial z}{\partial y} = $ 　　　　　（　　）

(A) x 　　　　　　(B) z 　　　　　　(C) $-x$ 　　　　　　(D) $-z$

解 方程两端对 x 求偏导,有

$$F'_1 \cdot \frac{-y}{x^2} + F'_2 \cdot \frac{\dfrac{\partial z}{\partial x} \cdot x - z}{x^2} = 0 \Rightarrow \frac{\partial z}{\partial x} = \frac{y \cdot F'_1 + zF'_2}{xF'_2}.$$

方程两端对 y 求偏导,有

$$F'_1 \cdot \frac{1}{x} + F'_2 \cdot \frac{\dfrac{\partial z}{\partial y}}{x} = 0 \Rightarrow \frac{\partial z}{\partial y} = -\frac{F'_1}{F'_2},$$

$$\Rightarrow x\frac{\partial z}{\partial x} + y\frac{\partial z}{\partial y} = \frac{y \cdot F'_1 + zF'_2}{F'_2} + \frac{-yF'_1}{F'_2} = z.$$

故选(B).

例❹ 已知方程 $2z - e^z + 1 + \int_y^{x^2} \sin t^2 \mathrm{d}t = 0$ 在 $(1,1,0)$ 的某个邻域中确定了一个

隐函数 $z = z(x,y)$，求 $\dfrac{\partial^2 z}{\partial x \partial y}\Big|_{\substack{x=0 \\ y=0}}$.

解 设 $F(x,y,z) = 2z - e^z + 1 + \int_y^{x^2} \sin(t^2)\mathrm{d}t$，则

$$F'_x = 2x\sin(x^4),\ F'_y = -\sin(y^2),\ F'_z = 2 - e^z,$$

$$\frac{\partial z}{\partial x} = -\frac{F'_x}{F'_z} = -\frac{2x\sin(x^4)}{2 - e^z},\ \frac{\partial z}{\partial y} = -\frac{F'_y}{F'_z} = \frac{\sin(y^2)}{2 - e^z}.$$

将 $x = 1$，$y = 1$，$z = 0$ 代入，得 $\dfrac{\partial z}{\partial x}\Big|_{(1,1)} = -2\sin 1$，$\dfrac{\partial z}{\partial y}\Big|_{(1,1)} = \sin 1$，则

$$\frac{\partial^2 z}{\partial x \partial y}\Big|_{(1,1)} = \frac{-2x\sin(x^4)e^z \cdot \dfrac{\partial z}{\partial y}}{(2 - e^z)^2}\Big|_{(1,1,0)} = -2\sin^2 1.$$

例❺ （仅数一）设 $y = f(x,t)$，而 t 是由方程 $F(x,y,t) = 0$ 所确定的 x,y 的函数，

求 $\dfrac{\mathrm{d}y}{\mathrm{d}x}$.

解 $\begin{cases} y = f(x,t), \\ F(x,y,t) = 0, \end{cases}$ 确定 y,t 为 x 的一元函数.

两个方程的两边分别对 x 求偏导，得

$$\begin{cases} \dfrac{\mathrm{d}y}{\mathrm{d}x} = f'_x(x,t) + f'_t(x,t)\dfrac{\mathrm{d}t}{\mathrm{d}x}, \\ F'_x(x,y,t) \cdot 1 + F'_y(x,y,t)\dfrac{\mathrm{d}y}{\mathrm{d}x} + F'_t(x,y,t)\dfrac{\mathrm{d}t}{\mathrm{d}x} = 0. \end{cases}$$

$$\Rightarrow \begin{cases} \dfrac{\mathrm{d}y}{\mathrm{d}x} - f'_t\dfrac{\mathrm{d}t}{\mathrm{d}x} = f'_x(x,t), \\ F'_y\dfrac{\mathrm{d}y}{\mathrm{d}x} + F'_t\dfrac{\mathrm{d}t}{\mathrm{d}x} = -F'_x. \end{cases}$$

$$\Rightarrow \frac{\mathrm{d}y}{\mathrm{d}x} = \frac{\begin{vmatrix} f'_x & -f'_t \\ -F'_x & F'_t \end{vmatrix}}{\begin{vmatrix} 1 & -f'_t \\ F'_y & F'_t \end{vmatrix}} = \frac{F'_t \cdot f'_x - F'_x \cdot f'_t}{F'_t + F'_y \cdot f'_t}.$$

例❻ （仅数一）设 $\begin{cases} x = -u^2 + v + z, \\ y = u + vz, \end{cases}$ 求 $\dfrac{\partial u}{\partial x},\dfrac{\partial v}{\partial x},\dfrac{\partial u}{\partial z}$.

解 所给的方程组中含有五个变量 x,y,z,u,v，从所求的结果中明显看出 u,v 是因变量，x,z 是自变量. y 究竟是因变量，还是自变量呢？在这种所求偏导是一阶，而又有一变量的属性不太明确的情况下，用全微分形式不变性来处理比较简便.

对 $\begin{cases} x = -u^2 + v + z, \\ y = u + vz \end{cases}$ 的两边求全微分，得

$$\begin{cases} \mathrm{d}x = -2u\mathrm{d}u + \mathrm{d}v + \mathrm{d}z, \\ \mathrm{d}y = \mathrm{d}u + z\mathrm{d}v + v\mathrm{d}z \end{cases} \Rightarrow \begin{cases} 2u\mathrm{d}u - \mathrm{d}v = -\mathrm{d}x + \mathrm{d}z, \\ \mathrm{d}u + z\mathrm{d}v = \mathrm{d}y - v\mathrm{d}z \end{cases}$$

$$\Rightarrow du = \frac{-zdx + (z-v)dz + dy}{2uz+1}, \quad dv = \frac{2udy + dx - (1+2uv)dz}{2uz+1}$$

$$\Rightarrow \frac{\partial u}{\partial x} = -\frac{z}{2uz+1}, \frac{\partial v}{\partial x} = \frac{1}{2uz+1}, \frac{\partial u}{\partial z} = \frac{z-v}{2uz+1}.$$

考点4 多元函数极值与最值

知识补给库

无条件极值与条件极值,是考研数学高频考点,其解题方法、步骤易学会,关键是提高计算能力.

1. 定义

$f(x,y) \geqslant f(x_0,y_0)$(或$f(x,y) \leqslant f(x_0,y_0)$),

称 $z=f(x,y)$ 在 (x_0,y_0) 点达到极小(大)值.

注 与一元函数极值一样,极值属于局部范围.

2. 极值必要条件

设 $z=f(x,y)$ 的一阶偏导数存在,且在 $P_0(x_0,y_0)$ 达到极值,则 $\begin{cases} f'_x(x_0,y_0)=0, \\ f'_y(x_0,y_0)=0. \end{cases}$ (称满足 $\begin{cases} f'_x(x,y)=0, \\ f'_y(x,y)=0 \end{cases}$ 的点为驻点.)

3. 极值充分条件

设 $z=f(x,y)$ 在 $P_0(x_0,y_0)$ 的某邻域内连续且具有一阶及二阶连续偏导数,且 $\begin{cases} f'_x(x_0,y_0)=0, \\ f'_y(x_0,y_0)=0. \end{cases}$ 令 $A=f''_{xx}(x_0,y_0)$, $B=f''_{xy}(x_0,y_0)$, $C=f''_{yy}(x_0,y_0)$,则

(1) $AC-B^2>0$ 时,$f(x_0,y_0)$ 为极值,当 $A<0$ 时为极大值,当 $A>0$ 时为极小值;

(2) $AC-B^2<0$ 时,$f(x_0,y_0)$ 不是极值;

(3) $AC-B^2=0$ 时,不确定 $f(x_0,y_0)$ 是否为极值.

4. 条件极值

方法：拉格朗日乘数法.

(1) 求 $z=f(x,y)$ 在约束条件 $\varphi(x,y)=0$ 与 $h(x,y)=0$ 下的极值.

① 拉格朗日函数：$F(x,y,\lambda,\mu)=f(x,y)+\lambda\varphi(x,y)+\mu h(x,y)$.

② 求偏导：$\begin{cases} F'_x=0, \\ F'_y=0, \\ F'_\lambda=0, \\ F'_\mu=0. \end{cases}$

③ 解方程.

(2) 求 $u=f(x,y,z)$ 在约束条件 $\varphi(x,y,z)=0$ 与 $h(x,y,z)=0$ 下的极值.

① 令 $F(x,y,z,\lambda,\mu)=f(x,y,z)+\lambda\varphi(x,y,z)+\mu h(x,y,z)$.

② 求偏导.

③ 解方程.

5. 闭区域最值

求 $z=f(x,y)$ 在闭区域 D 上的最大值、最小值.

解题步骤：

① 求 D 内的驻点.

② 边界上的最值.

③ ① 与 ② 结果比较，谁更大为最大值，谁更小为最小值.

典型例题

例❶ 已知函数 $f(x,y)$ 在点 $(0,0)$ 的某个邻域内连续，且 $\lim\limits_{(x,y)\to(0,0)}\dfrac{f(x,y)-xy}{(x^2+y^2)^2}=1$，则 （　　）

(A) 点 $(0,0)$ 不是 $f(x,y)$ 的极值点

(B) 点 $(0,0)$ 是 $f(x,y)$ 的极大值点

(C) 点$(0,0)$是$f(x,y)$的极小值点

(D) 根据所给条件无法判断点$(0,0)$是否为$f(x,y)$的极值点

解 由$f(x,y)$在点$(0,0)$连续，$\lim\limits_{\substack{x\to0\\y\to0}}\dfrac{f(x,y)-xy}{(x^2+y^2)^2}=1$，知$f(0,0)=0$，且

$\dfrac{f(x,y)-xy}{(x^2+y^2)^2}=1+\alpha$，其中$\lim\limits_{\substack{x\to0\\y\to0}}\alpha=0$.

则 $f(x,y)=xy+(1+\alpha)(x^2+y^2)^2$.

令$y=x$，得$f(x,x)=x^2+4(1+\alpha)x^4=x^2+o(x^2)$.

令$y=-x$，得$f(x,-x)=-x^2+4(1+\alpha)x^4=-x^2+o(x^2)$.

从而可知$f(x,y)$在$(0,0)$点的任何去心邻域内始终可正可负，而$f(0,0)=0$，由极值定义知点$(0,0)$不是$f(x,y)$的极值点，故应选(A).

例❷ （2020）求$f(x,y)=x^3+8y^3-xy$的极值.

解 由$f(x,y)=x^3+8y^3-xy$得

$$\frac{\partial f}{\partial x}=3x^2-y,\quad\frac{\partial f}{\partial y}=24y^2-x.$$

令 $\begin{cases}\dfrac{\partial f}{\partial x}=0,\\[2mm]\dfrac{\partial f}{\partial y}=0,\end{cases}$ 即$\begin{cases}3x^2-y=0,\\24y^2-x=0,\end{cases}$ 得驻点$(0,0)$和$\left(\dfrac{1}{6},\dfrac{1}{12}\right)$.

记$A=\dfrac{\partial^2 f}{\partial x^2}=6x$，$B=\dfrac{\partial^2 f}{\partial x\partial y}=-1$，$C=\dfrac{\partial^2 f}{\partial y^2}=48y$.

在点$(0,0)$处，由于$AC-B^2=-1<0$，所以$(0,0)$不是$f(x,y)$的极值点.

在点$\left(\dfrac{1}{6},\dfrac{1}{12}\right)$处，由于$AC-B^2=3>0$且$A>0$，故$\left(\dfrac{1}{6},\dfrac{1}{12}\right)$是$f(x,y)$的极小值点，

极小值为$f\left(\dfrac{1}{6},\dfrac{1}{12}\right)=-\dfrac{1}{216}$.

例❸ 已知$f(x,y)$满足$f''_{xy}(x,y)=2(y+1)e^x$，$f'_x(x,0)=(x+1)e^x$，$f(0,y)=y^2+2y$，求$f(x,y)$的极值.

解 利用偏积分法求出$f(x,y)$，再求二元函数的极值.

$f''_{xy}(x,y)=2(y+1)e^x$两端以y积分，得$f'_x(x,y)=(y+1)^2e^x+\varphi(x)$，由$f'_x(x,0)=(x+1)e^x$，有$\varphi(x)=xe^x$.

在$f'_x(x,y)=(y+1)^2e^x+xe^x$两端以$x$积分，得

$$f(x,y)=(y+1)^2e^x+(x-1)e^x+\psi(y),$$

由$f(0,y)=y^2+2y$，可知$\psi(y)=0$，因而$f(x,y)=(y+1)^2e^x+(x-1)e^x$.

解方程组$\begin{cases}f'_x=(y+1)^2e^x+xe^x=0,\\f'_y=2(y+1)e^x=0,\end{cases}$ 得$x=0$，$y=-1$.

而$f''_{xx}=(y+1)^2e^x+(x+1)e^x$，$f''_{yy}=2e^x$，

在$(0,-1)$点，$A=f''_{xx}(0,-1)=1$，$B=f''_{xy}(0,-1)=0$，$C=f''_{yy}(0,-1)=2$.

判别式$\Delta=B^2-AC=-2<0$，$A=1>0$，

$f(x,y)$在$(0,-1)$点取得极小值$f(0,-1)=-1$.

注 关于偏积分要注意的问题.

$$\frac{\partial^2 z}{\partial x \partial y} = \frac{\partial}{\partial y}\left(\frac{\partial z}{\partial x}\right) = 2(y+1)\mathrm{e}^x, 两端对 y 积分,结果要加 \varphi(x),而不上加上一个常数 C;$$

同理,如果对二阶偏导函数 $\dfrac{\partial^2 z}{\partial y \partial x}$ 的自变量 x 作偏积分,结果要加 $h(y)$.

例❹ (2016)设 $z = z(x, y)$ 由方程 $(x^2 + y^2)z + \ln z + 2(x + y + 1) = 0$ 确定,求 $z = z(x, y)$ 的极值.

解 方程 $(x^2 + y^2)z + \ln z + 2(x + y + 1) = 0$,两端对 x, y 分别求偏导得

$$2xz + (x^2 + y^2)\frac{\partial z}{\partial x} + \frac{1}{z}\frac{\partial z}{\partial x} + 2 = 0. \qquad ①$$

$$2yz + (x^2 + y^2)\frac{\partial z}{\partial y} + \frac{1}{z}\frac{\partial z}{\partial y} + 2 = 0. \qquad ②$$

令 $\dfrac{\partial z}{\partial x} = 0, \dfrac{\partial z}{\partial y} = 0$,得 $\begin{cases} xz + 1 = 0 \\ yz + 1 = 0 \end{cases}$,解得 $y = x$.

当 $x \neq 0$ 时,将 $\begin{cases} z = -\dfrac{1}{x} \\ y = x \end{cases}$,代入原式 $(x^2 + y^2)z + \ln z + 2(x + y + 1) = 0$,得

$$x = -1, \ y = -1, \ z = 1.$$

式①两端分别对 x, y 求偏导得

$$2z + 2x\frac{\partial z}{\partial x} + 2x\frac{\partial z}{\partial x} + (x^2 + y^2)\frac{\partial^2 z}{\partial x^2} + \left(-\frac{1}{z^2}\right)\left(\frac{\partial z}{\partial x}\right)^2 + \frac{1}{z}\frac{\partial^2 z}{\partial x^2} = 0, \qquad ③$$

$$2x\frac{\partial z}{\partial y} + 2y\frac{\partial z}{\partial x} + (x^2 + y^2)\frac{\partial^2 z}{\partial x \partial y} - \frac{1}{z^2}\frac{\partial z}{\partial y}\frac{\partial z}{\partial x} + \frac{1}{z}\frac{\partial^2 z}{\partial x \partial y} = 0. \qquad ④$$

式②两端对 y 求偏导得

$$2z + 2y\frac{\partial z}{\partial y} + 2y\frac{\partial z}{\partial y} + (x^2 + y^2)\frac{\partial^2 z}{\partial y^2} + \left(-\frac{1}{z^2}\right)\left(\frac{\partial z}{\partial y}\right)^2 + \frac{1}{z}\frac{\partial^2 z}{\partial y^2} = 0. \qquad ⑤$$

将 $x = -1, \ y = -1, \ z = 1$ 代入式③~式⑤,得

$$A = \frac{\partial^2 z}{\partial x^2} = -\frac{2}{3}, B = \frac{\partial^2 z}{\partial x \partial y} = 0, C = \frac{\partial^2 z}{\partial y^2} = -\frac{2}{3}.$$

$AC - B^2 = \dfrac{4}{9} > 0, A < 0$,则 $(-1, -1)$ 为极大值点,极大值为 $z(-1, -1) = 1$.

例❺ 设函数 $f(x, y) = 2\mathrm{e}^{x^2 y} - \mathrm{e}^x - \mathrm{e}^{-x}$.

(1) 计算 $\lim\limits_{x \to 0} \dfrac{f(x, y)}{x^2}$;

(2) $f(x, y)$ 在点 $(0, 0)$ 处是否取得极值? 若是,求出此极值,若不是,说明理由.

解 (1) 由 $f(x, y) = 2\mathrm{e}^{x^2 y} - \mathrm{e}^x - \mathrm{e}^{-x}$,得

$$\lim_{x \to 0} \frac{f(x, y)}{x^2} = \lim_{x \to 0} \frac{2\mathrm{e}^{x^2 y} - \mathrm{e}^x - \mathrm{e}^{-x}}{x^2} = \lim_{x \to 0} \frac{4xy\mathrm{e}^{x^2 y} - \mathrm{e}^x + \mathrm{e}^{-x}}{2x}$$

$$= \lim_{x \to 0} 2y\mathrm{e}^{x^2 y} - \lim_{x \to 0} \frac{\mathrm{e}^x - \mathrm{e}^{-x}}{2x} = 2y - 1.$$

(2)
$$\lim_{\substack{x \to 0 \\ y \to 0}} \frac{f(x, y)}{x^2} = \lim_{\substack{x \to 0 \\ y \to 0}} \frac{2(e^{x^2 y} - 1)}{x^2} + \lim_{\substack{x \to 0 \\ y \to 0}} \frac{2 - e^x - e^{-x}}{x^2}$$
$$= \lim_{\substack{x \to 0 \\ y \to 0}} \frac{2x^2 y}{x^2} + \lim_{\substack{x \to 0 \\ y \to 0}} \frac{-e^x - e^{-x}}{2} = -1 < 0.$$

由极限的保号性知,存在 $\delta > 0$,当 $0 < \sqrt{x^2 + y^2} < \delta$ 且 $x \neq 0$ 时,$f(x, y) < 0$. 又 $f(0, 0) = f(0, y) = 2 - 1 - 1 = 0$,故 $f(0, 0)$ 为极大值,所以 $f(x, y)$ 在点 $(0, 0)$ 处取得极大值,极大值为 $f(0, 0) = 0$.

注　本题不能用 Δ 判别法来判定极值,因为 $\Delta = 0$,故命制第(1)问来引导考生从极值的定义方向思考.

例❻　求函数 $u = x^2 + y^2 + z^2$ 在约束条件 $z = x^2 + y^2$ 和 $x + y + z = 4$ 下的最大值与最小值.

解　设 $F(x, y, z, \lambda_1, \lambda_2) = x^2 + y^2 + z^2 + \lambda_1(x^2 + y^2 - z) + \lambda_2(x + y + z - 4)$,

令
$$\begin{cases} \dfrac{\partial F}{\partial x} = 2x + 2x\lambda_1 + \lambda_2 = 0, & ① \\[2mm] \dfrac{\partial F}{\partial y} = 2y + 2y\lambda_1 + \lambda_2 = 0, & ② \\[2mm] \dfrac{\partial F}{\partial z} = 2z - \lambda_1 + \lambda_2 = 0, & ③ \\[2mm] \dfrac{\partial F}{\partial \lambda_1} = x^2 + y^2 - z = 0, & ④ \\[2mm] \dfrac{\partial F}{\partial \lambda_2} = x + y + z - 4 = 0, & ⑤ \end{cases}$$

②$\times x$ — ①$\times y$:$2xy + 2xy\lambda_1 + x\lambda_2 - 2xy - 2xy\lambda_1 - y\lambda_2 = 0$

$\Rightarrow (x - y)\lambda_2 = 0 \Rightarrow x = y.$ ⑥

式 ⑥ 代入式 ④ 和式 ⑤,有 $\begin{cases} 2x + z = 4, \\ 2x^2 = z \end{cases} \Rightarrow \begin{cases} x = 1, \\ y = 1, \\ z = 2 \end{cases} \Rightarrow \begin{cases} x = -2, \\ y = -2, \\ z = 8. \end{cases}$

$u(1, 1, 2) = 6$,$u(-2, -2, 8) = 72$. 故 $u_{\max} = 72$,$u_{\min} = 6$.

例❼　已知曲线 $C: \begin{cases} x^2 + y^2 - 2z^2 = 0, \\ x + y + 3z = 5, \end{cases}$ 求 C 上距离 xOy 面最远的点和最近的点.

解　目标函数为 $d = |z|$,不妨考虑 $d^2 = z^2$.

令 $L(x, y, z, \lambda_1, \lambda_2) = z^2 + \lambda_1(x^2 + y^2 - 2z^2) + \lambda_2(x + y + 3z - 5)$,

$$\begin{cases} \dfrac{\partial L}{\partial x} = 2x\lambda_1 + \lambda_2 = 0, \\[2mm] \dfrac{\partial L}{\partial y} = 2y\lambda_1 + \lambda_2 = 0, \\[2mm] \dfrac{\partial L}{\partial z} = 2z - 4z\lambda_1 + 3\lambda_2 = 0, & \text{得} \begin{cases} x = 1, \\ y = 1, \\ z = 1 \end{cases} \text{或} \begin{cases} x = -5, \\ y = -5, \\ z = 5. \end{cases} \\[2mm] \dfrac{\partial L}{\partial \lambda_1} = x^2 + y^2 - 2z^2 = 0, \\[2mm] \dfrac{\partial L}{\partial \lambda_2} = x + y + 3z - 5 = 0, \end{cases}$$

由问题本身可知,最小值和最大值一定存在,

故所求最远的点为 $(-5，-5，5)$,最近的点为 $(1，1，1)$.

例❽ (仅数一)在第一卦限内作椭球 $\dfrac{x^2}{a^2}+\dfrac{y^2}{b^2}+\dfrac{z^2}{c^2}=1$ 的切平面,使该切平面与三坐标面所围成的四面体的体积最小,求切点及最小体积值.

解 设切点为 $P_0(x_0，y_0，z_0)$,则在切点的法向量为

$$\boldsymbol{n}\,|_{P_0}=\left(\frac{2x_0}{a^2}，\frac{2y_0}{b^2}，\frac{2z_0}{c^2}\right),$$

切平面方程为 $\dfrac{x_0}{a^2}(x-x_0)+\dfrac{y_0}{b^2}(y-y_0)+\dfrac{z_0}{c^2}(z-z_0)=0$,即 $\dfrac{x_0 x}{a^2}+\dfrac{y_0 y}{b^2}+\dfrac{z_0 z}{c^2}=1$,

所以 $V=\dfrac{1}{6}\cdot\dfrac{a^2}{x_0}\cdot\dfrac{b^2}{y_0}\cdot\dfrac{c^2}{z_0}=\dfrac{a^2 b^2 c^2}{6x_0 y_0 z_0}$.

即在 $\dfrac{x_0^2}{a^2}+\dfrac{y_0^2}{b^2}+\dfrac{z_0^2}{c^2}=1$ 条件下求 V 的最小值.

等价于

$$\begin{cases} f(x，y，z)=xyz \text{ 最大,}\\ \dfrac{x^2}{a^2}+\dfrac{y^2}{b^2}+\dfrac{y^2}{c^2}=1. \end{cases}$$

构造拉格朗日函数:

$$F(x，y，z，\lambda)=xyz+\lambda\left(\frac{x^2}{a^2}+\frac{y^2}{b^2}+\frac{z^2}{c^2}-1\right),$$

$$\begin{cases} F'_x=yz+\dfrac{2\lambda x}{a^2}=0,\\ F'_y=xz+\dfrac{2\lambda y}{b^2}=0,\\ F'_z=xy+\dfrac{2\lambda z}{c^2}=0,\\ \dfrac{x^2}{a^2}+\dfrac{y^2}{b^2}+\dfrac{y^2}{c^2}=1. \end{cases}$$

解得 $\dfrac{x^2}{a^2}=\dfrac{y^2}{b^2}=\dfrac{z^2}{c^2}=\dfrac{1}{3}$.

所以 $x_0=\dfrac{a}{\sqrt{3}}$,$y_0=\dfrac{b}{\sqrt{3}}$,$z_0=\dfrac{c}{\sqrt{3}}$,

即当切点为 $P_0\left(\dfrac{a}{\sqrt{3}}，\dfrac{b}{\sqrt{3}}，\dfrac{c}{\sqrt{3}}\right)$ 时所求体积最小,

最小体积为 $V_{\min}=\dfrac{\sqrt{3}}{2}abc$.

例❾ (数三)设某厂生甲、乙两种产品,产量分别为 x,y(千只),其利润函数为

$$L(x，y)=-x^2-4y^2+8x+24y-15.$$

如果现有原料 15 000 千克(不要求用完),生产两种产品每千只都需要原料 2 000 千克,求:

(1) 使利润最大的 x,y 和最大利润.

(2) 如果原料降至 12 000 千克,求这时利润最大的产量和最大利润.

解　(1) 由 $\begin{cases} \dfrac{\partial L}{\partial x} = -2x + 8 = 0, \\ \dfrac{\partial L}{\partial y} = -8y + 24 = 0, \end{cases}$ 得 $x = 4$,$y = 3$.

点 $(4, 3)$ 为 $L(x, y)$ 唯一可能取得极值的点,由该问题已知 $L(x, y)$ 最大值存在,则最大值只能在点 $(4, 3)$ 取到,$L(4, 3) = 37$(万元)(此时原料够).

(2) 如果原料降至 12 000 千克,问题变为条件极值,令

$$F(x, y, \lambda) = -x^2 - 4y^2 + 8x + 24y - 15 + \lambda(x + y - 6),$$

由 $\begin{cases} F_x = -2x + 8 + \lambda = 0, \\ F_y = -8y + 24 + \lambda = 0, \\ F_\lambda = x + y - 6 = 0, \end{cases}$ 得 $x = 3.2$,$y = 2.8$.

点 $(3.2, 2.8)$ 为 $L(x, y)$ 在条件 $x + y = 6$ 下唯一可能取得极值的点,由该问题已知该最大值存在,则最大值只能在点 $(3.2, 2.8)$ 取到,故 $L(3.2, 2.8) = 36.2$(万元).

$\boxed{\text{例}⑩}$　求函数 $f(x, y) = x^2 + 2y^2 - x^2y^2$ 在区域 $D = \{(x, y) \mid x^2 + y^2 \leqslant 4, y \geqslant 0\}$ 上的最大值.

解　$D = D_0 + D_1 + D_2$,其中,

$$D_0 = \{(x, y) \mid x^2 + y^2 < 4, y > 0\},$$
$$D_1 = \{(x, y) \mid y = 0, -2 \leqslant x \leqslant 2\},$$
$$D_2 = \{(x, y) \mid x^2 + y^2 = 4, y > 0, -2 < x < 2\}.$$

(Ⅰ) 在 D_0 上,

$\begin{cases} f'_x = 2x - 2xy^2 = 0, \\ f'_y = 4y - 2x^2y = 0, \end{cases}$ 得驻点:$(\pm\sqrt{2}, 1)$.

对应的函数值:$f(\pm\sqrt{2}, 1) = 2$.

(Ⅱ) 在 D_1 上,$f_{\max} = f(\pm 2, 0) = 4$,$f_{\min} = f(0, 0) = 0$.

(Ⅲ) 在 D_2 上,拉格朗日函数:$F(x, y, \lambda) = x^2 + 2y^2 - x^2y^2 + \lambda(x^2 + y^2 - 4)$,

$\begin{cases} F'_x = 2x - 2xy^2 + 2x\lambda = 0, \\ F'_y = 4y - 2x^2y + 2y\lambda = 0, \\ x^2 + y^2 = 4, \end{cases}$ 得驻点 $(0, 2)$,$\left(\pm\sqrt{\dfrac{5}{2}}, \sqrt{\dfrac{3}{2}}\right)$,

计算函数值,得 $f(0, 2) = 8$,$f\left(\pm\sqrt{\dfrac{5}{2}}, \sqrt{\dfrac{3}{2}}\right) = \dfrac{7}{4}$,

比较(Ⅰ)(Ⅱ)(Ⅲ)知 $f_{\max} = f(0, 2) = 8$,$f_{\min} = f(0, 0) = 0$.

$\boxed{\text{例}⑪}$　求曲线 $x^3 - xy + y^3 = 1(x \geqslant 0, y \geqslant 0)$ 上的点到坐标原点的最长距离与最短距离.

解　设 (x, y) 为曲线上的任一点,目标函数为距离平方 $f(x, y) = x^2 + y^2$,构造拉格朗日函数 $L(x, y, \lambda) = x^2 + y^2 + \lambda(x^3 - xy + y^3 - 1)$.

$$\frac{\partial L}{\partial x} = 2x + (3x^2 - y)\lambda = 0, \qquad\qquad ①$$

$$\frac{\partial L}{\partial y} = 2y + (3y^2 - x)\lambda = 0, \qquad\qquad ②$$

$$\frac{\partial L}{\partial \lambda} = x^3 - xy + y^3 - 1 = 0. \qquad\qquad ③$$

当 $x > 0$，$y > 0$ 时，由式①、式② 得 $\dfrac{x}{y} = \dfrac{3x^2 - y}{3y^2 - x}$，

即 $3xy(y - x) = (x + y)(x - y)$，

得 $y - x = 0$ 或 $3xy = -(x + y)$（由于 $x > 0$，$y > 0$，舍去）.

$y = x$ 代入式③ 得 $2x^3 - x^2 - 1 = 0$.

即 $(x - 1)(2x^2 + x + 1) = 0$，从而 $(1, 1)$ 为唯一可能的极值点.

当 $x = 0$ 时，$y = 1$；$y = 0$ 时，$x = 1$.

分别计算点 $(1, 1)$，$(0, 1)$ 及 $(1, 0)$ 处的目标函数值，

有 $f(1, 1) = 2$，$f(0, 1) = f(1, 0) = 1$，

所以最长距离为 $\sqrt{2}$，最短距离为 $\sqrt{1} = 1$.

例⑫ 设 $f(x, y, z)$ 具有连续偏导数，$\dfrac{\partial f}{\partial x} = 1$，$\dfrac{\partial f}{\partial y} = 1$，$\dfrac{\partial f}{\partial z} = -1$，$f(1, 1, 1) = 11$，则有 $7 \leqslant f(x, y, z) \leqslant 13$，其中 $f(x, y, z)$ 的定义域为 D：$x^2 + y^2 + z^2 \leqslant 3$.

证 因为 $f(x, y, z)$ 具有连续偏导数，$f(x, y, z)$ 可微，所以 $f(x, y, z)$ 在 D 上有最大值和最小值. 又因为 $\dfrac{\partial f}{\partial x} = 1$，所以 $f(x, y, z) = x + \varphi(y, z)$，$\dfrac{\partial f}{\partial y} = \dfrac{\partial \varphi}{\partial y}$. 因为 $\dfrac{\partial f}{\partial y} = 1$，所以 $\dfrac{\partial \varphi}{\partial y} = 1$，于是 $\varphi(y, z) = y + \varphi(z)$，$f(x, y, z) = x + y + \varphi(z)$，所以 $\dfrac{\partial f}{\partial z} = \varphi'(z)$，因为 $\dfrac{\partial f}{\partial z} = -1$，所以 $\varphi'(z) = -1$，$\varphi(z) = -z + C$，从而 $f(x, y, z) = x + y - z + C$，由 $f(1, 1, 1) = 11$，得 $C = 10$. 于是所讨论的函数为 $f(x, y, z) = x + y - z + 10$.

方法 1 因为 $\dfrac{\partial f}{\partial x} = 1 \neq 0$，所以 $f(x, y, z)$ 在 $x^2 + y^2 + z^2 < 3$ 内没有极值点，$f(x, y, z)$ 的最大值和最小值在 D 的边界 $x^2 + y^2 + z^2 = 3$ 上取得. 作函数

$$L(x, y, z, \lambda) = x + y - z + 10 + \lambda(x^2 + y^2 + z^2 - 3),$$

令

$$\begin{cases} L'_x(x, y, z, \lambda) = 1 + 2\lambda x = 0, \\ L'_y(x, y, z, \lambda) = 1 + 2\lambda y = 0, \\ L'_z(x, y, z, \lambda) = -1 + 2\lambda z = 0, \\ L'_\lambda(x, y, z, \lambda) = x^2 + y^2 + z^2 - 3 = 0, \end{cases}$$

解得 $\begin{cases} x_1 = 1, \\ y_1 = 1, \\ z_1 = -1, \end{cases}$ $\begin{cases} x_2 = -1, \\ y_2 = -1, \\ z_2 = 1, \end{cases}$ 从而 $f(1, 1, -1) = 13$，$f(-1, -1, 1) = 7$，于是 $f(x, y, z)$

在 D 上的最大值为 13，最小值为 7，故 $7 \leqslant f(x, y, z) \leqslant 13$.

$\qquad$**方法 2**　设 $f(x,\,y,\,z)=x+y-z+10=k$，求 $f(x,\,y,\,z)$ 的最值，也就是求最大的 k 和最小的 k. 由题意，当 $x+y-z+10=k$ 与 $x^2+y^2+z^2=3$ 相切时，k 达到最大和最小，于是球心 $(0,\,0,\,0)$ 到 $x+y-z+10=k$ 的距离为 $\sqrt{3}$，即 $\dfrac{|10-k|}{\sqrt{3}}=\sqrt{3}$，所以 $|10-k|=3$，$k=7$ 或 13，于是 $7\leqslant f(x,\,y,\,z)\leqslant 13$.

$\qquad$**方法 3**　（数一）设 $x+y-z+10=k$，该平面随 k 的变化而平行移动. 当 k 固定时，平面上的点均有 $x+y-z+10=k$，若 $(x,\,y,\,z)\in D:\ x^2+y^2+z^2\leqslant 3$，则当平面与 $x^2+y^2+z^2=3$ 相切时，k 取到最大和最小，所以只需求 $x^2+y^2+z^2=3$ 上的点，使其法向量平行于向量 $\{1,\,1,\,-1\}$，设 $F(x,\,y,\,z)=x^2+y^2+z^2-3$，令 $\left\{\dfrac{\partial F}{\partial x},\,\dfrac{\partial F}{\partial y},\,\dfrac{\partial F}{\partial z}\right\}=\{2x,\,2y,\,2z\}\,/\!/\,\{1,\,1,\,-1\}$，则 $\dfrac{x}{1}=\dfrac{y}{1}=\dfrac{z}{-1}\xlongequal{\triangle}t$，将 $x=t,\,y=t,\,z=-t$ 代入 $x^2+y^2+z^2=3$，得 $t=\pm 1$，从而得切点坐标为 $(1,\,1,\,-1)$ 和 $(-1,\,-1,\,1)$，而 $f(1,\,1,\,-1)=13,\ f(-1,\,-1,\,1)=7$，所以 $7\leqslant f(x,\,y,\,z)\leqslant 13$.

第六章 二 重 积 分

考点1 二重积分的概念与性质

知识补给库

1. 二重积分的定义

$$\iint\limits_{D} f(x,y)dxdy = \lim_{\lambda \to 0} \sum_{i=1}^{n} f(\xi_i, \eta_i)\Delta\sigma_i.$$

几何意义：设 f 是定义在区域 D 上的一个非负二元连续函数，以区域 D 为底，曲面 $z = f(x,y)$ 为顶的曲顶柱体体积，我们知道，定积分 $\int_0^1 f(x)dx = \lim\limits_{n \to \infty} \sum\limits_{i=1}^{n} \frac{1}{n} f(\frac{i}{n})$。若区域 D 为边长为 1 的正方形，类比于定积分定义，可以把 $\iint\limits_{D} f(x,y)dxdy$ 写成如下的极限：

$$\iint\limits_{D} f(x,y)dxdy = \lim_{n \to \infty} \sum_{i=1}^{n}\sum_{j=1}^{n} \frac{1}{n^2} f\left(\frac{i}{n}, \frac{j}{n}\right).$$

如图 6-1 所示，第一步，在 x 轴上 $[0,1]$ n 等分，在 y 轴上 $[0,1]$ n 等分，故区域 D 划分为 n^2 个小正方形，面积为 $\frac{1}{n^2}$。

第二步，分别计算每一列的体积。

先算第一列，第一列第一小格右上端点坐标为 $(\frac{1}{n}, \frac{1}{n})$，代入曲面 $z = f(x,y)$ 得 $f(\frac{1}{n}, \frac{1}{n})$，用平面代替曲面，故第一列第一小格所对应的体积为 $f(\frac{1}{n}, \frac{1}{n})\frac{1}{n}$。同理可得，第一

列第二小格所对应的体积为 $f\left(\frac{1}{n},\frac{2}{n}\right)\frac{1}{n^2}$. 综上所述, 第一列体积之和为

$$\sum_{j=1}^{n} f\left(\frac{1}{n},\frac{j}{n}\right)\frac{1}{n^2}.$$

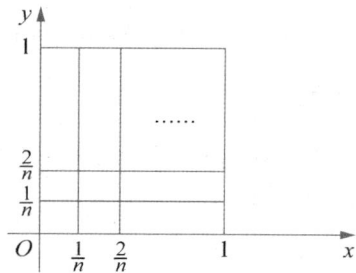

图 6-1

再算第二列: 第二列第一小格右上端点坐标为 $\left(\frac{2}{n},\frac{1}{n}\right)$, 代入 $f(x,y)$ 得 $f\left(\frac{2}{n},\frac{1}{n}\right)$, 故第二列第一小格所对应的体积为 $f\left(\frac{2}{n},\frac{1}{n}\right)\frac{1}{n^2}$, 按照同样的思路可以计算第二列每一小格的体积, 第二列体积之和为

$$\sum_{j=1}^{n} f\left(\frac{2}{n},\frac{j}{n}\right)\frac{1}{n^2}.$$

同理, 第三列体积之和为 $\sum\limits_{j=1}^{n} f\left(\frac{3}{n},\frac{j}{n}\right)\frac{1}{n^2}$,

第 n 列体积之和为 $\sum\limits_{j=1}^{n} f\left(\frac{n}{n},\frac{j}{n}\right)\frac{1}{n^2}$,

故 $\iint\limits_{D} f(x,y)\,dxdy = \lim\limits_{n\to\infty} \sum\limits_{i=1}^{n}\sum\limits_{j=1}^{n} f\left(\frac{i}{n},\frac{j}{n}\right)\frac{1}{n^2}$.

2. 二重积分性质

读者可类比定积分性质, 这里不再列出考研数学选择题有时会考二重积分比较大小, 即二元函数 $f(x,y)$ 和 $g(x,y)$ 在 D 上可积, 且在 D 上成立 $f(x,y) \leqslant g(x,y)$, 则

$$\iint\limits_{D} f(x,y)\,dxdy \leqslant \iint\limits_{D} g(x,y)\,dxdy.$$

2021年考研数学考纲新增要求考生掌握二重积分中值定理.

若二元函数 $f(x,y)$ 为有界闭区域 D 上的连续函数, δ 为 D 的面积, 则存在 $(\xi, \eta) \in D$, 使得

$$\iint_D f(x,y) dx dy = f(\xi, \eta) \delta.$$

典型例题

例❶ $\displaystyle\lim_{n \to \infty} \sum_{i=1}^{n} \sum_{j=1}^{n} \frac{n}{(n+i)(n^2+j^2)} =$ (   )

(A) $\displaystyle\int_0^1 dx \int_0^x \frac{1}{(1+x)(1+y^2)} dy$ (B) $\displaystyle\int_0^1 dx \int_0^x \frac{1}{(1+x)(1+y)} dy$

(C) $\displaystyle\int_0^1 dx \int_0^1 \frac{1}{(1+x)(1+y)} dy$ (D) $\displaystyle\int_0^1 dx \int_0^1 \frac{1}{(1+x)(1+y^2)} dy$

解   利用二重积分(或定积分)的定义,属于低频考点,考研数学历史上仅考过一次,了解即可.

$$\lim_{x \to \infty} \sum_{i=1}^{n} \sum_{j=1}^{n} \frac{n}{(n+i)(n^2+j^2)} = \lim_{n \to \infty} \sum_{i=1}^{n} \left[\frac{1}{\left(1+\frac{i}{n}\right)} \cdot \frac{1}{n} \right] \sum_{j=1}^{n} \left[\frac{1}{\left(1+\left(\frac{j}{n}\right)^2\right)} \cdot \frac{1}{n} \right]$$

$$= \lim_{n \to \infty} \sum_{i=1}^{n} \left[\frac{1}{\left(1+\frac{i}{n}\right)} \cdot \frac{1}{n} \right] \lim_{n \to \infty} \sum_{j=1}^{n} \left[\frac{1}{\left(1+\left(\frac{j}{n}\right)^2\right)} \cdot \frac{1}{n} \right]$$

$$= \int_0^1 \frac{1}{1+x} dx \int_0^1 \frac{1}{1+y^2} dy$$

$$= \int_0^1 dx \int_0^1 \frac{1}{(1+x)(1+y^2)} dy.$$

故应选(D).

例❷   设 $J_i = \displaystyle\iint_{D_i} \sqrt[3]{x-y} \, dx dy \ (i = 1, 2, 3)$, 其中 $D_1 = \{(x, y) \mid 0 \leqslant x \leqslant 1, 0 \leqslant y \leqslant 1\}$, $D_2 = \{(x, y) \mid 0 \leqslant x \leqslant 1, 0 \leqslant y \leqslant \sqrt{x}\}$, $D_3 = \{(x, y) \mid 0 \leqslant x \leqslant 1, x^2 \leqslant y \leqslant 1\}$, 则   (   )

(A) $J_1 < J_2 < J_3$ (B) $J_3 < J_1 < J_2$

(C) $J_2 < J_3 < J_1$ (D) $J_2 < J_1 < J_3$

解   设平面区域 $D_{11} = \{(x, y) \mid 0 \leqslant y \leqslant x, 0 \leqslant x \leqslant 1\}$, $D_{12} = \{(x, y) \mid x \leqslant y \leqslant 1, 0 \leqslant x \leqslant 1\}$, 则 $D_1 = D_{11} + D_{12}$.

由二重积分的性质可知 $\displaystyle\iint_{D_1}\sqrt[3]{x-y}\,\mathrm{d}x\mathrm{d}y=\iint_{D_{11}}\sqrt[3]{x-y}\,\mathrm{d}x\mathrm{d}y+\iint_{D_{12}}\sqrt[3]{x-y}\,\mathrm{d}x\mathrm{d}y.$

注意到,区域 D_{11} 与 D_{12} 关于直线 $y=x$ 对称,而被积函数 $\sqrt[3]{x-y}$ 关于直线 $y=x$ 是"奇函数",即在关于直线 $y=x$ 对称的点上的函数值是互为相反数的,故有

$$J_1=\iint_{D_1}\sqrt[3]{x-y}\,\mathrm{d}x\mathrm{d}y=\iint_{D_{11}}\sqrt[3]{x-y}\,\mathrm{d}x\mathrm{d}y+\iint_{D_{12}}\sqrt[3]{x-y}\,\mathrm{d}x\mathrm{d}y=0.$$

另外,设 $D_{21}=D_2\bigcap D_3$, $D_{22}=(D_2-D_2\bigcap D_3)$,则 $D_2=D_{21}+D_{22}$,由二重积分的性质可知 $\displaystyle\iint_{D_2}\sqrt[3]{x-y}\,\mathrm{d}x\mathrm{d}y=\iint_{D_{21}}\sqrt[3]{x-y}\,\mathrm{d}x\mathrm{d}y+\iint_{D_{22}}\sqrt[3]{x-y}\,\mathrm{d}x\mathrm{d}y.$

与前面同理可知,$\displaystyle\iint_{D_{21}}\sqrt[3]{x-y}\,\mathrm{d}x\mathrm{d}y=0$,而被积函数 $\sqrt[3]{x-y}$ 在区域 D_{22} 上的函数值大于或等于零,且不恒等于零,故 $\displaystyle\iint_{D_{22}}\sqrt[3]{x-y}\,\mathrm{d}x\mathrm{d}y>0$,从而有

$$J_2=\iint_{D_2}\sqrt[3]{x-y}\,\mathrm{d}x\mathrm{d}y=\iint_{D_{21}}\sqrt[3]{x-y}\,\mathrm{d}x\mathrm{d}y+\iint_{D_{22}}\sqrt[3]{x-y}\,\mathrm{d}x\mathrm{d}y>0.$$

类似地,可知 $J_3=\displaystyle\iint_{D_3}\sqrt[3]{x-y}\,\mathrm{d}x\mathrm{d}y<0.$

综合上述知,正确选项为(B).

以上解法写出过程来似乎比较复杂,但是,如果不要过程,只要掌握了二重积分的性质,通过画图是容易做出正确选择的.

例❸ 已知积分区域 $D=\left\{(x,y)\,\Big|\,|x|+|y|\leqslant\dfrac{\pi}{2}\right\}$,其中 $I_1=\displaystyle\iint_D\sqrt{x^2+y^2}\,\mathrm{d}x\mathrm{d}y$,

$I_2=\displaystyle\iint_D\sin\sqrt{x^2+y^2}\,\mathrm{d}x\mathrm{d}y$, $I_3=\displaystyle\iint_D(1-\cos\sqrt{x^2+y^2})\,\mathrm{d}x\mathrm{d}y$, I_1, I_2, I_3 的大小是 （　　）

(A) $I_3<I_2<I_1$ (B) $I_1<I_2<I_3$

(C) $I_2<I_1<I_3$ (D) $I_2<I_3<I_1$

因为当 $(x,y)\neq(0,0)$ 时,$\sin\sqrt{x^2+y^2}<\sqrt{x^2+y^2}$, $1-\cos\sqrt{x^2+y^2}<\sqrt{x^2+y^2}$,所以 $I_2<I_1$, $I_3<I_1$.

$$\sin\sqrt{x^2+y^2}=2\sin\frac{\sqrt{x^2+y^2}}{2}\cos\frac{\sqrt{x^2+y^2}}{2},$$

因为除个别点外 $x^2+y^2<\dfrac{\pi^2}{4}$,所以 $\dfrac{\sqrt{x^2+y^2}}{2}<\dfrac{\pi}{4}$,

所以 $\sin\dfrac{\sqrt{x^2+y^2}}{2}<\cos\dfrac{\sqrt{x^2+y^2}}{2}$, $1-\cos\sqrt{x^2+y^2}<\sin\sqrt{x^2+y^2}$,

所以有 $I_3<I_2\Rightarrow I_3<I_2<I_1$.

考点2　二重积分的计算方法

知识补给库

1. 直角坐标系下二重积分的计算方法

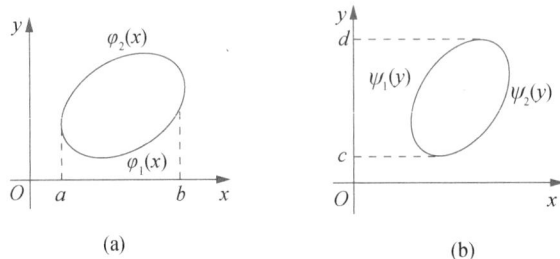

$$图6-2(a): \iint\limits_{D} f(x,y)\,dxdy = \int_a^b dx \int_{\varphi_1(x)}^{\varphi_2(x)} f(x,y)\,dy;$$

$$图6-2(b): \iint\limits_{D} f(x,y)\,dxdy = \int_c^d dy \int_{\psi_1(y)}^{\psi_2(y)} f(x,y)\,dx.$$

注　(1)直角坐标系下化二重积分为二次积分时，需要注意:

① 每层积分的下限应小于上限;

② 一般而言，内层积分限是外层积分变量的函数，也可以是常数;

③ 外层积分限必须为常数.

(2)直角坐标系下函如何确定积分次序.

① 函数原则. 其原函数不是初等函数的被积函数，需改变积分次序先对另一个变量积分，使内层积分易求出.

例如，$f(x,y) = e^{\frac{x}{y}}$，一定先对 y 积分，后对 x 积分;

$f(x,y) = g(x) e^{y^2}$，一定先对 x 积分，后对 y 积分;

$f(x,y) = x\sqrt{1-x^2+y^2}$，一定先对 x 积分，后对 y 积分.

② 少分块原则. 若积分区域为Y型区域, 即用平行于x轴的直线穿过区域D, 它与D的边界曲线相交最多两个点, 应先对x积分, 后对y积分;

若积分区域为X型区域, 即用平行于y轴的直线穿过区域D, 它与D的边界曲线相交最多为两个点, 应先对y积分, 后对x积分;

若积分区域既为X型区域, 又为Y型区域, 这时在函数原则满足前提下, 先对x积分或先对y积分均可以, 此时, 先对哪个变量积分简单, 就采用对该变量先积分.

2. 极坐标系下二重积分的计算方法(图6-3)

$$x = r\cos\theta, \quad y = r\sin\theta, \quad dxdy = rdrd\theta,$$

则 $\iint\limits_{Dxy} f(x,y)dxdy = \iint\limits_{Dr\theta} f(r\cos\theta, r\sin\theta)rdrd\theta = \int_{\theta_1}^{\theta_2} d\theta \int_{r_1(\theta)}^{r_2(\theta)} f(r\cos\theta, r\sin\theta)rdr.$

注 (1) 对于圆形区域, 被积函数以 $x^2 + y^2$ 出现时经常用极坐标计算二重积分.

(2) 理论上极坐标计算时, 也可交换积分次序, 但实际计算时, 经常先计算r的积分再计算θ的积分.

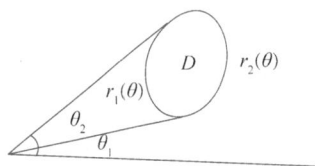

图6-3

(3) 常见的四个偏心圆如图6-4所示.

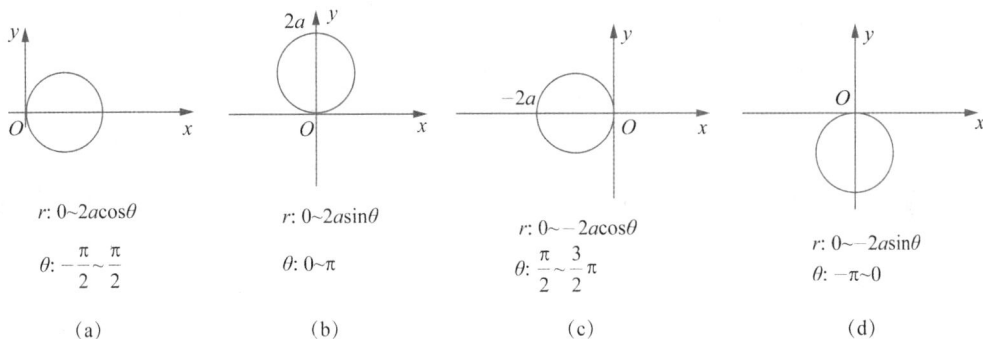

$r: 0 \sim 2a\cos\theta$
$\theta: -\frac{\pi}{2} \sim \frac{\pi}{2}$
(a)

$r: 0 \sim 2a\sin\theta$
$\theta: 0 \sim \pi$
(b)

$r: 0 \sim -2a\cos\theta$
$\theta: \frac{\pi}{2} \sim \frac{3}{2}\pi$
(c)

$r: 0 \sim -2a\sin\theta$
$\theta: -\pi \sim 0$
(d)

图6-4

典型例题

例❶ 求 $\iint\limits_{D} x\sqrt{1-x^2+y^2}\,\mathrm{d}x\mathrm{d}y$，其中 D 是由 $y=x$，$x=1$，$y=-1$ 所围的平面区域.

解 如图 6-5 所示，就 D 的形状而言，既可先对 x 积分，也可先对 y 积分，但注意到被积函数为 $x\sqrt{1-x^2+y^2}$，应先对 x 积分.

$$
\begin{aligned}
\iint\limits_{D} x\sqrt{1-x^2+y^2}\,\mathrm{d}x\mathrm{d}y &= -\frac{1}{2}\int_{-1}^{1}\mathrm{d}y\int_{y}^{1}\sqrt{1-x^2+y^2}\,\mathrm{d}(1-x^2+y^2) \\
&= -\frac{1}{2}\times\frac{2}{3}\int_{-1}^{1}\Big[(1-x^2+y^2)^{\frac{3}{2}}\Big]_{y}^{1}\,\mathrm{d}y \\
&= -\frac{1}{3}\int_{-1}^{1}(|y|^3-1)\,\mathrm{d}y \\
&= -\frac{2}{3}\int_{0}^{1}(y^3-1)\,\mathrm{d}y = \frac{1}{2}.
\end{aligned}
$$

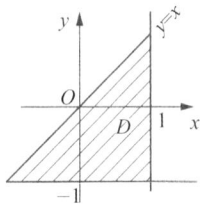

图 6-5

例❷ 计算 $\iint\limits_{D} r^2\sin\theta\sqrt{1-r^2\cos 2\theta}\,\mathrm{d}r\mathrm{d}\theta$，其中，

$$
D=\left\{(r,\theta)\ \middle|\ 0\leqslant r\leqslant\sec\theta,\ 0\leqslant\theta\leqslant\frac{\pi}{4}\right\}.
$$

解 $D:\begin{cases}0\leqslant r\leqslant\sec\theta,\\[1mm] 0\leqslant\theta\leqslant\dfrac{\pi}{4}\end{cases}\Rightarrow\begin{cases}0\leqslant r\cdot\cos\theta\leqslant 1,\\[1mm] 0\leqslant r\cdot\sin\theta\leqslant x\end{cases}\Rightarrow\begin{cases}0\leqslant x\leqslant 1,\\[1mm] 0\leqslant y\leqslant x.\end{cases}$

D 如图 6-6 所示，故

$$
\begin{aligned}
I &= \int_{0}^{1}\mathrm{d}x\int_{0}^{x} y\sqrt{1-x^2+y^2}\,\mathrm{d}y \\
&= \int_{0}^{1}\frac{1}{2}\times\frac{2}{3}(1-x^2+y^2)^{\frac{3}{2}}\Big|_{0}^{x}\,\mathrm{d}x \\
&= \frac{1}{3}\int_{0}^{1}\Big[1-(1-x^2)^{\frac{3}{2}}\Big]\,\mathrm{d}x \\
&= \frac{1}{3}-\frac{1}{3}\int_{0}^{1}(1-x^2)^{\frac{3}{2}}\,\mathrm{d}x \quad (\text{令 } x=\sin u,\ \mathrm{d}x=\cos u\,\mathrm{d}u) \\
&= \frac{1}{3}-\frac{1}{3}\int_{0}^{\frac{\pi}{2}}\cos^4 u\,\mathrm{d}u = \frac{1}{3}-\frac{1}{3}\times\frac{3}{4}\times\frac{1}{2}\times\frac{\pi}{2}=\frac{1}{3}-\frac{\pi}{16}.
\end{aligned}
$$

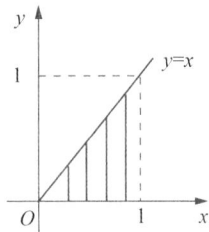

图 6-6

例❸ 已知平面区域 $D=\left\{(r,\theta)\ \middle|\ 2\leqslant r\leqslant 2(1+\cos\theta),\ -\dfrac{\pi}{2}\leqslant\theta\leqslant\dfrac{\pi}{2}\right\}$，计算二重积分 $\iint\limits_{D} x\,\mathrm{d}x\mathrm{d}y$.

解 由于 $D=\left\{(r,\theta)\ \middle|\ 2\leqslant r\leqslant 2(1+\cos\theta),\ -\dfrac{\pi}{2}\leqslant\theta\leqslant\dfrac{\pi}{2}\right\}$，所以

$$
\iint\limits_{D} x\,\mathrm{d}x\mathrm{d}y = 2\int_{0}^{\frac{\pi}{2}}\mathrm{d}\theta\int_{2}^{2(1+\cos\theta)} r^2\cos\theta\,\mathrm{d}r = \frac{16}{3}\int_{0}^{\frac{\pi}{2}}\big[(1+\cos\theta)^3-1\big]\cos\theta\,\mathrm{d}\theta
$$

$$= \frac{16}{3} \int_0^{\frac{\pi}{2}} (3\cos^2\theta + 3\cos^3\theta + \cos^4\theta) \, \mathrm{d}\theta.$$

又因为 $\int_0^{\frac{\pi}{2}} 3\cos^2\theta \mathrm{d}\theta = 3 \times \frac{1}{2} \times \frac{\pi}{2} = \frac{3\pi}{4}$, $\int_0^{\frac{\pi}{2}} 3\cos^3\theta \mathrm{d}\theta = 3 \times \frac{2}{3} = 2$,

$\int_0^{\frac{\pi}{2}} \cos^4\theta \mathrm{d}\theta = \frac{3}{4} \times \frac{1}{2} \times \frac{\pi}{2} = \frac{3\pi}{16}$, 所以 $\iint\limits_D x \, \mathrm{d}x\mathrm{d}y = \frac{16}{3}\left(\frac{3\pi}{4} + 2 + \frac{3\pi}{16}\right) = \frac{32}{3} + 5\pi$.

典型错误：① 不能正确掌握二重积分在极坐标系下的计算公式，部分考生错写为

$$\iint\limits_D x\,\mathrm{d}x\mathrm{d}y = \int_{-\frac{\pi}{2}}^{\frac{\pi}{2}} \mathrm{d}\theta \int_2^{2(1+\cos\theta)} r\cos\theta \mathrm{d}r = \frac{8}{3} + 2\pi,$$

这是常见的错误结果之一.

② 不能正确掌握直角坐标与极坐标的关系，部分考生错写为

$$\iint\limits_D x\,\mathrm{d}x\mathrm{d}y = \int_{-\frac{\pi}{2}}^{\frac{\pi}{2}} \mathrm{d}\theta \int_2^{2(1+\cos\theta)} r\sin\theta \cdot r\mathrm{d}r = \frac{8}{3} \int_{-\frac{\pi}{2}}^{\frac{\pi}{2}} (3\cos\theta + 3\cos^2\theta + \cos^3\theta)\sin\theta \mathrm{d}\theta = 0,$$

或 $\iint\limits_D x\,\mathrm{d}x\mathrm{d}y = 2\int_0^{\frac{\pi}{2}} \mathrm{d}\theta \int_2^{2(1+\cos\theta)} r\sin\theta \cdot r\mathrm{d}r = \frac{16}{3} \int_0^{\frac{\pi}{2}} (3\cos\theta + 3\cos^2\theta + \cos^3\theta)\sin\theta \mathrm{d}\theta = \frac{44}{3}$.

③ 不能正确地计算简单函数的定积分值，部分考生计算 $\int_0^{\frac{\pi}{2}} (3\cos^2\theta + 3\cos^3\theta + \cos^4\theta) \mathrm{d}\theta$

时出错，最后得到了各式各样的结果，阅卷中常见的有 $\frac{5\pi}{8} + \frac{4}{3}$, $\frac{16}{3} + 5\pi$, $\frac{16}{3} + 3\pi$, $\frac{32}{3} + \pi$,

$\frac{32}{3} + 10\pi$, $\frac{32}{3} + \frac{14\pi}{3}$, $\frac{4}{3} + \frac{5\pi}{8}$ 等.

出现的错误结果还有很多，在此不再列举.

例❹ 设平面区域 D 由曲线 $y = \sqrt{3(1-x^2)}$ 与直线 $y = \sqrt{3}x$ 及 y 轴围成，计算二重

积分 $\iint\limits_D x^2 \mathrm{d}x\mathrm{d}y$.

解法 1 $\iint\limits_D x^2 \mathrm{d}x\mathrm{d}y = \int_0^{\frac{1}{\sqrt{2}}} \mathrm{d}x \int_{\sqrt{3}x}^{\sqrt{3(1-x^2)}} x^2 \mathrm{d}y = \sqrt{3} \int_0^{\frac{1}{\sqrt{2}}} x^2 (\sqrt{1-x^2} - x) \mathrm{d}x$

$$= \sqrt{3} \int_0^{\frac{1}{\sqrt{2}}} x^2 \sqrt{1-x^2} \, \mathrm{d}x - \sqrt{3} \int_0^{\frac{1}{\sqrt{2}}} x^3 \, \mathrm{d}x.$$

令 $x = \sin t$, 则 $\int_0^{\frac{1}{\sqrt{2}}} x^2 \sqrt{1-x^2} \mathrm{d}x = \int_0^{\frac{\pi}{4}} \sin^2 t \cos^2 t \mathrm{d}t = \frac{1}{8} \int_0^{\frac{\pi}{4}} (1 - \cos 4t) \mathrm{d}t = \frac{\pi}{32}$,

又 $\int_0^{\frac{1}{\sqrt{2}}} x^3 \mathrm{d}x = \frac{1}{16}$, 所以 $\iint\limits_D x^2 \mathrm{d}x\mathrm{d}y = \frac{\sqrt{3}}{16}\left(\frac{\pi}{2} - 1\right)$.

解法 2 用广义极坐标变换： $x = r\cos\theta$, $y = \sqrt{3} r\sin\theta$, 则椭圆曲线方程 $y = \sqrt{3(1-x^2)}$ 变为 $r = 1$, 直线方程 $y = \sqrt{3}x$ 变为 $\theta = \frac{\pi}{4}$, y 轴方程 $x = 0$ 变为 $\theta = \frac{\pi}{2}$.

因此积分区域变为 $\left\{ (r, \theta) \mid 0 \leqslant r \leqslant 1, \frac{\pi}{4} \leqslant \theta \leqslant \frac{\pi}{2} \right\}$, 而变换的雅可比行列式为

$$\begin{vmatrix} \cos\theta & -r\sin\theta \\ \sqrt{3}\sin\theta & \sqrt{3}r\cos\theta \end{vmatrix} = \sqrt{3}r, \text{从而}$$

$$\iint\limits_{D} x^2 \mathrm{d}x\mathrm{d}y = \int_{\frac{\pi}{4}}^{\frac{\pi}{2}} \mathrm{d}\theta \int_0^1 r^2\cos^2\theta\sqrt{3}\,r\mathrm{d}r$$

$$= \sqrt{3}\int_{\frac{\pi}{4}}^{\frac{\pi}{2}}\cos^2\theta \mathrm{d}\theta \cdot \int_0^1 r^3\mathrm{d}r$$

$$= \frac{\sqrt{3}}{8}\int_{\frac{\pi}{4}}^{\frac{\pi}{2}}(1+\cos 2\theta)\mathrm{d}\theta = \frac{\sqrt{3}}{8}\left(\frac{\pi}{4}-\frac{1}{2}\right).$$

典型错误：① 不少考生将积分区域的范围看错了！按照题意，积分区域 D 应该是在第一象限由椭圆 $y=\sqrt{3(1-x^2)}$，直线 $y=\sqrt{3}x$ 以及 y 轴围成的，可是有不少考生会将 y 轴错以为是 x 轴，还有的考生认为第三象限也有积分区域. 这说明这部分考生对曲线围成的平面图形不敏感，也可能是不小心，但起码是没有意识到在计算二重积分时积分区域的重要性.

② 还有部分考生将二重积分化为定积分后，不会计算定积分 $\int_0^{\frac{\sqrt{2}}{2}} x^2\sqrt{3(1-x^2)}\mathrm{d}x$. 这正是此题考查的重点之一. 定积分计算中的三角代换是换元法中的基础知识和方法，是考生应该掌握的.

③ 二重积分的换元法考纲并没有要求，这里补充一下该方法，供学有余力的同学参考.

换元法求二重积分步骤：

a. 根据题目的特点(区域及被积函数)确定变换. 习惯上，设 $x=x(u,v)$，$y=y(u,v)$.

b. 求出雅可比行列式 $J_{(u,v)}=\dfrac{\partial(x,y)}{\partial(u,v)}$.

c. 在变换下确定 u，v 的范围 D'，
$\begin{cases}\text{把变换代入 } D \text{ 的边界曲线中，求出 } D' \text{ 的边界线，}\\ \text{作图.}\end{cases}$

d. 代入公式 $\iint\limits_{D} f(x,y)\mathrm{d}x\mathrm{d}y = \iint\limits_{D'} f[x(u,v),y(u,v)]|J_{(u,v)}|\mathrm{d}u\mathrm{d}v$.

e. 计算.

其实，直角坐标转化为极坐标时，就是一种换元法，可以用以上步骤验算.

a. 令 $x=r\cos\theta$，$y=r\sin\theta$.

b. 因 $\dfrac{\partial x}{\partial r}=\cos\theta$，$\dfrac{\partial x}{\partial \theta}=-r\sin\theta$，$\dfrac{\partial y}{\partial r}=\sin\theta$，$\dfrac{\partial y}{\partial \theta}=r\cos\theta$，

故雅可比行列式 $J_{(r,\theta)} = \begin{vmatrix} \dfrac{\partial x}{\partial r} & \dfrac{\partial x}{\partial \theta} \\ \dfrac{\partial y}{\partial r} & \dfrac{\partial y}{\partial \theta} \end{vmatrix} = \begin{vmatrix} \cos\theta & -r\sin\theta \\ \sin\theta & r\cos\theta \end{vmatrix} = r$,

从而 $\iint\limits_{D} f(x,y)\mathrm{d}x\mathrm{d}y = \iint\limits_{D'} f(r\cos\theta,r\sin\theta)r\mathrm{d}r\mathrm{d}\theta$.

例⑤ 已知平面区域 $D=\{(x,y)\,|\,|x|\leqslant y,(x^2+y^2)^3\leqslant y^4\}$，计算二重积分 $\iint\limits_{D}\dfrac{x+y}{\sqrt{x^2+y^2}}\mathrm{d}x\mathrm{d}y$.

解 因为 D 关于 y 轴对称，所以 $\iint\limits_{D}\dfrac{x}{\sqrt{x^2+y^2}}\mathrm{d}x\mathrm{d}y=0,$

$\iint\limits_{D}\dfrac{y}{\sqrt{x^2+y^2}}\mathrm{d}x\mathrm{d}y=2\iint\limits_{D_1}\dfrac{y}{\sqrt{x^2+y^2}}\mathrm{d}x\mathrm{d}y,$ 其中 D_1 是 D 在 y 轴右侧的部分.

在极坐标系中，$D_1=\left\{(r,\theta)\left|\dfrac{\pi}{4}\leqslant\theta\leqslant\dfrac{\pi}{2},0\leqslant r\leqslant\sin^2\theta\right.\right\}$，所以

$$\iint\limits_{D}\dfrac{x+y}{\sqrt{x^2+y^2}}\mathrm{d}x\mathrm{d}y=2\int_{\frac{\pi}{4}}^{\frac{\pi}{2}}\mathrm{d}\theta\int_{0}^{\sin^2\theta}r\sin\theta\mathrm{d}r=-\int_{\frac{\pi}{4}}^{\frac{\pi}{2}}\sin^4\theta\mathrm{d}(\cos\theta)$$

$$=-\left(\cos\theta-\dfrac{2}{3}\cos^3\theta+\dfrac{1}{5}\cos^5\theta\right)\Big|_{\frac{\pi}{4}}^{\frac{\pi}{2}}=\dfrac{43\sqrt{2}}{120}.$$

例6 设 D 是 $x^2+y^2=1$ 和直线 $y=x$ 以及 x 轴在第一象限围成的部分,计算 $\iint\limits_{D}\mathrm{e}^{(x+y)^2}(x^2-y^2)\mathrm{d}x\mathrm{d}y.$

解 在极坐标系中,区域 D 可表示为 $\left\{(r,\theta)\left|0\leqslant r\leqslant1,0\leqslant\theta\leqslant\dfrac{\pi}{4}\right.\right\}$. 所以

$$\iint\limits_{D}\mathrm{e}^{(x+y)^2}(x^2-y^2)\mathrm{d}x\mathrm{d}y=\int_{0}^{\frac{\pi}{4}}\mathrm{d}\theta\int_{0}^{1}\mathrm{e}^{r^2(\sin\theta+\cos\theta)^2}r^3(\cos^2\theta-\sin^2\theta)\mathrm{d}r$$

$$=\int_{0}^{1}\mathrm{d}r\int_{0}^{\frac{\pi}{4}}\mathrm{e}^{r^2(\sin\theta+\cos\theta)^2}r^3(\cos^2\theta-\sin^2\theta)\mathrm{d}\theta$$

$$=\dfrac{1}{2}\int_{0}^{1}r\mathrm{d}r\int_{0}^{\frac{\pi}{4}}\mathrm{e}^{r^2(\sin\theta+\cos\theta)^2}\mathrm{d}\left[r^2(\cos\theta+\sin\theta)^2\right]$$

$$=\dfrac{1}{2}\int_{0}^{1}r\mathrm{e}^{r^2(\sin\theta+\cos\theta)^2}\Big|_{0}^{\frac{\pi}{4}}\mathrm{d}r$$

$$=\dfrac{1}{2}\int_{0}^{1}r(\mathrm{e}^{2r^2}-\mathrm{e}^{r^2})\mathrm{d}r$$

$$=\dfrac{(\mathrm{e}-1)^2}{8}.$$

考点3 交换积分次序

知识补给库

交换累次积分次序的问题是指将一种次序的累次积分转化为另一种次序的累次积分,它们可使相应的重积分计算或证明工作量减少.

交换积分次序多见于以下四种类型:

①明确指明将一种次序的累次积分变换为另一种次序的累次积分;

②若某一种次序的累次积分的被积函数对先积分的变量的原函数不能用初等函数表示,则应交换累次积分的次序;

③若某一种次序的累次积分由多项构成,即其相应的重积分的积分区域划分成若干块,则宜通过交换累次积分的次序减少累次积分的项数;

④交换累次积分的次序是证明某些重积分例题的一种有效手段.

典型例题

例❶ 交换下列二次积分的次序.

(1) $\int_a^{2a} \mathrm{d}x \int_{2a-x}^{\sqrt{2ax-x^2}} f(x, y)\mathrm{d}y.$

(2) $\int_{-1}^0 \mathrm{d}y \int_2^{1-y} f(x, y)\mathrm{d}x.$

(3) $\int_{\frac{\pi}{2}}^{\pi} \mathrm{d}x \int_{\sin x}^1 f(x, y)\mathrm{d}y.$

(4) $\int_1^2 \mathrm{d}x \int_x^2 f(x, y)\mathrm{d}y + \int_1^2 \mathrm{d}y \int_y^{4-y} f(x, y)\mathrm{d}x.$

解 (1) 积分域 D: $\begin{cases} a \leqslant x \leqslant 2a, \\ 2a - x \leqslant y \leqslant \sqrt{2ax - x^2}, \end{cases}$

如图6-7所示.

D 可表示为 $\begin{cases} 0 \leqslant y \leqslant a, \\ 2a - y \leqslant x \leqslant a + \sqrt{a^2 - y^2}. \end{cases}$

原式 $= \int_0^a \mathrm{d}y \int_{2a-y}^{a+\sqrt{a^2-y^2}} f(x, y)\mathrm{d}x.$

(2) 积分域 D: $\begin{cases} -1 \leqslant y \leqslant 0, \\ 1 - y \leqslant x \leqslant 2, \end{cases}$ 如图 6-8 所示.

D 可表示为 $\begin{cases} 1 \leqslant x \leqslant 2, \\ 1 - x \leqslant y \leqslant 0, \end{cases}$

原式 $= \int_1^2 \mathrm{d}x \int_0^{1-x} f(x, y)\mathrm{d}y.$

(3) 积分域 D: $\begin{cases} \dfrac{\pi}{2} \leqslant x \leqslant \pi, \\ \sin x \leqslant y \leqslant 1. \end{cases}$ 如图 6-9 所示.

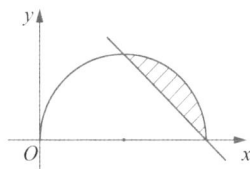

图 6-7

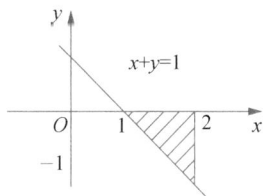

图 6-8

D 可表示为 $\begin{cases} 0 \leqslant y \leqslant 1, \\ \pi - \arcsin y \leqslant x \leqslant \pi. \end{cases}$

原式 $= \displaystyle\int_0^1 \mathrm{d}y \int_{\pi-\arcsin y}^{\pi} f(x, y)\mathrm{d}x.$

（4）积分域 D 如图 6 - 10 所示.

D 还可表示为 $\begin{cases} 1 \leqslant y \leqslant 2, \\ 1 \leqslant x \leqslant 4 - y. \end{cases}$

原式 $= \displaystyle\int_1^2 \mathrm{d}y \int_1^{4-y} f(x, y)\mathrm{d}x.$

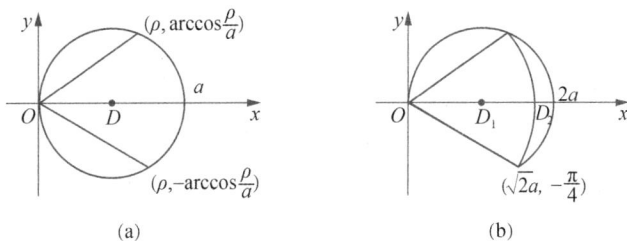

图 6 - 9

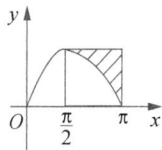

图 6 - 10

例2 交换以下积分的次序$(a \geqslant 0)$：

（1）$I = \displaystyle\int_{-\frac{\pi}{2}}^{\frac{\pi}{2}} \mathrm{d}\theta \int_0^{a\cos\theta} f(\rho, \theta)\mathrm{d}\rho,$

（2）$I = \displaystyle\int_{-\frac{\pi}{4}}^{\frac{\pi}{2}} \mathrm{d}\theta \int_0^{2a\cos\theta} f(\rho, \theta)\mathrm{d}\rho.$

解 在直角坐标系中,积分区域如图 6 - 11 所示.

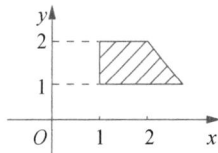

（a）   （b）

图 6 - 11

（1）由图 6 - 11(a)知固定 ρ 后,θ 变化的变化范围是 $-\arccos\dfrac{\rho}{a} \sim \arccos\dfrac{\rho}{a}$, 所以

$$I = \int_{-\frac{\pi}{2}}^{\frac{\pi}{2}} \mathrm{d}\theta \int_0^{a\cos\theta} f(\rho, \theta)\mathrm{d}\rho = \int_0^a \mathrm{d}\rho \int_{-\arccos\frac{\rho}{a}}^{\arccos\frac{\rho}{a}} f(\rho, \theta)\mathrm{d}\theta.$$

（2）$D = D_1 + D_2,$

$$I = \int_{-\frac{\pi}{4}}^{\frac{\pi}{2}} \mathrm{d}\theta \int_0^{2a\cos\theta} f(\rho, \theta)\mathrm{d}\rho = \iint\limits_{D_1+D_2} f(\rho, \theta)\mathrm{d}\rho\mathrm{d}\theta$$

$$= \iint\limits_{D_1} f(\rho, \theta)\mathrm{d}\rho\mathrm{d}\theta + \iint\limits_{D_2} f(\rho, \theta)\mathrm{d}\rho\mathrm{d}\theta$$

$$= \int_0^{\sqrt{2}a} \mathrm{d}\rho \int_{-\frac{\pi}{4}}^{\arccos\frac{\rho}{2a}} f(\rho, \theta)\mathrm{d}\theta + \int_{\sqrt{2}a}^{2a} \mathrm{d}\rho \int_{-\arccos\frac{\rho}{2a}}^{\arccos\frac{\rho}{2a}} f(\rho, \theta)\mathrm{d}\theta.$$

例3 设 $f(x)$ 在$[0, 1]$连续,利用重积分证明：

$$2\int_0^1 f(x)\mathrm{d}x \int_x^1 f(y)\mathrm{d}y = \left[\int_0^1 f(x)\mathrm{d}x\right]^2.$$

解 $2\displaystyle\int_0^1 f(x)\mathrm{d}x \int_x^1 f(y)\mathrm{d}y = \int_0^1 f(x)\mathrm{d}x \int_x^1 f(y)\mathrm{d}y + \int_0^1 f(x)\mathrm{d}x \int_x^1 f(y)\mathrm{d}y,$

$$\xrightarrow{\text{第二式改变积分次序}} \int_0^1 f(x)\mathrm{d}x \int_x^1 f(y)\mathrm{d}y + \int_0^1 f(y)\mathrm{d}y \int_0^y f(x)\mathrm{d}x,$$

$$\xrightarrow{\text{第二式用轮换对称性}} \int_0^1 f(x)\mathrm{d}x \int_x^1 f(y)\mathrm{d}y + \int_0^1 f(x)\mathrm{d}x \int_0^x f(y)\mathrm{d}y,$$

$$= \iint_0^1 f(x)f(y)\mathrm{d}x\mathrm{d}y = \int_0^1 f(x)\mathrm{d}x \int_0^1 f(y)\mathrm{d}y = \left[\int_0^1 f(x)\mathrm{d}x\right]^2.$$

考点4 奇偶对称、轮换对称、质心坐标

知识补给库

1. 奇偶对称.

(1) 如果区域 D 关于 y 轴对称,则有

$$I = \iint_D f(x,y)\mathrm{d}\sigma = \begin{cases} 0, & f(-x,y) = -f(x,y), \\ 2\iint_{D_1} f(x,y)\mathrm{d}\sigma, & f(-x,y) = f(x,y), \end{cases}$$

其中 $D_1 = \{(x,y) \mid (x,y) \in D, x \geqslant 0\}$.

(2) 如果 D 关于 x 轴对称,则有

$$I = \iint_D f(x,y)\mathrm{d}\sigma = \begin{cases} 0, & f(x,-y) = -f(x,y), \\ 2\iint_{D_2} f(x,y)\mathrm{d}\sigma, & f(x,-y) = f(x,y), \end{cases}$$

其中 $D_2 = \{(x,y) \mid (x,y) \in D, y \geqslant 0\}$.

2. 轮换对称.

若区域 D 关于 $y = x$ 对称,则

$$\iint_D f(x,y)\mathrm{d}x\mathrm{d}y = \iint_D f(y,x)\mathrm{d}x\mathrm{d}y.$$

3. 质心坐标 $(\bar{X}, \bar{Y})$

若区域 D 的几何中心坐标记为 $(\bar{X}, \bar{Y})$,

那么 $\bar{X} = \dfrac{\iint_D x\mathrm{d}x\mathrm{d}y}{S_D}$, $\bar{Y} = \dfrac{\iint_D y\mathrm{d}x\mathrm{d}y}{S_D}$,其中 S_D 为 D 的面积.

以而 $\iint\limits_{D} x \, \mathrm{d}x\mathrm{d}y = \bar{X}S_{D}$，$\iint\limits_{D} y \, \mathrm{d}x\mathrm{d}y = \bar{Y}S_{D}$.

灵活使用该公式，可以简化有些二重积分的计算.

典型例题

例❶ （1）设有平面闭区域 $D = \{(x, y) \mid -a \leqslant x \leqslant a, x \leqslant y \leqslant a\}$，如图 $6-12(a)$ 所示，$D_1 = \{(x, y) \mid 0 \leqslant x \leqslant a, x \leqslant y \leqslant a\}$，则 $\iint\limits_{D} (xy + \cos x \sin y)\mathrm{d}x\mathrm{d}y = $ （　　）

(A) $2\iint\limits_{D_1} \cos x \sin y \mathrm{d}x\mathrm{d}y$

(B) $2\iint\limits_{D_1} xy\mathrm{d}x\mathrm{d}y$

(C) $4\iint\limits_{D_1} (xy + \cos x \sin y)\mathrm{d}x\mathrm{d}y$

(D) 0

（2）如图 $6-12(b)$ 所示，正方形 $\{(x, y) \mid |x| \leqslant 1, |y| \leqslant 1\}$ 被对角线分成 $D_k(k = 1, 2, 3, 4)$，$I_k = \iint\limits_{D_k} y\cos x\mathrm{d}x\mathrm{d}y$，则 $\max\limits_{1\leqslant k\leqslant 4}\{I_k\} = $ _____.

(A) I_1

(B) I_2

(C) I_3

(D) I_4

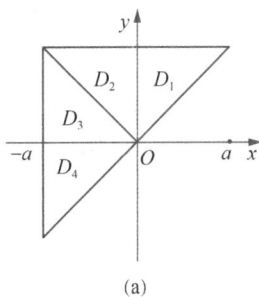

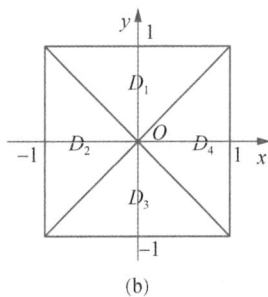

(a)　　　　　　　　　　　　(b)

图 6 - 12

解 （1）$\iint\limits_{D} (xy + \cos x \sin y)\mathrm{d}x\mathrm{d}y$

$$= \iint\limits_{D_1+D_2} (xy + \cos x \sin y)\mathrm{d}x\mathrm{d}y + \iint\limits_{D_3+D_4} (xy + \cos x \sin y)\mathrm{d}x\mathrm{d}y$$

$$= \iint\limits_{D_1+D_2} \cos x \sin y \mathrm{d}x\mathrm{d}y = 2\iint\limits_{D_1} \cos x \sin y \mathrm{d}x\mathrm{d}y.$$

(A)为答案.

(2) 由对称性 $I_2 = I_4 = 0$,

在 D_1 上 $y\cos x > 0$,所以 $I_1 = \iint\limits_{D_1} y\cos x\,\mathrm{d}x\mathrm{d}y > 0$,

在 D_3 上 $y\cos x < 0$,所以 $I_3 = \iint\limits_{D_3} y\cos x\,\mathrm{d}x\mathrm{d}y < 0$,

所以 $I_1 = \max\limits_{1\leqslant k\leqslant 4}\{I_k\}$,(A)为答案.

例② 已知区域 D 为 $x^2 + y^2 \leqslant a^2$,$a > 0$,求 $\iint\limits_{D}\sin x^2 \cos y^2\,\mathrm{d}x\mathrm{d}y$.

解 D 如图 6-13 所示,则

$$\iint\limits_{D}\sin x^2 \cos y^2\,\mathrm{d}\sigma = 4\iint\limits_{D_1}\sin x^2 \cos y^2\,\mathrm{d}\sigma = 4I.$$

又 D_1 关于 $x = y$ 对称,由轮换对称性可得

$$2I = \iint\limits_{D_1}(\sin x^2 \cos y^2 + \sin y^2 \cos x^2)\,\mathrm{d}\sigma = \iint\limits_{D_1}\sin(x^2 + y^2)\,\mathrm{d}\sigma.$$

又令 $\begin{cases} x = r\cdot\cos\theta, \\ y = r\cdot\sin\theta, \end{cases}$ 则

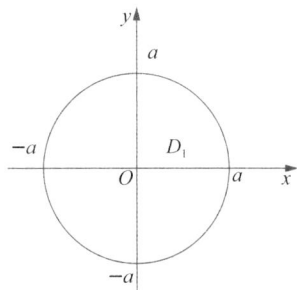

图 6-13

$$2I = \int_0^{\frac{\pi}{2}}\mathrm{d}\theta\int_0^a \sin r^2 \cdot r\,\mathrm{d}r = \int_0^{\frac{\pi}{2}}\left(-\frac{1}{2}\cos r^2\Big|_0^a\right)\mathrm{d}\theta$$

$$= \int_0^{\frac{\pi}{2}}\left(-\frac{1}{2}\cos a^2 + \frac{1}{2}\right)\mathrm{d}\theta = \frac{1}{2}(1-\cos a^2)\theta\Big|_0^{\frac{\pi}{2}}$$

$$= \frac{\pi}{4}(1-\cos a^2).$$

故 $4I = \dfrac{\pi}{2}(1-\cos a^2)$.

例③ 设平面区域 $D = \{(x, y) \mid 1\leqslant x^2 + y^2 \leqslant 4,\ x \geqslant 0,\ y \geqslant 0\}$,计算 $\iint\limits_{D}\dfrac{x\sin(\pi\sqrt{x^2+y^2})}{x+y}\,\mathrm{d}x\mathrm{d}y$.

解 D 关于 $y-x$ 对称,则

$$\iint\limits_{D}\frac{x\sin(\pi\sqrt{x^2+y^2})}{x+y}\,\mathrm{d}x\mathrm{d}y = \iint\limits_{D}\frac{y\sin(\pi\sqrt{x^2+y^2})}{x+y}\,\mathrm{d}x\mathrm{d}y$$

$$I = \iint\limits_{D}\frac{x\sin(\pi\sqrt{x^2+y^2})}{x+y}\,\mathrm{d}x\mathrm{d}y$$

$$= \frac{1}{2}\iint\limits_{D}\left[\frac{x\sin(\pi\sqrt{x^2+y^2})}{x+y} + \frac{y\sin(\pi\sqrt{x^2+y^2})}{x+y}\right]\mathrm{d}x\mathrm{d}y$$

$$= \frac{1}{2}\iint\limits_{D}\sin(\pi\sqrt{x^2+y^2})\,\mathrm{d}x\mathrm{d}y = \frac{1}{2}\int_0^{\frac{\pi}{2}}\mathrm{d}\theta\int_1^2\sin\pi r\cdot r\,\mathrm{d}r = \frac{\pi}{4}\left(-\frac{1}{\pi}\right)\int_1^2 r\,\mathrm{d}(\cos\pi r)$$

$$= -\frac{1}{4}\left(\cos\pi r \cdot r\Big|_1^2 - \int_1^2 \cos\pi r\,\mathrm{d}r\right) = -\frac{1}{4}\left(2 + 1 - \frac{1}{\pi}\sin\pi r\Big|_1^2\right) = -\frac{3}{4}.$$

例④　求 $\iint\limits_D y\,\mathrm{d}x\,\mathrm{d}y$，其中 D 为边长为 2 的正方形挖去半圆剩下

的部分. 如图 6-14 所示，圆的边界方程为 $x^2 + (y-1)^2 = 1$.

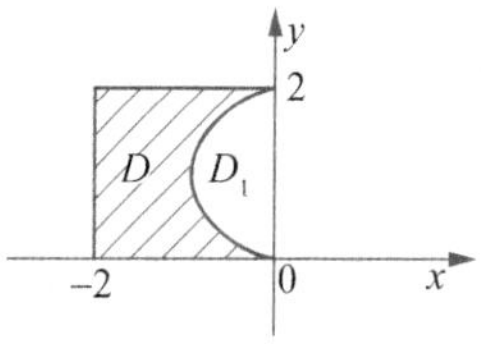

注　本题方法较多，最快捷的就是运用质心坐标.

解法 1　由图 6-14 可得，$\bar Y = 1$，故

$$\iint\limits_D y\,\mathrm{d}x\,\mathrm{d}y = \bar Y S_D = 1\times\left(4 - \frac{\pi}{2}\times 1\right) = 4 - \frac{\pi}{2}.$$

图 6-14

解法 2　
$$\iint\limits_D y\,\mathrm{d}x\,\mathrm{d}y = \iint\limits_{D+D_1} y\,\mathrm{d}x\,\mathrm{d}y - \iint\limits_{D_1} y\,\mathrm{d}x\,\mathrm{d}y$$

$$= \int_{-2}^0 \mathrm{d}x\int_0^2 y\,\mathrm{d}y - \int_{\frac{\pi}{2}}^{\pi}\mathrm{d}\theta\int_0^{2\sin\theta} r\sin\theta\, r\,\mathrm{d}r$$

$$= 4 - \frac{8}{3}\int_{\frac{\pi}{2}}^{\pi}\sin^4\theta\,\mathrm{d}\theta$$

$$= 4 - \frac{8}{3}\times\frac{1}{4}\int_{\frac{\pi}{2}}^{\pi}\left(1 - 2\cos 2\theta + \frac{1+\cos 4\theta}{2}\right)\mathrm{d}\theta$$

$$= 4 - \frac{\pi}{2}.$$

解法 3　令 $u = x$，则 $\mathrm{d}u = \mathrm{d}x$，$v = y - 1$，$\mathrm{d}v = \mathrm{d}y$. 在 (u, v) 坐标下的 D_{uv} 为由 $u = -2$，$v = -1$，$v = 1$，$u = -\sqrt{1-v^2}$ 围成（将图往下移一个单位），应注意到 D_{uv} 按 u 轴对称.

$$\iint\limits_D y\,\mathrm{d}x\,\mathrm{d}y = \iint\limits_{D_{uv}}(v+1)\,\mathrm{d}u\,\mathrm{d}v \xrightarrow{\text{对称性}} \iint\limits_{D_{uv}}\mathrm{d}u\,\mathrm{d}v = 4 - \frac{\pi}{2}.$$

例⑤　设 $f(x)$ 为可导函数，且 $\lim\limits_{x\to 1}f(x) = 0$，$\lim\limits_{x\to 1}f'(x) = 2\,026$，求

$\lim\limits_{x\to 1}\dfrac{6}{(1-x)^3}\int_1^x y\left(\int_y^1 f(u)\,\mathrm{d}u\right)\mathrm{d}y.$

解　利用洛必达法则：

$$\lim_{x\to 1}\frac{6}{(1-x)^3}\int_1^x y\left(\int_y^1 f(u)\,\mathrm{d}u\right)\mathrm{d}y = \lim_{x\to 1}\frac{2x\int_x^1 f(u)\,\mathrm{d}u}{-(1-x)^2}$$

$$= \lim_{x\to 1}\frac{\int_x^1 f(u)\,\mathrm{d}u - xf(x)}{1-x} = \lim_{x\to 1}\frac{-2f(x) - xf'(x)}{-1}$$

$$= 2\,026.$$

考点5 二重积分综合题

典型例题

例❶ （1）设 $f(0) = 0$，$f'(0) = 1$，$D = \{(x, y) \mid x^2 + y^2 \leqslant 2tx, y \geqslant 0\}$，求 $\lim\limits_{t \to 0^+} \dfrac{1}{t^4} \iint\limits_D yf(\sqrt{x^2 + y^2})\mathrm{d}x\mathrm{d}y$.

（2）$f(x)$ 在 $(-\infty, +\infty)$ 连续，且满足

$$f(t) = 2\iint\limits_{x^2+y^2 \leqslant t^2} (x^2 + y^2)f(\sqrt{x^2 + y^2})\mathrm{d}x\mathrm{d}y + t^4, \text{求 } f(x).$$

解 （1）$D = \{(x, y) \mid x^2 + y^2 \leqslant 2tx, y \geqslant 0\}$，即 $(x-t)^2 + y^2 \leqslant t^2$，极坐标方程为 $\rho = 2t\cos\theta$，

$$\iint\limits_D yf(\sqrt{x^2 + y^2})\mathrm{d}x\mathrm{d}y = \int_0^{\frac{\pi}{2}} \mathrm{d}\theta \int_0^{2t\cos\theta} \rho\sin\theta f(\rho)\rho\mathrm{d}\rho$$

$$= \int_0^{2t} \rho^2 f(\rho)\mathrm{d}\rho \int_0^{\arccos\frac{\rho}{2t}} \sin\theta\mathrm{d}\theta = \int_0^{2t} \rho^2 f(\rho)\left(1 - \frac{\rho}{2t}\right)\mathrm{d}\rho,$$

$$\lim_{t \to 0^+} \frac{\iint\limits_D yf(x^2 + y^2)\mathrm{d}x\mathrm{d}y}{t^4} = \lim_{t \to 0^+} \frac{\int_0^{2t} \rho^2 f(\rho)\left(1 - \frac{\rho}{2t}\right)\mathrm{d}\rho}{t^4}$$

$$= \lim_{t \to 0^+} \frac{t\int_0^{2t} \rho^2 f(\rho)\mathrm{d}\rho - \frac{1}{2}\int_0^{2t} \rho^3 f(\rho)\mathrm{d}\rho}{t^5} = \lim_{t \to 0^+} \frac{\int_0^{2t} \rho^2 f(\rho)\mathrm{d}\rho}{5t^4}$$

$$= \lim_{t \to 0^+} \frac{2(2t)^2 f(2t)}{20t^3} = \lim_{t \to 0^+}\left[\frac{4}{5} \cdot \frac{f(2t) - f(0)}{2t}\right]$$

$$= \frac{4}{5}f'(0) = \frac{4}{5}.$$

（2）$f(t) = 2\iint\limits_D (x^2 + y^2)f(\sqrt{x^2 + y^2})\mathrm{d}x\mathrm{d}y + t^4$

$$= 2\int_0^{2\pi} \mathrm{d}\theta \int_0^t \rho^3 f(\rho)\mathrm{d}\rho + t^4 = 4\pi\int_0^t \rho^3 f(\rho)\mathrm{d}\rho + t^4.$$

令 $t = 0$ 得 $f(0) = 0$，两端求导得 $f'(t) = 4\pi t^3 f(t) + 4t^3$，

$$f'(t) - 4\pi t^3 f(t) = 4t^3,$$

$$f(t) = \mathrm{e}^{4\pi\int t^3 \mathrm{d}t}\left(\int 4t^3 \mathrm{e}^{-4\pi\int t^3 \mathrm{d}t}\mathrm{d}t + C\right) = C\mathrm{e}^{\pi t^4} - \frac{1}{\pi},$$

$$f(0) = 0, \text{得 } C = \frac{1}{\pi}.$$

所以 $f(x) = \dfrac{1}{\pi}(\mathrm{e}^{\pi x^4} - 1)$.

例❷ 计算下列几种特殊被积函数的二重积分.

（1）计算 $\iint\limits_{\substack{|x| \leqslant 1 \\ 0 \leqslant y \leqslant 2}} \sqrt{|y - x^2|}\mathrm{d}x\mathrm{d}y$;

（2）设 $D = \{(x, y) \mid x^2 + y^2 \leqslant \sqrt{2},\ x \geqslant 0,\ y \geqslant 0\}$，$[1 + x^2 + y^2]$ 表示不超过 $1 + x^2 + y^2$ 的最大整数，计算二重积分 $\iint\limits_{D} xy[1 + x^2 + y^2]\mathrm{d}x\mathrm{d}y$；

（3）计算 $\iint\limits_{D} y^2 \mathrm{d}x\mathrm{d}y$，其中 D 是由摆线 $x = a(t - \sin t)$，$y = a(1 - \cos t)$（$0 \leqslant t \leqslant 2\pi$）的第一拱和 x 轴所围区域.

解 （1）原式 $= \displaystyle\int_{-1}^{1} \mathrm{d}x \left(\int_{0}^{x^2} \sqrt{x^2 - y}\,\mathrm{d}y + \int_{x^2}^{2} \sqrt{y - x^2}\,\mathrm{d}y \right)$

$$= -\frac{2}{3} \int_{-1}^{1} (x^2 - y)^{\frac{3}{2}} \Big|_{y=0}^{y=x^2} \mathrm{d}x + \frac{2}{3} \int_{-1}^{1} (y - x^2)^{\frac{3}{2}} \Big|_{y=x^2}^{y=2} \mathrm{d}x$$

$$= \frac{2}{3} \int_{-1}^{1} |x|^3 \mathrm{d}x + \frac{2}{3} \int_{-1}^{1} (2 - x^2)^{\frac{3}{2}} \mathrm{d}x$$

$$= \frac{4}{3} \int_{0}^{1} x^3 \mathrm{d}x + \frac{4}{3} \int_{0}^{1} (2 - x^2)^{\frac{3}{2}} \mathrm{d}x$$

$$= \frac{1}{3} + \frac{4}{3} \int_{0}^{1} (2 - x^2)^{\frac{3}{2}} \mathrm{d}x.$$

如图 6-15 所示.

令 $x = \sqrt{2} \sin t$，则

$$\int_{0}^{1} (2 - x^2)^{\frac{3}{2}} \mathrm{d}x = 4 \int_{0}^{\frac{\pi}{4}} \cos^4 t\,\mathrm{d}t$$

$$= 4 \int_{0}^{\frac{\pi}{4}} \left(\frac{3}{8} + \frac{1}{2} \cos 2t + \frac{1}{8} \cos 4t \right) \mathrm{d}t$$

$$= \frac{3\pi}{8} + 1,$$

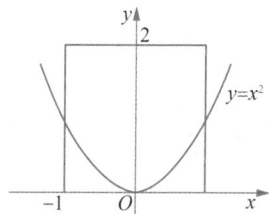
图 6-15

故原式 $= \dfrac{1}{3} + \dfrac{4}{3} \left(\dfrac{3\pi}{8} + 1 \right) = \dfrac{5}{3} + \dfrac{\pi}{2}.$

（2）首先应设法去掉取整函数符号，为此将积分区域分为两部分即可.

令

$$D_1 = \{(x, y) \mid 0 \leqslant x^2 + y^2 < 1,\ x \geqslant 0,\ y \geqslant 0\},$$
$$D_2 = \{(x, y) \mid 1 \leqslant x^2 + y^2 < \sqrt{2},\ x \geqslant 0,\ y \geqslant 0\}.$$

则 $\displaystyle\iint\limits_{D} xy[1 + x^2 + y^2]\mathrm{d}x\mathrm{d}y = \iint\limits_{D_1} xy\,\mathrm{d}x\mathrm{d}y + 2\iint\limits_{D_2} xy\,\mathrm{d}x\mathrm{d}y$

$$= \int_{0}^{\frac{\pi}{2}} \sin\theta\cos\theta\,\mathrm{d}\theta \int_{0}^{1} r^3 \mathrm{d}r + 2 \int_{0}^{\frac{\pi}{2}} \sin\theta\cos\theta\,\mathrm{d}\theta \int_{1}^{\sqrt[4]{2}} r^3 \mathrm{d}r$$

$$= \frac{1}{8} + \frac{1}{4} = \frac{3}{8}.$$

（3）令 $y = y(x)$ 表示摆线的方程，如图 6-16 所示，则

$$\iint\limits_{D} y^2 \mathrm{d}x\mathrm{d}y = \int_{0}^{2\pi a} \mathrm{d}x \int_{0}^{y(x)} y^2 \mathrm{d}y = \frac{1}{3} \int_{0}^{2\pi a} y^3(x)\,\mathrm{d}x.$$

令 $x = a(t - \sin t)$，则

$$dx = a(1 - \cos t)dt, \quad y(x) = a(1 - \cos t),$$

$$原式 = \frac{a^4}{3}\int_0^{2\pi}(1 - \cos t)^4 dt = \frac{16a^4}{3}\int_0^{2\pi}\sin^8\frac{t}{2}dt$$

$$= \frac{32a^4}{3}\int_0^{\pi}\sin^8 u\,du = \frac{64a^4}{3}\int_0^{\frac{\pi}{2}}\sin^8 u\,du$$

$$= \frac{64a^4}{3} \times \frac{7 \times 5 \times 3 \times 1}{8 \times 6 \times 4 \times 2} \times \frac{\pi}{2} = \frac{35\pi a^4}{12}.$$

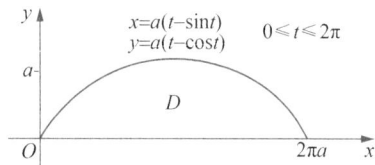

图 6 - 16

例❸ (1) 计算定积分：$\int_0^1\frac{x^b - x^a}{\ln x}dx$ $(a, b > 0)$；

(2) $\lim\limits_{x \to 2}\dfrac{\int_0^x\left[\int_t^2 e^{-(u-2)^2}du\right]dt}{(x-2)^2}$；

(3) 计算 $\lim\limits_{r \to 0^+}\dfrac{1}{\pi r^2}\iint\limits_D e^{x^2 - 2y^2}\cos(2x+y)dxdy$, $D = \{(x, y) \mid x^2 + y^2 \leqslant r^2\}$.

解 (1) 直接对 x 不能计算出积分值，

$$\frac{x^b - x^a}{\ln x} = \int_a^b x^y dy,$$

所以，$\int_0^1\dfrac{x^b - x^a}{\ln x}dx = \int_0^1\left[\int_a^b x^y dy\right]dx = \int_a^b dy\int_0^1 x^y dx$

$$= \int_a^b\frac{x^{y+1}}{y+1}\bigg|_0^1 dy = \int_a^b\frac{1}{y+1}dy = \ln(y+1)\bigg|_a^b$$

$$= \ln\frac{b+1}{a+1}.$$

(2) $\lim\limits_{x \to 2}\dfrac{\int_0^x\left[\int_t^2 e^{-(u-2)^2}du\right]dt}{(x-2)^2} = \lim\limits_{x \to 2}\dfrac{\int_x^2 e^{-(u-2)^2}du}{2(x-2)} = \lim\limits_{x \to 2}\dfrac{-e^{-(x-2)^2}}{2} = -\dfrac{1}{2}.$

(3) $\lim\limits_{r \to 0^+}\dfrac{1}{\pi r^2}\iint\limits_D e^{x^2 - 2y^2}\cos(2x+y)dxdy$

$$\underline{\underline{积分中值定理}} \lim\limits_{r \to 0^+}\frac{1}{\pi r^2}e^{\xi^2 - 2\eta^2}\cos(2\xi + \eta)\pi r^2 = e^0\cos 0 = 1.$$

例❹ 设 $f(x, y) = \begin{cases} 1, & 0 \leqslant x \leqslant 1, 0 \leqslant y \leqslant 1, \\ 0, & 其他. \end{cases}$, D 是由 $x + y \leqslant t$, $x = 0$ 及 $y = 0$

围成的，求 $F(t) = \iint\limits_D f(x, y)dxdy$.

解 做出 $f(x, y)$ 及 D 的图形，如图 6 - 17 所示.

① 当 $t < 0$ 时，$f(x, y) = 0$，$F(t) = 0$；

② 当 $0 \leqslant t < 1$ 时，$f(x, y) = 1$，$F(t) = \iint\limits_D 1dxdy = \dfrac{1}{2}t^2$；

③ 当 $1 \leqslant t < 2$ 时，$f(x, y) = 1$，

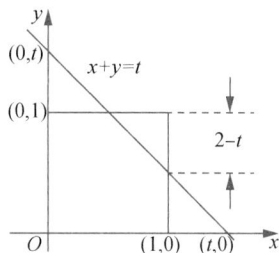

图 6 - 17

$$F(t) = \iint\limits_{D} 1 \mathrm{d}x\mathrm{d}y = \frac{1}{2} + \frac{1}{2} - \frac{1}{2}\left[1-(t-1)\right]^2$$

$$= 1 - \frac{1}{2}(2-t)^2 ;$$

④ 当 $t \geqslant 2$ 时, $f(x, y) = 1$, $F(t) = \iint\limits_{D} 1 \cdot \mathrm{d}x\mathrm{d}y = 1$.

综上所述, 可知 $F(t) = \begin{cases} 0, \ t < 0, \\ \dfrac{1}{2}t^2, \ 0 \leqslant t < 1, \\ 1 - \dfrac{1}{2}(2-t)^2, \ 1 \leqslant t < 2, \\ 1, \ t \geqslant 2. \end{cases}$

第七章 无穷级数

考点1 数项级数的定义及性质

知识补给库

1. 数项级数的定义

如果级数 $\sum\limits_{n=1}^{\infty} u_n$ 的部分和数列 $\{S_n\}$ 有极限 S, 即

$$\lim_{n \to \infty} S_n = S,$$

则称无穷级数 $\sum\limits_{n=1}^{\infty} u_n$ 收敛, 这时极限 S 叫作这级数的和, 并写成

$$S = u_1 + u_2 + \cdots + u_n + \cdots;$$

如果 $\{S_n\}$ 没有极根, 则称无穷级数 $\sum\limits_{n=1}^{\infty} u_n$ 发散.

注 (1) 由 $\sum\limits_{n=1}^{\infty} u_n$ 收敛的定义, 可以得出一个重要结论: $\lim\limits_{n \to \infty} a_n$

存在 $\Longleftrightarrow \sum\limits_{n=1}^{\infty} (a_{n+1} - a_n)$ 收敛, 该结论在2016年考研数一中已考.

(2) 没有必要在复习过程中练习通过初等数学技巧去求和, 例如判断级数 $\sum\limits_{n=1}^{\infty} \arctan \dfrac{1}{n^2+n+1}$ 敛散性. 本题关键

在于 $\arctan \dfrac{1}{k^2+k+1} = \arctan \dfrac{1}{k} - \arctan \dfrac{1}{k+1}$, 故 $\sum\limits_{k=1}^{n} \arctan \dfrac{1}{k^2+k+1} =$

$$\sum_{k=1}^{n}\left(\arctan\frac{1}{k}-\arctan\frac{1}{k+1}\right)=\frac{\pi}{4}-\arctan\frac{1}{n+1},\ 即\lim_{n\to\infty}S_n=\frac{\pi}{4},$$

以而原级数收敛. 复习过程中大量练习此类题没有必要, 纯属浪费时间.

　　2. 级数的性质

（1）若 $k\neq0$, $\sum\limits_{n=1}^{\infty}u_n$ 与 $\sum\limits_{n=1}^{\infty}ku_n$ 有相同的收敛性, 若 $\sum\limits_{n=1}^{\infty}u_n=S$,

则 $\sum\limits_{n=1}^{\infty}ku_n=kS$.

　　（2）在级数的前面增加或去掉有限项, 级数的收敛性不变.

　　（3）收敛级数不改变次序可以任意加括号, 收敛性不变且其和不变.

　　（4）若级数加上括号后发散, 则原级数必发散.

　　（5）收敛级数去掉括号不一定收敛.

　　（6）若 $\sum\limits_{n=1}^{\infty}u_n$ 收敛, 则 $\lim\limits_{n\to\infty}u_n=0$. 因此, 若 $\lim\limits_{n\to\infty}u_n\neq0$, 则 $\sum\limits_{n=1}^{\infty}u_n$

一定发散.

　　（7）如果 $\sum\limits_{n=1}^{\infty}u_n$, $\sum\limits_{n=1}^{\infty}v_n$ 均收敛, 则 $\sum\limits_{n=1}^{\infty}(u_n+v_n)$ 收敛; 如果 $\sum\limits_{n=1}^{\infty}u_n$

收敛, $\sum\limits_{n=1}^{\infty}v_n$ 发散, 则 $\sum\limits_{n=1}^{\infty}(u_n+v_n)$ 发散; 如果 $\sum\limits_{n=1}^{\infty}u_n$, $\sum\limits_{n=1}^{\infty}v_n$ 均

发散, 则 $\sum\limits_{n=1}^{\infty}(u_n+v_n)$ 敛散性不定.

典型例题

例①　已知函数 $f(x)$ 可导, 且 $f(0)=1$, $0<f'(x)<\dfrac{1}{2}$. 设数列 $\{x_n\}$ 满足 $x_{n+1}=f(x_n)$ $(n=1,2,\cdots)$. 证明:

(1) 级数 $\sum\limits_{n=1}^{\infty}(x_{n+1}-x_n)$ 绝对收敛;

(2) $\lim\limits_{n\to\infty}x_n$ 存在,且 $0<\lim\limits_{n\to\infty}x_n<2$.

证 (1) 因为 $x_{n+1}=f(x_n)$,所以

$$|x_{n+1}-x_n|=|f(x_n)-f(x_{n-1})|=|f'(\xi)(x_n-x_{n-1})|,$$

其中,ξ 介于 x_n 与 x_{n-1} 之间.

又因为 $0<f'(x)<\dfrac{1}{2}$,所以 $|x_{n+1}-x_n|\leqslant\dfrac{1}{2}|x_n-x_{n-1}|\leqslant\cdots\leqslant\dfrac{1}{2^{n-1}}|x_2-x_1|$.

由于级数 $\sum\limits_{n=1}^{\infty}\dfrac{1}{2^{n-1}}|x_2-x_1|$ 收敛,所以级数 $\sum\limits_{n=1}^{\infty}(x_{n+1}-x_n)$ 绝对收敛.

(2) 设 $\sum\limits_{n=1}^{\infty}(x_{n+1}-x_n)$ 的前 n 项和为 S_n,则 $S_n=x_{n+1}-x_1$.

由(1)知,极限 $\lim\limits_{n\to\infty}S_n$ 存在,即 $\lim\limits_{n\to\infty}(x_{n+1}-x_1)$ 存在,所以 $\lim\limits_{n\to\infty}x_n$ 存在.

设 $\lim\limits_{n\to\infty}x_n=c$,由 $x_{n+1}=f(x_n)$ 及 $f(x)$ 连续,得 $c=f(c)$,即 c 是函数 $g(x)=x-f(x)$ 的零点.

因为 $g(0)=-1<0$,$g(2)=2-f(2)=1-[f(2)-f(0)]=1-2f'(\eta)>0$,其中 $\eta\in(0,2)$,且 $g'(x)=1-f'(x)>0$,所以 $g(x)$ 存在唯一零点,且零点位于区间 $(0,2)$ 内,于是 $0<c<2$,即 $0<\lim\limits_{n\to\infty}x_n<2$.

例❷ 设有下列陈述:

① 若 $\sum\limits_{n=1}^{\infty}(u_{2n-1}+u_{2n})$ 收敛,则 $\sum\limits_{n=1}^{\infty}u_n$ 收敛.

② 若 $\sum\limits_{n=1}^{\infty}u_n$ 收敛,则 $\sum\limits_{n=1}^{\infty}u_{n+1\,000}$ 收敛.

③ 若 $\lim\limits_{n\to\infty}\dfrac{u_{n+1}}{u_n}>1$,则 $\sum\limits_{n=1}^{\infty}u_n$ 发散.

④ 若 $\sum\limits_{n=1}^{\infty}(u_n+v_n)$ 收敛,则 $\sum\limits_{n=1}^{\infty}u_n$,$\sum\limits_{n=1}^{\infty}v_n$ 都收敛.

则以上陈述中正确的是 ( )

(A) ①② (B) ②③ (C) ③④ (D) ①④

解 对于①,令 $u_n=(-1)^n$,则有 $\sum\limits_{n=1}^{\infty}(u_{2n}+u_{2n-1})=\sum\limits_{n=1}^{\infty}0$ 收敛,而 u_n 本身不趋于零,因此不正确.

对于②,级数 $\sum\limits_{n=1}^{\infty}u_{n+1\,000}$ 比级数 $\sum\limits_{n=1}^{\infty}u_n$ 少了前 1 000 项,改变级数的有限项不影响该级数的敛散性.所以这两个级数同敛散.若 $\sum\limits_{n=1}^{\infty}u_n$ 收敛,则 $\sum\limits_{n=1}^{\infty}u_{n+1\,000}$ 亦收敛,②正确.

对于③,由 $\lim\limits_{n\to\infty}\dfrac{u_{n+1}}{u_n}>1$,从而有 $\lim\limits_{n\to\infty}\left|\dfrac{u_{n+1}}{u_n}\right|>1$,于是正项级数 $\sum\limits_{n=1}^{\infty}|u_n|$ 在项数充分大之后,通项严格单调增加,故 $\lim\limits_{n\to\infty}|u_n|\neq0$,从而 $\lim\limits_{n\to\infty}u_n\neq0$,该级数发散,所以③也正确.

对于④，令 $u_n=1$，$v_n=-1$，则 $\sum\limits_{n=1}^{\infty}(u_n+v_n)=\sum\limits_{n=1}^{\infty}0$ 收敛，而 $\sum\limits_{n=1}^{\infty}u_n$ 和 $\sum\limits_{n=1}^{\infty}v_n$ 都发散. 因此选(B).

例 3 设 $a_n>0$，$n=1,2,\cdots$，若 $\sum\limits_{n=1}^{\infty}a_n$ 发散，$\sum\limits_{n=1}^{\infty}(-1)^{n-1}a_n$ 收敛，则下列正确的是

（　　）

(A) $\sum\limits_{n=1}^{\infty}a_{2n-1}$ 收敛，$\sum\limits_{n=1}^{\infty}a_{2n}$ 发散　　　　(B) $\sum\limits_{n=1}^{\infty}a_{2n}$ 收敛，$\sum\limits_{n=1}^{\infty}a_{2n-1}$ 发散

(C) $\sum\limits_{n=1}^{\infty}(a_{2n-1}+a_{2n})$ 收敛　　　　(D) $\sum\limits_{n=1}^{\infty}(a_{2n-1}-a_{2n})$ 收敛

解 可以取一种特殊情形考察一下，也许会从中得到启发.

令 $a_n=\dfrac{1}{n}$，可知 $\{a_n\}$ 满足题目中所给条件，而 $\sum\limits_{n=1}^{\infty}a_{2n}$，$\sum\limits_{n=1}^{\infty}a_{2n-1}$ 和 $\sum\limits_{n=1}^{\infty}(a_{2n-1}+a_{2n})$ 都发散，可知(A)(B)(C)都错误.

将题设收敛的级数 $\sum\limits_{n=1}^{\infty}(-1)^{n-1}a_n$ 展开，即

$$\sum_{n=1}^{\infty}(-1)^{n-1}a_n=a_1-a_2+a_3-a_4+a_5-a_6+\cdots.$$

加括号后得，原式 $=(a_1-a_2)+(a_3-a_4)+(a_5-a_6)+\cdots=\sum\limits_{n=1}^{\infty}(a_{2n-1}-a_{2n})$. 由级数基本性质知，收敛级数可以任意添加括号，其收敛性不变. 故知(D)正确.

考点 2　正项级数敛散性的判别

知识补给库

1.比较判别法

若 $u_n\leqslant v_n(u_n\geqslant0,v_n\geqslant0)$，当 $\sum\limits_{n=1}^{\infty}v_n$ 收敛时，则 $\sum\limits_{n=1}^{\infty}u_n$ 收敛；

当 $\sum\limits_{n=1}^{\infty}u_n$ 发散时，则 $\sum\limits_{n=1}^{\infty}v_n$ 发散. (简记为 大收⇒小收;小发⇒大发.)

此方法难处在于合理构造一个不等式,找一个"参照物". 常用来作比较的级数有 p 级数 $\sum\limits_{n=1}^{\infty}\dfrac{1}{n^p}$,等比级数 $\sum\limits_{n=1}^{\infty}aq^n$,以

及题中已知收敛的级数,读者要熟记以下结论.

(1) p 级数 $\sum\limits_{n=1}^{\infty} \dfrac{1}{n^p} = \begin{cases} 收敛, & p > 1, \\ 发散, & p \leqslant 1. \end{cases}$

(2) 等比级数 $\sum\limits_{n=0}^{\infty} a q^n \ (a \neq 0) = \begin{cases} \dfrac{a}{1-q}, & |q| < 1, \\ 发散, & |q| \geqslant 1. \end{cases}$

2. 比较判别法的极限形式

若 $\lim\limits_{n \to \infty} \dfrac{u_n}{v_n} = l$, 则

当 $0 < l < +\infty$ 时, $\sum\limits_{n=1}^{\infty} u_n$ 和 $\sum\limits_{n=1}^{\infty} v_n$ 同时收敛或同时发散;

当 $l = 0$ 时, 若 $\sum\limits_{n=1}^{\infty} v_n$ 收敛, 则 $\sum\limits_{n=1}^{\infty} u_n$ 收敛;

当 $l = +\infty$ 时, 若 $\sum\limits_{n=1}^{\infty} v_n$ 发散, 则 $\sum\limits_{n=1}^{\infty} u_n$ 发散.

3. 达朗贝尔比值判别法

对正项级数 $\sum\limits_{n=1}^{\infty} u_n$ 如果 $\lim\limits_{n \to \infty} \dfrac{u_{n+1}}{u_n} = \rho$,

当 $\rho < 1$ 时, $\sum\limits_{n=1}^{\infty} u_n$ 收敛;

当 $\rho > 1$ 时, $\sum\limits_{n=1}^{\infty} u_n$ 发散;

当 $\rho = 1$ 时 无法判别.

4. 柯西根值判别法

设 $\lim\limits_{n \to \infty} \sqrt[n]{u_n} = \rho$,

当 $\rho < 1$ 时, $\sum\limits_{n=1}^{\infty} u_n$ 收敛;

当 $\rho > 1$ 时, $\sum\limits_{n=1}^{\infty} u_n$ 发散;

当 $p=1$ 时,无法判别.

注 (1) 若正项级数的一般项含 $n^n, n!, a^n, n^k$ 等多个因子连乘,此时一般选择比值判别法,因为 $\dfrac{u_{n+1}}{u_n}$ 较简,易于计算.

(2) 一般项出现幂次形式,先用根值判别法,如该法失效,再用比较判别法等判断.

(3) 数列极限有一结论:若 $u_n>0, p>0$, $\lim\limits_{n\to\infty}\dfrac{u_{n+1}}{u_n}=p$, 则 $\lim\limits_{n\to\infty}\sqrt[n]{u_n}=p$,故能用比值判别法判定其收敛性的正项级数,一定可以用根值判别法;另一方面,当 $\lim\limits_{n\to\infty}\dfrac{u_{n+1}}{u_n}$ 不存在时,$\lim\limits_{n\to\infty}\sqrt[n]{u_n}$ 却可能存在,例如 $\sum\limits_{n=1}^{\infty} 2^{-n-(-1)^n}$,因 $\dfrac{u_{n+1}}{u_n}=$

$\begin{cases} 2, & n\text{ 为偶数}, \\ \dfrac{1}{8}, & n\text{ 为奇数}, \end{cases}$ 故 $\lim\limits_{n\to\infty}\dfrac{u_{n+1}}{u_n}$ 不存在.但 $\lim\limits_{n\to\infty}\sqrt[n]{u_n}=\dfrac{1}{2}$.

5. 积分判别法

设 $f(x)$ 为一单调减少的非负函数 $(1\leqslant x\leqslant +\infty)$,若 $f(n)=u_n$,则广义积分 $\int_1^{+\infty} f(x)dx$ 收敛,当且仅当正项级数 $\sum\limits_{n=1}^{\infty} u_n$ 收敛.

典型例题

例① 判别下列级数的敛散性.

(1) $\sum\limits_{n=1}^{\infty}\left[\dfrac{1}{n}-\ln\left(1+\dfrac{1}{n}\right)\right]$;

(2) $\sum\limits_{n=1}^{\infty}\dfrac{n\cos^2\dfrac{n\pi}{3}}{2^n}$.

解 (1) 当 $x>0$ 时,由不等式 $\dfrac{x}{1+x}<\ln(1+x)<x$ 得

$$\dfrac{1}{n+1}<\ln\left(1+\dfrac{1}{n}\right)<\dfrac{1}{n},$$

故 $0<\dfrac{1}{n}-\ln\left(1+\dfrac{1}{n}\right)<\dfrac{1}{n}-\dfrac{1}{n+1}=\dfrac{1}{n(n+1)}<\dfrac{1}{n^2}$,

而级数 $\sum\limits_{n=1}^{\infty}\dfrac{1}{n^2}$ 收敛,因此原级数收敛.

(2) 由于 $\dfrac{n\cos^2\dfrac{n\pi}{3}}{2^n}\leqslant\dfrac{n}{2^n}$,而 $\lim\limits_{n\to\infty}\sqrt[n]{\dfrac{n}{2^n}}=\dfrac{1}{2}$,故 $\sum\limits_{n=1}^{\infty}\dfrac{n}{2^n}$ 收敛,所以原级数收敛.

例❷ 设 $a_n=\displaystyle\int_0^{\frac{\pi}{4}}\tan^n x\,\mathrm{d}x$.

(1) 求 $\sum\limits_{n=1}^{\infty}\dfrac{1}{n}(a_n+a_{n+2})$ 的值;(2) 证明:对任意的常数 $\lambda>0$,$\sum\limits_{n=1}^{\infty}\dfrac{a_n}{n^\lambda}$ 收敛.

解 (1) $\dfrac{1}{n}(a_n+a_{n+2})=\dfrac{1}{n}\displaystyle\int_0^{\frac{\pi}{4}}\tan^n x(1+\tan^2 x)\,\mathrm{d}x$

$$=\dfrac{1}{n}\int_0^{\frac{\pi}{4}}\tan^n x\,\sec^2 x\mathrm{d}x$$

$$=\dfrac{1}{n}\int_0^{\frac{\pi}{4}}\tan^n x\,\mathrm{d}(\tan x)=\dfrac{1}{n(n+1)},$$

$$\sum_{n=1}^{\infty}\dfrac{1}{n}(a_n+a_{n+2})=\sum_{n=1}^{\infty}\dfrac{1}{n(n+1)}=\sum_{n=1}^{\infty}\left(\dfrac{1}{n}-\dfrac{1}{n+1}\right)=1.$$

(2) 易知 $\sum\limits_{n=1}^{\infty}\dfrac{a_n}{n^\lambda}$ 为正项级数,故可用比较判别法判别其敛散性. 由于

$$a_n=\int_0^{\frac{\pi}{4}}\tan^n x\,\mathrm{d}x \quad(\diamondsuit\ \tan x=t)$$

$$=\int_0^1\dfrac{t^n}{1+t^2}\mathrm{d}t<\int_0^1 t^n\mathrm{d}t=\dfrac{1}{n+1},$$

故 $\dfrac{a_n}{n^\lambda}<\dfrac{1}{n^\lambda(n+1)}<\dfrac{1}{n^{1+\lambda}}$,又 $\sum\limits_{n=1}^{\infty}\dfrac{1}{n^{1+\lambda}}$ 收敛,故 $\sum\limits_{n=1}^{\infty}\dfrac{a_n}{n^\lambda}$ 收敛.

例❸ 设级数 $\sum\limits_{n=1}^{\infty}a_n(a_n\geqslant0)$ 收敛,证明级数 $\sum\limits_{n=1}^{\infty}a_n^2$,$\sum\limits_{n=1}^{\infty}\dfrac{\sqrt{a_n}}{n}$,$\sum\limits_{n=1}^{\infty}\dfrac{a_n}{1+a_n}$ 均收敛.

证 由于 $\sum\limits_{n=1}^{\infty}a_n(a_n\geqslant0)$ 收敛,故 $\lim\limits_{n\to\infty}a_n=0$,因此当 n 足够大时,有 $0\leqslant a_n^2\leqslant a_n$,

$\dfrac{a_n}{1+a_n}<a_n$. 而级数 $\sum\limits_{n=1}^{\infty}a_n$ 收敛,故级数 $\sum\limits_{n=1}^{\infty}a_n^2$ 和 $\sum\limits_{n=1}^{\infty}\dfrac{a_n}{1+a_n}$ 收敛.

又 $\dfrac{\sqrt{a_n}}{n}\leqslant\dfrac{1}{2}\left(a_n+\dfrac{1}{n^2}\right)$,级数 $\sum\limits_{n=1}^{\infty}\dfrac{1}{2}\left(a_n+\dfrac{1}{n^2}\right)$ 收敛,因此级数 $\sum\limits_{n=1}^{\infty}\dfrac{\sqrt{a_n}}{n}$ 也收敛.

例❹ 若 $\sum\limits_{n=1}^{\infty}u_n$ 与 $\sum\limits_{n=1}^{\infty}v_n$ 皆收敛,且对于一切自然数 n 有 $u_n\leqslant c_n\leqslant v_n$. 求证:$\sum\limits_{n=1}^{\infty}c_n$ 也收敛.

错误解法: 由于 $c_n\leqslant v_n$,且 $\sum\limits_{n=1}^{\infty}v_n$ 收敛,故由比较判别法可知 $\sum\limits_{n=1}^{\infty}c_n$ 收敛.

解 上述证明的依据是级数的比较判别法,但是这个判别法只适用于正项级数. 而题中并没有指明 $\sum\limits_{n=1}^{\infty}u_n$ 与 $\sum\limits_{n=1}^{\infty}v_n$ 为正项级数,因此上述证明方法不正确.

由于 $u_n\leqslant c_n\leqslant v_n$,因此 $0\leqslant c_n-u_n\leqslant v_n-u_n$,即 $\sum\limits_{n=1}^{\infty}(c_n-u_n)$ 与 $\sum\limits_{n=1}^{\infty}(v_n-u_n)$ 皆为正项级数. 由于 $\sum\limits_{n=1}^{\infty}u_n$ 与 $\sum\limits_{n=1}^{\infty}v_n$ 都收敛,因此 $\sum\limits_{n=1}^{\infty}(v_n-u_n)$ 收敛. 由正项级数的比较判别法可知

$\sum\limits_{n=1}^{\infty}(c_n-u_n)$ 收敛. 又 $c_n=u_n+(c_n-u_n)$, 由级数的性质可知 $\sum\limits_{n=1}^{\infty}c_n$ 收敛.

例❺　判定下列级数的敛散性.

(1) $\sum\limits_{n=1}^{\infty}\left(\dfrac{1}{n}-\sin\dfrac{1}{n}\right)$.

(2) $\sum\limits_{n=1}^{\infty}\left(1-\cos\dfrac{\sqrt{\pi}}{n}\right)$.

(3) $\sum\limits_{n=1}^{\infty}\left(\dfrac{1}{n}-\ln\dfrac{n+1}{n}\right)$.

(4) $\sum\limits_{n=1}^{\infty}2^n\sin\dfrac{\pi}{3^n}$.

解　(1) 因为 $\dfrac{1}{n}-\sin\dfrac{1}{n}\sim\dfrac{1}{6}\cdot\dfrac{1}{n^3}\,(n\to\infty)$, 而 $\sum\limits_{n=1}^{\infty}\dfrac{1}{n^3}$ 收敛, 则原级数收敛.

(2) 因为 $1-\cos\dfrac{\sqrt{\pi}}{n}\sim\dfrac{1}{2}\cdot\dfrac{\pi}{n^2}\,(n\to\infty)$, 而 $\sum\limits_{n=1}^{\infty}\dfrac{1}{n^2}$ 收敛, 则原级数收敛.

(3) 由泰勒公式知

$$\ln\left(1+\dfrac{1}{n}\right)=\dfrac{1}{n}-\dfrac{1}{2n^2}+o\left(\dfrac{1}{n^2}\right),$$

则 $\dfrac{1}{n}-\ln\left(1+\dfrac{1}{n}\right)=\dfrac{1}{2n^2}+o\left(\dfrac{1}{n^2}\right)\sim\dfrac{1}{2n^2}$, 而 $\sum\limits_{n=1}^{\infty}\dfrac{1}{2n^2}$ 收敛, 则原级数收敛.

也可由不等式 $\dfrac{x}{1+x}<\ln(1+x)<x\,(x>0)$,

$$0<\dfrac{1}{n}-\ln\left(1+\dfrac{1}{n}\right)<\dfrac{1}{n}-\dfrac{\dfrac{1}{n}}{1+\dfrac{1}{n}}=\dfrac{1}{n}-\dfrac{1}{n+1}=\dfrac{1}{n(n+1)}<\dfrac{1}{n^2},$$

而 $\sum\limits_{n=1}^{\infty}\dfrac{1}{n^2}$ 收敛, 则原级数收敛.

(4) 因为 $\lim\limits_{n\to\infty}\dfrac{2^n\sin\dfrac{\pi}{3^n}}{\dfrac{2^n}{3^n}}=\pi$, 而 $\sum\limits_{n=1}^{\infty}\dfrac{2^n}{3^n}$ 收敛, 故 $\sum\limits_{n=1}^{\infty}2^n\sin\dfrac{\pi}{3^n}$ 收敛.

例❻　设数列 $\{a_n\}$, $\{b_n\}$ 满足 $0<a_n<\dfrac{\pi}{2}$, $0<b_n<\dfrac{\pi}{2}$, $\cos a_n-a_n=\cos b_n$, 且级数 $\sum\limits_{n=1}^{\infty}b_n$ 收敛.

(1) 证明: $\lim\limits_{n\to\infty}a_n=0$;

(2) 证明: 级数 $\sum\limits_{n=1}^{\infty}\dfrac{a_n}{b_n}$ 收敛.

本题考查正项级数的比较判别法和级数收敛的必要条件.

解法 1　(1) 由题可知, $a_n=\cos a_n-\cos b_n>0$, 根据 $\cos x$ 在 $\left(0,\dfrac{\pi}{2}\right)$ 的单调减少可得

$0<a_n<b_n$. 由 $\sum\limits_{n=1}^{\infty}b_n$ 收敛, 根据正项级数比较判别法, $\sum\limits_{n=1}^{\infty}a_n$ 收敛, 故 $\lim\limits_{n\to\infty}a_n=0$.

(2) $\sum\limits_{n=1}^{\infty}b_n$ 收敛, 则 $\lim\limits_{n\to\infty}b_n=0$.

由于

$$0 < \frac{a_n}{b_n} = \frac{\cos a_n - \cos b_n}{b_n} < \frac{1 - \cos b_n}{b_n},$$

$$\lim_{n \to \infty} \frac{\dfrac{1 - \cos b_n}{b_n}}{b_n} = \lim_{x \to 0} \frac{1 - \cos x}{x^2} = \lim_{x \to 0} \frac{\frac{1}{2}x^2}{x^2} = \frac{1}{2},$$

根据比较判别法的极限形式，$\displaystyle\sum_{n=1}^{\infty} \frac{1 - \cos b_n}{b_n}$ 收敛，根据比较判别法，$\displaystyle\sum_{n=1}^{\infty} \frac{a_n}{b_n}$ 也收敛.

解法 2 （1）因为 $\cos x > 1 - x$，$x \in \left(0, \dfrac{\pi}{2}\right)$，且 $0 < b_n < \dfrac{\pi}{2}$，所以

$$\cos a_n - a_n = \cos b_n > 1 - b_n.$$

又因为 $0 < a_n < \dfrac{\pi}{2}$，从而 $\qquad b_n - a_n > 1 - \cos a_n > 0.$

即 $0 < a_n < b_n.$

由题意，级数 $\displaystyle\sum_{n=1}^{\infty} b_n$ 收敛，所以 $\displaystyle\lim_{x \to \infty} b_n = 0$，故 $\displaystyle\lim_{x \to \infty} a_n = 0.$

（2）因为

$$\frac{a_n}{b_n} = \frac{\cos a_n - \cos b_n}{b_n} = \sin \xi_n \cdot \frac{b_n - a_n}{b_n},$$

其中，$a_n < \xi_n < b_n$，所以，

$$\frac{a_n}{b_n} < \sin b_n \cdot \frac{b_n - a_n}{b_n} < b_n - a_n < b_n,$$

又因为 $\displaystyle\sum_{n=1}^{\infty} b_n$ 收敛，所以正项级数 $\displaystyle\sum_{n=1}^{\infty} \frac{a_n}{b_n}$ 收敛.

例❼ 判断下列级数的敛散性.

（1）$\displaystyle\sum_{n=1}^{\infty} \frac{a^n n!}{n^n}$ $(a > 0)$. （2）$\displaystyle\sum_{n=1}^{\infty} \frac{n[\sqrt{2} + (-1)^n]^n}{3^n}$.

解 （1）由于 $\displaystyle\lim_{n \to \infty}\left[\frac{a^{n+1}(n+1)!}{(n+1)^{n+1}} \cdot \frac{n^n}{a^n n!}\right] = \lim_{n \to \infty} \frac{a}{\left(1 + \frac{1}{n}\right)^n} = \frac{a}{e}.$

当 $0 < a < e$ 时，$\displaystyle\sum_{n=1}^{\infty} \frac{a^n n!}{n^n}$ 收敛；

当 $a > e$ 时，$\displaystyle\sum_{n=1}^{\infty} \frac{a^n n!}{n^n}$ 发散；

当 $a = e$ 时，由于 $\left(1 + \dfrac{1}{n}\right)^n < e$，故 $\dfrac{e}{\left(1 + \dfrac{1}{n}\right)^n} > 1.$

可见 $\displaystyle\lim_{n \to \infty} \frac{a^n n!}{n^n} \neq 0$，原级数发散.

(2) 由于 $\dfrac{n[\sqrt{2}+(-1)^n]^n}{3^n} \leqslant \dfrac{n(\sqrt{2}+1)^n}{3^n}$,而 $\lim\limits_{n\to\infty}\sqrt[n]{\dfrac{n(\sqrt{2}+1)^n}{3^n}}=\dfrac{\sqrt{2}+1}{3}<1$,

故 $\sum\limits_{n=1}^{\infty}\dfrac{n(\sqrt{2}+1)^n}{3^n}$ 收敛,再由正项级数比较判别法,

得 $\sum\limits_{n=1}^{\infty}\dfrac{n[\sqrt{2}+(-1)^n]^n}{3^n}$ 收敛.

例 **8** 判别级数 $\sum\limits_{n=2}^{\infty}\dfrac{1}{n\ln^p n}$ 的敛散性.

解 设 $f(x)=\dfrac{1}{x\ln^p x}$ $(x\geqslant 2)$,显然 $f(x)$ 为一单调减少的非负函数,

当 $p\neq 1$ 时,$\displaystyle\int_2^{+\infty}f(x)\mathrm{d}x=\int_2^{+\infty}\dfrac{\mathrm{d}x}{x\ln^p x}=\dfrac{\ln^{1-p}x}{1-p}\Big|_2^{+\infty}=\begin{cases}+\infty, & p<1,\\ \dfrac{\ln^{1-p}2}{p-1}, & p>1.\end{cases}$

当 $p=1$ 时,$\displaystyle\int_2^{+\infty}f(x)\mathrm{d}x=\int_2^{+\infty}\dfrac{\mathrm{d}x}{x\ln x}=\ln|\ln x|\Big|_2^{+\infty}=+\infty.$

故当 $p>1$ 时,级数 $\sum\limits_{n=2}^{\infty}\dfrac{1}{n\ln^p n}$ 收敛;当 $p\leqslant 1$ 时,级数 $\sum\limits_{n=2}^{\infty}\dfrac{1}{n\ln^p n}$ 发散.

考点3 交错级数及任意项级数

知识补给库

1. 交错级数定义

若 $U_n>0$,称 $\sum\limits_{n=1}^{\infty}(-1)^n U_n$ 或 $\sum\limits_{n=1}^{\infty}(-1)^{n-1}U_n$ 为交错级数.

2. 莱布尼茨判别法

设 $\sum\limits_{n=1}^{\infty}(-1)^n U_n(U_n>0)$ 为交错级数.

满足:① $U_{n+1}\leqslant U_n$,即单调减少;② $\lim\limits_{n\to\infty}U_n=0$,则 $\sum\limits_{n=1}^{\infty}(-1)^n U_n$ 收敛.

3. 绝对收敛与条件收敛

(1) 设 $\sum\limits_{n=1}^{\infty}U_n$ 为任意项级数,若 $\sum\limits_{n=1}^{\infty}|U_n|$ 收敛,称 $\sum\limits_{n=1}^{\infty}U_n$

绝对收敛;

若 $\sum\limits_{n=1}^{\infty}|u_n|$ 发散, $\sum\limits_{n=1}^{\infty}u_n$ 收敛,称 $\sum\limits_{n=1}^{\infty}u_n$ 条件收敛.

(2) 一般项级数敛散性的判别流程:

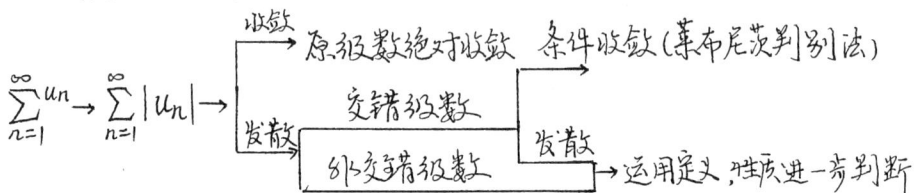

注 熟记 $\sum\limits_{n=1}^{\infty}(-1)^n\frac{1}{n}$, $\sum\limits_{n=1}^{\infty}(-1)^n\frac{1}{\sqrt{n}}$ 条件收敛, $\sum\limits_{n=1}^{\infty}(-1)^n\frac{1}{n^2}$ 绝对收敛(选择题找特例的"材料").

(3) 若 $\sum\limits_{n=1}^{\infty}a_n$ 绝对收敛,则 $\sum\limits_{n=1}^{\infty}p_n$ $\left(p_n=\frac{1}{2}(a_n+|a_n|)\right)$ 与 $\sum\limits_{n=1}^{\infty}q_n$

$\left(q_n=\frac{1}{2}(a_n-|a_n|)\right)$ 都收敛(2003年数三已考).

典型例题

例❶ 设 $k>0$,则级数 $\sum\limits_{n=1}^{\infty}(-1)^n\dfrac{k+n}{n^2}$ ( )

(A) 发散　　　　　　　　　　　　(B) 绝对收敛

(C) 条件收敛　　　　　　　　　　(D) 敛散性与 k 有关

解 设 $u_n=\dfrac{k+n}{n^2}$. 因为, $u_{n+1}-u_n=\dfrac{k+(n+1)}{(n+1)^2}-\dfrac{k+n}{n^2}<0$,

且 $\lim\limits_{n\to\infty}u_n=\lim\limits_{n\to\infty}\dfrac{k+n}{n^2}=0$,由莱布尼茨判别法, $\sum\limits_{n=1}^{\infty}(-1)^n\dfrac{k+n}{n^2}$ 收敛.

因为 $\sum\limits_{n=1}^{\infty}\dfrac{k+n}{n^2}$ 与 $\sum\limits_{n=1}^{\infty}\dfrac{1}{n}$ 有相同敛散性,所以 $\sum\limits_{n=1}^{\infty}\dfrac{k+n}{n^2}$ 发散,所以 $\sum\limits_{n=1}^{\infty}(-1)^n\dfrac{k+n}{n^2}$ 条件收敛,(C)为答案.

例❷ 设 α 为常数,则级数 $\sum\limits_{n=1}^{\infty}\left(\dfrac{\sin n\alpha}{n^2}-\dfrac{1}{\sqrt{n}}\right)$ ( )

(A) 绝对收敛　　　　　　　　　　(B) 条件收敛

(C) 发散　　　　　　　　　　　　(D) 收敛性与 α 有关

解 $\sum\limits_{n=1}^{\infty}\dfrac{\sin n\alpha}{n^2}$ 绝对收敛, $\sum\limits_{n=1}^{\infty}\dfrac{1}{\sqrt{n}}$ 发散,所以 $\sum\limits_{n=1}^{\infty}\left(\dfrac{\sin n\alpha}{n^2}-\dfrac{1}{\sqrt{n}}\right)$ 发散. (C)为答案.

例❸　设 $u_n = (-1)^n \ln\left(1 + \dfrac{1}{\sqrt{n}}\right)$，则　　　　　　　（　　）

(A) $\displaystyle\sum_{n=1}^{\infty} u_n$ 与 $\displaystyle\sum_{n=1}^{\infty} u_n^2$ 都收敛　　　　　(B) $\displaystyle\sum_{n=1}^{\infty} u_n$ 与 $\displaystyle\sum_{n=1}^{\infty} u_n^2$ 都发散

(C) $\displaystyle\sum_{n=1}^{\infty} u_n$ 收敛，$\displaystyle\sum_{n=1}^{\infty} u_n^2$ 发散　　　(D) $\displaystyle\sum_{n=1}^{\infty} u_n$ 发散，$\displaystyle\sum_{n=1}^{\infty} u_n^2$ 收敛

解　$\displaystyle\sum_{n=1}^{\infty} (-1)^n \ln\left(1 + \dfrac{1}{\sqrt{n}}\right)$，由莱布尼茨判别法，收敛.

又因为 $\displaystyle\lim_{n\to\infty} \dfrac{\ln^2\left(1 + \dfrac{1}{\sqrt{n}}\right)}{\dfrac{1}{n}} = 1$，$\displaystyle\sum_{n=1}^{\infty} \dfrac{1}{n}$ 发散，故 $\displaystyle\sum_{n=1}^{\infty} \ln^2\left(1 + \dfrac{1}{\sqrt{n}}\right)$ 发散. (C) 为答案.

例❹　设 $\forall n$，$u_n \neq 0$，且 $\displaystyle\lim_{n\to\infty} \dfrac{n}{u_n} = 1$，则级数 $\displaystyle\sum_{n=1}^{\infty} (-1)^{n+1}\left(\dfrac{1}{u_n} + \dfrac{1}{u_{n+1}}\right)$　（　　）

(A) 发散　　　　　　　　　　　　(B) 绝对收敛
(C) 条件收敛　　　　　　　　　　(D) 根据条件不能判定收敛性

解　因为 $\displaystyle\lim_{n\to\infty} \dfrac{n}{u_n} = 1$，所以存在 N，当 $n > N$ 时，$\dfrac{n}{u_n} > 0$，所以当 $n > N$ 时，$\displaystyle\sum_{n>N}^{\infty} u_n$ 为正项级数.

由 $\displaystyle\lim_{n\to\infty} n\left(\dfrac{1}{u_n} + \dfrac{1}{u_{n+1}}\right) = 2$ 知 $\displaystyle\sum_{n=1}^{\infty}\left(\dfrac{1}{u_n} + \dfrac{1}{u_{n+1}}\right)$ 发散，$\displaystyle\sum_{n=1}^{\infty} (-1)^{n+1}\left(\dfrac{1}{u_n} + \dfrac{1}{u_{n+1}}\right)$ 不绝对收敛.

$$S_n = \left(\dfrac{1}{u_1} + \dfrac{1}{u_2}\right) - \left(\dfrac{1}{u_2} + \dfrac{1}{u_3}\right) + \left(\dfrac{1}{u_3} + \dfrac{1}{u_4}\right) - \cdots + (-1)^{n+1}\left(\dfrac{1}{u_n} + \dfrac{1}{u_{n+1}}\right)$$
$$= \dfrac{1}{u_1} + (-1)^{n+1}\dfrac{1}{u_{n+1}}.$$

由 $\displaystyle\lim_{n\to\infty} \dfrac{n}{u_n} = 1$ 知 $\displaystyle\lim \dfrac{1}{u_n} = 0$，

所以 $\displaystyle\lim_{n\to\infty} S_n = \lim_{n\to\infty}\left[\dfrac{1}{u_1} + (-1)^{n+1}\dfrac{1}{u_{n+1}}\right] = \dfrac{1}{u_1}$，

即原级数收敛，所以原级数条件收敛. (C) 为答案.

例❺　设 $a_n > 0$ $(n = 1, 2, 3, \cdots)$，且级数 $\displaystyle\sum_{n=1}^{\infty} a_n$ 收敛，常数 $\lambda \in \left(0, \dfrac{\pi}{2}\right)$，则级数 $\displaystyle\sum_{n=1}^{\infty} (-1)^n \left(n\tan\dfrac{\lambda}{n}\right) a_{2n}$　（　　）

(A) 绝对收敛　　　　　　　　　　(B) 条件收敛
(C) 发散　　　　　　　　　　　　(D) 收敛性与 λ 有关

解　因为正项级数 $\displaystyle\sum_{n=1}^{\infty} a_n$ 收敛，所以 $\displaystyle\sum_{n=1}^{\infty} a_{2n}$ 也收敛. 又当 $n \to \infty$ 时，$\left(n\tan\dfrac{\lambda}{n}\right) a_{2n}$ 与 λa_{2n} 是等价无穷小，所以级数 $\displaystyle\sum_{n=1}^{\infty} (-1)^n \left(n\tan\dfrac{\lambda}{n}\right) a_{2n}$ 绝对收敛. 故应选（A）.

例❻　设常数 $\lambda > 0$，且级数 $\displaystyle\sum_{n=1}^{\infty} a_n^2$ 收敛，则级数 $\displaystyle\sum_{n=1}^{\infty} \dfrac{(-1)^n |a_n|}{\sqrt{n^2 + \lambda}}$　（　　）

(A) 发散   (B) 条件收敛

(C) 绝对收敛   (D) 收敛性与 λ 有关

解 因为 $\dfrac{|a_n|}{\sqrt{n^2+\lambda}} \leqslant \dfrac{1}{2}\left(a_n^2 + \dfrac{1}{n^2+\lambda}\right)$，又 $\sum\limits_{n=1}^{\infty} a_n^2$ 和 $\sum\limits_{n=1}^{\infty} \dfrac{1}{n^2+\lambda}$ 收敛，所以原级数绝对收敛. 故应选(C).

例 ❼ （南京理工，2003）设 $f(x)$ 在 $[-1,1]$ 上具有三阶连续导数，证明 $\sum\limits_{n=1}^{\infty}\left\{n\left[f\left(\dfrac{1}{n}\right)-f\left(-\dfrac{1}{n}\right)\right]-2f'(0)\right\}$ 收敛.

解 由 Taylor 公式得 $f(x)=f(0)+f'(0)x+\dfrac{1}{2}f''(0)x^2+\dfrac{1}{3}f'''(\xi)x^3$. 于是

$$f\left(\frac{1}{n}\right)=f(0)+f'(0)\frac{1}{n}+\frac{1}{2}f''(0)\frac{1}{n^2}+\frac{1}{6}\cdot\frac{1}{n^3}f'''(\xi_1).$$

$$f\left(-\frac{1}{n}\right)=f(0)-f'(0)\frac{1}{n}+\frac{1}{2}f''(0)\frac{1}{n^2}-\frac{1}{6}\cdot\frac{1}{n^3}f'''(\xi_2).$$

两式相减，得 $n\left[f\left(\dfrac{1}{n}\right)-f\left(-\dfrac{1}{n}\right)\right]-2f'(0)=\dfrac{1}{6}\cdot\dfrac{1}{n^2}[f'''(\xi_1)+f'''(\xi_2)].$

于是 $\left|n\left[f\left(\dfrac{1}{n}\right)-f\left(-\dfrac{1}{n}\right)\right]-2f'(0)\right| \sim \dfrac{1}{3n^2}|f'''(\xi_3)|.$ ξ_3 介于 ξ_1 和 ξ_2 之间，三阶导函数有界，所以由级数 $\sum\dfrac{1}{n^2}$ 收敛推出级数 $\sum\limits_{n=1}^{\infty}\left\{n\left[f\left(\dfrac{1}{n}\right)-f\left(-\dfrac{1}{n}\right)\right]-2f'(0)\right\}$ 收敛.

考点 4 求幂级数的收敛半径和收敛域

知识补给库

求收敛半径和收敛域应熟练掌握，利用收敛半径公式时，注意级数"缺项"的情景.

(1) $\sum\limits_{n=0}^{\infty} a_n x^n$，且 $\lim\limits_{n\to\infty}\dfrac{a_{n+1}}{a_n}=\rho$ 或 $\lim\limits_{n\to\infty}\sqrt[n]{a_n}=\rho$，则

$$R=\begin{cases}\dfrac{1}{\rho}, & \rho\neq 0, \\ +\infty, & \rho=0, \\ 0, & \rho=+\infty.\end{cases}$$

(2) 对于一般函数项级数，可用 $\lim\limits_{n\to\infty}\left|\dfrac{u_{n+1}(x)}{u_n(x)}\right|<1$ 解出、

x 的范围而确定收敛半径和收敛域.

（3）利用幂级数的性质，设 $\displaystyle\sum_{n=0}^{\infty} a_n x^n$，$\displaystyle\sum_{n=0}^{\infty} b_n x^n$，收敛半径分别为 R_1 和 R_2，则

① 当 $R_1 \neq R_2$ 时，$R = \min(R_1, R_2)$；

② 当 $R_1 = R_2$ 时，$R = R_1 = R_2$.

（4）阿贝尔定理：设 $\displaystyle\sum_{n=0}^{\infty} a_n x^n$，在 $x = x_0 (x_0 \neq 0)$ 点收敛，则当 $|x| < |x_0|$ 时，级数绝对收敛；若在 $x = x_0 (x_0 \neq 0)$ 点发散，则当 $|x| > |x_0|$ 时，级数发散.

（5）幂级数在收敛区间内逐项积分和求导后收敛半径不变，但收敛域在端点处的敛散性可能改变.

典型例题

例❶ 设幂级数 $\displaystyle\sum_{n=1}^{\infty} a_n (x-1)^n$ 在 $x = -1$ 处收敛，则此级数在 $x = 2$ 处　　　（　　）

(A) 条件收敛　　　　　　　　　　(B) 绝对收敛

(C) 发散　　　　　　　　　　　　(D) 收敛性不能确定

解 因为在 $x = -1$ 处 $\displaystyle\sum_{n=1}^{\infty} a_n (x-1)^n$ 收敛，由阿贝尔定理：当 $|x-1| < |-1-1| = 2$ 时绝对收敛，即当 $-1 < x < 3$ 时绝对收敛，所以(B)为答案.

例❷ 幂级数 $\displaystyle\sum_{n=1}^{\infty} \frac{(x-3)^n}{n^2 \cdot 2^n}$ 的收敛域为_____.

解 令 $t = x - 3$，得 $\displaystyle\sum_{n=1}^{\infty} \frac{t^n}{n^2 2^n}$.

$$\rho = \lim_{n \to \infty} \sqrt[n]{\frac{1}{n^2 2^n}} = \frac{1}{2}, \quad R = \frac{1}{\rho} = 2.$$

因为 $\displaystyle\sum_{n=1}^{\infty} \frac{1}{n^2}$ 收敛，当 $t = \pm 2$ 时，级数都收敛，所以 $\displaystyle\sum_{n=1}^{\infty} \frac{t^n}{n^2 2^n}$ 收敛域为 $[-2, 2]$.

所以 $-2 \leqslant x - 3 \leqslant 2$，$1 \leqslant x \leqslant 5$.

原级数收敛域为 $[1, 5]$.

例❸ 幂级数 $\displaystyle\sum_{n=1}^{\infty} \frac{1}{2^n + (-3)^n} x^{2n-1}$ 的收敛半径为 $R = $ _____.

解　$\rho(x) = \lim\limits_{n \to \infty} \sqrt[n]{|u_n(x)|} = \lim\limits_{n \to \infty}\left[\left|\dfrac{|x|^{2n-1}}{2^n + (-3)^n}\right|\right]^{\frac{1}{n}} = \dfrac{1}{3}|x|^2 < 1$,

$|x| < \sqrt{3}$, 所以收敛半径 $R = \sqrt{3}$.

例❹　设幂级数 $\sum\limits_{n=1}^{\infty} a_n x^n$ 与 $\sum\limits_{n=1}^{\infty} b_n x^n$ 的收敛半径分别为 $\dfrac{\sqrt{5}}{3}$ 与 $\dfrac{1}{3}$, $\lim\limits_{n \to \infty} \dfrac{a_{n+1}}{a_n}$ 存在,

$\lim\limits_{n \to \infty} \dfrac{b_{n+1}}{b_n}$ 存在, 则幂级数 $\sum\limits_{n=1}^{\infty} \dfrac{a_n^2}{b_n^2} x^n$ 的收敛半径 $R =$ 　　　　　(　　)

(A) 5　　　　　　　(B) $\dfrac{\sqrt{5}}{3}$　　　　　　　(C) $\dfrac{1}{3}$　　　　　　　(D) $\dfrac{1}{5}$

解　由已知条件可得 $\lim\limits_{n \to \infty} \dfrac{a_n}{a_{n+1}} = \dfrac{\sqrt{5}}{3}$, $\lim\limits_{n \to \infty} \dfrac{b_n}{b_{n+1}} = \dfrac{1}{3}$,

所以 $R = \lim\limits_{n \to \infty}\left(\dfrac{a_n^2}{b_n^2} \times \dfrac{b_{n+1}^2}{a_{n+1}^2}\right) = \dfrac{5}{9} \times 9 = 5$,　　答案为(A).

但要注意: $\sum\limits_{n=1}^{\infty} a_n x^n$ 的收敛半径为 R, 不一定有 $\lim\limits_{n \to \infty} \dfrac{a_n}{a_{n+1}} = R$, 除非题中告知 $\lim\limits_{n \to \infty} \dfrac{a_{n+1}}{a_n}$ 存在.

考点5　求幂级数与数项级数的和

知识补给库 ▶

1. 幂级数求和

用逐项求导、逐项求积分把幂级数转化为等比级数.

该方法理论背景来自幂级数两点重要运算性质:

① $S'(x) = \left(\sum\limits_{n=0}^{\infty} a_n x^n\right)' = \sum\limits_{n=1}^{\infty} n a_n x^{n-1}$

② $\displaystyle\int_0^x S(x)\,dx = \int_0^x \left(\sum\limits_{n=0}^{\infty} a_n x^n\right)dx = \sum\limits_{n=0}^{\infty} \dfrac{a_n}{n+1} x^{n+1}$.

利用该方法需要熟记以下重要公式:

(1) $\sum\limits_{n=0}^{\infty} x^n = \dfrac{x^0}{1-x} = \dfrac{1}{1-x}$, $|x| < 1$, $\sum\limits_{n=1}^{\infty} x^n = \dfrac{x^1}{1-x} = \dfrac{x}{1-x}$.

(2) $\sum\limits_{n=0}^{\infty} (-1)^n x^n = \sum\limits_{n=0}^{\infty} (-x)^n = \dfrac{1}{1+x}$, $|x| < 1$,

$$\sum_{n=1}^{\infty}(-1)^n x^n = \frac{-x}{1-(-x)} = -\frac{x}{1+x}.$$

（3）$\displaystyle\sum_{n=1}^{\infty} nx^n = \frac{x}{(1-x)^2}, |x| < 1.$

（4）$\displaystyle\sum_{n=1}^{\infty} n^2 x^n = \frac{x(1+x)}{(1-x)^3}, |x| < 1.$

（5）$\displaystyle\sum_{n=2}^{\infty} n(n-1)x^{n-2} = \frac{2}{(1-x)^3}, |x| < 1.$

（6）$\displaystyle\sum_{n=1}^{\infty} \frac{x^n}{n} = -\ln(1-x), -1 \leqslant x < 1.$

把公式（3）（4）（5）作为例题推导一遍.

同时需要熟记以下公式：

（1）$e^x = \displaystyle\sum_{n=0}^{\infty} \frac{x^n}{n!}, |x| < +\infty.$

（2）$\sin x = \displaystyle\sum_{n=0}^{\infty} (-1)^n \frac{x^{2n+1}}{(2n+1)!}, |x| < +\infty.$

（3）$\cos x = \displaystyle\sum_{n=0}^{\infty} (-1)^n \frac{x^{2n}}{(2n)!}, |x| < +\infty.$

（4）$\ln(1+x) = \displaystyle\sum_{n=1}^{\infty} (-1)^{n-1} \frac{x^n}{n}, -1 < x \leqslant 1.$

（5）$(1+x)^a = 1 + \displaystyle\sum_{n=1}^{\infty} \frac{a(a-1)\cdots(a-n+1)}{n!} x^n, -1 < x < 1.$

还可以使用解微分方程法求幂级数的和.

2. 求数项级数的和

方法：构造一个相应的幂级数求和，把所求和的常数项级数看作幂级数在 x 取某一值 x_0 时所得的级数.

典型例题

例❶ 求 $\sum_{n=1}^{\infty} nx^n$ 的和函数.

解 令 $S(x) = \sum_{n=1}^{\infty} nx^n$，其收敛域为 $(-1, 1)$.

$$S(x) = x \sum_{n=1}^{\infty} nx^{n-1} = xS_1(x).$$

$$\int_0^x S_1(x)\mathrm{d}x = \int_0^x \sum_{n=1}^{\infty} nx^{n-1}\mathrm{d}x = \sum_{n=1}^{\infty} \int_0^x nx^{n-1}\mathrm{d}x = \sum_{n=1}^{\infty} x^n = \frac{x}{1-x},$$

则 $S_1(x) = \left(\frac{x}{1-x}\right)' = \frac{1}{(1-x)^2}$.

故 $S(x) = \sum_{n=1}^{\infty} nx^n = \frac{x}{(1-x)^2} \quad (|x| < 1)$.

例❷ 求 $\sum_{n=1}^{\infty} n^2 x^n$ 的和函数.

解 令 $S(x) = \sum_{n=1}^{\infty} n^2 x^n$，其收敛域为 $(-1, 1)$，

$$S(x) = x \sum_{n=1}^{\infty} n^2 x^{n-1} = xS_1(x),$$

$$\int_0^x S_1(x)\mathrm{d}x = \int_0^x \sum_{n=1}^{\infty} n^2 x^{n-1}\mathrm{d}x = \sum_{n=1}^{\infty} \int_0^x n^2 x^{n-1}\mathrm{d}x = \sum_{n=1}^{\infty} nx^n = \frac{x}{(1-x)^2}.$$

$$S_1(x) = \left(\frac{x}{(1-x)^2}\right)' = \frac{(1-x)^2 + 2(1-x)x}{(1-x)^4} = \frac{1+x}{(1-x)^3},$$

故 $S(x) = \sum_{n=1}^{\infty} n^2 x^n = \frac{x(1+x)}{(1-x)^3} \quad (|x| < 1)$.

例❸ 求 $\sum_{n=2}^{\infty} n(n-1)x^{n-2}$ 的和函数.

解 令 $S(x) = \sum_{n=2}^{\infty} n(n-1)x^{n-2}$，其收敛域为 $(-1, 1)$.

$$S(x) = \sum_{n=2}^{\infty} n(n-1)x^{n-2} = \sum_{n=0}^{\infty} (x^n)'' = \left(\sum_{n=0}^{\infty} x^n\right)'' = \left(\frac{1}{1-x}\right)'' = \frac{2}{(1-x)^3} \quad (|x| < 1).$$

若熟记以上公式，2014 年数三 18 题：求幂级数 $\sum_{n=0}^{\infty} (n+1)(n+3)x^n$ 的收敛域及和函数，

就可以快速写出其答案:

收敛域为 $(-1, 1)$,

$$S(x) = \sum_{n=0}^{\infty} n^2 x^n + 4\sum_{n=0}^{\infty} nx^n + 3\sum_{n=0}^{\infty} x^n = \frac{x(1+x)}{(1-x)^3} + \frac{4x}{(1-x)^2} + \frac{3}{1-x} = \frac{3-x}{(1-x)^3}.$$

例④　设某人在银行存款 A 元,假定银行存款的年利率为常数 a,依复利计算,如果他要在第一年末提取 1 元,在第二年末提取 4 元,⋯⋯,在第 n 年末提取 n^2 元,并且他希望永远如此提取,问他至少需要事先存入多少本金?

解　设 A_n 是为了保证第 n 年末提取 n^2 元所存入 n 年的本金,那么这部分本金第 n 年末的本利和为 $A_n(1+a)^n$,于是有 $A_n(1+a)^n = n^2$,得

$$A_n = \frac{n^2}{(1+a)^n}, \quad n = 1, 2, \cdots,$$

从而,需要事先存入的本金至少为

$$A = \sum_{n=1}^{\infty} A_n = \sum_{n=1}^{\infty} \frac{n^2}{(1+a)^n} = \frac{\frac{1}{1+a}\left(1+\frac{1}{1+a}\right)}{\left(1-\frac{1}{1+a}\right)^3} = \frac{(1+a)(2+a)}{a^3}.$$

注　以此题为原型,在 2008 年数三考题中出现:考题中 $a = 0.05$,第一年末提取 19 万元,第二年末提取 28 万元,⋯⋯,第 n 年末提取 $(10+9n)$ 万元,求 A,答案为 3 980 万元.

例⑤　求幂级数 $\displaystyle\sum_{n=0}^{\infty} \frac{x^{2n+2}}{(n+1)(2n+1)}$ 的收敛域及和函数.

解　因为 $\displaystyle\lim_{n\to\infty}\left|\frac{\frac{x^{2n+4}}{(n+2)(2n+3)}}{\frac{x^{2n+2}}{(n+1)(2n+1)}}\right| = x^2$,所以当 $|x|<1$ 时,幂级数绝对收敛;当 $|x|>1$ 时,幂级数发散.

又当 $x = \pm1$ 时,级数 $\displaystyle\sum_{n=0}^{\infty}\frac{1}{(n+1)(2n+1)}$ 收敛,所以幂级数的收敛域为 $[-1, 1]$.

记 $\displaystyle f(x) = \sum_{n=0}^{\infty}\frac{x^{2n+2}}{(n+1)(2n+1)}$, $x \in [-1, 1]$,则 $\displaystyle f'(x) = 2\sum_{n=0}^{\infty}\frac{x^{2n+1}}{2n+1}$,

$$f''(x) = 2\sum_{n=0}^{\infty} x^{2n} = \frac{2}{1-x^2}, \quad x \in (-1, 1).$$

因为 $f'(0) = 0$, $f(0) = 0$,所以当 $x \in (-1, 1)$ 时,

$$f'(x) = \int_0^x f''(t)\mathrm{d}t = \int_0^x \frac{2}{1-t^2}\mathrm{d}t = \ln(1+x) - \ln(1-x),$$

$$f(x) = \int_0^x f'(t)\mathrm{d}t = \int_0^x \ln(1+t)\mathrm{d}t - \int_0^x \ln(1-t)\mathrm{d}t$$

$$= (1+x)\ln(1+x) + (1-x)\ln(1-x).$$

又 $f(1) = \displaystyle\lim_{x\to 1^-} f(x) = 2\ln 2$, $f(-1) = \displaystyle\lim_{x\to 1^+} f(x) = 2\ln 2$,所以,

$$f(x) = \begin{cases} (1+x)\ln(1+x) + (1-x)\ln(1-x), & x \in (-1, 1), \\ 2\ln 2, & x = \pm 1. \end{cases}$$

例❻ 求幂级数 $\sum\limits_{n=0}^{\infty} \dfrac{4n^2 + 4n + 3}{2n+1} x^{2n}$ 的收敛域及和函数.

解 令 $\lim\limits_{n \to \infty} \sqrt[n]{\left| \dfrac{4n^2 + 4n + 3}{2n+1} x^{2n} \right|} = \dfrac{1}{1} x^2 < 1$,可得幂级数收敛区间为 $(-1, 1)$,当

$x = \pm 1$ 时,原级数为 $\sum\limits_{n=0}^{\infty} \dfrac{4n^2 + 4n + 3}{2n+1}$,发散,故收敛域为 $I = (-1, 1)$.

下面求和函数. 令

$$S(x) = \sum_{n=0}^{\infty} \frac{4n^2 + 4n + 3}{2n+1} x^{2n} \quad (x \in I),$$

将系数拆开得

$$S(x) = \sum_{n=0}^{\infty} (2n+1) x^{2n} + 2 \sum_{n=0}^{\infty} \frac{1}{2n+1} x^{2n} \quad (x \in I).$$

第一项:$S_1(x) = 2 \sum\limits_{n=0}^{\infty} (n+1)(x^2)^n - \sum\limits_{n=0}^{\infty} (x^2)^n$

$$= \frac{2}{(1-x^2)^2} - \frac{1}{(1-x^2)} = \frac{1+x^2}{(1-x^2)^2} \quad (x \in I);$$

第二项:$S_2(x) = 2 \sum\limits_{n=0}^{\infty} \dfrac{1}{2n+1} x^{2n} = \dfrac{2}{x} \sum\limits_{n=0}^{\infty} \dfrac{1}{2n+1} x^{2n+1}$

$$= \frac{2}{x} \left[\frac{-\ln(1-x) + \ln(1+x)}{2} \right] = \frac{1}{x} \ln \frac{1+x}{1-x} \quad (x \in I, x \neq 0),$$

$$S(0) = 3 + 0 = 3.$$

综上可知

$$S(x) = \begin{cases} \dfrac{1+x^2}{(1-x^2)^2} + \dfrac{1}{x} \ln \dfrac{1+x}{1-x}, & x \in (-1, 0) \bigcup (0, 1), \\ 3, & x = 0. \end{cases}$$

例❼ 设 $a_0 = 4$,$a_1 = 1$,$a_n = \dfrac{a_{n-2}}{n(n-1)}$,$n = 2, 3, \cdots$,求 $S(x) = \sum\limits_{n=0}^{\infty} a_n x^n$ 的值.

解 $$S(x) = \sum_{n=0}^{\infty} a_n x^n, \quad S'(x) = \sum_{n=1}^{\infty} n a_n x^{n-1},$$

$$S''(x) = \sum_{n=2}^{\infty} n(n-1) a_n x^{n-2}, \quad a_n = \frac{a_{n-2}}{n(n-1)},$$

故 $$S''(x) = \sum_{n=2}^{\infty} a_{n-2} x^{n-2} = \sum_{n=0}^{\infty} a_n x^n = S(x),$$

即 $$S''(x) - S(x) = 0.$$

由特征方程 $r^2 - 1 = 0$,得 $r = \pm 1$,故该微分方程的通解为 $S(x) = C_1 \mathrm{e}^x + C_2 \mathrm{e}^{-x}$.

又由 $S(0) = a_0 = 4$，$S'(0) = a_1 = 1$，得 $C_1 = \dfrac{5}{2}$，$C_2 = \dfrac{3}{2}$，因此 $S(x) = \dfrac{5}{2}\mathrm{e}^x + \dfrac{3}{2}\mathrm{e}^{-x}$.

例 8 求 $\displaystyle\sum_{n=0}^{\infty} \dfrac{x^{4n}}{(4n)!}$ 的和函数.

解 易求出级数的收敛域为 $(-\infty, +\infty)$.

设 $S(x) = 1 + \dfrac{x^4}{4!} + \dfrac{x^8}{8!} + \dfrac{x^{12}}{12!} + \cdots$，则 $S(0) = 1$，

且 $S'(x) = \dfrac{x^3}{3!} + \dfrac{x^7}{7!} + \dfrac{x^{11}}{11!} + \cdots$，

$\quad S''(x) = \dfrac{x^2}{2!} + \dfrac{x^6}{6!} + \cdots$，

$\quad S'''(x) = \dfrac{x}{1!} + \dfrac{x^5}{5!} + \cdots$，

$\quad S^{(4)}(x) = 1 + \dfrac{x^4}{4!} + \cdots$，

得 $S^{(4)}(x) - S(x) = 0$ 并有初始条件 $S'(0) = S''(0) = S'''(0) = 0$，对应的特征方程为
$r^4 - 1 = 0$，$r = \pm 1$，$r = \pm \mathrm{i}$，

故通解为 $S(x) = C_1 \mathrm{e}^x + C_2 \mathrm{e}^{-x} + C_3 \cos x + C_4 \sin x$.

由初始条件 $C_1 = C_2 = \dfrac{1}{4}$，$C_3 = \dfrac{1}{2}$，$C_4 = 0$，

$$S(x) = \frac{1}{4}(\mathrm{e}^{-x} + \mathrm{e}^x) + \frac{1}{2}\cos x, \ x \in (-\infty, +\infty).$$

例 9 设数列 $\{a_n\}$ 满足 $a_1 = 1$，$(n+1)a_{n+1} = \left(n + \dfrac{1}{2}\right)a_n$，证明：当 $|x| < 1$ 时，

$\displaystyle\sum_{n=1}^{\infty} a_n x^n$ 收敛，并求其和函数.

解 由条件可知，$a_n \neq 0$，且

$$\lim_{n \to \infty} \frac{|a_{n+1}|}{|a_n|} = \lim_{n \to \infty} \frac{n + \dfrac{1}{2}}{n+1} = 1,$$

所以幂级数 $\displaystyle\sum_{n=1}^{\infty} a_n x^n$ 的收敛半径为 1，从而当 $|x| < 1$ 时，幂级数 $\displaystyle\sum_{n=1}^{\infty} a_n x^n$ 收敛.

当 $|x| < 1$ 时，设 $S(x) = \displaystyle\sum_{n=1}^{\infty} a_n x^n$，则

$$S'(x) = \sum_{n=1}^{\infty} n a_n x^{n-1} = 1 + \sum_{n=1}^{\infty}(n+1)a_{n+1}x^n = 1 + \sum_{n=1}^{\infty} n a_n x^n + \frac{1}{2}\sum_{n=1}^{\infty} a_n x^n$$

$$= 1 + x S'(x) + \frac{1}{2}S(x).$$

即 $S'(x) - \dfrac{1}{2(1-x)}S(x) = \dfrac{1}{1-x}$.

解方程得 $S(x) = \dfrac{C}{\sqrt{1-x}} - 2$,由 $S(0) = 0$,可得 $C = 2$,

所以 $S(x) = 2\left(\dfrac{1}{\sqrt{1-x}} - 1\right)$.

例⑩ (1) 设 $I_n = \displaystyle\int_0^{\frac{\pi}{4}} \sin^n x \cos x \mathrm{d}x$,$n = 0$,$1$,$2$,$\cdots$,求 $\displaystyle\sum_{n=0}^{\infty} I_n$.

(2) 求级数 $\displaystyle\sum_{n=0}^{\infty} \dfrac{(-1)^n (n^2 - n + 1)}{2^n}$ 的和.

解 (1) $I_n = \displaystyle\int_0^{\frac{\pi}{4}} \sin^n x \cos x \mathrm{d}x = \int_0^{\frac{\pi}{4}} \sin^n x \, \mathrm{d}(\sin x) = \dfrac{\sin^{n+1} x}{n+1}\Big|_0^{\frac{\pi}{4}} = \dfrac{\left(\frac{\sqrt{2}}{2}\right)^{n+1}}{n+1}$,

$$I = \sum_{n=0}^{\infty} I_n = \sum_{n=0}^{\infty} \dfrac{1}{n+1}\left(\dfrac{\sqrt{2}}{2}\right)^{n+1}.$$

令 $f(x) = \displaystyle\sum_{n=0}^{\infty} \dfrac{x^{n+1}}{n+1} = -\ln(1-x)$,$x \in [-1, 1)$,

$$I = f\left(\dfrac{\sqrt{2}}{2}\right) = \sum_{n=0}^{\infty} \dfrac{\left(\frac{\sqrt{2}}{2}\right)^{n+1}}{n+1} = -\ln\left(1 - \dfrac{\sqrt{2}}{2}\right) = \ln(2 + \sqrt{2}).$$

注 由 $\ln(1+x) = \displaystyle\sum_{n=1}^{\infty} (-1)^{n-1} \dfrac{x^n}{n}$,将 $-x$ 代入直接得出,

$$\ln(1-x) = -\sum_{n=1}^{\infty} \dfrac{x^n}{n} = -\sum_{n=0}^{\infty} \dfrac{x^{n+1}}{n+1}.$$

(2) $\displaystyle\sum_{n=0}^{\infty} (-1)^n \dfrac{n^2 - n + 1}{2^n} = \sum_{n=2}^{\infty} (-1)^n n(n-1) \dfrac{1}{2^n} + \sum_{n=0}^{\infty} (-1)^n \dfrac{1}{2^n}$,

$\displaystyle\sum_{n=0}^{\infty} (-1)^n \dfrac{1}{2^n} = \dfrac{1}{1 + \frac{1}{2}} = \dfrac{2}{3}$.

令 $f(x) = \displaystyle\sum_{n=2}^{\infty} (-1)^n n(n-1) x^n$,容易求出收敛区域为 $(-1, 1)$.

$$f(x) = \sum_{n=2}^{\infty} (-1)^n n(n-1) x^n = x^2 \left(\sum_{n=2}^{\infty} (-1)^{n-2} n(n-1) x^{n-2}\right)$$

$$= x^2 \dfrac{2}{[1-(1-x)]^3}{}'' = \dfrac{2x^2}{(1+x)^3}.$$

$$\sum_{n=2}^{\infty} (-1)^n n(n-1) \dfrac{1}{2^n} = f\left(\dfrac{1}{2}\right) = \dfrac{2 \times \frac{1}{4}}{\frac{27}{8}} = \dfrac{4}{27}.$$

所以,$\displaystyle\sum_{n=0}^{\infty} (-1)^n \dfrac{n^2 - n + 1}{2^n} = \sum_{n=2}^{\infty} (-1)^n n(n-1) \dfrac{1}{2^n} + \sum_{n=0}^{\infty} (-1)^n \dfrac{1}{2^n} = \dfrac{4}{27} + \dfrac{2}{3} = \dfrac{22}{27}$.

考点6　函数展开为幂级数

知识补给库

方法：利用变量代换、恒等变形及求导、积分把函数化为 $\dfrac{1}{1 \pm x}$，e^x，$\sin x$，$\cos x$，$\ln(1+x)$ 等基本初等函数的形式，然后利用其展开式，将 $f(x)$ 展成幂级数，再在所得的等式两边实施逆运算。

典型例题

例❶　(1) 将 $f(x) = \dfrac{x}{2 + x - x^2}$ 展开成 x 的幂级数；

(2) 将 $f(x) = \arctan \dfrac{1+x}{1-x}$ 展开成 x 的幂级数，并求 $f^{(n)}(0)$.

解　(1) $f(x) = \dfrac{x}{2 + x - x^2} = \dfrac{1}{3}\left(\dfrac{2}{2-x} - \dfrac{1}{1+x}\right) = \dfrac{1}{3}\left(\dfrac{1}{1 - \dfrac{x}{2}} - \dfrac{1}{1+x}\right)$

$$= \dfrac{1}{3}\left(\sum_{n=0}^{\infty} \dfrac{x^n}{2^n} - \sum_{n=0}^{\infty} (-1)^n x^n\right)$$

$$= \dfrac{1}{3} \sum_{n=0}^{\infty} \left[(-1)^{n+1} + \dfrac{1}{2^n}\right] x^n,$$

收敛区域为：$(-2, 2) \bigcap (-1, 1) = (-1, 1)$.

(2) $f(x) = \arctan \dfrac{1+x}{1-x}$,

$$f'(x) = \dfrac{1}{1+x^2} = \sum_{n=0}^{\infty} (-1)^n x^{2n}, \ x \in (-1, 1),$$

$$f(x) = f(0) + \int_0^x f'(x)\,\mathrm{d}x = \dfrac{\pi}{4} + \int_0^x \sum_{n=0}^{\infty} (-1)^n x^{2n}\,\mathrm{d}x$$

$$= \dfrac{\pi}{4} + \sum_{n=0}^{\infty} (-1)^n \dfrac{x^{2n+1}}{2n+1}.$$

因为 $x = \pm 1$ 时级数都收敛，但 $f(1)$ 没定义，所以

$$\arctan \dfrac{1+x}{1-x} = \dfrac{\pi}{4} + \sum_{n=0}^{\infty} (-1)^n \dfrac{x^{2n+1}}{2n+1}, x \in [-1, 1),$$

$$a_{2n} = 0 = \dfrac{f^{(2n)}(0)}{(2n)!}, 得 f^{(2n)}(0) = 0 \ (n = 0, 1, 2, \cdots),$$

$$a_{2n+1} = (-1)^n \dfrac{1}{2n+1} = \dfrac{f^{(2n+1)}(0)}{(2n+1)!},$$

得 $f^{(2n+1)}(0) = \dfrac{(-1)^n (2n+1)!}{2n+1} = (-1)^n (2n)!(n = 0,\ 1,\ 2,\ \cdots).$

$\boxed{例 ❷}$　设 $f(x) = \begin{cases} \dfrac{1+x^2}{x}\arctan x, & x \neq 0, \\[3mm] 1, & x = 0, \end{cases}$

将 $f(x)$ 展开成 x 的幂级数，并求 $\displaystyle\sum_{n=1}^{\infty} \dfrac{(-1)^n}{1-4n^2}$ 的值.

　　解　$(\arctan x)' = \dfrac{1}{1+x^2} = \displaystyle\sum_{n=0}^{\infty}(-1)^n x^{2n},\ x \in (-1,\ 1),$

$\qquad \arctan x = \displaystyle\int_0^x (\arctan x)' \mathrm{d}x = \sum_{n=0}^{\infty}(-1)^n \dfrac{x^{2n+1}}{2n+1}.$

当 $x = \pm 1$ 时为收敛的交错级数，所以 $\arctan x = \displaystyle\sum_{n=0}^{\infty}(-1)^n \dfrac{x^{2n+1}}{2n+1},\ x \in [-1,\ 1].$

$\qquad \dfrac{1+x^2}{x}\arctan x = (1+x^2)\displaystyle\sum_{n=0}^{\infty}(-1)^n \dfrac{x^{2n}}{2n+1}$

$\qquad\qquad = \displaystyle\sum_{n=0}^{\infty}(-1)^n \dfrac{x^{2n}}{2n+1} + \sum_{n=0}^{\infty}(-1)^n \dfrac{x^{2n+2}}{2n+1}$

$\qquad\qquad = 1 + \displaystyle\sum_{n=1}^{\infty}(-1)^n \dfrac{x^{2n}}{2n+1} + \sum_{n=1}^{\infty}(-1)^{n-1} \dfrac{x^{2n}}{2n-1}$

$\qquad\qquad = 1 + \displaystyle\sum_{n=1}^{\infty}(-1)^n \left(\dfrac{1}{2n+1} - \dfrac{1}{2n-1}\right) x^{2n}$

$\qquad\qquad = 1 + \displaystyle\sum_{n=1}^{\infty}(-1)^n \dfrac{2x^{2n}}{1-4n^2} = 1 + 2\sum_{n=1}^{\infty}(-1)^n \dfrac{x^{2n}}{1-4n^2}.$

$\qquad \left[1 + 2\displaystyle\sum_{n=1}^{\infty}(-1)^n \dfrac{x^{2n}}{1-4n^2}\right]\Bigg|_{x=0} = 1 = f(0),$

所以 $f(x) = 1 + 2\displaystyle\sum_{n=1}^{\infty}(-1)^n \dfrac{x^{2n}}{1-4n^2},\ x \in [-1,\ 1].$

$$f(1) = \dfrac{\pi}{2} = 1 + 2\sum_{n=1}^{\infty} \dfrac{(-1)^n}{1-4n^2},$$

所以 $\displaystyle\sum_{n=1}^{\infty} \dfrac{(-1)^n}{1-4n^2} = \dfrac{\pi}{4} - \dfrac{1}{2}.$

$\boxed{例 ❸}$　已知 $\cos 2x - \dfrac{1}{(1+x)^2} = \displaystyle\sum_{n=0}^{\infty} a_n x^n (-1 < x < 1),$ 求 $a_n.$

　　解　因为 $\cos 2x = \displaystyle\sum_{n=0}^{\infty} \dfrac{(-1)^n (2x)^{2n}}{(2n)!} = \sum_{n=0}^{\infty} \dfrac{(-1)^n 4^n x^{2n}}{(2n)!},\ x \in (-\infty,\ +\infty),$

$\qquad \dfrac{1}{(1+x)^2} = \left(-\dfrac{1}{1+x}\right)' = -\left[\displaystyle\sum_{n=0}^{\infty}(-1)^n x^n\right]' = -\sum_{n=1}^{\infty}(-1)^n n x^{n-1}$

$\qquad\qquad = -\displaystyle\sum_{n=0}^{\infty}(-1)^{n+1}(n+1)x^n,\ -1 < x < 1,$

所以 $\cos 2x - \dfrac{1}{(1+x)^2} = \displaystyle\sum_{n=0}^{\infty} \dfrac{(-1)^n 4^n x^{2n}}{(2n)!} + \sum_{n=0}^{\infty}(-1)^{n+1}(n+1)x^n, -1 < x < 1.$

由题设知 $\displaystyle\sum_{n=0}^{\infty} a_n x^n = \sum_{n=0}^{\infty} \dfrac{(-1)^n 4^n x^{2n}}{(2n)!} + \sum_{n=0}^{\infty}(-1)^{n+1}(n+1)x^n (-1 < x < 1)$，故

$$\begin{cases} a_{2n} = \dfrac{(-1)^n 4^n}{(2n)!} - 2n - 1, \\ a_{2n+1} = 2n+2 \end{cases} (n = 0, 1, 2, \cdots).$$

考点7 求含阶乘因子的幂级数的和函数

知识补给库

分解法求含阶乘因子的幂级数的和函数：

① 看到分母为 $n!$ 要联系 e^x 的展开式；

② 看到分母为 $(2n+1)!$ 要联系 $\sin x$ 的展开式；

③ 看到分母为 $(2n)!$ 要联系 $\cos x$ 的展开式；

④ 要学会下标恒等变换

$$\sum_{n=1}^{\infty} a_n x^n = \sum_{n=0}^{\infty} a_{n+1} x^{n+1} = \sum_{n=2}^{\infty} a_{n-1} x^{n-1}.$$

典型例题

例 求下列幂级数的和函数：

(1) $\displaystyle\sum_{n=0}^{\infty}(-1)^n \dfrac{(n+1)(n+2)}{n!} x^n$；

(2) $\displaystyle\sum_{n=0}^{\infty} \dfrac{(n+1)^2}{2^n n!}$；

(3) $\displaystyle\sum_{n=1}^{\infty} \dfrac{(-1)^n n}{(2n+1)!}$.

解 (1) 令 $S(x) = \displaystyle\sum_{n=0}^{\infty}(-1)^n \dfrac{(n+1)(n+2)}{n!} x^n$，易知收敛域为 $(-\infty, +\infty)$.

$$u(x) = \int_0^x S(t)\mathrm{d}t = \sum_{n=0}^{\infty}(-1)^n \dfrac{(n+2)}{n!} x^{n+1},$$

再积分得 $\displaystyle\int_0^x u(t)\mathrm{d}t = \sum_{n=0}^{\infty}(-1)^n \dfrac{x^{n+2}}{n!} = x^2 \sum_{n=0}^{\infty}(-1)^n \dfrac{x^n}{n!} = x^2 \mathrm{e}^{-x}.$

对上式求导得 $u(x) = (2x - x^2)\mathrm{e}^{-x}$，

再求导得 $S(x) = (2 - 4x + x^2)\mathrm{e}^{-x}, x \in (-\infty, +\infty)$.

(2) 由 $\mathrm{e}^x = \sum\limits_{n=0}^{\infty} \dfrac{x^n}{n!}$ $(x \in (-\infty, +\infty))$，得 $x\mathrm{e}^x = \sum\limits_{n=0}^{\infty} \dfrac{x^{n+1}}{n!}$，

逐项求导，得 $(1+x)\mathrm{e}^x = \sum\limits_{n=0}^{\infty} \dfrac{(n+1)x^n}{n!}$，

两端再乘 x，得 $(x+x^2)\mathrm{e}^x = \sum\limits_{n=0}^{\infty} \dfrac{(n+1)x^{n+1}}{n!}$，

再逐项求导，得 $(1+3x+x^2)\mathrm{e}^x = \sum\limits_{n=0}^{\infty} \dfrac{(n+1)^2 x^n}{n!}$，$x \in (-\infty, +\infty)$.

取 $x = \dfrac{1}{2}$，便得 $\sum\limits_{n=0}^{\infty} \dfrac{(n+1)^2}{2^n n!} = \dfrac{11}{4}\sqrt{\mathrm{e}}$.

(3) 作 $S(x) = \sum\limits_{n=1}^{\infty} \dfrac{(-1)^n n}{(2n+1)!} x^{2n-1}$（它的收敛域为 $(-\infty, +\infty)$），则逐项积分得

$$\int_0^x S(t)\,\mathrm{d}t = \dfrac{1}{2} \sum\limits_{n=1}^{\infty} \dfrac{(-1)^n}{(2n+1)!} x^{2n} = \dfrac{1}{2x} \sum\limits_{n=1}^{\infty} \dfrac{(-1)^n}{(2n+1)!} x^{2n+1}$$

$$= \dfrac{1}{2x}(\sin x - x), \quad x \in (-\infty, +\infty).$$

再求导，得 $S(x) = \dfrac{x\cos x - \sin x}{2x^2}$，$x \in (-\infty, +\infty)$.

取 $x = 1$，便得 $\sum\limits_{n=1}^{\infty} \dfrac{(-1)^n n}{(2n+1)!} = \dfrac{1}{2}(\cos 1 - \sin 1)$.

考点1　极限在经济问题中的应用

知识补给库

1. 复利

设某银行年利率为 r，一年支付 n 次，初始存款为 p 元，则一年后在银行的存款余额为 $A = p\left(1 + \dfrac{r}{n}\right)^n$，$t$ 年后在银行的存款余额为 $A_t = p\left(1 + \dfrac{r}{n}\right)^{nt}$。

由于 $\lim\limits_{n \to \infty}\left(1 + \dfrac{r}{n}\right)^{nt} = e^{rt}$，该式表示当初始存款为 1 元，且每年支付次数 n 趋于无穷大时，t 年后按连续复利计算得到的存款余额。

2. 现值与将来值

如果仅考虑-利息损失，不考虑通货膨胀的情况下，现存入 A 元，按年利率为 r 计，若以年复利方式计算利息，那么，一年后存款为 $A(1+r)$。因此，可以说今天的 A 元相当于一年后的 $A(1+r)$ 元，我们称这 $A(1+r)$ 元是 A 元的将来值，而 A 元是 $A(1+r)$ 元的现值。

再例如，一年分成 n 次计算复利，年利率为 r，令 $n \to \infty$，即按连续复利计算时现值（A 元）与将来值（B 元）之间的系为

$$B = Ae^{rt} \text{ 或 } A = Be^{-rt}.$$

典型例题

$\boxed{例①}$ 设有一定量的酒,若现时 ($t = 0$) 出售,售价为 A 元;若储藏一个时期(不计储藏费),可高价出售,已知酒的未来售价(称为酒价)y 是时间 t 的函数

$$y = Ae^{\sqrt{t}}.$$

又设资金的贴现率为 r,按连续复利计算,为使利润最大,酒应在何时出售?

解 这里的利润最大,就是使收益的现在值最大.若资金的贴现率为常数 r,且收益函数 $y = f(t)$ 的增长率 R_g 是单调减少的,使收益的现在值最大的最佳时间是,收益函数的增长率等于资金的贴现率.

由已知条件,销售收益的现在值是

$$R_t = Ae^{\sqrt{t}} \cdot e^{-rt} = Ae^{\sqrt{t}-rt}.$$

由于 $\dfrac{dy}{dt} = Ae^{\sqrt{t}} \cdot \dfrac{1}{2\sqrt{t}}$,即收益的增长率 $R_g = \dfrac{1}{y} \cdot \dfrac{dy}{dt} = \dfrac{1}{2\sqrt{t}}$ (图 8-1).因此由 $\dfrac{1}{2\sqrt{t}} = r$,得 $t_0 = \dfrac{1}{4r^2}$. 又

$$\frac{d}{dt}\left(\frac{1}{2\sqrt{t}}\right) = -\frac{1}{4}t^{-\frac{3}{2}} < 0,$$

故酒应在 $t_0 = \dfrac{1}{4r^2}$ 时销售,收益最大,销售收益的现在值是

$$R_t = Ae^{\frac{1}{4r}}(元).$$

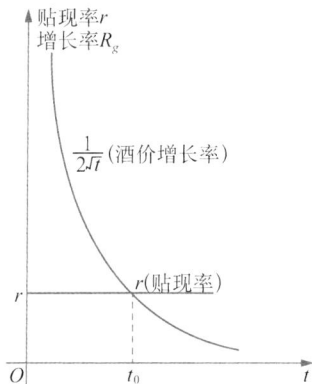

图 8-1

例如,若 $r = 0.1$,则 $t = 25$ 年. 显然,贴现率越高,最佳储藏时间越短.

$\boxed{例②}$ (2008)设银行存款的年利率为 $r = 0.05$,并依年复利计算.某基金会希望通过存款 A 万元实现第一年提取 19 万元,第二年提取 28 万元,……,第 n 年提取 $(10 + 9n)$ 万元,并能按此规律一直提取下去,问 A 至少应为多少万元?

解法 1 设 A_n 为用于第 n 年提取 $(10 + 9n)$ 万元的贴现值,则

$$A_n = (1 + r)^{-n}(10 + 9n),$$

故

$$A = \sum_{n=1}^{\infty} A_n = \sum_{n=1}^{\infty} \frac{10 + 9n}{(1+r)^n} = 10 \sum_{n=1}^{\infty} \frac{1}{(1+r)^n} + 9 \sum_{n=1}^{\infty} \frac{n}{(1+r)^n}$$

$$= 200 + 9 \sum_{n=1}^{\infty} \frac{n}{(1+r)^n}.$$

设 $S(x) = \displaystyle\sum_{n=1}^{\infty} nx^n, \ x \in (-1, 1)$,因为

$$S(x) = x\left(\sum_{n=1}^{\infty} x^n\right)' = x\left(\frac{x}{1-x}\right)' = \frac{x}{(1-x)^2}, \ x \in (-1, 1),$$

所以，$S\left(\dfrac{1}{1+r}\right)=S\left(\dfrac{1}{1.05}\right)=420$（万元），

故 $A=200+9\times420=3\,980$（万元）.

解法 2 设第 t 年提款后的余款是 y_t，则由题意，y_t 满足差分方程

$$y_t=(1+0.05)y_{t-1}-(10+9t)\quad\text{或}\quad y_t-1.05y_{t-1}=-(10+9t),$$

解得该方程对应的齐次方程的解为 $y_t=C(1.05)^t$.

设该方程的特解为 $y_t^*=at+b$，代入方程得 $a=180,b=3\,980$，

从而得该方程的通解为 $y_t=C(1.05)^t+180t+3\,980$，

代入条件 $y_0=A$，$y_t\geqslant0$ 得 $A=C+3\,980,C\geqslant0$，

所以 A 至少为 $3\,980$ 万元.

解法 3 由题意知对任何正整数 n，A 至少应为

$$A=\dfrac{19}{1.05}+\dfrac{28}{1.05^2}+\dfrac{37}{1.05^3}+\cdots+\dfrac{10+9n}{1.05^n}\qquad①$$

或

$$\dfrac{A}{1.05}=\dfrac{19}{1.05^2}+\dfrac{28}{1.05^3}+\dfrac{37}{1.05^4}+\cdots+\dfrac{10+9n}{1.05^{n+1}}.\qquad②$$

①－②，得

$$\left(1-\dfrac{1}{1.05}\right)A=\dfrac{19}{1.05}+9\left(\dfrac{1}{1.05^2}+\dfrac{1}{1.05^3}+\cdots+\dfrac{1}{1.05^n}\right)-\dfrac{10+9n}{1.05^{n+1}},$$

$$0.05A=19+9\dfrac{\dfrac{1}{1.05}\left(1-\dfrac{1}{1.05^{n-1}}\right)}{1-\dfrac{1}{1.05}}-\dfrac{10+9n}{1.05^n},$$

取 $n\to\infty$，得 $0.05A=19+9\dfrac{\dfrac{1}{1.05}}{1-\dfrac{1}{1.05}}=19+180=199$，

所以 $A=\dfrac{199}{0.05}=3\,980$.

考点 2 导数在经济学中的应用

知识补给库

1. 边际分析

(1) 边际函数：设函数 $y=f(x)$ 可导，称导函数 $f'(x)$ 为边际函数.

(2) 边际成本：边际成本是总成本的变化率.

设 C 为总成本，C_1 为固定成本，C_2 为可变成本，$\bar{C}$ 为平均成本，C' 为边际成本，Q 为产量，则有

总成本函数　　$C = C(Q) = C_1 + C_2(Q)$；

平均成本函数　　$\bar{C} = \bar{C}(Q) = \dfrac{C(Q)}{Q} = \dfrac{C_1}{Q} + \dfrac{C_2(Q)}{Q}$；

边际成本函数　　$C' = C'(Q) = \dfrac{dc(Q)}{dQ}$.

(3) 边际收益.

设某种产品的价格为 P，销售量为 Q，则该产品的销售总收益为 $R = QP$，如果已知销售量 Q 与价格 P 之间的函数关系(即需求函数)为 $P = P(Q)$，则

总收益函数　　$R = R(Q) = QP = QP(Q)$；

平均收益函数　　$\bar{R} = \dfrac{R}{Q} = P(Q)$；

边际收益函数　　$R' = \dfrac{dR}{dQ} = P(Q) + QP'(Q)$.

2. 最大利润原则

设总利润为 L，则

$$L = L(Q) = R(Q) - C(Q),$$
$$L' = L'(Q) = R'(Q) - C'(Q),$$

$L(Q)$ 取得最大值的必要条件为

$$L'(Q) = Q,\ 即\ R'(Q) = C'(Q),$$

于是取得最大利润的必要条件是边际收益等于边际成本.

LQ 取得最大值的充分条件为

$$L''(Q) < 0,\ 即\ R''(Q) < C''(Q).$$

于是取得最大利润的充分条件是边际收益的变化率小

于边际成本的变化率.

3. 弹性分析

$$\text{弹性函数}\ \eta = \frac{EY}{Ex} = \lim_{\Delta x \to 0}\frac{\frac{\Delta y}{y}}{\frac{\Delta x}{x}} = y' \cdot \frac{x}{y}.$$

意义：当 x 发生 1% 的改变时，y 改变了 $\eta\%$.

需求弹性

$$\eta = \frac{EQ}{EP} = -\lim_{\Delta p \to 0}\frac{\Delta Q/Q}{\Delta P/P} = -P\frac{f'(P)}{f(P)} = -\frac{dQ}{dP}\cdot\frac{P}{Q}.$$

某产品的需求量为 Q，价格为 P，需求函数 $Q = f(P)$.

注 对一般产品而言，$Q = f(P)$ 为单调减少的函数，$f'(P) < 0$，ΔP 与 ΔQ 异号. 由于 P 与 Q 为正数，故 $\frac{P}{Q}\cdot\frac{dQ}{dP}$ 为负数. 为了用正数表示需求弹性，记住在公式前添加负号.

设产品价格为 P，销量（需求量）为 Q，则总收益 $R = P\cdot Q = P\cdot f(P)$，求导数得

$$R' = f(P) + P\cdot f'(P) = f(P)\left(1 + f'(P)\frac{P}{f(P)}\right),$$

即

$$R'(P_0) = f(P_0)(1 - \eta).$$

由上式可得如下结论：

(1) 当 $\eta < 1$ 时，说明需求变动的幅度小于价格变动的幅度. 这时，产品价格的变动对销售量影响不大，称为低弹性. 此时 $R' > 0$，R 递增，说明提价可使总收益增加，而降价会使总收益减少.

(2) 当 $\eta > 1$ 时，说明需求变动的幅度大于价格变动的幅度. 这时，产品价格的变动对销售量影响较大，称为高弹性. 此时 $R' < 0$，R 递减，说明降价可使总收益增加，故可采取薄利

多销的策略.

(3) 当 $\eta = 1$ 时,说明需求变动的幅度等于价格变动的幅度.此时 $R' = 0$, R 取得最大值.

典型例题

例❶ 设某商品的最大需求量为 1 200 件,该商品的需求函数 $Q = Q(p)$,需求弹性 $\eta = \dfrac{p}{120 - p}$ ($\eta > 0$), p 为单价(万元).

(1) 求需求函数的表达式;

(2) 求 $p = 100$ 万元时的边际收益,并说明其经济意义.

解 (1) 由题设, $-\dfrac{P}{Q} \cdot \dfrac{\mathrm{d}Q}{\mathrm{d}P} = \dfrac{P}{120 - P}$,所以

$$\int \frac{\mathrm{d}Q}{Q} = -\int \frac{1}{120 - P} \mathrm{d}P,$$

可得 $\ln Q = \ln(120 - P) + \ln C$,即 $Q = C(120 - P)$.

又最大需求量为 1 200,故 $C = 10$,所以需求函数 $Q = 1\,200 - 10P$.

(2) 由(1)知,收益函数 $R = 120Q - \dfrac{1}{10}Q^2$,边际收益 $R'(Q) = 120 - \dfrac{1}{5}Q$.

当 $p = 100$ 时, $Q = 200$,故当 $P = 100$ 万元时的边际收益 $R'(200) = 80$,其经济意义为:销售第 201 件商品所得的收益为 80 万元.

注 有部分考生在解(2)求边际收益时,错误地将收益函数 $R = QP = (1\,200 - 10P)\,p$ 对 p 的导数 $\dfrac{\mathrm{d}R}{\mathrm{d}P} = 1\,200 - 20P$ 作为边际收益,这当然是错误的! 实际上,经济学上关于边际收益的定义是"收益关于销量的导数",关注的是"在单位销量上产生的收益".这部分考生所犯的这种错误,是对导数在经济学中的应用背景没有理解所致.

例❷ 设某品牌的电脑价格为 P(元),需求量为 Q,其需求函数为

$$Q = 80P - \frac{P^2}{100} (台).$$

(1) 求 $P = 4\,500$ 时的边际需求,并说明其经济意义.

(2) 求 $P = 4\,500$ 时的需求弹性,并说明其经济意义.

(3) 求 $P = 4\,500$ 时,若价格上涨 1%,总收益将如何变化? 是增加还是减少?

(4) 求 $P = 6\,000$ 时,若价格上涨 1%,总收益的变化又如何? 是增加还是减少?

解 因 $Q = f(P) = 80P - \dfrac{P^2}{100}$, $f'(P) = 80 - \dfrac{P}{50}$,需求弹性为

$$\eta = -f'(P) \cdot \frac{P}{f(P)} = \left(-80 + \frac{P}{50}\right)\frac{P}{f(P)}$$

$$= \left(\frac{P}{50} - 80\right)\frac{P}{80P - \dfrac{P^2}{100}} = \frac{2(P - 4\,000)}{8\,000 - P}.$$

（1）当 $P = 4\,500$ 时，边际需求为

$$f'(4\,500) = \left(80 - \frac{P}{50}\right)\Big|_{P=4\,500} = -10.$$

其经济意义是：当价格 $P = 4\,500$ 元时，若涨价 1 元，则需求量下降 10 台.

（2）当 $P = 4\,500$ 时，此时的需求弹性为

$$\eta(4\,500) = \frac{2(4\,500 - 4\,000)}{8\,000 - 4\,500} = \frac{2}{7} \approx 0.286.$$

其经济意义是：当价格 $P = 4\,500$ 时，若价格上涨 1%，需求减少 0.286%.

（3）由于 $R = QP = Pf(P)$，因此 $R' = f(P) + Pf'(P)$，从而

$$\frac{ER}{EP} = R'(P) \cdot \frac{P}{R(P)} = \frac{R'(P)}{f(P)} = \frac{f(P) + Pf'(P)}{f(P)}$$

$$= 1 + f'(P)\frac{P}{f(P)} = 1 - \eta.$$

当 $P = 4\,500$ 时，$\eta(4\,500) = \frac{2}{7}$，所以，

$$\frac{ER}{EP}\Big|_{P=4\,500} = 1 - \frac{2}{7} = \frac{5}{7} \approx 0.714.$$

这说明，当 $P = 4\,500$ 时，若价格上涨 1%，总收益将增加 0.714%.

（4）当 $P = 6\,000$ 时，

$$\eta(6\,000) = \frac{2(6\,000 - 4\,000)}{8\,000 - 6\,000} = 2 > 1,$$

所以 $\dfrac{ER}{EP}\Big|_{P=6\,000} = 1 - 2 = -1$. 这说明，当 $P = 6\,000$ 时，若价格上涨 1%，总收益将减少 1%.

例3 为了实现利润最大化，厂商需要对某商品确定其定价模型. 设 Q 为该商品的需求量，P 为价格，MC 为边际成本，η 为需求弹性（$\eta > 0$）.

（1）证明定价模型为 $p = \dfrac{MC}{1 - \dfrac{1}{\eta}}$；

（2）若该商品的成本函数为 $C(Q) = 1\,600 + Q^2$，需求函数为 $Q = 40 - P$，试由（1）中的定价模型确定此商品的价格.

解　（1）证法 1　由于收益 $R = pQ$，需求弹性 $\eta = -\dfrac{p\,\mathrm{d}Q}{Q\,\mathrm{d}P}$，所以得边际收益

$$MR = \frac{\mathrm{d}R}{\mathrm{d}Q} = p + Q\frac{\mathrm{d}P}{\mathrm{d}Q} = P\left(1 - \frac{1}{\eta}\right).$$

欲使利润最大，应有 $MR = MC$，即 $P\left(1 - \dfrac{1}{\eta}\right) = MC$，所以定价模型为 $P = \dfrac{MC}{1 - \dfrac{1}{\eta}}$.

证法 2　由题设知收益 $R = PQ$，成本为 C，得到利润函数为 $L = PQ - C$.

欲使利润最大，应有 $\dfrac{\mathrm{d}L}{\mathrm{d}Q}=0$，即 $P+Q\dfrac{\mathrm{d}P}{\mathrm{d}Q}-\dfrac{\mathrm{d}C}{\mathrm{d}Q}=0$.

注意到 $\dfrac{\mathrm{d}C}{\mathrm{d}Q}=MC$，所以有 $P+Q\dfrac{\mathrm{d}P}{\mathrm{d}Q}=MC$.

再由需求弹性的定义知 $\eta=-\dfrac{P\mathrm{d}Q}{Q\mathrm{d}P}$，从而 $P+Q\dfrac{\mathrm{d}P}{\mathrm{d}Q}=P\left(1-\dfrac{1}{\eta}\right)$，所以定价模型为

$P\left(1-\dfrac{1}{\eta}\right)=MC$，即 $P=\dfrac{MC}{1-\dfrac{1}{\eta}}$.

(2) 因 $MC=2Q$，$\eta=-\dfrac{P\mathrm{d}Q}{Q\mathrm{d}P}=\dfrac{P}{40-P}$，

由(1)有 $P=\dfrac{2(40-P)}{1-\dfrac{40-P}{P}}$，解得 $P=30$，

所以此商品的价格为 $p=30$.

考点3　差分方程

知识补给库

1.差分方程的定义

定义1　设 $y_t=y(t)$，当自变量 t 依次取遍非负整数时，相应的函数值可以排成一个数列 $y_0,y_1,\cdots,y_t,y_{t+1},\cdots$，称 $y_{t+1}-y_t$ 为函数 y_t 在 t 的差分，也称为 y_t 的一阶差分，记为 Δy_t，即 $\Delta y_t=y_{t+1}-y_t$.

定义2　一阶差分的差分为二阶差分，记为 $\Delta^2 y_t$，即 $\Delta^2 y_t=\Delta(\Delta y_t)=\Delta y_{t+1}-\Delta y_t=(y_{t+2}-y_{t+1})-(y_{t+1}-y_t)=y_{t+2}-2y_{t+1}+y_t$.

类似地，可定义三阶差分，四阶差分，$\cdots$，n 阶差分.

定义3　含有未知函数 y_t 的方程为差分方程，其一般形式为 $G(t,y_t,y_{t+1},\cdots,y_{t+n})=0$，并且要求 $y_t,y_{t+1},\cdots,y_{t+n}$ 中至少有两个一定要在方程中出现，未知函数的最大下标与最小下标的差称为差分方程的阶.

定义4　一阶常系数线性差分方程的一般形式为 $y_{t+1}-Py_t=f(t)$，其中，P 为非零常数，$f(t)$ 为已知函数，如果 $f(t)\equiv$

0, 则方程变为 $y_{t+1} - Py_t = 0$, 也就是 $y_{t+1} - Py_t = f(t)$ 所对应的齐次方程.

定理 1 若 $y_{t+1} - Py_t = f(t)$ 的通解为 y_t, 则 $y_t = y_t^* + Y_t$, y_t^* 为方程的一个特解, Y_t 为其所对应齐次方程的通解.

2. 求 $y_{t+1} - Py_t = 0$ 的通解

其特征方程为 $\lambda - P = 0$, 得 $\lambda = P$, 故 $Y_t = cP^t$ (c 为任意常数).

3. 求 y_t^*

(1) 当 $f(t) = At^n$ 型 (A 为非零常数, n 为正整数),
$$y_t^* = (B_0 + B_1 t + \cdots + B_n t^n) t^R,$$
当 $P \neq 1$ 时, $R = 0$; 当 $P = 1$ 时, $R = 1$.
其中, $B_0, B_1, \cdots, B_n$ 为待定系数.

(2) 当 $f(t) = Cb^t$ 型 (C, b 为非零常数且 $b \neq 1$),
$$y_t^* = Db^t t^R,$$
当 $b \neq P$ 时, $R = 0$; 当 $b = P$ 时, $R = 1$.

4. 求齐次线性差分方程的通解

不妨设 $y_t = \lambda^t$ ($\lambda \neq 0$), 代入该方程, 得
$$\lambda^{t+2} + a\lambda^{t+1} + b\lambda^t = \lambda^t (\lambda^2 + a\lambda + b) = 0,$$
从而 $\lambda^2 + a\lambda + b = 0$ 为方程的特征方程.

根据特征方程解的 2 种情况 ($\Delta < 0$ 这里不讨论), 分别给出方程的通解:

① $\Delta > 0$ 时, $\lambda_1 \neq \lambda_2$, 方程的通解为
$$Y_t = C_1 \lambda_1^t + C_2 \lambda_2^t \ (C_1, C_2 \text{ 为任意常数}).$$

② $\Delta = 0$ 时, $\lambda_1 = \lambda_2 = \lambda$, 方程的通解为
$$Y_t = (C_1 + C_2 t) \lambda^t \ (C_1, C_2 \text{ 为任意常数}).$$

典型例题

例❶ 求差分方程 $y_{t+1} - 3y_t = 3 \cdot 2^t$ 在初始条件 $y_0 = 2$ 时的特解.

解 ① 先求齐次通解, $y_{t+1} - 3y_t = 0$,

其特征方程为 $\lambda - 3 = 0$, $\lambda = 3$, 故 $Y_t = C3^t$.

② 再求特解, 设 $y_t^* = A2^t$, 则 $y_{t+1} = A2^{t+1}$,

代入原方程得 $A2^{t+1} - 3A2^t = 3 \cdot 2^t$, 求出 $A = -3$.

故 $y_t = C3^t - 3 \cdot 2^t$, 初始条件代入, 得 $C = 5$, 故 $y_t = 5 \cdot 3^t - 3 \cdot 2^t$.

例❷ 差方方程 $\Delta^2 y_x - y_x = 5$ 的通解为 _____.

解 按一阶差分记号 "Δ" 的定义, $\Delta y_x = y_{x+1} - y_x$, 从而有

$$\begin{aligned}
\Delta^2 y_x &= \Delta(\Delta y_x) = \Delta(y_{x+1} - y_x) = \Delta y_{x+1} - \Delta y_x \\
&= y_{x+2} - y_{x+1} - y_{x+1} + y_x \\
&= y_{x+2} - 2y_{x+1} + y_x,
\end{aligned}$$

代入原式, 可将原差分方程化为一阶差分方程 $y_{x+2} - 2y_{x+1} = 5$, 其等价形式为 $y_{x+1} - 2y_x = 5$. 上述方程的齐次方程 $y_{x+1} - 2y_x = 0$ 的通解为 $y_x = C2^x$.

设 $y = u$ (u 是常数) 是非齐次方程 $y_{x+1} - 2y_x = 5$ 的一个特解, 则 $u - 2u = 5$, 所以 $y = -5$ 是非齐次方程 $y_{x+1} - 2y_x = 5$ 的一个特解. 从而原差分方程的通解为 $y_x = C2^x - 5$.

注 补充二阶常系数线性差分方程.

该方程考纲没有要求考生掌握, 但在线性代数行列式计算中, 有一种 "三对角线" 型, 把它按照第一行/列展开后, 所得到的等式本质就是一个二阶常系数线性差分方程, 求出方程的特解就是行列式的结果.

方程的一般形式为 $y_{t+2} + ay_{t+1} + by_t = f(t)$,

或 $\quad y_t + ay_{t-1} + by_{t-2} = f(t)$.

例❸ (2008) 设 $A = \begin{pmatrix} 2a & 1 & & & \\ a^2 & 2a & 1 & & \\ & a^2 & 2a & \ddots & \\ & & \ddots & \ddots & 1 \\ & & & a^2 & 2a \end{pmatrix}$ 是 n 阶矩阵, 证明 $|A| = (n+1)a^n$.

注 本题有很多种解法, 这里用差分方程的方法去求解.

解 记 n 阶行列式的值为 D_n, 按第一列展开, 有 $D_n = 2aD_{n-1} - a^2 D_{n-2}$, 这里把它看作一个二阶线性齐次差分方程.

其特征方程为 $\lambda^2 - 2a\lambda + a^2 = 0$, $(\lambda - a)^2 = 0$, $\lambda_1 = \lambda_2 = a$.

方程的通解为 $D_n = (C_1 + C_2 n)a^n$, 令 $n = 1$, $D_1 = 2a$, 令 $n = 2$,

$$D_2 = \begin{vmatrix} 2a & 1 \\ a^2 & 2a \end{vmatrix} = 3a^2,$$

代入得 $C_1 = C_2 = 1$, 从而 $|A| = (n+1)a^n$.

第九章 数 一 专 题

考点1 傅里叶级数

知识补给库

1. 傅里叶级数的定义

以 $2l$ 为周期的 $f(x)$ 的傅里叶级数，在 $[-l,l]$ 上可积.

把 $\dfrac{a_0}{2}+\sum\limits_{n=1}^{\infty}\left(a_n\cos\dfrac{n\pi}{l}x+b_n\sin\dfrac{n\pi}{l}x\right)$ 称为 $f(x)$ 的傅里叶级数.

其中 $a_n=\dfrac{1}{l}\displaystyle\int_{-l}^{l}f(x)\cos\dfrac{n\pi}{l}x\,dx$, $a_0=\dfrac{1}{l}\displaystyle\int_{-l}^{l}f(x)\,dx\,(n=1,2,\cdots)$,

$b_n=\dfrac{1}{l}\displaystyle\int_{-l}^{l}f(x)\sin\dfrac{n\pi}{l}x\,dx\,(n=1,2,\cdots)$,

记为 $f(x)\sim\dfrac{a_0}{2}+\sum\limits_{n=1}^{\infty}\left(a_n\cos\dfrac{n\pi}{l}x+b_n\sin\dfrac{n\pi}{l}x\right)$.

注 (1) 若 $T=2\pi$，则 $f(x)\sim\dfrac{a_0}{2}+\sum\limits_{n=1}^{\infty}(a_n\cos nx+b_n\sin nx)$,

计算 a_n, b_n 时, l 用 π 代替.

(2) 一般 $f(x)$ 不一定等于它的傅里叶级数.

(3) 在计算 a_n 与 b_n 时, 经常要用到以下结论:

① $\sin n\pi=0$, $\cos n\pi=(-1)^n$ (n 为整数).

② $\cos\dfrac{n\pi}{2}\begin{cases}0, & n=2k+1,\\ (-1)^k, & n=2k,\end{cases}$ $\sin\dfrac{n\pi}{2}=\begin{cases}0, & n=2k,\\ (-1)^k, & n=2k+1.\end{cases}$

2. 正弦级数或余弦级数

(1) 设 $f(x)$ 是以 $2l$ 为周期的偶函数，或 $f(x)$ 是 $[0, l]$ 上的函数，按偶延拓延拓成以 $2l$ 为周期的偶函数，则 $b_n = 0$，此时 $f(x)$ 的傅里叶级数为 $\dfrac{a_0}{2} + \sum\limits_{n=1}^{\infty} a_n \cos \dfrac{n\pi}{l} x$；

(2) 设 $f(x)$ 是以 $2l$ 为周期的奇函数，或 $f(x)$ 是 $[0, l]$ 上的函数，按奇延拓延拓成以 $2l$ 为周期的奇函数，则 $a_n = 0$，此时 $f(x)$ 的傅里叶级数为 $\sum\limits_{n=1}^{\infty} b_n \sin \dfrac{n\pi}{l} x$.

3. 狄利克雷收敛定理

狄利克雷收敛定理：若 $f(x)$ 满足：

(i) 连续，或只有有限个第一类间断点，

(ii) 只有有限个极值点，

则 $\dfrac{a_0}{2} + \sum\limits_{n=1}^{\infty} \left(a_n \cos \dfrac{n\pi}{l} x + b_n \sin \dfrac{n\pi}{l} x \right)$ 为 $f(x)$ 的和函数 $S(x)$.

$$
S(x) = \begin{cases} f(x), & x \text{ 为 } f(x) \text{ 的连续点}, \\ \dfrac{1}{2}[f(x+0) + f(x-0)], & x \text{ 为第一类间断点}, \\ \dfrac{1}{2}[f(-l+0) + f(l-0)], & x = -l \text{ 或 } x = l. \end{cases}
$$

典型例题

例 ❶ 设函数 $f(x) = \pi x + x^2 \ (-\pi < x < \pi)$ 的傅里叶级数展开式为 $\dfrac{a_0}{2} + \sum\limits_{n=1}^{\infty} (a_n \cos nx + b_n \sin nx)$，则其中系数 $b_3 = $ _____.

解 $b_3 = \dfrac{1}{\pi} \int_{-\pi}^{\pi} f(x) \sin 3x \, \mathrm{d}x = \dfrac{1}{\pi} \int_{-\pi}^{\pi} (\pi x + x^2) \sin 3x \, \mathrm{d}x = \dfrac{2\pi}{3}$.

例 ❷ 设 $f(x)$ 是周期为 2 的周期函数，它在区间 $(-1, 1]$ 上的定义为 $f(x) = \begin{cases} 2, & -1 < x \leqslant 0, \\ x^3, & 0 < x \leqslant 1, \end{cases}$ 则 $f(x)$ 的傅里叶级数在 $x = 1$ 处收敛于 _____.

解 由傅里叶级数的狄利克雷收敛定理知，在 $x = 1$ 处收敛于

$$
\frac{f(-1+0) + f(1-0)}{2} = \frac{2+1}{2} = \frac{3}{2}.
$$

例 **3**　设 $f(x) = \begin{cases} x, & 0 \leqslant x \leqslant \dfrac{1}{2}, \\ 2 - 2x, & \dfrac{1}{2} < x < 1, \end{cases}$ $S(x) = \dfrac{a_0}{2} + \sum\limits_{n=1}^{\infty} a_n \cos n\pi x, -\infty < x <$

$+\infty$, 其中, $a_n = 2\displaystyle\int_0^1 f(x) \cos n\pi x \, \mathrm{d}x$, $n = 1, 2, 3, \cdots$, 则 $S\left(-\dfrac{5}{2}\right)$ 等于　　　（　　）

(A) $\dfrac{1}{2}$　　　　　　(B) $-\dfrac{1}{2}$　　　　　　(C) $\dfrac{3}{4}$　　　　　　(D) $-\dfrac{3}{4}$

解　$f(x)$ 是定义在 $[0, 1]$ 上的分段连续函数, $S(x)$ 是由 $f(x)$ 作偶延拓后得到的傅里叶余弦展开式, 且 $S(x)$ 定义在 $(-\infty, +\infty)$ 内以 2 为周期, 因此,

$$S\left(-\frac{5}{2}\right) = S\left(-\frac{1}{2}\right) = S\left(\frac{1}{2}\right) = \frac{1}{2}\left[f\left(\frac{1}{2} + 0\right) + f\left(\frac{1}{2} - 0\right)\right]$$
$$= \frac{1}{2} \times \left(1 + \frac{1}{2}\right) = \frac{3}{4}.$$

故应选 (C).

例 **4**　若 $\displaystyle\int_{-\pi}^{\pi} (x - a_1 \cos x - b_1 \sin x)^2 \mathrm{d}x = \min_{a, b \in \mathbf{R}} \left\{\displaystyle\int_{-\pi}^{\pi} (x - a \cos x - b \sin x)^2 \mathrm{d}x\right\}$, 则

$a_1 \cos x + b_1 \sin x = $　　　　　　　　　　　　　　　　　　　　（　　）

(A) $2\sin x$　　　　(B) $2\cos x$　　　　(C) $2\pi \sin x$　　　　(D) $2\pi \cos x$

解　本题的实质为求函数 $y = x\ (-\pi < x < \pi)$.

展开傅里叶级数中系数 a_1, b_1 的大小, 作为一道考研数学选择题, 绝大部分考生根本联系不到傅里叶级数的考点. 本题设置巧妙, 为一道难的选择题.

$$a_1 = \frac{1}{\pi} \int_{-\pi}^{\pi} x \cos x \, \mathrm{d}x = 0,$$
$$b_1 = \frac{1}{\pi} \int_{-\pi}^{\pi} x \sin x \, \mathrm{d}x = \frac{2}{\pi} \int_0^{\pi} x \sin x \, \mathrm{d}x = \frac{2}{\pi} \cdot \pi = 2,$$

故 $a_1 \cos x + b_1 \sin x = 2\sin x$. 正确答案为 (A).

例 **5**　将函数 $f(x) = 1 - x^2\ (0 \leqslant x \leqslant \pi)$ 展开成余弦级数, 并求级数 $\sum\limits_{n=1}^{\infty} \dfrac{(-1)^{n+1}}{n^2}$ 的和.

解　由 $f(x)$ 为偶函数, 则 $b_n = 0\ (n = 1, 2, \cdots)$.

对 $n = 1, 2, \cdots$,

$$a_n = \frac{2}{\pi} \int_0^{\pi} f(x) \cos nx \, \mathrm{d}x = \frac{2}{\pi} \left(\int_0^{\pi} \cos nx \, \mathrm{d}x - \int_0^{\pi} x^2 \cos nx \, \mathrm{d}x\right)$$
$$= \frac{2}{\pi}\left(0 - \int_0^{\pi} x^2 \cos nx \, \mathrm{d}x\right) = -\frac{2}{\pi}\left(\frac{x^2 \sin nx}{n}\bigg|_0^{\pi} - \int_0^{\pi} \frac{2x \sin nx}{n} \, \mathrm{d}x\right)$$
$$= -\frac{2}{\pi} \cdot \frac{2\pi(-1)^n}{n^2} = \frac{4 \cdot (-1)^{n+1}}{n^2},$$
$$a_0 = \frac{2}{\pi} \int_0^{\pi} (1 - x^2) \, \mathrm{d}x = 2\left(1 - \frac{\pi^2}{3}\right),$$

所以, $1 - x^2 = \dfrac{a_0}{2} + \sum\limits_{n=1}^{\infty} a_n \cos nx = 1 - \dfrac{\pi^2}{3} + \sum\limits_{n=1}^{\infty} \dfrac{4(-1)^{n+1}}{n^2} \cos nx,$

取 $x=0$，得 $1=1-\dfrac{\pi^2}{3}+\sum\limits_{n=1}^{\infty}\dfrac{4(-1)^{n+1}}{n^2}$，所以 $\sum\limits_{n=1}^{\infty}\dfrac{(-1)^{n+1}}{n^2}=\dfrac{\pi^2}{12}$.

考点2　空间解析几何

知识补给库

1. 平面方程

① 一般式：$Ax+By+Cz+D=0$.

② 点法式：$A(x-x_0)+B(y-y_0)+C(z-z_0)=0$.

③ 截距式：$\dfrac{x}{a}+\dfrac{y}{b}+\dfrac{z}{c}=1$.

2. 直线方程

① 一般式：$\begin{cases}A_1x+B_1y+C_1z+D_1=0,\\ A_2x+B_2y+C_2z+D_2=0.\end{cases}$

② 对称式：$\dfrac{x-x_0}{l}=\dfrac{y-y_0}{m}=\dfrac{z-z_0}{n}$.

③ 参数式：$x=x_0+lt,\ y=y_0+mt,\ z=z_0+nt$.

3. 点到直线的距离

点 (x_0,y_0,z_0) 到直线 $\dfrac{x-x_1}{l}=\dfrac{y-y_1}{m}=\dfrac{z-z_1}{n}$ 的距离为

$$d=\dfrac{|(x_1-x_0,y_1-y_0,z_1-z_0)\times(l,m,n)|}{\sqrt{l^2+m^2+n^2}}.$$

注 $\vec{a}=(x_1,y_1,z_1),\ \vec{\beta}=(x_2,y_2,z_2)$,

$$\vec{r}=\vec{a}\times\vec{\beta}=\begin{vmatrix}\vec{i} & \vec{j} & \vec{k}\\ x_1 & y_1 & z_1\\ x_2 & y_2 & z_2\end{vmatrix},$$

$\vec{r}$ 为 $\vec{a},\vec{\beta}$ 的叉积(也称作矢量积)，$\vec{r}$ 的方向垂直于 $\vec{a},\vec{\beta}$ 决定的平面.

4. 三平面的位置关系

三平面:$\pi_1: a_1 x + b_1 y + c_1 z = d_1$,$\pi_2: a_2 x + b_2 y + c_2 z = d_2$,$\pi_3: a_3 x + b_3 y + c_3 z = d_3$ 组成的方程组系数矩阵为:$A = \begin{bmatrix} a_1 & b_1 & c_1 \\ a_2 & b_2 & c_2 \\ a_3 & b_3 & c_3 \end{bmatrix}$,系数矩阵的增广矩阵为 $\bar{A} = \begin{bmatrix} a_1 & b_1 & c_1 & d_1 \\ a_2 & b_2 & c_2 & d_2 \\ a_3 & b_3 & c_3 & d_3 \end{bmatrix}$,对三平面的位置关系讨论如下:

三平面间的位置关系可以有如图 9-1所示的八种情况。

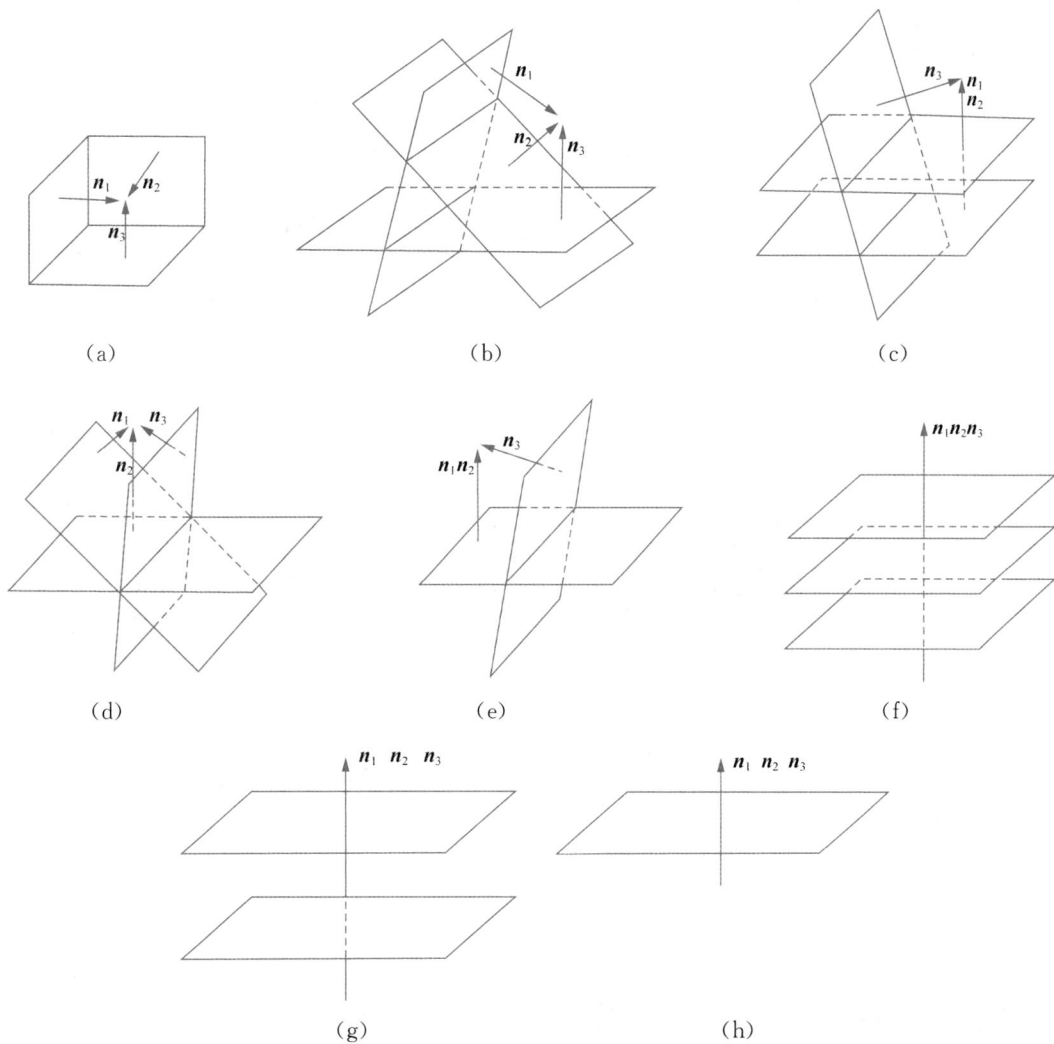

图 9-1

三平面位置关系、:

若 $r(A)=3,\ r(A|\vec{b})=3$, 则三平面相交于一点.

若 $r(A)=2,\ r(A|\vec{b})=3$, 分两种情况:

(1) 若 A 的行向量 $\vec{a_1},\vec{a_2},\vec{a_3}$ 中任意两个向量线性无关, 则三平面交于三条平行直线.

(2) 若 A 的行向量 $\vec{a_1},\vec{a_2},\vec{a_3}$ 中有两个向量线性相关, 则两平面平行且与另一平面交于两平行直线.

若 $r(A)=2,\ r(A|\vec{b})=2$, 分两种情况:

(1) 若 A 的行向量 $\vec{a_1},\vec{a_2},\vec{a_3}$ 中任意两个向量线性无关, 则三平面交于一条直线.

(2) 若 A 的行向量 $\vec{a_1},\vec{a_2},\vec{a_3}$ 中有两个向量线性相关, 则两平面重合且与另一平面交于一条直线.

若 $r(A)=1,\ r(A|\vec{b})=2$, 则三个平面平行或者两个平面重合且与另一个平行.

若 $r(A)=1,\ r(A|\vec{b})=2$, 则两平面重合且与另一平面平行.

若 $r(A)=1,\ r(A|\vec{b})=1$, 则三平面重合.

5. 空间曲面

一般方程 $F(x,y,z)=0$ 或 $z=f(x,y)$ 表示空间曲面.

6. 空间曲线方程

(1) 一般方程 $\begin{cases} F(x,y,z)=0, \\ G(x,y,z)=0. \end{cases}$

(2) 参数方程 $\begin{cases} x=x(t), \\ y=y(t), \\ z=z(t). \end{cases}$

7. 常见二次曲面

椭球面: $\dfrac{x^2}{a^2}+\dfrac{y^2}{b^2}+\dfrac{z^2}{c^2}=1.$

单叶双曲面：$\dfrac{x^2}{a^2}+\dfrac{y^2}{b^2}-\dfrac{z^2}{c^2}=1$.

双叶双曲面：$\dfrac{x^2}{a^2}+\dfrac{y^2}{b^2}-\dfrac{z^2}{c^2}=-1$.

椭圆抛物面：$\dfrac{x^2}{a^2}+\dfrac{y^2}{b^2}=\pm z$.

双曲抛物面：$\dfrac{x^2}{a^2}-\dfrac{y^2}{b^2}=\pm z$.

注　要注意与线性代数二次型考点联系。

8. 柱面

定义：平行于定直线并沿定曲线 C 移动的直线 l 形成的轨迹叫作柱面，曲线 C 叫作准线，l 叫作母线。

如：$y^2=2x$ 表示抛物柱面，母线平行于 z 轴，准线为 xOy 面上的抛物线。

我们只考虑 l 平行于坐标轴的情形，例如 $\begin{cases} f(x,y)=0, \\ z=0, \end{cases}$ $l\parallel z$ 轴，形成柱面 $f(x,y)=0$，其他情况以此类推。

9. 旋转曲面

在 yOz 坐标面上曲线 $\begin{cases} f(y,z)=0, \\ x=0 \end{cases}$ 绕 z 轴旋转一周所得的旋转曲面方程为 $f(\pm\sqrt{x^2+y^2},z)=0$，绕 y 轴旋转一周所得的旋转曲面方程为 $f(y,\pm\sqrt{x^2+z^2})=0$.

10. 空间曲线在坐标面上的投影曲线

(1) 空间曲线 L：$\begin{cases} F(x,y,z)=0, \\ G(x,y,z)=0, \end{cases}$ 消去 z 后得 $H_1(x,y)=0$，

L 在 xOy 平面上的投影曲线为 $\begin{cases} H_1(x,y)=0, \\ z=0, \end{cases}$ 其中 $H_1(x,y)=0$ 为投影柱面。

(2) 消去 y 后得 $H_2(x,z)=0$，L 在 xOz 平面上的投影曲

线为 $\begin{cases} H_2(x,z)=0, \\ y=0, \end{cases}$ 其中 $H_2(x,z)=0$ 为投影柱面.

(3) 消去 x 后得 $H_3(y,z)=0$, L 在 yOz 平面上的投影曲

线为 $\begin{cases} H_3(y,z)=0, \\ x=0, \end{cases}$ 其中 $H_3(y,z)=0$ 为投影柱面.

典型例题

例① 设有直线 L_1: $\dfrac{x-1}{1}=\dfrac{y-5}{-2}=\dfrac{z+8}{1}$, L_2: $\begin{cases} x-y=6, \\ 2y+z=3, \end{cases}$ 则 L_1 与 L_2 的夹角为

( )

(A) $\dfrac{\pi}{6}$ (B) $\dfrac{\pi}{4}$ (C) $\dfrac{\pi}{3}$ (D) $\dfrac{\pi}{2}$

解 L_1 与 L_2 的方向向量分别为 $s_1=(1,-2,1)$, $s_2=(1,-1,0)\times(0,2,1)=$
$(-1,-1,2)$, 它们夹角的余弦为 $\cos\theta=\dfrac{s_1\cdot s_2}{|s_1|\times|s_2|}=\dfrac{1}{2}$, 故 $\theta=\dfrac{\pi}{3}$, 故应选(C).

例② 设有直线 L: $\begin{cases} x+3y+2z+1=0, \\ 2x-y-10z+3=0 \end{cases}$ 及平面 π: $4x-2y+z-2=0$, 则直线 L

( )

(A) 平行于 π (B) 在 π 上   (C) 垂直于 π (D) 与 π 斜交

解   由题设, L 的方向向量

$$s=\begin{vmatrix} i & j & k \\ 1 & 3 & 2 \\ 2 & -1 & -10 \end{vmatrix}=\{-28,14,-7\}=7\{-4,2,-1\},$$

而 π 的法向量 $n=(4,-2,1)$. 因为 $s\parallel n$, 知 L 垂直于 π. 故选(C).

例③ 曲面 $\dfrac{x^2}{4}+\dfrac{y^2}{9}+\dfrac{z^2}{9}=1$ 是由曲线_____绕_____轴旋转一周而成.

解   曲线 $\begin{cases} \dfrac{x^2}{4}+\dfrac{y^2}{9}=1, \\ z=0 \end{cases}$ 绕 x 轴旋转, 或曲线 $\begin{cases} \dfrac{x^2}{4}+\dfrac{z^2}{9}=1, \\ y=0 \end{cases}$ 绕 x 轴旋转.

例④ 设直线 L 过 $A(1,0,0)$, $B(0,1,1)$ 两点, 将 L 绕 z 轴旋转一周得到曲面 Σ, Σ 与平面 $z=0$, $z=2$ 所围成的立体为 Ω.

(1) 求曲面 Σ 的方程.

(2) 求 Ω 的形心坐标.

解   (1) $\overrightarrow{AB}=(-1,1,1)$, 故直线 L 的方程为 $\dfrac{x-1}{-1}=\dfrac{y-0}{1}=\dfrac{z-0}{1}$,

$\forall M(x,y,z)\in\Sigma$, 对应于 L 上的点 $M_0(x_0,y_0,z)$,

则 $x^2+y^2=x_0^2+y_0^2$.

由 $\begin{cases} x_0 = 1 - z \\ y_0 = z \end{cases}$，得 Σ：$x^2 + y^2 = (1-z)^2 + z^2$，

即 Σ：$x^2 + y^2 = 2z^2 - 2z + 1$.

（2）显然 $\bar{x} = 0$，$\bar{y} = 0$，因为

$$\iiint\limits_{\Omega} \mathrm{d}v = \int_0^2 \mathrm{d}z \iint\limits_{D_{xy}} \mathrm{d}x\mathrm{d}y = \pi \int_0^2 (2z^2 - 2z + 1)\mathrm{d}z = \frac{10}{3}\pi,$$

$$\iiint\limits_{\Omega} z\mathrm{d}v = \int_0^2 z\mathrm{d}z \iint\limits_{D_{xy}} \mathrm{d}x\mathrm{d}y = \pi \int_0^2 (2z^3 - 2z^2 + z)\mathrm{d}z = \frac{14}{3}\pi,$$

故　$\bar{z} = \dfrac{\iiint\limits_{\Omega} z\mathrm{d}v}{\iiint\limits_{\Omega} \mathrm{d}v} = \dfrac{\frac{14}{3}\pi}{\frac{10}{3}\pi} = \dfrac{7}{5}$，

所以形心坐标为 $\left(0, 0, \dfrac{7}{5}\right)$.

以下几题是高等数学与线性代数综合题.

例⑤　（2016）设二次型 $f(x_1, x_2, x_3) = x_1^2 + x_2^2 + x_3^2 + 4x_1x_2 + 4x_1x_3 + 4x_2x_3$，则 $f(x_1, x_2, x_3) = 2$ 在空间直角坐标下表示的二次曲面为　　　　（　　）

（A）单叶双曲面　　　（B）双叶双曲面　　　（C）椭球面　　　（D）柱面

解法 1　二次型的矩阵为 $\boldsymbol{A} = \begin{pmatrix} 1 & 2 & 2 \\ 2 & 1 & 2 \\ 2 & 2 & 1 \end{pmatrix}$.

由 $\boldsymbol{A}$ 的特征方程

$$|\lambda\boldsymbol{E} - \boldsymbol{A}| = \begin{vmatrix} \lambda-1 & -2 & -2 \\ -2 & \lambda-1 & -2 \\ -2 & -2 & \lambda-1 \end{vmatrix} = (\lambda-5)\begin{vmatrix} 1 & -2 & -2 \\ 1 & \lambda-1 & -2 \\ 1 & -2 & \lambda-1 \end{vmatrix} = (\lambda-5)\begin{vmatrix} 1 & -2 & -2 \\ 0 & \lambda+1 & 0 \\ 0 & 0 & \lambda+1 \end{vmatrix}$$

$$= (\lambda-5)(\lambda+1)^2 = 0,$$

得 $\boldsymbol{A}$ 的特征值为 $\lambda_1 = 5$，$\lambda_2 = \lambda_3 = -1$.

由二次型的正、负惯性指数分别为 1，2，知 $f(x_1, x_2, x_3) = 2$ 为双叶双曲面，故应选 (B).

解法 2（配方法）

$$f(x_1, x_2, x_3) = x_1^2 + x_2^2 + x_3^2 + 4x_1x_2 + 4x_1x_3 + 4x_2x_3$$

$$= (x_1 + 2x_2 + 2x_3)^2 - 3\left(x_2 + \frac{2}{3}x_3\right)^2 - \frac{5}{3}x_3^2$$

$$= y_1^2 - 3y_2^2 - \frac{5}{3}y_3^2,$$

从而 $f(x_1, x_2, x_3) = 2$ 为双叶双曲面，故应选 (B).

典型错误：由于题中给出的二次型 $f(x_1, x_2, x_3) = x_1^2 + x_2^2 + x_3^2 + 4x_1x_2 + 4x_1x_3 + 4x_2x_3$ 的每一项系数都是正的，没有通过化二次型为标准型，而直接将曲面认定为椭球面.

例6 如图 9-2 所示，有 3 张平面两两相交，交线相互平行，它们的方程

$$a_{i1}x + a_{i2}y + a_{i3}z = d_i \quad (i = 1, 2, 3)$$

组成的线性方程组的系数矩阵和增广矩阵分别记为 $\boldsymbol{A}, \bar{\boldsymbol{A}}$，则 ( )

(A) $r(\boldsymbol{A}) = 2, r(\bar{\boldsymbol{A}}) = 3$ (B) $r(\boldsymbol{A}) = 2, r(\bar{\boldsymbol{A}}) = 2$

(C) $r(\boldsymbol{A}) = 1, r(\bar{\boldsymbol{A}}) = 2$ (D) $r(\boldsymbol{A}) = 1, r(\bar{\boldsymbol{A}}) = 1$

解 本题主要考查三元线性方程组与空间中平面之间的关系、线性方程组有解的判别条件，同时考查方程组是否有解与对应的平面在空间中是否有交点之间的关系.

由于三张平面两两相交，则 $r(\boldsymbol{A}) \geqslant 2$；又因为它们的交线相互平行，所以三张平面没有公共的交点，即方程组无解，故 $r(\boldsymbol{A}) < r(\bar{\boldsymbol{A}}) \leqslant 3$. 从而只有 $r(\boldsymbol{A}) = 2, r(\bar{\boldsymbol{A}}) = 3$，故选(A).

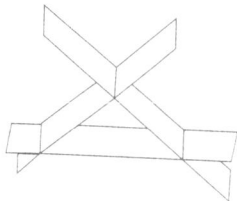

图 9 - 2

例7 (2020)已知直线 $l_1: \dfrac{x - a_2}{a_1} = \dfrac{y - b_2}{b_1} = \dfrac{z - c_2}{c_1}$ 与直线

$l_2: \dfrac{x - a_3}{a_2} = \dfrac{y - b_3}{b_2} = \dfrac{z - c_3}{c_2}$ 相交于一点. 记向量 $\boldsymbol{\alpha}_i = \begin{pmatrix} a_i \\ b_i \\ c_i \end{pmatrix}$, $i = 1, 2, 3$，则 ( )

(A) $\boldsymbol{\alpha}_1$ 可由 $\boldsymbol{\alpha}_2, \boldsymbol{\alpha}_3$ 线性表示   (B) $\boldsymbol{\alpha}_2$ 可由 $\boldsymbol{\alpha}_1, \boldsymbol{\alpha}_3$ 线性表示

(C) $\boldsymbol{\alpha}_3$ 可由 $\boldsymbol{\alpha}_1, \boldsymbol{\alpha}_2$ 线性表示   (D) $\boldsymbol{\alpha}_1, \boldsymbol{\alpha}_2, \boldsymbol{\alpha}_3$ 线性无关

解 设直线 l_1 与 l_2 的交点为 (x_0, y_0, z_0)，记 $\boldsymbol{\alpha}_0 = \begin{pmatrix} x_0 \\ y_0 \\ z_0 \end{pmatrix}$，

且 $\dfrac{x_0 - a_2}{a_1} = \dfrac{y_0 - b_2}{b_1} = \dfrac{z_0 - c_2}{c_1} = k_1$, $\dfrac{x_0 - a_3}{a_2} = \dfrac{y_0 - b_3}{b_2} = \dfrac{z_0 - c_3}{c_2} = k_2$,

从而有 $\begin{cases} x_0 - a_2 = k_1 a_1, \\ y_0 - b_2 = k_1 b_1, \\ z_0 - c_2 = k_1 c_1, \end{cases}$ $\begin{cases} x_0 - a_3 = k_2 a_2, \\ y_0 - b_3 = k_2 b_2, \\ z_0 - c_3 = k_2 c_2, \end{cases}$

$\boldsymbol{\alpha}_0 = k_1 \boldsymbol{\alpha}_1 + \boldsymbol{\alpha}_2$, $\boldsymbol{\alpha}_0 = k_2 \boldsymbol{\alpha}_2 + \boldsymbol{\alpha}_3$,

得 $k_1 \boldsymbol{\alpha}_1 + (1 - k_2) \boldsymbol{\alpha}_2 = \boldsymbol{\alpha}_3$,

即 $\boldsymbol{\alpha}_3$ 可由 $\boldsymbol{\alpha}_1, \boldsymbol{\alpha}_2$ 线性表示. 故答案为(C).

考点3   多元函数的几何应用

知识补给库

1. 空间曲线的切线与法平面

(1) 已知空间曲线的参数方程.

设曲线为 $L: \begin{cases} x = x(t), \\ y = y(t), \\ z = z(t), \end{cases}$ 当 $t = t_0$ 时，在点 (x_0, y_0, z_0)，

切线方程：$\dfrac{x-x_0}{x'(t_0)}=\dfrac{y-y_0}{y'(t_0)}=\dfrac{z-z_0}{z'(t_0)}$.

法平面方程：$x'(t_0)(x-x_0)+y'(t_0)(y-y_0)+z'(t_0)(z-z_0)=0$.

（2）已知空间曲线为两曲面的交线.

这类问题求切向量，关键求两个曲面的法向量，需要用到向量的叉积.

设曲线 L 方程为 $\begin{cases}F(x,y,z)=0,\\G(x,y,z)=0,\end{cases}$ 点 $(x_0,y_0,z_0)\in L$，

则在该点切线方向向量为

$$\vec{a}=\vec{n_1}\times\vec{n_2}=\begin{vmatrix}\vec{i}&\vec{j}&\vec{k}\\F'_x&F'_y&F'_z\\G'_x&G'_y&G'_z\end{vmatrix}_{(x_0,y_0,z_0)},$$

其中，$\vec{n_1}=(F'_x,F'_y,F'_z)$，$\vec{n_2}=(G'_x,G'_y,G'_z)$ 分别为两相交曲面的法向量.

2. 空间曲面的切平面及法线

（1）设空间曲面为 $F(x,y,z)=0$，$P_0(x_0,y_0,z_0)$ 为曲面上的点.

（i）曲面上任意点 $P(x,y,z)$ 的法向量：
$$\vec{n}=\pm(F'_x,F'_y,F'_z).$$

（ii）曲面在任意点 $P_0(x_0,y_0,z_0)$ 的法向量：
$$\vec{n}|_{P_0}=\pm(F'_x,F'_y,F'_z)|_{P_0},$$

（iii）以 P_0 为切点的切平面方程：
$$F'_x(x_0,y_0,z_0)(x-x_0)+F'_y(x_0,y_0,z_0)(y-y_0)+F'_z(x_0,y_0,z_0)(z-z_0)=0.$$

（iv）P_0 处的法线方程：
$$\dfrac{x-x_0}{F'_x(x_0,y_0,z_0)}=\dfrac{y-y_0}{F'_y(x_0,y_0,z_0)}=\dfrac{z-z_0}{F'_z(x_0,y_0,z_0)}.$$

（2）设曲面方程为 $z = f(x, y)$，曲面上的点为

$$P_0(x_0, y_0, z_0), \quad z_0 = f(x_0, y_0).$$

（i）曲面上任意点 $P(x, y, z)$ 处的法向量：

$$\vec{n} = \pm(f_x', f_y', -1).$$

（ii）曲面上点 $P_0(x_0, y_0, z_0)$ 处的法向量：

$$\vec{n}\big|_{P_0} = \pm(f_x'(x_0, y_0), f_y'(x_0, y_0), -1).$$

（iii）以 P_0 为切点的切平面方程：

$$f_x'(x_0, y_0)(x - x_0) + f_y'(x_0, y_0)(y - y_0) - (z - z_0) = 0.$$

（iv）P_0 处的法线方程：

$$\frac{x - x_0}{f_x'(x_0, y_0)} = \frac{y - y_0}{f_y'(x_0, y_0)} = \frac{z - z_0}{-1}.$$

典型例题

例① 在曲线 $x = t, y = -t^2, z = t^3$ 的所有切线中与平面 $x + 2y + z = 4$ 平行的切线 （　　）

(A) 只有一条 　　　　　　　　　　(B) 只有两条

(C) 至少有两条 　　　　　　　　　(D) 不存在

解 $x = t, y = -t^2, z = t^3$ 的内切线方向向量为 $(1, -2t, 3t^2)$，平面 $x + 2y + z = 4$ 的法向量为 $(1, 2, 1)$，由于切线与平面平行，所以

$$(1, -2t, 3t^2) \cdot (1, 2, 1) = 3t^2 - 4t + 1 = 0.$$

t 有两个不同值，所以此切线有两条. 故应选(B).

例② 曲面 $z - e^z + 2xy = 3$ 在点 $(1, 2, 0)$ 处的切平面方程为 _____.

解 $F_x' = 2y, F_y' = 2x, F_z' = 1 - e^z$，

所以切平面的法向量为 $(4, 2, 0)$，

所以切平面方程为 $4(x - 1) + 2(y - 2) + 0(z - 0) = 0$.

即 $4x + 2y - 8 = 0$，也即 $2x + y - 4 = 0$.

例③ 由曲线 $\begin{cases} 3x^2 + 2y^2 = 12, \\ z = 0 \end{cases}$ 绕 y 轴旋转一周得到的旋转面在点 $(0, \sqrt{3}, \sqrt{2})$ 处的指向外侧的单位向量为 _____.

解 曲线 $\begin{cases} 3x^2 + 2y^2 = 12, \\ z = 0 \end{cases}$ 绕 y 轴旋转一周的旋转面方程为

$$3(x^2 + z^2) + 2y^2 = 12.$$

所以其在 $(0, \sqrt{3}, \sqrt{2})$ 处指向外侧的向量为 $(6x, 4y, 6z)\big|_{(0, \sqrt{3}, \sqrt{2})}$，

即$(0, 4\sqrt{3}, 6\sqrt{2})$,单位化后得$\left(0, \sqrt{\dfrac{2}{5}}, \sqrt{\dfrac{3}{5}}\right)$.

例④ 曲面 $x^2 + \cos(xy) + yz + x = 0$ 在点$(0, 1, -1)$处的切平面方程为 （   ）

(A) $x - y + z = -2$ (B) $x + y + z = 0$

(C) $x - 2y + z = -3$ (D) $x - y - z = 0$

解 令 $F(x, y, z) = x^2 + \cos(xy) + yz + x$,则

$$F'_x(0, 1, -1) = [2x - y\sin(xy) + 1]\,|_{(0, 1, -1)} = 1,$$
$$F'_y(0, 1, -1) = [-x\sin(xy) + z]\,|_{(0, 1, -1)} = -1,$$
$$F'_z(0, 1, -1) = y\,|_{(0, 1, -1)} = 1,$$

所求平面方程为 $1 \cdot (x - 0) + (-1) \cdot (y - 1) + 1 \cdot (z + 1) = 0$,即 $x - y + z = -2$. 故选 (A).

例⑤ 曲面 $z = x^2(1 - \sin y) + y^2(1 - \sin x)$ 在点$(1, 0, 1)$处的切平面方程为_____.

解 由于 $z = x^2(1 - \sin y) + y^2(1 - \sin x)$,则

$$z'_x = 2x(1 - \sin y) - \cos x \cdot y^2, \quad z'_x(1, 0) = 2;$$
$$z'_y = -x^2\cos y + 2y(1 - \sin x), \quad z'_y(1, 0) = -1.$$

所以曲面在点$(1, 0, 1)$处的法向量为 $\boldsymbol{n} = (2, -1, -1)$.

故切平面方程为 $2(x - 1) - (y - 0) - (z - 1) = 0$,即 $2x - y - z - 1 = 0$.

例⑥ 设函数 $f(x, y)$ 在$(0, 0)$附近有定义,且 $f'_x(0, 0) = 3$,$f'_y(0, 0) = 1$,则

（   ）

(A) $\mathrm{d}z\,|_{(0, 0)} = 3\mathrm{d}x + \mathrm{d}y$

(B) 曲面 $z = f(x, y)$ 在$(0, 0, f(0, 0))$的法向量为$(3, 1, 1)$

(C) 曲线 $\begin{cases} z = f(x, y), \\ y = 0 \end{cases}$ 在点$(0, 0, f(0, 0))$的切向量为$(1, 0, 3)$

(D) 曲线 $\begin{cases} z = f(x, y), \\ y = 0 \end{cases}$ 在点$(0, 0, f(0, 0))$的切向量为$(3, 0, 1)$

解 偏导数存在不保证可微,所以(A)不正确(这是最容易犯的错误);

在$(0, 0, f(0, 0))$处的法向量,即$\pm(f'_x(0, 0), f'_y(0, 0), -1) = \pm(3, 1, -1)$,所以(B)错;

曲线 $\begin{cases} z = f(x, y), \\ y = 0, \end{cases}$ 因为 $f'_y(0, 0) = 1 \neq 0$,所以在$(0, 0)$的邻域中存在 $y = y(x)$.

即曲线可写成 $\begin{cases} x = x, \\ y = 0, \\ z = f(x, y(x)), \end{cases}$ $\left.\dfrac{\mathrm{d}z}{\mathrm{d}x}\right|_{x=0} = f'_x(0, 0) + f'_y(0, 0)y'(0) = 3.$

故答案为(C).

考点4　方向导数与梯度

知识补给库

（1）方向导数定义：设 $z=f(x,y)$ 在点 (x,y) 处沿方向 $\vec{l}$ 的方向导数为

$$\frac{\partial f}{\partial l}=\lim_{(\Delta x,\Delta y)\to(0,0)}\frac{f(x+\Delta x,y+\Delta y)-f(x,y)}{\sqrt{(\Delta x)^2+(\Delta y)^2}}=\lim_{\rho\to 0}\frac{\Delta z}{\rho}$$

或 $\dfrac{\partial f}{\partial l}=\lim\limits_{t\to 0^+}\dfrac{f(x+t\cos\alpha,y+t\cos\beta)-f(x,y)}{t}$，

$(\cos\alpha,\cos\beta)$ 为 l 方向上的单位向量。

（2）①如果 $f(x,y)$ 在 $P_0(x_0,y_0)$ 可微，则函数在该点沿任一方向 l 的方向导数存在，且有 $\dfrac{\partial f}{\partial l}\Big|_{(x_0,y_0)}=f'_x(x_0,y_0)\cos\alpha+f'_y(x_0,y_0)\cos\beta.$

②如果 $f(x,y,z)$ 在 $P_0(x_0,y_0,z_0)$ 可微，则函数在该点沿任一方向 l 的方向导数存在，且有 $\dfrac{\partial f}{\partial l}\Big|_{(x_0,y_0,z_0)}=f'_x(x_0,y_0,z_0)\cos\alpha+f'_y(x_0,y_0,z_0)\cos\beta+f'_z(x_0,y_0,z_0)\cos\gamma.$

（3）①对于 $f(x,y)$ 规定：在 $P_0(x_0,y_0)$ 的梯度为
$$\overrightarrow{\mathrm{grad}}f(x_0,y_0)-f'_x(x_0,y_0)\vec{i}+f'_y(x_0,y_0)\vec{j}.$$
②对于 $f(x,y,z)$ 规定在：$P_0(x_0,y_0,z_0)$ 的梯度为
$$\overrightarrow{\mathrm{grad}}f(x_0,y_0,z_0)=f'_x(x_0,y_0,z_0)\vec{i}+f'_y(x_0,y_0,z_0)\vec{j}+f'_z(x_0,y_0,z_0)\vec{k}.$$

（4）在 $P_0(x_0,y_0)$ 梯度的方向为方向导数取最大值的方向，在该方向上的导数值为梯度的模，即 $\dfrac{\partial f}{\partial l}\Big|_{(x_0,y_0)}=|\overrightarrow{\mathrm{grad}}f(x_0,y_0)|$，其中 $\vec{l}$ 为梯度的方向。

典型例题

例❶ 函数 $f(x, y) = \arctan\dfrac{x}{y}$ 在点 $(0, 1)$ 处的梯度等于 （ ）

(A) $\boldsymbol{i}$ (B) $-\boldsymbol{i}$ (C) $\boldsymbol{j}$ (D) $-\boldsymbol{j}$

解 $\dfrac{\partial f}{\partial x} = \dfrac{y}{x^2 + y^2}$, $\dfrac{\partial f}{\partial y} = -\dfrac{x}{x^2 + y^2}$.

$\dfrac{\partial f}{\partial x}\bigg|_{(0, 1)} = 1$, $\dfrac{\partial f}{\partial y}\bigg|_{(0, 1)} = 0$. 所以，$\mathbf{grad} f(0, 1) = \boldsymbol{i}$，选(A).

例❷ 函数 $u = \ln(x + \sqrt{y^2 + z^2})$ 在 $A(1, 0, 1)$ 点处沿 A 指向 $B(3, -2, 2)$ 点方向的方向导数为 _____.

解 $\overrightarrow{AB} = (2, -2, 1)$，所以 $\overrightarrow{AB}$ 的方向余弦为

$$(\cos\alpha, \cos\beta, \cos\gamma) = \left(\frac{2}{3}, -\frac{2}{3}, \frac{1}{3}\right).$$

$$\frac{\partial u}{\partial x}\bigg|_{(1, 0, 1)} = \frac{1}{x + \sqrt{y^2 + z^2}}\bigg|_{(1, 0, 1)} = \frac{1}{2},$$

$$\frac{\partial u}{\partial y}\bigg|_{(1, 0, 1)} = \frac{1}{x + \sqrt{y^2 + z^2}} \cdot \frac{y}{\sqrt{y^2 + z^2}}\bigg|_{(1, 0, 1)} = 0,$$

$$\frac{\partial u}{\partial z}\bigg|_{(1, 0, 1)} = \frac{1}{x + \sqrt{y^2 + z^2}} \cdot \frac{z}{\sqrt{y^2 + z^2}}\bigg|_{(1, 0, 1)} = \frac{1}{2},$$

方向导数为 $\left(\dfrac{\partial u}{\partial x}\cos\alpha + \dfrac{\partial u}{\partial y}\cos\beta + \dfrac{\partial u}{\partial z}\cos\gamma\right)\bigg|_{(1, 0, 1)} = \dfrac{1}{2}$.

例❸ 函数 $z = \sqrt{x^2 + y^2}$ 在点 $(0, 0)$ 处 （ ）

(A) 不连续

(B) 偏导数存在

(C) 沿任一方向的方向导数不存在

(D) 沿任一方向的方向导数均存在

解 由方向导数的定义，在点 $(0, 0)$ 处有

$$\frac{\partial f}{\partial l} = \lim_{\rho \to 0} \frac{f(0 + \Delta x, 0 + \Delta y) - f(0, 0)}{\rho} = \lim_{\rho \to 0} \frac{f(\Delta x, \Delta y)}{\rho}$$

$$= \lim_{\rho \to 0} \frac{\sqrt{\Delta x^2 + \Delta y^2}}{\rho} = \lim_{\rho \to 0} \frac{\rho}{\rho} = 1.$$

故应选(D).

例❹ 求 $u = x + y + z$ 在球面 $x^2 + y^2 + z^2 = 3$ 上点 $(1, 1, 1)$ 处沿球面在该点的内法线方向的方向导数.

解 球面上 $x^2 + y^2 + z^2 = 3$ 上点 $(1, 1, 1)$ 处沿球面在该点的内法线方向为 $(-2, -2, -2)$.

$$\cos\alpha = -\frac{1}{\sqrt{3}}, \cos\beta = -\frac{1}{\sqrt{3}}, \cos\gamma = -\frac{1}{\sqrt{3}},$$

$\dfrac{\partial u}{\partial x}\bigg|_{(1, 1, 1)} = 1$, $\dfrac{\partial u}{\partial y}\bigg|_{(1, 1, 1)} = 1$, $\dfrac{\partial u}{\partial z}\bigg|_{(1, 1, 1)} = 1$. 则该方向导数为 $\dfrac{\partial u}{\partial l} = -\sqrt{3}$.

例❺ 在椭球面 $2x^2 + 2y^2 + z^2 = 1$ 上求一点，使 $f(x, y, z) = x^2 + y^2 + z^2$ 在该点

沿 $l = (1, -1, 0)$ 方向的方向导数最大.

解　$\dfrac{\partial f}{\partial x} = 2x$,　$\dfrac{\partial f}{\partial y} = 2y$,　$\dfrac{\partial f}{\partial z} = 2z$,

$$\frac{\partial f}{\partial l} = 2x \cdot \frac{\sqrt{2}}{2} + 2y\left(-\frac{\sqrt{2}}{2}\right) + 2z \cdot 0 = \sqrt{2}\,x - \sqrt{2}\,y.$$

本题为在约束条件 $2x^2 + 2y^2 + z^2 = 1$ 下求 $\dfrac{\partial f}{\partial l} = \sqrt{2}\,x - \sqrt{2}\,y$ 最大值.

令 $L(x, y, z) = \sqrt{2}\,x - \sqrt{2}\,y + \lambda(2x^2 + 2y^2 + z^2 - 1)$,
求偏导,得方程组

$$\begin{cases} L_x' = \sqrt{2} + 4\lambda x = 0, \\ L_y' = -\sqrt{2} + 4\lambda y = 0, \\ L_z' = 2\lambda z = 0, \\ L_\lambda' = 2x^2 + 2y^2 + z^2 - 1 = 0, \end{cases}$$

解得 $x = \dfrac{1}{2}$, $y = -\dfrac{1}{2}$, $z = 0$,故所求点为 $\left(\dfrac{1}{2}, -\dfrac{1}{2}, 0\right)$.

考点5　三重积分

知识补给库

三重积分定义、性质与前面二重积分、定积分类似,这里不再重复,主要学习三重积分计算.近年来考研开数一考过求一个三维立体图形的质心坐标,有时还会联系空间解析几何内容,读者要重视.

1.直角坐标系中三重积分化为累次积分

①设 Ω 是空间的有界闭区域(先一后二投影法),
$$\Omega = \{(x, y, z) \mid z_1(x, y) \leqslant z \leqslant z_2(x, y), (x, y) \in D\},$$
其中 D 是 xOy 平面上的有界区域, $z_1(x, y)$, $z_2(x, y)$ 在 D 上连续,函数 $f(x, y, z)$ 在 Ω 上连续,则

$$\iiint\limits_{\Omega} f(x, y, z)\,dv = \iint\limits_{D} dx\,dy \int_{z_1(x, y)}^{z_2(x, y)} f(x, y, z)\,dz.$$

②先二后一切片法.若被积函数是单变量 z 的函数,

用 z = 常数的平面截积分域 V 所得各截面面积为已知函数, 则 $\iiint\limits_V f(x,y,z)dV = \int_c^d \left[\iint\limits_{D_z} f(x,y,z) dxdy \right] dz$.

即将积分区域 V 投影到 z 轴上, 得 $c \leqslant z \leqslant d$, 过 z 点作平行于 xOy 面的平面, 截 V 得平面区域 D_z.

2. 利用柱面坐标

在柱面坐标下, 求三重积分是考试的重点内容, 一般地, 积分区域为柱面所围, 或在坐标面投影域为圆域或部分圆域, 被积函数为 $f(x^2+y^2)$ 或 $f\left(\dfrac{y}{x}\right)$ 形式, 常用柱面坐标计算.

(1) 直角坐标 (x,y,z) 与柱面坐标 (r,θ,z) 的关系为
$$\begin{cases} x = r\cos\theta, \\ y = r\sin\theta, \\ z = z. \end{cases}$$

(2) 计算公式为
$$\iiint\limits_V f(x,y,z)dV = \iiint\limits_V f(r\cos\theta, r\sin\theta, z) r dr d\theta dz.$$

3. 利用球面坐标

积分区域为球面或球体的一部分时, 常用球面坐标计算三重积分, 这是一个重点考点.

(1) 直角坐标 (x,y,z) 与球面坐标 (r,θ,φ) 的关系为
$$\begin{cases} x = r\sin\varphi\cos\theta, \\ y = r\sin\varphi\sin\theta, \\ z = r\cos\varphi. \end{cases}$$

(2) 计算公式为
$$\iiint\limits_V f(x,y,z)dV = \iiint\limits_V f(r\sin\varphi\cos\theta, r\sin\varphi\sin\theta, r\cos\varphi) r^2\sin\varphi dr d\theta d\varphi.$$

4. 利用对称性计算三重积分

与二重积分类似,三重积分也可以利用奇偶和置换对称性计算.

(1) 设积分区域 V 关于 xOy 面对称, V_1 是 V 对应于 $z \geqslant 0$ 的部分,有

$$\iiint\limits_V f(x,y,z)\,dV = \begin{cases} 2\iiint\limits_{V_1} f(x,y,z)\,dV, & f(x,y,z) \text{关于} z \text{是偶函数}, \\ 0, & f(x,y,z) \text{关于} z \text{是奇函数}. \end{cases}$$

若 V 关于 yOz 面(或 xOz 面)对称, $f(x,y,z)$ 关于 x (或 y)为偶函数(或奇函数)有类似结论.

(2) 设 V 关于 yOz 面与 xOz 面对称, V_1 是 V 对应于 x, $y \geqslant 0$ 的部分,有

$$\iiint\limits_V f(x,y,z)\,dv = \begin{cases} 4\iiint\limits_{V_1} f(x,y,z)\,dv, & f(x,y,z) \text{关于} x,y \text{是偶函数}, \\ 0, & f(x,y,z) \text{关于} x,y \text{是奇函数}. \end{cases}$$

(3) 设 V 关于原点对称,且 $f(x,y,z)$ 关于 x,y,z 为奇函数,即 $f(x,y,z) = -f(-x,-y,-z)$,则

$$\iiint\limits_V f(x,y,z)\,dv = 0.$$

(4) 轮换对称性. 设 V 的边界方程将 x 换成 y, y 换成 z, z 换成 x 后不变,即积分区域 V 的边界方程关于 x,y,z 具有轮换性,则

$$\iiint\limits_V f(x,y,z)\,dv = \iiint\limits_V f(y,z,x)\,dv = \iiint\limits_V f(z,x,y)\,dv.$$

5. 重积分的应用

按大纲要求,体积、质量、质心、转动惯量、引力为考试内容,其中体积、质量、质心是重点考查内容.

(1) 当 $f(x, y, z) = 1$ 时，$V = \iiint\limits_{V} dV$.

(2) 当 $f(x, y, z)$ 表示空间几何体的体密度时，$m = \iiint\limits_{V} f(x, y, z) dv$.

(3) 空间几何体 V 的质心坐标为

$$\bar{x} = \frac{\iiint\limits_{V} x \rho(x, y, z) dv}{\iiint\limits_{V} \rho(x, y, z) dv}, \quad \bar{y} = \frac{\iiint\limits_{V} y \rho(x, y, z) dv}{\iiint\limits_{V} \rho(x, y, z) dv}, \quad \bar{z} = \frac{\iiint\limits_{V} z \rho(x, y, z) dV}{\iiint\limits_{V} \rho(x, y, z) dv},$$

其中，$\rho(x, y, z)$ 为 V 的体密度.

典型例题

例① 计算 $\iiint\limits_{\Omega}(x^2 + y^2) dx dy dz$，其中 Ω 为由平面曲线 D：$\begin{cases} y^2 = 2z, \\ x = 0 \end{cases}$ 绕 z 轴旋转一周所得的曲面与平面 $z = 2$，$z = 8$ 所围成的区域.

解 旋转曲面的方程为 $x^2 + y^2 = 2z$，$2 \leqslant z \leqslant 8$. 将 Ω 向 z 轴投影得投影区间 $[2, 8]$. 由于 Ω 由 $z = 2$，$z = 8$ 及曲面 $x^2 + y^2 = 2z$ 围成，所以 $D(z)$ 为 $x^2 + y^2 \leqslant 2z$. 于是

$$\iiint\limits_{\Omega}(x^2 + y^2) dx dy dz = \int_2^8 dz \iint\limits_{D(z)}(x^2 + y^2) dx dy = \int_2^8 dz \int_0^{2\pi} d\theta \int_0^{\sqrt{2z}} r^2 \cdot r dy$$

$$= 2\pi \int_2^8 \frac{4z^2}{4} dz = 336\pi.$$

例② 计算 $I = \iiint\limits_{\Omega}(xy + yz + zx) dx dy dz$，其中 Ω 由 $x \geqslant 0$，$y \geqslant 0$，$0 \leqslant z \leqslant 1$，$x^2 + y^2 \leqslant 1$ 所围成.

解 选择柱面坐标换元法.

令 $x = \rho \cos \theta$，$y = \rho \sin \theta$，$z = z$，则 $0 \leqslant \theta \leqslant \dfrac{\pi}{2}$，$0 \leqslant \rho \leqslant 1$，$0 \leqslant z \leqslant 1$，于是

$$I = \iiint\limits_{\Omega}(xy + yz + zx) dx dy dz$$

$$= \int_0^{\frac{\pi}{2}} \cos\theta \sin\theta d\theta \int_0^1 \rho^3 d\rho \int_0^1 dz + \int_0^{\frac{\pi}{2}} \sin\theta d\theta \int_0^1 \rho^2 d\rho \int_0^1 z dz + \int_0^{\frac{\pi}{2}} \cos\theta d\theta \int_0^1 \rho^2 d\rho \int_0^1 z dz$$

$$= \frac{11}{24}.$$

例③ 计算 $\iiint\limits_{V} \dfrac{dV}{\sqrt{x^2 + y^2 + z^2}}$，其中 V：$\sqrt{x^2 + y^2} \leqslant z \leqslant 1$.

解 作柱面坐标变换，V 可表示为 $0 \leqslant \theta \leqslant 2\pi$，$0 \leqslant r \leqslant 1$，$r \leqslant z \leqslant 1$. 于是

$$\iiint\limits_{V} \frac{\mathrm{d}V}{\sqrt{x^2+y^2+z^2}} = \int_0^{2\pi}\mathrm{d}\theta\int_0^1 r\mathrm{d}r\int_r^1 \frac{1}{\sqrt{r^2+z^2}}\mathrm{d}z = (\sqrt{2}-1)\pi.$$

例❹ 计算 $\iiint\limits_{V}(x^2+y^2+z^2)^a\mathrm{d}x\mathrm{d}y\mathrm{d}z$，$V$ 是实心球 $x^2+y^2+z^2 \leqslant R^2$，$\alpha > 0$. 当 $R = \alpha = 1$ 时，计算积分值.

解 在球面坐标下，积分区域 Ω 可表示为 $0 \leqslant \theta \leqslant 2\pi$，$0 \leqslant \varphi \leqslant \pi$，$0 \leqslant r \leqslant R$，

$$\iiint\limits_{V}(x^2+y^2+z^2)^a\mathrm{d}x\mathrm{d}y\mathrm{d}z = \iiint\limits_{\Omega} r^{2\alpha+2}\cdot\sin\varphi\mathrm{d}r\mathrm{d}\varphi\,\mathrm{d}\theta$$

$$= \int_0^{2\pi}\mathrm{d}\theta\int_0^{\pi}\sin\varphi\mathrm{d}\varphi\int_0^R r^{2(\alpha+1)}\mathrm{d}r = \frac{4\pi}{2\alpha+3}R^{2\alpha+3}.$$

当 $R = \alpha = 1$ 时，$\iiint\limits_{\Omega}(x^2+y^2+z^2)\mathrm{d}x\mathrm{d}y\mathrm{d}z = \frac{4}{5}\pi.$

例❺ 计算 $\iiint\limits_{V}(x^2+y^2+z^2)\mathrm{d}x\mathrm{d}y\mathrm{d}z$，其中 V 是球面 $x^2+y^2+z^2 = a^2$ 和圆锥 $z = \sqrt{x^2+y^2}$ 之间的部分.

解 在球面坐标下，积分区域 Ω 可表示为 $0 \leqslant \theta \leqslant 2\pi$，$0 \leqslant \varphi \leqslant \frac{\pi}{4}$，$0 \leqslant r \leqslant a$.

$$\iiint\limits_{V}(x^2+y^2+z^2)\mathrm{d}x\mathrm{d}y\mathrm{d}z = \iiint\limits_{\Omega} r^2 r^2\sin\varphi\mathrm{d}r\mathrm{d}\theta\mathrm{d}\varphi = \iiint\limits_{\Omega} r^4\sin\varphi\mathrm{d}r\mathrm{d}\varphi\mathrm{d}\theta$$

$$= \int_0^{2\pi}\mathrm{d}\theta\int_0^{\frac{\pi}{4}}\sin\varphi\mathrm{d}\varphi\int_0^a r^4\mathrm{d}r = 2\pi\left(1-\frac{\sqrt{2}}{2}\right)\frac{a^5}{5} = \frac{(2-\sqrt{2})\pi a^5}{5}.$$

例❻ 若 $F(t) = \iiint\limits_{V} f(x^2+y^2+z^2)\mathrm{d}x\mathrm{d}y\mathrm{d}z$，其中 f 是可微函数，积分区域 V 由闭曲面 $x^2+y^2+z^2 = t^2$ 所围成. ① 求 $F'(t)$；② 若 $f(0) = 0$，求 $\lim\limits_{t\to 0^+} t^{-5}F(t)$.

解 (1) 利用球面坐标变换，

$$F(t) = \int_0^{2\pi}\mathrm{d}\theta\int_0^{\pi}\mathrm{d}\varphi\int_0^t f(r^2)r^2\sin\varphi\mathrm{d}r$$

$$= 2\pi(-\cos\varphi)\Big|_0^{\pi}\int_0^t f(r^2)r^2\mathrm{d}r = 4\pi\int_0^t f(r^2)r^2\mathrm{d}r.$$

已知 f 是可微函数，所以 $F(t)$ 可微，且有 $F'(t) = 4\pi f(t^2)t^2$.

(2) $$\lim_{t\to 0^+} t^{-5}F(t) = \lim_{t\to 0^+}\frac{4\pi\int_0^t f(r^2)r^2\mathrm{d}r}{t^5} = 4\pi\lim_{t\to 0^+}\frac{f(t^2)t^2}{5t^4} = \frac{4}{5}\pi\lim_{t\to 0^+}\frac{f(t^2)}{t^2}$$

$$= \frac{4}{5}\pi\lim_{t\to 0^+}\frac{f(t^2)-f(0)}{t^2-0} = \frac{4}{5}f'(0)\pi.$$

例❼ （南航，2012）计算 $\iiint\limits_{\Omega}(x^2+y^2+z^2)\mathrm{d}x\mathrm{d}y\mathrm{d}z$，其中 Ω 为椭球面 $\dfrac{x^2}{a^2}+\dfrac{y^2}{b^2}+\dfrac{z^2}{c^2} = 1$

的内部区域.

解 先计算 $\iiint\limits_{\Omega} z^2 \mathrm{d}x\mathrm{d}y\mathrm{d}z$，$-c \leqslant z \leqslant c$，记 $D_z: \dfrac{x^2}{a^2} + \dfrac{y^2}{b^2} \leqslant 1 - \dfrac{z^2}{c^2}$，于是

$$\iiint\limits_{\Omega} z^2 \mathrm{d}x\mathrm{d}y\mathrm{d}z = \int_{-c}^{c} z^2 \mathrm{d}z \iint\limits_{D_z} \mathrm{d}x\mathrm{d}y = \pi ab \int_{-c}^{c} z^2 \left(1 - \dfrac{z^2}{c^2}\right)\mathrm{d}z = \dfrac{4\pi abc^3}{15}.$$

同理可得 $\iiint\limits_{\Omega} x^2 \mathrm{d}x\mathrm{d}y\mathrm{d}z = \dfrac{4\pi a^3 bc}{15}$，$\iiint\limits_{\Omega} y^2 \mathrm{d}x\mathrm{d}y\mathrm{d}z = \dfrac{4\pi ab^3 c}{15}$，

所以 $\iiint\limits_{\Omega} (x^2 + y^2 + z^2)\mathrm{d}x\mathrm{d}y\mathrm{d}z = \dfrac{4\pi abc}{15}(a^2 + b^2 + c^2).$

考点6　第一类曲线积分的计算

知识补给库

1. 一代二换三计算

(1) 直角坐标系下：

① $L: y = y(x), a \leqslant x \leqslant b$，

$$\int_L f(x,y)\mathrm{d}s = \int_a^b f(x, y(x))\sqrt{1 + y'^2(x)}\mathrm{d}x.$$

② $L: x = x(y), c \leqslant y \leqslant d$，

$$\int_L f(x,y)\mathrm{d}s = \int_c^d f(x(y), y)\sqrt{1 + x'^2(y)}\mathrm{d}y.$$

(2) 极坐标系下：

$L: r = r(\theta) \ (\alpha \leqslant \theta \leqslant \beta)$，

$$\int_L f(x,y)\mathrm{d}s = \int_\alpha^\beta f(r\cos\theta, r\sin\theta)\sqrt{r^2(\theta) + r'^2(\theta)}\mathrm{d}\theta.$$

(3) 参数方程 $L: x = x(t), y = y(t), \alpha \leqslant t \leqslant \beta.$

$$\int_L f(x,y)\mathrm{d}s = \int_\alpha^\beta f(x(t), y(t))\sqrt{x'^2(t) + y'^2(t)}\mathrm{d}t.$$

注　以上计算公式可以推广到空间曲线积分.

若 $L: x = x(t), y = y(t), z = z(t), \alpha \leqslant t \leqslant \beta.$

则 $\int_L f(x,y,z)\mathrm{d}s = \int_\alpha^\beta f(x(t), y(t), z(t))\sqrt{x'^2(t) + y'^2(t) + z'^2(t)}\mathrm{d}t.$

2. 奇偶对称性

$$\int_L f(x,y)\,ds = \begin{cases} 2\int_{L_1} f(x,y)\,ds, & f(x,y)=f(-x,y)\,(L_1为y轴右半部分),\\ 0, & f(x,y)=-f(-x,y). \end{cases}$$
（若L关于y轴对称）

其他情况类似.

奇偶对称性可以总结为"你对称,我奇偶".

3. 轮换对称性

若 L 关于 y = x 对称,则

$$\int_L f(x,y)\,ds = \int_L f(y,x)\,ds.$$

还可以将积分曲线代入被积函数,从而简化计算,但要注意二重积分、三重积分也可以把积分区域边界方程代入被积函数.

典型例题

例❶ 计算下列对弧长的曲线积分:

(1) $\oint_L (x^2+y^2)^2\,ds$,其中 L 为圆周 $x^2+y^2=a^2$.

(2) $\oint_L e^{\sqrt{x^2+y^2}}\,ds$,其中 L 为圆周 $x^2+y^2=a^2$,直线 $y=x$ 及 x 轴在第一象限内所围成的扇形的整个边界.

解 (1) $\oint_L (x^2+y^2)^2\,ds = \oint_L (a^2)^2\,ds = a^4\oint_L ds = a^4(2\pi a) = 2\pi a^5$.

(2) $\oint_L e^{\sqrt{x^2+y^2}}\,ds = \left(\int_{\overline{OA}} + \int_{\overline{AB}} + \int_{\overline{BO}}\right)e^{\sqrt{x^2+y^2}}\,ds$,其中,

$\overline{OA}$: $\begin{cases} x=x,\\ y=0, \end{cases} 0\leqslant x\leqslant a$, $\quad \overline{AB}$: $\begin{cases} x=a\cos\theta,\\ y=a\sin\theta, \end{cases} 0\leqslant\theta\leqslant\frac{\pi}{4}$,

$\overline{BO}$: $\begin{cases} x=x,\\ y=x, \end{cases} 0\leqslant x\leqslant\frac{\sqrt{2}}{2}a$.

$\int_{\overline{OA}} e^{\sqrt{x^2+y^2}}\,ds = \int_0^a e^{\sqrt{x^2+y^2}}\sqrt{1^2+0^2}\,dx = \int_0^a e^x\,dx = e^a-1$,

$\int_{\overline{AB}} e^{\sqrt{x^2+y^2}}\,ds = a\int_0^{\frac{\pi}{4}} e^a\,d\theta = \frac{\pi a e^a}{4}$,

$\int_{\overline{BO}} e^{\sqrt{x^2+y^2}}\,ds = \int_0^{\frac{\sqrt{2}}{2}a} e^{\sqrt{2}x}\sqrt{2}\,dx = e^a-1$,

则 $\oint_L e^{\sqrt{x^2+y^2}}\,ds = e^a\left(2+\frac{\pi}{4}a\right)-2$.

例2 设 L 为曲面 $x^2+y^2+z^2=a^2$ 与 $x+y+z=0$ 的交线，计算下列曲线积分.

(1) $\int_L y^2\mathrm{d}s$ 或 $\int_L x^2\mathrm{d}s$.

(2) $\oint_L (x^2+2z)\mathrm{d}s$.

(3) $\int_L [(x-1)^2+(y-1)^2+(z-1)^2]\mathrm{d}s$.

(4) $\int_L (xy+yz+zx)\mathrm{d}s$.

注 此系列题是使用奇偶对称及轮换对称的典型题.

解 (1) 平面 $x+y+z=0$ 与球面 $x^2+y^2+z^2=a^2$ 的交线 L 是该球面上的大圆. 由对称性有

$$\int_L x^2\mathrm{d}s=\int_L y^2\mathrm{d}s=\int_L z^2\mathrm{d}s=\frac{1}{3}\int_L (x^2+y^2+z^2)\mathrm{d}s$$
$$=\frac{1}{3}\int_L a^2\mathrm{d}s=\frac{a^2}{3}2\pi a=\frac{2}{3}\pi a^3.$$

(2) 由轮换对称可得

$$\int_L x\mathrm{d}s=\int_L y\mathrm{d}s=\int_L z\mathrm{d}s=\frac{1}{3}\int_L (x+y+z)\mathrm{d}s=0,$$

故 $\oint_L (x^2+2z)\mathrm{d}s=\oint_L x^2\mathrm{d}s=\dfrac{2\pi a^3}{3}$.

(3) 先化简被积函数,

$$(x-1)^2+(y-1)^2+(z-1)^2$$
$$=x^2+y^2+z^2-2(x+y+z)+3$$
$$=a^2-2\times 0+3=a^2+3, \text{(积分曲线代入被积函数)}$$

故原积分 $=\int_L (a^2+3)\mathrm{d}s=2\pi a(a^2+3)$.

(4) $\int_L (xy+yz+zx)\mathrm{d}s=\dfrac{1}{2}\int_L [(x+y+z)^2-(x^2+y^2+z^2)]\mathrm{d}s$

$$=-\frac{a^2}{2}\int_L \mathrm{d}s=-\frac{a^2}{2}\pi\cdot 2a=-\pi a^3.$$

例3 计算 $I=\oint_L [x^2+(y+1)^2]\mathrm{d}s$,其中 L 为 $x^2+y^2=Rx$ $(R>0)$.

解 $I=\oint_L (x^2+y^2+2y+1)\mathrm{d}s$ (积分曲线方程 $x^2+y^2=Rx$ 代入被积函数)

$$=\oint_L (Rx+2y+1)\mathrm{d}s$$
$$=R\oint_L x\mathrm{d}s+\oint_L 1\mathrm{d}s \quad \left(\oint_L y\mathrm{d}s=0,\text{奇偶对称}\right)$$
$$=R\cdot\bar{X}L+2\pi\times\frac{R}{2} \quad \left(\oint_L x\mathrm{d}x=\bar{X}\cdot L=\frac{R}{2}\cdot\pi R,\text{形心公式}\right)$$
$$=\frac{\pi R^3}{2}+\pi R.$$

考点7　第二类曲线积分的计算

知识补给库

1. 化为定积分计算

(1) 直角坐标系下:

$L: y = y(x)$, x 起点为 a, 终点为 b, 则

$$\int_L P\,dx + Q\,dy = \int_a^b [P(x, y(x)) + Q(x, y(x)) y'(x)]\,dx.$$

同理, 若 $L: x = x(y)$, y 起点为 c, 终点为 d, 则

$$\int_L P\,dx + Q\,dy = \int_c^d [P(x(y), y) x'(y) + Q(x(y), y)]\,dy.$$

(2) 参数方程 $L: \begin{cases} x = x(t), \\ y = y(t) \end{cases} (\alpha \leqslant t \leqslant \beta)$, 则

$$\int_L P\,dx + Q\,dy = \int_\alpha^\beta [P(x(t), y(t)) x'(t) + Q(x(t), y(t)) y'(t)]\,dt.$$

注　上述计算也可简记为"一代二换三计算", 但与第一类曲线积分计算区别在于下限不一定小于上限, $\begin{cases} 下限 \to 起点 \\ 上限 \to 终点 \end{cases}$

有时为了方便计算, 可以将积分曲线代入被积函数.

计算第二类曲线积分一般不用奇偶对称去化简, 因为它不再满足"偶倍奇零".

2. 格林公式

设闭区域 D 由分段光滑曲线 L 围成, 函数 $P(x, y)$ 及 $Q(x, y)$ 在 D 上具有连续的一阶偏导数, 则有

$$\oint_L P\,dx + Q\,dy = \iint_D \left(\frac{\partial Q}{\partial x} - \frac{\partial P}{\partial y} \right) dx\,dy.$$

其中,L是D的取正向的边界曲线.

注 (1)该公式成立三条件:①曲线L封闭.②正向,③$P,Q,\dfrac{\partial Q}{\partial x},\dfrac{\partial P}{\partial y}$在D内连续.

(2)若L不封闭,则添加一条辅助的有向曲线L_0,使L与L_0构成封闭曲线(且L_0方向应与L的方向一致).此外,在$L+L_0$所围的闭区域D内$P,Q,\dfrac{\partial Q}{\partial x},\dfrac{\partial P}{\partial y}$都连续.若$L+L_0$为正向,则原曲线积分

$$\int_L Pdx+Qdy=\oint_{L+L_0}Pdx+Qdy-\int_{L_0}Pdx+Qdy$$
$$=\iint_D\left(\dfrac{\partial Q}{\partial x}-\dfrac{\partial P}{\partial y}\right)dxdy-\int_{L_0}Pdx+Qdy.$$

(3)如果L是封闭的,但不满足$P,Q,\dfrac{\partial Q}{\partial x},\dfrac{\partial P}{\partial y}$在曲线L所围区域D上连续,那么可以先把曲线L的方程代入该曲线积分,看能否"去分母"使该曲线积分满足格林公式.

封闭曲线L所围区域D内有使$P(x,y),Q(x,y)$及$\dfrac{\partial Q}{\partial x},\dfrac{\partial P}{\partial y}$不连续的点时,应该如何使用格林公式进行计算?

答:求$\oint_L P(x,y)dx+Q(x,y)dy$,若$P(x,y),Q(x,y)$在L所围的区域D内$P_0(x_0,y_0)$处的偏导$\dfrac{\partial Q}{\partial x},\dfrac{\partial P}{\partial y}$无意义,则在D内作一条包含$P_0$在内的封闭曲线(图9-3),记为$l$,方向与L的方向一致,那么

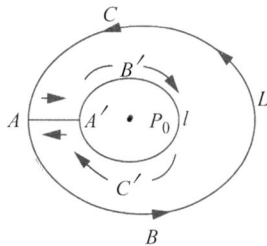
图9-3

$$\oint_L P(x,y)dx + Q(x,y)dy = \iint_{D'}\left(\frac{\partial Q}{\partial x} - \frac{\partial P}{\partial y}\right)dxdy + \oint_l Pdx + Qdy.$$

特殊地, 当 $\frac{\partial Q}{\partial x} = \frac{\partial P}{\partial y}$ 时,

$$\oint_L P(x,y)dx + Q(x,y)dy = \oint_l P(x,y)dx + Q(x,y)dy.$$

即任何一条包含不连续点在内的分段光滑闭曲线的积、分均相等.

证 $\oint_{\widehat{ABCAA'}} P(x,y)dx + Q(x,y)dy + \int_{\widehat{A'B'C'AA}} P(x,y)dx + Q(x,y)dy$

$$= \iint_{D'}\left(\frac{\partial Q}{\partial x} - \frac{\partial P}{\partial y}\right)dxdy,$$

即 $\oint_{\widehat{ABCA}} + \int_{\widehat{AA'}} + \int_{\widehat{A'B'C'A'}} + \int_{\widehat{A'A}} = \iint_{D'}\left(\frac{\partial Q}{\partial x} - \frac{\partial P}{\partial y}\right)dxdy.$

因 $\int_{\widehat{AA'}} = -\int_{-\widehat{A'A}}$,

故 $\oint_{\widehat{ABCA}} + \oint_{\widehat{A'B'C'A'}} = \iint_{D'}\left(\frac{\partial Q}{\partial x} - \frac{\partial P}{\partial y}\right)dxdy,$

其中 D' 是介于 L 与 l 之间的区域.

即 $\oint_L P(x,y)dx + Q(x,y)dy = \iint_{D'}\left(\frac{\partial Q}{\partial x} - \frac{\partial P}{\partial y}\right)dxdy + \oint_l P(x,y)dx + Q(x,y)dy,$

若 $\frac{\partial Q}{\partial x} = \frac{\partial P}{\partial y}$,

则 $\oint_L P(x,y)dx + Q(x,y)dy = \oint_l P(x,y)dx + Q(x,y)dy.$

典型例题

例① 设曲线 $\Gamma: \dfrac{x^2}{a^2} + \dfrac{y^2}{b^2} = 1$ 的周长和所围成的面积分别是 L 和 S，令 $K = \displaystyle\int_{\Gamma}(b^2 x^2 + 2xy + a^2 y^2)\mathrm{d}s$，证明: $K = \dfrac{S^2 L}{\pi^2}$.

证 由已知条件可知 $L = \displaystyle\int_{\Gamma}\mathrm{d}s$，$S = \pi ab$，由对称性可知 $\displaystyle\int_{\Gamma} 2xy\,\mathrm{d}s = 0$，于是

$$K = \int_{\Gamma}(b^2 x^2 + 2xy + a^2 y^2)\mathrm{d}s = \int_{\Gamma} a^2 b^2\,\mathrm{d}s$$

$$= a^2 b^2 \int_{\Gamma}\mathrm{d}s = a^2 b^2 L = \frac{S^2 L}{\pi^2}.$$

例② 设 L 是从点 $A(a,0)$ 到点 $O(0,0)$ 的上半圆周 $x^2 + y^2 = ax\ (a>0)$，取逆时针方向，计算 $\displaystyle\int_{L}(\mathrm{e}^x \sin y - my)\mathrm{d}x + (\mathrm{e}^x \cos y - m)\mathrm{d}y$，$m$ 是常数.

解 如图 9-4 所示，令 $P = \mathrm{e}^x \sin y - my$，$Q = \mathrm{e}^x \cos y - m$.

补一线段: 在 Ox 轴上连接点 $O(0,0)$ 与点 $A(a,0)$，构成封闭的半圆形 $\overset{\frown}{AOA}$. 则

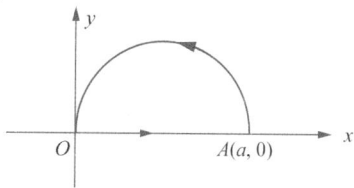

图 9 - 4

$$原积分 = \oint_{\overset{\frown}{AOA}} - \int_{OA} = \iint_{D} m\,\mathrm{d}x\mathrm{d}y - \int_{0}^{a}(\mathrm{e}^x \sin 0 - m \cdot 0)\mathrm{d}x$$

$$= m\frac{1}{2}\pi\left(\frac{a}{2}\right)^2 = \frac{m\pi a^2}{8}.$$

例③ 求 $\displaystyle\int_{L}(2xy - y^3)\mathrm{d}x + \left(\frac{2x^3}{\sqrt{x^2+y^2}} - x\right)\mathrm{d}y$，其中 L 为 $x^2 + y^2 = 4$ 逆时针方向.

解 本题的关键是把 $x^2 + y^2 = 4$ 代入被积函数 $Q(x,y) = \dfrac{2x^3}{\sqrt{x^2+y^2}} - x$ 中，达到"去分母"作用，使得格林公式可以使用.

原积分 $= \displaystyle\int_{L}(2xy - y^3)\mathrm{d}x + (x^3 - x)\mathrm{d}y$. 由格林公式得

$$原积分 = \iint_{D}(3x^2 - 1 - 2x + 3y^2)\mathrm{d}x\mathrm{d}y$$

$$= 3\iint_{D}(x^2 + y^2)\mathrm{d}x\mathrm{d}y - \iint_{D}\mathrm{d}x\mathrm{d}y - 2\iint_{D}x\,\mathrm{d}x\mathrm{d}y$$

$$= 3\int_{0}^{2\pi}\mathrm{d}\theta\int_{0}^{2}r^3\mathrm{d}r - 4\pi = 24\pi - 4\pi = 20\pi.$$

例④ 计算曲线积分 $\displaystyle\oint_{L}\frac{x\mathrm{d}y - y\mathrm{d}x}{x^2 + y^2}$，其中，

(1) L 为任一不包含原点的闭区域的边界，方向逆时针；

(2) L 为围绕原点的光滑闭曲线，取正向；

(3) L 为不经过原点的简单闭曲线，取正向.

解 令 $P = \dfrac{-y}{x^2+y^2}$，$Q = \dfrac{x}{x^2+y^2}$.

$\dfrac{\partial Q}{\partial x} = \dfrac{y^2-x^2}{(x^2+y^2)^2}$，$\dfrac{\partial P}{\partial y} = \dfrac{y^2-x^2}{(x^2+y^2)^2}$，则 $\dfrac{\partial Q}{\partial x} = \dfrac{\partial P}{\partial y}$.

(1) 如果坐标原点不在 L 内，则在 L 围成的区域 D 上总有 $\dfrac{\partial Q}{\partial x} = \dfrac{\partial P}{\partial y}$.

由格林公式，$\oint_L \dfrac{x\,\mathrm{d}y - y\,\mathrm{d}x}{x^2+y^2} = \iint_D \left(\dfrac{\partial Q}{\partial x} - \dfrac{\partial P}{\partial y}\right)\mathrm{d}x\mathrm{d}y = 0$.

(2) 由于 P，Q 在 $(0,0)$ 点无意义，不满足格林公式的条件. 作一小圆 L_1：$x^2+y^2 = r^2$，使 L_1 全部被 L 所包围，顺时针方向. 记 L 和 L_1 为边界的区域为 D. 在 D 内，$\dfrac{\partial Q}{\partial x} = \dfrac{\partial P}{\partial y}$，从而有

$$\oint_L \dfrac{x\,\mathrm{d}y - y\,\mathrm{d}x}{x^2+y^2} = \oint_{L+L_1} \dfrac{x\,\mathrm{d}y - y\,\mathrm{d}x}{x^2+y^2} - \oint_{L_1} \dfrac{x\,\mathrm{d}y - y\,\mathrm{d}x}{x^2+y^2}$$

$$= \oint_{L_1^-} \dfrac{x\,\mathrm{d}y - y\,\mathrm{d}x}{x^2+y^2} \quad (\text{注：负的顺时针方向等价于正的逆时针方向})$$

$$= \oint_{L_1^-} \dfrac{x\,\mathrm{d}y - y\,\mathrm{d}x}{r^2} = \dfrac{1}{r^2}\iint_D (1+1)\mathrm{d}x\mathrm{d}y = 2\pi.$$

(3) 分两种情况：

① 闭曲线 L 内部不包含坐标原点，此时等价于第(1)小题，即 $\oint_L \dfrac{x\,\mathrm{d}y - y\,\mathrm{d}x}{x^2+y^2} = 0$.

② 闭曲线 L 内部包含坐标原点，此时等价于第(2)小题，即 $\oint_L \dfrac{x\,\mathrm{d}y - y\,\mathrm{d}x}{x^2+y^2} = 2\pi$.

例⑤ 设 L 为任意一条不过原点的简单光滑正封闭曲线，对曲线积分 $\oint_L \dfrac{x\,\mathrm{d}y - y\,\mathrm{d}x}{c_1 x^2 + c_2 y^2}$ $(c_1 > 0, c_2 > 0)$ 有下列结论：

Ⅰ. 若给定的曲线 L 所围成的闭区域不包括原点 $(0,0)$，则 $\oint_L \dfrac{x\,\mathrm{d}y - y\,\mathrm{d}x}{c_1 x^2 + c_2 y^2} = 0$；

Ⅱ. 若给定的曲线 L 所围成的闭区域包括原点 $(0,0)$，则 $\oint_L \dfrac{x\,\mathrm{d}y - y\,\mathrm{d}x}{c_1 x^2 + c_2 y^2} = \dfrac{2\pi}{\sqrt{c_1 c_2}}$.

利用上述结论，求下列曲线积分：

(1) $\oint_L \dfrac{x\,\mathrm{d}y - y\,\mathrm{d}x}{x^2 + 4y^2}$，其中 L 为 $x^2+y^2 = 1$，逆时针方向；

(2) $\oint_L \dfrac{y\,\mathrm{d}x - x\,\mathrm{d}y}{3x^2 + 4y^2}$，其中 L 为 $2x^2 + 3y^2 = 1$，逆时针方向.

注 掌握以上结论，读者可以自己编题目.

解 令 $P = \dfrac{-y}{c_1 x^2 + c_2 y^2}$，$Q = \dfrac{x}{c_1 x^2 + c_2 y^2}$，当 $(x,y) \neq (0,0)$ 时，

$$\dfrac{\partial P}{\partial y} = \dfrac{c_2 y^2 - c_1 x^2}{(c_1 x^2 + c_2 y^2)^2}, \quad \dfrac{\partial Q}{\partial x} = \dfrac{c_2 y^2 - c_1 x^2}{(c_1 x^2 + c_2 y^2)^2}.$$

Ⅰ. 若给定的曲线 L 所围成的闭区域不包括原点 $(0,0)$，由格林公式得

$$\oint_L \dfrac{x\,\mathrm{d}y - y\,\mathrm{d}x}{c_1 x^2 + c_2 y^2} = \iint_D 0\,\mathrm{d}x\mathrm{d}y = 0.$$

Ⅱ. 若给定的曲线 L 所围成的闭区域包括原点 $(0,0)$，取一条有向曲线 $L_1:c_1x^2+c_2y^2=\varepsilon^2(\varepsilon>0$ 充分小$)$，让 L_1 完全落在 L 内，并规定 L_1 的方向为逆时针（图 9-5）.设 $L+L_1^-$ 所围成的区域为 D，在 $L+L_1^-$ 上用格林公式得

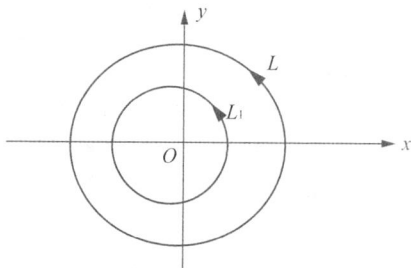

图 9-5

$$\oint_{L+L_1^-}\frac{x\,\mathrm{d}y-y\,\mathrm{d}x}{c_1x^2+c_2y^2}=\iint_D\left(\frac{\partial Q}{\partial x}-\frac{\partial P}{\partial y}\right)\mathrm{d}x\mathrm{d}y=0.$$

$$\oint_L\frac{x\,\mathrm{d}y-y\,\mathrm{d}x}{c_1x^2+c_2y^2}=-\oint_{L_1^-}\frac{x\,\mathrm{d}y-y\,\mathrm{d}x}{c_1x^2+c_2y^2}=\oint_{L_1}$$

$$\frac{x\,\mathrm{d}y-y\,\mathrm{d}x}{c_1x^2+c_2y^2}$$

$$=\frac{1}{\varepsilon^2}\oint_{L_1}x\,\mathrm{d}y-y\,\mathrm{d}x=\frac{1}{\varepsilon^2}\iint_D(1+1)\mathrm{d}x\mathrm{d}y$$

$$=\frac{1}{\varepsilon^2}\cdot2\pi\frac{\varepsilon^2}{\sqrt{c_1c_2}}=\frac{2\pi}{\sqrt{c_1c_2}}.$$

利用上述结论：

(1) $\oint_L\dfrac{x\,\mathrm{d}y-y\,\mathrm{d}x}{x^2+4y^2}=\dfrac{2\pi}{\sqrt{1\times4}}=\pi.$

(2) $\oint_L\dfrac{y\,\mathrm{d}x-x\,\mathrm{d}y}{3x^2+4y^2}=-\oint_L\dfrac{x\,\mathrm{d}y-y\,\mathrm{d}x}{3x^2+4y^2}=-\dfrac{2\pi}{\sqrt{3\times4}}=-\dfrac{\pi}{\sqrt3}.$

例❻ 设 L 为平面内任意一条不经过点 (x_0,y_0) 的正向光滑封闭简单曲线.证明：$\oint_L\dfrac{(x-x_0)\mathrm{d}y-(y-y_0)\mathrm{d}x}{c_1(x-x_0)^2+c_2(y-y_0)^2}$ $(c_1>0,c_2>0)$ 的值为常数，并求下列曲线积分.

(1) $\oint_L\dfrac{-y\,\mathrm{d}x+(x+1)\mathrm{d}y}{(x+1)^2+y^2}$，其中 L 为 $x^2+y^2=4$，逆时针方向；

(2) $\oint_L\dfrac{y\,\mathrm{d}x-(x-1)\mathrm{d}y}{4(x-1)^2+y^2}$，其中 L 为 $x^2+y^2=9$，逆时针方向.

解 令 $U=x-x_0$，$V=y-y_0$，

$$P=-\frac{y-y_0}{c_1(x-x_0)^2+c_2(y-y_0)^2}=-\frac{V}{c_1U^2+c_2V^2},$$

$$Q=\frac{x-x_0}{c_1(x-x_0)^2+c_2(y-y_0)^2}=\frac{U}{c_1U^2+c_2V^2}.$$

当 $(U,V)\neq(0,0)$ 时，

$$\frac{\partial P}{\partial V}=\frac{c_2V^2-c_1U^2}{(c_1U^2+c_2V^2)^2},$$

$$\frac{\partial Q}{\partial U}=\frac{c_2V^2-c_1U^2}{(c_1U^2+c_2V^2)^2}.$$

则 $\dfrac{\partial P}{\partial V}=\dfrac{\partial Q}{\partial U}$.由复合函数求导法则，得 $\dfrac{\partial P}{\partial y}=\dfrac{\partial Q}{\partial x}$.

Ⅰ. 若 L 所围区域不包括点 (x_0,y_0)，则由格林公式得

$$\oint_L \frac{(x-x_0)\mathrm{d}y - (y-y_0)\mathrm{d}x}{c_1(x-x_0)^2 + c_2(y-y_0)^2} = \iint_D 0 \mathrm{d}x\mathrm{d}y = 0.$$

Ⅱ. 如图 9-6 所示,若给定的曲线 L 所围成的闭区域包括点(x_0,y_0),取一条特殊的有向曲线 L_1: $c_1(x-x_0)^2 + c_2(y-y_0)^2 = \varepsilon^2$ ($\varepsilon > 0$ 充分小),让 L_1 完全落在 L 内,并规定 L_1 的方向为逆时针.

设 $L+L_1^-$ 所围成的闭区域为 D,在 $L+L_1^-$ 上应用格林公式,得

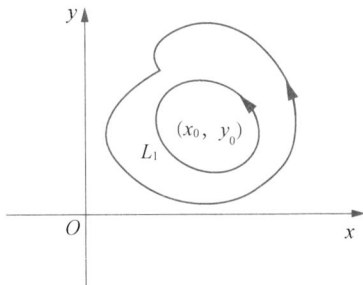

图 9-6

$$\oint_{L+L_1^-} \frac{(x-x_0)\mathrm{d}y - (y-y_0)\mathrm{d}x}{c_1(x-x_0)^2 + c_2(y-y_0)^2} = \iint_D \left(\frac{\partial Q}{\partial x} - \frac{\partial P}{\partial y}\right)\mathrm{d}x\mathrm{d}y = 0.$$

$$\text{原积分} = \oint_{L_1} \frac{(x-x_0)\mathrm{d}y - (y-y_0)\mathrm{d}x}{c_1(x-x_0)^2 + c_2(y-y_0)^2} = \frac{1}{\varepsilon^2}\oint_{L_1}(x-x_0)\mathrm{d}y - (y-y_0)\mathrm{d}x$$

$$= \frac{1}{\varepsilon^2}\iint_D (1+1)\mathrm{d}x\mathrm{d}y = \frac{1}{\varepsilon^2} \cdot 2\pi\frac{\varepsilon^2}{\sqrt{c_1 c_2}} = \frac{2\pi}{\sqrt{c_1 c_2}}.$$

由以上结论得:

(1) 因 L 所围区域包含点$(-1,0)$,故 $\oint_L \dfrac{-y\mathrm{d}x + (x+1)\mathrm{d}y}{(x+1)^2 + y^2} = 2\pi$.

(2) 因 L 所围区域包含点$(1,0)$,故

$$\oint_L \frac{y\mathrm{d}x - (x-1)\mathrm{d}y}{4(x-1)^2 + y^2} = -\oint_L \frac{(x-1)\mathrm{d}y - y\mathrm{d}x}{4(x-1)^2 + y^2} = -\frac{2\pi}{\sqrt{4\times 1}} = -\pi.$$

例 7 就下述不同的平面曲线 L_i,$i = 1,2,3,4$,求 $I_i = \displaystyle\int_{L_i} \frac{(1-y)\mathrm{d}x + x\mathrm{d}y}{x^2 + (y-1)^2}$. 其中,

(1) L_1 为 $x^2 + y^2 = \dfrac{1}{4}$,逆时针方向;

(2) L_2 为 $x^2 + (y-1)^2 = 1$,逆时针方向;

(3) L_3 为 $x^2 + y^2 = 4$,顺时针方向;

(4) L_4 为从点 $A(1,0)$ 沿 $y = k\cos\dfrac{\pi x}{2}$,$k \neq 1$,到点 $B(-1,0)$ 的一段.

解 令 $P = \dfrac{1-y}{x^2 + (y-1)^2}$,$Q = \dfrac{x}{x^2 + (y-1)^2}$,

当 $(x,y) \neq (0,1)$ 时,$\dfrac{\partial P}{\partial y} = \dfrac{\partial Q}{\partial x} = \dfrac{-x^2 + (y-1)^2}{[x^2 + (y-1)^2]^2}$.

(1) L_1 所围区域不含有$(0,1)$,由格林公式得 $I_1 = 0$.

(2) L_2 所围区域含有$(0,1)$,但把 L_2 的方程代入积分 I_2 后可"去分母"(即消去了该奇点),再用格林公式得

$$I_2 = \oint_{L_2} (1-y)\mathrm{d}x + x\mathrm{d}y = \iint_{D_2}(1+1)\mathrm{d}x\mathrm{d}y = 2\pi.$$

(3) 由前例结论可得,注意到题中所给方向为顺时针,故 $I_3 = -\dfrac{2\pi}{\sqrt{1\times 1}} = -2\pi$.

(4) 曲线 L_4 不封闭,当 $(x,y)\neq(0,1)$ 时,$\dfrac{\partial P}{\partial y}$ $=\dfrac{\partial Q}{\partial x}$,故平面曲线的第二类曲线积分与路径无关. 如图 9-7 所示.

当 $k<1$ 时,曲线 L_4 位于奇点 $(0,1)$ 的下方,则取积分路径为直线段 $\overline{AB}=\{(x,y)\mid y=0,-1\leqslant x\leqslant 1\}$,得

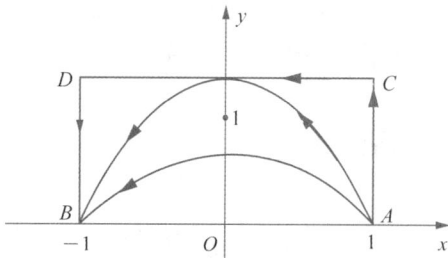

图 9-7

$$I_4=\int_{L_4}\frac{(1-y)\mathrm{d}x+x\mathrm{d}y}{x^2+(y-1)^2}=\int_{\overline{AB}}\frac{(1-y)\mathrm{d}x+x\mathrm{d}y}{x^2+(y-1)^2}$$
$$=\int_1^{-1}\frac{\mathrm{d}x}{x^2+1}=-\frac{\pi}{2}.$$

当 $k>1$ 时,奇点 $(0,1)$ 位于曲线下方,则取积分路线为折线 $\overline{AC}-\overline{CD}-\overline{DB}$,其中,$C(1,k)$,$D(-1,k)$,得

$$I_4=\int_{\overline{AC}+\overline{CD}+\overline{DB}}\frac{(1-y)\mathrm{d}x+x\mathrm{d}y}{x^2+(y-1)^2}$$
$$=\int_0^k\frac{\mathrm{d}y+0}{1+(y-1)^2}+\int_1^{-1}\frac{(1-k)\mathrm{d}x+0}{x^2+(k-1)^2}+\int_k^0\frac{0-\mathrm{d}y}{1+(y-1)^2}$$
$$=\frac{\pi}{2}+2\left[\arctan(k-1)+\arctan\frac{1}{k-1}\right]=\frac{3}{2}\pi.$$

注　在解答第(4)问 $k>1$ 时的情形,有种经典的错误解法. 有些读者仍然选取直线段 $\overline{AB}$ 来计算,从而答案错误,原因在于曲线 L_4 与直线段 $\overline{AB}$ 所围的平面区域内含有奇点 $(0,1)$,故不能推得 $I_4=\int_{L_4}=\int_{\overline{AB}}$. 再次提醒读者,利用平面曲线积分与路径无关时,$\int_{L_1}=\int_{L_2}$ 成立,一定要保证 $L_1+L_2^-$ 所围区域不能含有奇点.

此题如果坚持选取直线段 $\overline{AB}$ 来计算,正确解法为:

当 $k>1$ 时,$I_4=\int_{L_4}=\oint_{L_4+\overline{BA}}-\int_{\overline{BA}}$,在计算 $\oint_{L_4+\overline{BA}}$ 时,利用前面结论,更换一条逆时针包含 $(0,1)$ 点的封闭曲线 L_5. 不妨取 $L_5=x^2+(y-1)^2=1$,则 $\oint_{L_4+\overline{BA}}=\oint_{L_5}=2\pi$,而

$$\int_{\overline{BA}}=\int_{-1}^1\frac{(1-0)\mathrm{d}x+0}{x^2+(0-1)^2}=\int_{-1}^1\frac{\mathrm{d}x}{x^2+1}=\frac{\pi}{2}.$$

故　$I_4=2\pi-\dfrac{\pi}{2}=\dfrac{3\pi}{2}.$

考点8 平面曲线积分与路径无关

1. 平面曲线积分与路径无关的等价条件

设 $P(x,y)$,$Q(x,y)$,$\dfrac{\partial P}{\partial y}$,$\dfrac{\partial Q}{\partial x}$ 在平面单连通区域 D 上连续,则下述6个条件中任意2个条件都互为充分必要条件:

(1) $\dfrac{\partial Q}{\partial x}=\dfrac{\partial P}{\partial y}$ 在 D 内处处成立.

(2) 对 D 内任意一条分段光滑的封闭曲线 L 有 $\oint_L Pdx+Qdy=0$.

(3) $\int_L Pdx+Qdy$ 在 D 内与路径无关,而只与 L 的起点 A 与终点 B 的位置有关,则该曲线积分可写为 $\int_A^B P(x,y)dx+Q(x,y)dy = u(x,y)\Big|_A^B$,该等式也称为曲线积分的牛顿-莱布尼茨公式.

(4) 在 D 内存在某一可微的单值数量函数 $u=u(x,y)$,使得 $Pdx+Qdy$ 是它的全微分,即有 $du(x,y)=P(x,y)dx+Q(x,y)dy$.

(5) 矢量函数 $\vec{A}=P(x,y)\vec{i}+Q(x,y)\vec{j}$ 为某一单值数量函数 $u=u(x,y)$ 的梯度,即 $\overrightarrow{grad\,u}=A$.

(6) $P(x,y)dx+Q(x,y)dy=0$ 是全微分方程.

2. 求全微分的原函数(全微分方程)

(1) 因曲线积分与路径无关,故选取平行于坐标轴的折线得原函数

$$u(x,y)=\int_{x_0}^x P(x,y_0)dx+\int_{y_0}^y Q(x,y)dy$$

或

$$u(x,y)=\int_{y_0}^y Q(x_0,y)dy+\int_{x_0}^x P(x,y)dx.$$

(2) 先对 $\dfrac{\partial u}{\partial x} = P(x, y)$ 关于 x 积分得

$$u(x, y) = \int P(x, y) \, dx + \varphi(y).$$

取于上式关于 y 求导数，由 $\dfrac{\partial u}{\partial y} = Q(x, y)$，得

$$\frac{\partial}{\partial y} \int P(x, y) \, dx + \varphi'(y) = Q(x, y).$$

求解这个 φ 关于 y 的一阶常微分方程得

$$\varphi(y) = f(y) + C, \text{其中} C \text{为任意常数},$$

故 $\quad u(x, y) = \int P(x, y) \, dx + f(y) + C.$

(3) 利用凑微分的方法.

典型例题

例① 设 L 为一条不通过原点的光滑曲线，取逆时针方向，证明：当 $a_2 = -b_1$，$a_1 c_2 = c_1 b_2$ 时，曲线积分 $\displaystyle\int_L \frac{(a_1 x + a_2 y)\,\mathrm{d}x + (b_1 x + b_2 y)\,\mathrm{d}y}{c_1 x^2 + c_2 y^2}$ 与路径无关 $(c_1 > 0, c_2 > 0)$，并求下列曲线积分.

$\displaystyle\int_L \frac{(x+y)\,\mathrm{d}x - (x-y)\,\mathrm{d}y}{x^2 + y^2}$，其中 L 为 $y = 1 - 2x^2$ 从点 $A(-1, -1)$ 到点 $B(1, -1)$ 的弧段.

解 令 $P = \dfrac{a_1 x + a_2 y}{c_1 x^2 + c_2 y^2}$，$Q = \dfrac{b_1 x + b_2 y}{c_1 x^2 + c_2 y^2}$，

$$\frac{\partial P}{\partial y} = \frac{a_2(c_1 x^2 + c_2 y^2) - 2c_2 y(a_1 x + a_2 y)}{(c_1 x^2 + c_2 y^2)^2} = \frac{a_2 c_1 x^2 - a_2 c_2 y^2 - 2a_1 c_2 xy}{(c_1 x^2 + c_2 y^2)^2},$$

$$\frac{\partial Q}{\partial x} = \frac{b_1(c_1 x^2 + c_2 y^2) - 2c_1 x(b_1 x + b_2 y)}{(c_1 x^2 + c_2 y^2)^2} = \frac{-b_1 c_1 x^2 + b_1 c_2 y^2 - 2b_2 c_1 xy}{(c_1 x^2 + c_2 y^2)^2}.$$

当 $a_2 = -b_1$，$a_1 c_2 = c_1 b_2$ 时，$\dfrac{\partial Q}{\partial x} = \dfrac{\partial P}{\partial y}$，故曲线积分与路径无关.

所求积分中，$a_1 = 1$，$a_2 = 1$，$b_1 = -1$，$b_2 = 1$，$c_1 = 1$，$c_2 = 1$，满足 $a_2 = -b_1$，$a_1 c_2 = 1$，$c_1 b_2 = 1$，故积分与路径无关.

更改路径为 $(-1, -1) \to (-1, 1) \to (1, 1) \to (1, -1)$，于是

$$\int_L \frac{(x+y)\,\mathrm{d}x - (x-y)\,\mathrm{d}y}{x^2 + y^2} = \int_{-1}^{1} \frac{y+1}{y^2+1}\,\mathrm{d}y + \int_{-1}^{1} \frac{x+1}{x^2+1}\,\mathrm{d}x + \int_{1}^{-1} \frac{y-1}{y^2+1}\,\mathrm{d}y$$

$$= 3\int_{-1}^{1} \frac{1}{x^2+1}\mathrm{d}x = 6\int_{0}^{1} \frac{1}{x^2+1}\mathrm{d}x$$

$$= 6\arctan x \Big|_{0}^{1} = \frac{3\pi}{2}.$$

例❷ 设 L 为绕原点一周的任意简单曲线,取逆时针方向.证明:当 $a_2 = -b_1$, $a_1 c_2 = c_1 b_2$ 时,曲线积分 $\oint_L \frac{(a_1 x + a_2 y)\mathrm{d}x + (b_1 x + b_2 y)\mathrm{d}y}{c_1 x^2 + c_2 y^2}$ $(c_1 > 0, c_2 > 0)$ 的值恒为常数,并求下列曲线积分.

(1) (2020) 计算曲线积分 $I_1 = \int_L \frac{4x-y}{4x^2+y^2}\mathrm{d}x + \frac{x+y}{4x^2+y^2}\mathrm{d}y$,其中 L 是 $x^2+y^2 = 2$,方向为逆时针.

(2) $\oint_L \frac{x-y}{x^2+y^2}\mathrm{d}x + \frac{x+y}{x^2+y^2}\mathrm{d}y$,其中 L 为 $\frac{x^2}{a^2} + \frac{y^2}{b^2} = 1$,方向逆时针.

解 令 $P = \frac{a_1 x + a_2 y}{c_1 x^2 + c_2 y^2}$, $Q = \frac{b_1 x + b_2 y}{c_1 x^2 + c_2 y^2}$,

由上例得,$\frac{\partial P}{\partial y} = \frac{a_2 c_1 x^2 - a_2 c_2 y^2 - 2a_1 c_2 xy}{(c_1 x^2 + c_2 y^2)^2}$,

$$\frac{\partial Q}{\partial x} = \frac{-b_1 c_1 x^2 + b_1 c_2 y^2 - 2b_2 c_1 xy}{(c_1 x^2 + c_2 y^2)^2}.$$

当 $a_2 = -b_1$, $a_1 c_2 = c_1 b_2$ 时,$\frac{\partial P}{\partial y} = \frac{\partial Q}{\partial x}$.

取一条新的有向曲线 L_1:$c_1 x^2 + c_2 y^2 = \varepsilon^2 (\varepsilon > 0$ 充分小),让 L_1 完全落在 L 内,并规定 L_1 的方向为逆时针,如图 9-8 所示.

设 $L + L_1^-$ 所围区域为 D.在 $L + L_1^-$ 上应用格林公式,得

$$\oint_{L+L_1^-} \frac{(a_1 x + a_2 y)\mathrm{d}x + (b_1 x + b_2 y)\mathrm{d}y}{c_1 x^2 + c_2 y^2} = 0.$$

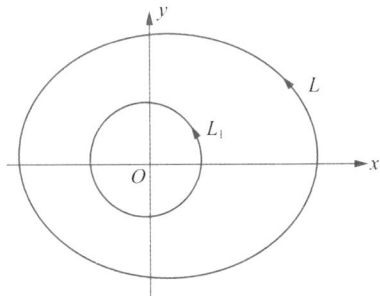

图 9-8

从而 $\oint_L \frac{(a_1 x + a_2 y)\mathrm{d}x + (b_1 x + b_2 y)\mathrm{d}y}{c_1 x^2 + c_2 y^2}$

$$= \oint_{L_1} \frac{(a_1 x + a_2 y)\mathrm{d}x + (b_1 x + b_2 y)\mathrm{d}y}{c_1 x^2 + c_2 y^2}$$

$$= \frac{1}{\varepsilon^2} \oint_{L_1} (a_1 x + a_2 y)\mathrm{d}x + (b_1 x + b_2 y)\mathrm{d}y$$

$$= \frac{1}{\varepsilon^2} \iint_D (b_1 - a_2)\mathrm{d}x\mathrm{d}y = \frac{1}{\varepsilon^2}(b_1 - a_2)\pi \cdot \frac{\varepsilon}{\sqrt{c_1}} \frac{\varepsilon}{\sqrt{c_2}} = \frac{-2a_2\pi}{\sqrt{c_1 c_2}}.$$

利用上述结论:

(1) $c_1 = 4$, $c_2 = 1$, $a_1 = 4$, $a_2 = -1$, $b_1 = 1$, $b_2 = 1$,

满足 $a_2 = -b_1 = -1$, $a_1 c_2 = 4 \times 1 = 4$, $c_1 b_2 = 4 \times 1 = 4$, $a_1 c_2 = c_1 b_2$,

故 $I_1 = \int_L \frac{4x-y}{4x^2+y^2}\mathrm{d}x + \frac{x+y}{4x^2+y^2}\mathrm{d}y = \frac{-2a_2\pi}{\sqrt{c_1 c_2}} = \frac{-2 \times (-1)\pi}{\sqrt{4 \times 1}} = \pi.$

(口算考研数学大题,太棒了!)

(2) $c_1=1$，$c_2=1$，$a_1=1$，$a_2=-1$，$b_1=1$，$b_2=1$，

满足 $a_2=-b_1=-1$，$a_1c_2=1\times1=1$，$c_1b_2=1\times1=1$，$a_1c_2=c_1b_2$，

故 $I_2=\oint_L\dfrac{x-y}{x^2+y^2}\mathrm{d}x+\dfrac{x+y}{x^2+y^2}\mathrm{d}y=\dfrac{-2a_2\pi}{\sqrt{c_1c_2}}=2\pi$.

例❸ 设 $D\subset\mathbf{R}^2$ 是有界单连通闭区域，$I(D)=\iint\limits_D(4-x^2-y^2)\mathrm{d}x\mathrm{d}y$ 取得最大值的积分域记为 D_1.

(1) 求 $I(D_1)$ 的值；

(2) 计算 $\displaystyle\int_{\partial D_1}\dfrac{(x\mathrm{e}^{x^2+4y^2}+y)\mathrm{d}x+(4y\mathrm{e}^{x^2+4y^2}-x)\mathrm{d}y}{x^2+4y^2}$，其中 ∂D_1 是 D_1 的正向边界.

解 (1) 依题意，函数 $f(x,y)=4-x^2-y^2$ 在平面区域 D_1 上非负，在 D_1 之外小于零，所以 $D_1=\{(x,y)\mid x^2+y^2\leqslant4\}$.

$$I(D_1)=\iint\limits_{D_1}(4-x^2-y^2)\mathrm{d}x\mathrm{d}y=\int_0^{2\pi}\mathrm{d}\theta\int_0^2(4-r^2)r\mathrm{d}r=8\pi.$$

(2) 取 $L:x^2+4y^2=1$，顺时针方向，∂D_1 与 L 之间的区域记为 E.

因为 $\dfrac{\partial}{\partial x}\left(\dfrac{4y\mathrm{e}^{x^2+4y^2}-x}{x^2+4y^2}\right)=\dfrac{8xy(x^2+4y^2-1)\mathrm{e}^{x^2+4y^2}+x^2-4y^2}{(x^2+4y^2)^2}=\dfrac{\partial}{\partial y}\left(\dfrac{x\mathrm{e}^{x^2+4y^2}+y}{x^2+4y^2}\right)$，

所以，

$$\int_{\partial D_1+L}\dfrac{(x\mathrm{e}^{x^2+4y^2}+y)\mathrm{d}x+(4y\mathrm{e}^{x^2+4y^2}-x)\mathrm{d}y}{x^2+4y^2}$$

$$=\iint\limits_E\left[\dfrac{\partial}{\partial x}\left(\dfrac{4y\mathrm{e}^{x^2+4y^2}-x}{x^2+4y^2}\right)-\dfrac{\partial}{\partial y}\left(\dfrac{x\mathrm{e}^{x^2+4y^2}+y}{x^2+4y^2}\right)\right]\mathrm{d}x\mathrm{d}y=0,$$

从而

$$\oint_{\partial D_1}\dfrac{(x\mathrm{e}^{x^2+4y^2}+y)\mathrm{d}x+4y\mathrm{e}^{x^2+4y^2}-x)\mathrm{d}y}{x^2+4y^2}$$

$$=-\int_L\dfrac{(x\mathrm{e}^{x^2+4y^2}+y)\mathrm{d}x+(4y\mathrm{e}^{x^2+4y^2}-x)\mathrm{d}y}{x^2+4y^2}$$

$$=-\int_L(\mathrm{e}x+y)\mathrm{d}x+(4\mathrm{e}y-x)\mathrm{d}y$$

$$=-\iint\limits_{x^2+4y^2\leqslant1}2\mathrm{d}x\mathrm{d}y=-\pi.$$

例❹ 设函数 $\varphi(y)$ 具有连续导数，在围绕原点的任意分段光滑简单闭曲线 L 上，曲线积分 $\oint_L\dfrac{\varphi(y)\mathrm{d}x+2xy\mathrm{d}y}{2x^2+y^4}$ 的值恒为同一常数.

(1) 证明：对右半平面 $x>0$ 内，任意分段光滑闭曲线 C，有 $\oint_C\dfrac{\varphi(y)\mathrm{d}x+2xy\mathrm{d}y}{2x^2+y^4}=0$.

(2) 求函数 $\varphi(y)$ 的表达式.

解 (1) 如图 9-9 所示，设 C 是半平面 $x>0$ 内任一分段光滑简单闭曲线，在 C 上任意取定两点 M，N，将 C 分为两段 C_1，C_2，作围绕原点的闭曲线 C_1+L_1，同时得到另一围绕原

点的闭曲线 $C_2^- + L_1$，根据假设可知

$$\oint_C \frac{\varphi(y)\mathrm{d}x + 2xy\mathrm{d}y}{2x^2 + y^4} = \oint_{C_1 + L_1} \frac{\varphi(y)\mathrm{d}x + 2xy\mathrm{d}y}{2x^2 + y^4} - \oint_{C_2^- + L_1} \frac{\varphi(y)\mathrm{d}x + 2xy\mathrm{d}y}{2x^2 + y^4} = 0.$$

(2) 设 $P = \dfrac{\varphi(y)}{2x^2 + y^4}$，$Q = \dfrac{2xy}{2x^2 + y^4}$，则由(1)可知，当 $x > 0$ 时，$P_y = Q_x$. 又由于

$$P_y = \frac{\varphi'(y)}{2x^2 + y^4} - \frac{4y^3 \varphi(y)}{(2x^2 + y^4)^2},$$

$$Q_x = \frac{2y}{2x^2 + y^4} - \frac{8x^2 y}{(2x^2 + y^4)^2},$$

图 9-9

故得　$2x^2 \varphi'(y) + y^4 \varphi'(y) - 4y^3 \varphi(y) = -4x^2 y + 2y^5.$

比较上式两端，可得　$\varphi'(y) = -2y$，$y\varphi'(y) - 4\varphi(y) = 2y^2$，因此 $\varphi(y) = -y^2$.

例 5　设闭区域 $D \subset \mathbf{R}^2$ 关于直线 $y = x$ 对称，面积为 4，$f(x)$ 是 $(-\infty, +\infty)$ 上的连续正值函数，$a - b = 1\,013$，求：

$$I = \int_L \left(\int_0^y \frac{bf(t)}{f(x) + f(t)}\mathrm{d}t \right) \mathrm{d}x + \left(\int_0^x \frac{af(t)}{f(y) + f(t)}\mathrm{d}t \right) \mathrm{d}y, 其中 L 为 D 的边界曲线，取逆$$

时针方向.

解　由格林公式可得

$$I = \int_L \left(\int_0^y \frac{bf(t)}{f(x) + f(t)}\mathrm{d}t \right) \mathrm{d}x + \left(\int_0^x \frac{af(t)}{f(y) + f(t)}\mathrm{d}t \right) \mathrm{d}y$$

$$= \iint_D \left(\frac{af(x)}{f(y) + f(x)} - \frac{bf(y)}{f(x) + f(y)} \right) \mathrm{d}x\mathrm{d}y,$$

D 关于直线 $y = x$ 对称，故

$$\iint_D \left(\frac{af(x)}{f(y) + f(x)} - \frac{bf(y)}{f(x) + f(y)} \right) \mathrm{d}x\mathrm{d}y = \iint_D \left(\frac{af(y)}{f(x) + f(y)} - \frac{bf(x)}{f(y) + f(x)} \right) \mathrm{d}x\mathrm{d}y.$$

于是，$I = \dfrac{1}{2} \iint_D \left[\left(\dfrac{af(x)}{f(y) + f(x)} - \dfrac{bf(y)}{f(x) + f(y)} \right) + \left(\dfrac{af(y)}{f(x) + f(y)} - \dfrac{bf(x)}{f(y) + f(x)} \right) \right] \mathrm{d}x\mathrm{d}y$

$$= \frac{1}{2} \iint_D (a - b)\mathrm{d}x\mathrm{d}y = 2\,026.$$

例 6　(1) 设 $(ax^2 y^2 - 2xy^2)\mathrm{d}x + (2x^3 y + bx^2 y + 1)\mathrm{d}y$ 为函数 $z = f(x, y)$ 的全微分，求 a, b.

(2) 设 $\dfrac{(x + ay)\mathrm{d}x + y\mathrm{d}y}{(x + y)^2}$ 为某函数 $u(x, y)$ 的全微分，求 a.

解　(1) $\mathrm{d}z = (ax^2 y^2 - 2xy^2)\mathrm{d}x + (2x^3 y + bx^2 y + 1)\mathrm{d}y$，令 $P(x, y) = ax^2 y^2 - 2xy^2$，$Q(x, y) = 2x^3 y + bx^2 y + 1$，所以，$\dfrac{\partial z}{\partial x} = P$，$\dfrac{\partial z}{\partial y} = Q$.

由 $\dfrac{\partial^2 z}{\partial x \partial y} = \dfrac{\partial^2 z}{\partial y \partial x}$，得 $\dfrac{\partial P}{\partial y} = \dfrac{\partial Q}{\partial x}$.

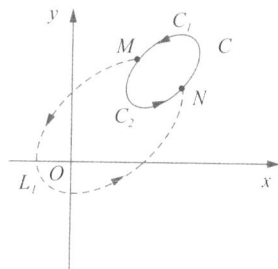

所以 $2ax^2y - 4xy = 6x^2y + 2bxy$，

所以 $2a = 6$，$a = 3$，$2b = -4$，$b = -2$。

(2) 同(1)令 $P = \dfrac{x+ay}{(x+y)^2}$，$Q = \dfrac{ydy}{(x+y)^2}$，

$$\frac{\partial P}{\partial y} = \frac{\partial Q}{\partial x}, \ \frac{(a-2)x - ay}{(x+y)^3} = \frac{-2y}{(x+y)^3},$$

所以，$(a-2)x - ay = -2y$，$a = 2$。

例 7 设函数 $f(x, y)$ 满足 $\dfrac{\partial f(x, y)}{\partial x} = (2x+1)\mathrm{e}^{2x-y}$，且 $f(0, y) = y+1$，L_t 是从点 $(0, 0)$ 到点 $(1, t)$ 的光滑曲线，计算曲线积分 $I(t) = \displaystyle\int_{L_t} \frac{\partial f(x, y)}{\partial x}\mathrm{d}x + \frac{\partial f(x, y)}{\partial y}\mathrm{d}y$，并求 $I(t)$ 的最小值。

解 因为 $\dfrac{\partial f(x, y)}{\partial x} = (2x+1)\mathrm{e}^{2x-y}$，所以

$$f(x, y) = \int \frac{\partial f(x, y)}{\partial x}\mathrm{d}x = \int (2x+1)\mathrm{e}^{2x-y}\mathrm{d}x = x\mathrm{e}^{2x-y} + C(y).$$

由于 $f(0, y) = y+1$，可得 $C(y) = y+1$，所以 $f(x, y) = x\mathrm{e}^{2x-y} + y+1$，从而

$$I(t) = \int_{L_t} \frac{\partial f(x, y)}{\partial x}\mathrm{d}x + \frac{\partial f(x, y)}{\partial y}\mathrm{d}y = f(1, t) - f(0, 0) = \mathrm{e}^{2-t} + t.$$

由 $I'(t) = -\mathrm{e}^{2-t} + 1$，令 $I'(t) = 0$，得 $t = 2$。

当 $t < 2$ 时，$I'(t) < 0$，$I(t)$ 单调减少；当 $t > 2$ 时，$I'(t) > 0$，$I(t)$ 单调增加，所以 $I(2) = 3$ 是 $I(t)$ 在 $(-\infty, +\infty)$ 上的最小值。

考点 9 第一类曲面积分

知识补给库

计算 $\displaystyle\iint_{\Sigma} f(x, y, z)\mathrm{d}s$。

计算步骤：

① 将曲面 Σ 投影到某个坐标平面上，转化为二重积分来计算。把曲面投影到哪个坐标平面上，要取决于曲面 Σ 的显函数的表示形式。

② 如果曲面方程能化为 $z = z(x, y)$ 形式，设 Σ 投影到坐标平面 xOy 的投影区域为 D_{xy}，将被积函数

$f(x,y,z)$ 中的 z 用 $z(x,y)$ 代替，将面积微元 dS 用 $\sqrt{1+z_x'^2+z_y'^2}\ dxdy$ 代替.

③ $\iint\limits_{\Sigma}f(x,y,z)dS=\iint\limits_{D_{xy}}f(x,y,z(x,y))\sqrt{1+z_x'^2+z_y'^2}\ dxdy.$

类似地，曲面 Σ 的方程为 $x=x(y,z)$ 或 $y=y(x,z)$ 时，计算公式为：

$$\iint\limits_{\Sigma}f(x,y,z)dS=\iint\limits_{D_{yz}}f(x(y,z),y,z)\sqrt{1+x_y'^2(y,z)+x_z'^2(y,z)}\ dydz.$$

$$\iint\limits_{\Sigma}f(x,y,z)dS=\iint\limits_{D_{xz}}f(x,y(x,z),z)\sqrt{1+y_x'^2(x,z)+y_z'^2(x,z)}\ dxdz.$$

注 当 Σ 为圆柱面 $x^2+y^2=a^2$ 时，因为这时 Σ 的方程不能化为 $z=z(x,y)$ 的形式.这时，Σ 在坐标平面 xOy 上的投影是一个圆，而不是区域，其面积为零.但不能因为这样，误以为曲面积分结果为零.

若 Σ 关于坐标平面 xOy 对称，曲面 Σ_1 为 Σ 位于坐标平面 xOy 的上方部分，且 $f(x,y,z)$ 在曲面 Σ 上连续，则

$$\iint\limits_{\Sigma}f(x,y,z)dS=\begin{cases}0, & f(x,y,-z)=-f(x,y,z),\\ 2\iint\limits_{\Sigma_1}f(x,y,z)dS, & f(x,y,-z)=f(x,y,z).\end{cases}$$

其他奇偶对称的情况类似，读者可以自己写 Σ 关于 yOz 面，xOz 面的对称情况.

若曲面 Σ 关于直线 $x=y=z$ 对称，即其方程关于 x,y,z 具有轮换对称性.

则 $\iint\limits_{\Sigma}f(x)dS=\iint\limits_{\Sigma}f(y)dS=\iint\limits_{\Sigma}f(z)dS.$

注 二重积分、三重积分、第一类曲线积分、第一类曲面积分均是数量函数的积分，故这四种积分有类似的应用公式(如质心坐标公式)，奇偶性、轮换性也类似.

典型例题

例① 计算 $\iint\limits_{\Sigma}(x+y+z)\mathrm{d}S$，其中 Σ 为平面 $y+z=5$ 被柱面 $x^2+y^2=25$ 所截得的部分.

解 Σ 的方程为 $y+z=5$，即 $z=5-y$. 它在 xOy 面的投影为 $D: x^2+y^2\leqslant25$，

$$\mathrm{d}S=\sqrt{1+0+1}\,\mathrm{d}x\mathrm{d}y=\sqrt{2}\,\mathrm{d}x\mathrm{d}y,$$

$$\iint\limits_{\Sigma}(x+y+z)\mathrm{d}S=\iint\limits_{\Sigma}(x+y+5-y)\mathrm{d}S=\iint\limits_{D}(x+5)\sqrt{2}\,\mathrm{d}x\mathrm{d}y$$

$$=5\sqrt{2}\cdot\pi\cdot25=125\sqrt{2}\,\pi,$$

其中，$\iint\limits_{D}x\,\mathrm{d}x\mathrm{d}y=0$ 由奇偶对称性得.

例② 设 Σ 为球面 $x^2+y^2+z^2=a^2$，计算下列曲面积分：

$(1)\iint\limits_{\Sigma}x^2\mathrm{d}S;(2)\iint\limits_{\Sigma}(y^2+z^2)\mathrm{d}S;(3)\iint\limits_{\Sigma}(x+y+z)^2\mathrm{d}S.$

解 由轮换对称性得

$(1)\iint\limits_{\Sigma}x^2\mathrm{d}S=\iint\limits_{\Sigma}y^2\mathrm{d}S=\iint\limits_{\Sigma}z^2\mathrm{d}S=\frac{1}{3}\iint\limits_{\Sigma}(x^2+y^2+z^2)\mathrm{d}S=\frac{1}{3}\iint\limits_{\Sigma}a^2\mathrm{d}S=\frac{4\pi a^4}{3}.$

$(2)\iint\limits_{\Sigma}(y^2+z^2)\mathrm{d}S=\frac{2}{3}\iint\limits_{\Sigma}(x^2+y^2+z^2)\mathrm{d}S=\frac{2}{3}\iint\limits_{\Sigma}a^2\mathrm{d}S=\frac{8}{3}\pi a^4.$

$(3)\ \Sigma$ 关于三个坐标面都对称，而 $2xy$，$2yz$，$2zx$ 分别关于变量 x，y，z 是奇函数，由对称性可得

$$\iint\limits_{\Sigma}(2xy+2yz+2zx)\mathrm{d}S=0,$$

于是 $\iint\limits_{\Sigma}(x^2+y^2+z^2)\mathrm{d}S=\iint\limits_{\Sigma}a^2\mathrm{d}S=4\pi a^4.$

例③ $\iint\limits_{\Sigma}(xy+yz+zx)\mathrm{d}S$，其中 Σ 为锥面 $z=\sqrt{x^2+y^2}$ 被柱面 $x^2+y^2=2ax\ (a>0)$ 所截得的部分.

解 $\Sigma: z=\sqrt{x^2+y^2},(x,y)\in D,D: x^2+y^2\leqslant2ax$，则

$$\mathrm{d}S=\sqrt{1+z_x^2+z_y^2}\,\mathrm{d}x\mathrm{d}y=\sqrt{1+\left(\frac{x}{\sqrt{x^2+y^2}}\right)^2+\left(\frac{y}{\sqrt{x^2+y^2}}\right)^2}\,\mathrm{d}x\mathrm{d}y=\sqrt{2}\,\mathrm{d}x\mathrm{d}y,$$

故
$$\iint_{\Sigma}(xy+yz+zx)\mathrm{d}S=\iint_{D}(xy+y\sqrt{x^2+y^2}+x\sqrt{x^2+y^2})\sqrt{2}\,\mathrm{d}x\mathrm{d}y$$
$$=\sqrt{2}\left[\iint_{D}xy\mathrm{d}x\mathrm{d}y+\iint_{D}y\sqrt{x^2+y^2}\,\mathrm{d}x\mathrm{d}y+\iint_{D}x\sqrt{x^2+y^2}\,\mathrm{d}x\mathrm{d}y\right]$$
$$=0+0+\sqrt{2}\iint_{D}x\sqrt{x^2+y^2}\,\mathrm{d}x\mathrm{d}y$$
$$=\sqrt{2}\int_{-\frac{\pi}{2}}^{\frac{\pi}{2}}\mathrm{d}\theta\int_{0}^{2a\cos\theta}r\cdot r\cos\theta r\,\mathrm{d}r$$
$$=4\sqrt{2}\,a^4\int_{-\frac{\pi}{2}}^{\frac{\pi}{2}}\cos^5\theta\mathrm{d}\theta=8\sqrt{2}\,a^4\int_{0}^{\frac{\pi}{2}}\cos^5\theta\mathrm{d}\theta$$
$$=\frac{64}{15}\sqrt{2}\,a^4.$$

注 如果读者可以看出 Σ 关于 xOz 面对称,由奇偶对称原理可得
$$\iint_{\Sigma}xy\mathrm{d}S=0,\iint_{\Sigma}yz\mathrm{d}S=0.$$

例❹ 计算积分 $\displaystyle\iint_{\Sigma}\frac{\mathrm{d}S}{x^2+y^2+z^2}$,其中 Σ 为界于平面 $z=0$ 及 $z=h\ (h>0)$ 之间的圆柱面 $x^2+y^2=R^2$.

错误解答: 因为积分曲面 Σ 在 xOy 平面上的投影区域 D_{xy} 的面积为零,所以
$$\iint_{\Sigma}\frac{\mathrm{d}S}{x^2+y^2+z^2}=0.$$

错误剖析: 此题的错误在于不看积分曲面 Σ 的方程 $F(x,\ y,\ z)=0$ 的具体形式,一味地向 xOy 平面投影. 事实上,计算对面积的曲面积分时,Σ 应向哪一坐标平面投影,一般取决于 Σ 的方程 $F(x,\ y,\ z)=0$ 中究竟哪个变量能用另外两个变量的显式形式表示. 如 Σ 的方程为单值函数 $z=z(x,\ y)$,则应将 Σ 向 xOy 平面上投影;若 $x=x(y,\ z)$,则应将 Σ 向 yOz 平面上投影;若 $y=y(z,\ x)$,则应将 Σ 向 zOx 平面上投影;若 Σ 的方程既可化为 $z=z(x,\ y)$,又可化为 $y=y(z,\ x)$ 或 $x=x(y,\ z)$,则可适当选择一个坐标面作为投影平面. 在本题中,由于从 $x^2+y^2=R^2$ 不能确定 z 是 $x,\ y$ 的函数,只能确定 $x=\pm\sqrt{R^2-y^2}$ 或 $y=\pm\sqrt{R^2-x^2}$,所以将 Σ 向 xOy 平面上投影是错误的.

正确解答: 选择 yOz 面为投影平面,令
$$\Sigma_1:x=\sqrt{R^2-y^2},\ \Sigma_2:x=-\sqrt{R^2-y^2},$$
Σ_1,Σ_2 在 yOz 平面上的投影区域 D_{yz} 均为
$$D_{yz}:-R\leqslant y\leqslant R,\Sigma_2:0\leqslant z\leqslant h.$$

在 Σ_1 上, $\mathrm{d}S=\dfrac{R}{\sqrt{R^2-y^2}}\mathrm{d}y\mathrm{d}z$,在 Σ_2 上, $\mathrm{d}S=\dfrac{R}{\sqrt{R^2-y^2}}\mathrm{d}y\mathrm{d}z$,故
$$\iint_{\Sigma}\frac{\mathrm{d}S}{x^2+y^2+z^2}=\left(\iint_{\Sigma_1}+\iint_{\Sigma_2}\right)\frac{\mathrm{d}S}{x^2+y^2+z^2}=2R\iint_{D_{yz}}\frac{\mathrm{d}y\mathrm{d}z}{(R^2+z^2)\sqrt{R^2-y^2}}$$
$$=2R\int_{-R}^{R}\frac{\mathrm{d}y}{\sqrt{R^2-y^2}}\int_{0}^{h}\frac{\mathrm{d}z}{R^2+z^2}=2\pi\arctan\frac{h}{R}.$$

考点 10 第二类曲面积分

知识补给库

曲面 Σ 的侧. 设 $\Sigma : z = z(x, y), (x, y) \in D_{xy}$, 上侧（或下侧）是指 Σ 的法向量 $\vec{n}$ 与 z 轴正向夹角 $\gamma < \frac{\pi}{2}$（或 $\gamma > \frac{\pi}{2}$）, $\cos\gamma = \pm\dfrac{1}{\sqrt{1 + z_x'^2 + z_y'^2}}$; 同理, Σ 的法向量 n 与 x 轴正向及 y 轴正向的夹角 α 与 β 是锐角还是钝角, 或者 $\cos\alpha$ 及 $\cos\beta$ 是正还是负, 来确定是前侧还是后侧, 是后侧还是左侧.

当 $\{P, Q, R\}$ 为流速场的流速时, 那么

$$\iint_\Sigma P\,dydz + Q\,dzdx + R\,dxdy \text{ 表示流量.}$$

第二类曲面积分计算方法如下:

1. 一代二换三定号

计算公式: $\iint\limits_\Sigma P(x, y, z)\,dydz = \pm\iint\limits_{D_{yz}} P(x(y, z), y, z)\,dydz$; ①

$\iint\limits_\Sigma Q(x, y, z)\,dzdx = \pm\iint\limits_{D_{zx}} Q(x, y(z, x), z)\,dzdx$; ②

$\iint\limits_\Sigma R(x, y, z)\,dxdy = \pm\iint\limits_{D_{xy}} R(x, y, z(x, y))\,dxdy$. ③

以公式③说明把曲面积分转化为二重积分的步骤及注意事项:

a. "一代": 确定曲面 Σ 的方程 $z = z(x, y)$, 代入被积函数中.

b. "二换": 确定曲面 Σ 在 xOy 平面上的投影区域 D_{xy}.

C. "三定号":确定二重积分前的符号,曲面Σ取上侧是正号,取下侧是负号.

注 当曲面Σ与xOy平面垂直时,$\iint\limits_{\Sigma} R(x,y,z)\,dxdy = 0$.

2.高斯公式

$$\oiint\limits_{\Sigma} Pdydz + Qdzdx + Rdxdy = \iiint\limits_{\Omega}\left(\frac{\partial P}{\partial x}+\frac{\partial Q}{\partial y}+\frac{\partial R}{\partial z}\right)dv.$$

注 (1)该公式成立须满足3个条件:

① Σ为封闭曲面.

② Σ是Ω的整个边界曲面的外侧.

③ $P,Q,R,\frac{\partial P}{\partial x},\frac{\partial Q}{\partial y},\frac{\partial R}{\partial z}$在$\Omega$上连续.

(2)若Σ不是封闭曲面,可添补曲面Σ_1,使$\Sigma+\Sigma_1$为封闭曲面,再用高斯公式.

(3)若Σ不选取外侧,而是取内侧,在使用高斯公式时,三重积分前应加上"负号".

(4)若$P,Q,R,\frac{\partial P}{\partial x},\frac{\partial Q}{\partial y},\frac{\partial R}{\partial z}$在$\Omega$上不连续,看看能否用曲面方程代入被积函数,去掉其不连续点;若去不掉,可以使用以下结论:

任何一张包含不连续点在内的分段光滑闭曲面的积分均相等.

3.合一投影法(向量点积法)

情形1 设$\Sigma: z=f(x,y)$法向量为$(-f'_x,-f'_y,1)$,

$$\iint\limits_{\Sigma} Pdydz + Qdzdx + Rdxdy = \iint\limits_{\Sigma} (P,Q,R) \cdot (-f'_x, -f'_y, 1)\, dxdy$$

$$= \iint\limits_{\Sigma} (R - Pf'_x - Qf'_y)\, dx dy.$$

情形 2　设 $\Sigma: y = f(z,x)$，法向量为 $(-f'_x, 1, -f'_z)$，

$$\iint\limits_{\Sigma} Pdydz + Qdzdx + Rdxdy = \iint\limits_{\Sigma} (P,Q,R) \cdot (-f'_x, 1, -f'_z)\, dzdx.$$

情形 3　设 $\Sigma: x = f(y,z)$，法向量为 $(-1, -f'_y, -f'_z)$，

$$\iint\limits_{\Sigma} Pdydz + Qdzdx + Rdxdy = \iint\limits_{\Sigma} (P,Q,R) \cdot (1, -f'_y, -f'_z)\, dydz.$$

以情形 1 为例，进行推导．

设 P, Q, R 在光滑有向曲面 $\Sigma: z = f(x,y)$ 上连续．

$\vec{n} = (\cos\alpha, \cos\beta, \cos\gamma)$ 为 Σ 的单位法向量，当 Σ 取上侧时有

$$\cos\alpha = \frac{-f'_x}{\sqrt{1 + f'^2_x + f'^2_y}}, \cos\beta = \frac{-f'_y}{\sqrt{1 + f'^2_x + f'^2_y}}, \cos\gamma = \frac{1}{\sqrt{1 + f'^2_x + f'^2_y}},$$

而 $dxdy = \cos\gamma \cdot dS$，$dzdx = \cos\beta dS$，$dzdy = \cos\alpha dS$，

即　$dS = \dfrac{dxdy}{\cos\gamma} = \dfrac{dzdx}{\cos\beta} = \dfrac{dzdy}{\cos\alpha}$，

从而　$dzdx = \dfrac{\cos\beta}{\cos\gamma} dxdy = -f'_y dxdy$，

$$dzdy = \frac{\cos\alpha}{\cos\gamma} dxdy = -f'_x dxdy,$$

故　$\iint\limits_{\Sigma} Pdydz + Qdzdx + Rdxdy = \iint\limits_{\Sigma} (-Pf'_x - Qf'_y + R)\, dxdy.$

4. 转化为第一类曲面积分

$$\iint\limits_{\Sigma} Pdydz + Qdzdx + Rdxdy = \iint\limits_{\Sigma} (P\cos\alpha + Q\cos\beta + R\cos\gamma)\, dS.$$

其中,$\cos\alpha,\cos\beta,\cos\gamma$ 是 Σ 点 (x,y,z) 处法向量的方向余弦.

5. 对称性化简

若 Σ 关于 xOy 平面对称,且 xOy 平面上方部分为曲面 Σ_1,

则 $\iint\limits_{\Sigma} R(x,y,z)\mathrm{d}x\mathrm{d}y = \begin{cases} 0, & R\text{ 关于 }z\text{ 为偶函数,} \\ 2\iint\limits_{\Sigma_1} R(x,y,z)\mathrm{d}x\mathrm{d}y, & R\text{ 关于 }z\text{ 为奇函数.} \end{cases}$

若曲面 Σ 关于 yOz 面对称,被积函数 P 关于 x 为奇偶函数,有类似的公式,读者必学会举一反三,而且要注意与前面定积分、二重积分、三重积分、第一类曲线积分、第一类曲面积分中奇偶对称的区别,第二类曲面积分不再满足"偶倍奇零",刚好相反,"奇倍偶零".

典型例题

例❶ 计算 $I = \iint\limits_{\Sigma} \dfrac{x\mathrm{d}y\mathrm{d}z + z^2\mathrm{d}x\mathrm{d}y}{x^2+y^2+z^2}$,其中 Σ 是由曲面 $x^2+y^2=R^2$ 及平面 $z=R$,$z=-R(R>0)$ 所围成立体表面外侧.

解 设 $\Sigma_1,\Sigma_2,\Sigma_3$ 依次为 Σ 的上、下底和圆柱面部分,则

$$\iint\limits_{\Sigma_1} \frac{x\mathrm{d}y\mathrm{d}z}{x^2+y^2+z^2} = \iint\limits_{\Sigma_2} \frac{x\mathrm{d}y\mathrm{d}z}{x^2+y^2+z^2} = 0,$$

$$\iint\limits_{\Sigma_3} \frac{x\mathrm{d}y\mathrm{d}z}{x^2+y^2+z^2} = \iint\limits_{D_{yz}} \frac{\sqrt{R^2-y^2}}{R^2+z^2}\mathrm{d}y\mathrm{d}z - \iint\limits_{D_{yz}} \frac{-\sqrt{R^2-y^2}}{R^2+z^2}\mathrm{d}y\mathrm{d}z$$

$$= 2\iint\limits_{D_{yz}} \frac{\sqrt{R^2-y^2}}{R^2+z^2}\mathrm{d}y\mathrm{d}z = 2\int_{-R}^{R}\sqrt{R^2-y^2}\mathrm{d}y\int_{-R}^{R}\frac{\mathrm{d}z}{R^2+z^2} = \frac{\pi^2}{2}R.$$

$$\iint\limits_{\Sigma_1+\Sigma_2} \frac{z^2\mathrm{d}x\mathrm{d}y}{x^2+y^2+z^2} = \iint\limits_{D_{xy}} \frac{R^2\mathrm{d}x\mathrm{d}y}{x^2+y^2+R^2} - \iint\limits_{D_{xy}} \frac{R^2\mathrm{d}x\mathrm{d}y}{x^2+y^2+R^2} = 0,$$

$$\iint\limits_{\Sigma_3} \frac{z^2\mathrm{d}x\mathrm{d}y}{x^2+y^2+z^2} = 0,\text{原式} = \frac{\pi^2}{2}R.$$

例❷ 求 $\iint\limits_{\Sigma} x\mathrm{d}y\mathrm{d}z + y\mathrm{d}z\mathrm{d}x + z\mathrm{d}x\mathrm{d}y$,其中 Σ 为锥面 $x^2+y^2=z^2$ 被平面 $z=0$ 及 $z=h$ 所截部分的外侧.

解法 1 将 Σ 分别投影到 yOz,zOx 与 xOy 平面来计算,从图 9-10 看出,当 $x>0$ 时,

对应的曲面 Σ 上的法向量与 Ox 轴的夹角小于 $\dfrac{\pi}{2}$，而 $x<0$ 对

应的曲面上的法向量与 Ox 轴的夹角大于 $\dfrac{\pi}{2}$，所以要将 Σ 分成

Σ_1 与 Σ_2 两部分，它们的方程分别为

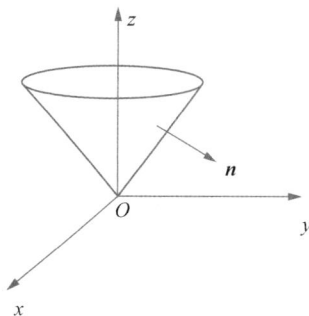

图 9-10

$\Sigma_1: x=\sqrt{z^2-y^2}$，$\Sigma_2: x=-\sqrt{z^2-y^2}$，它们在 yOz 平面上的投影为同一个区域 $D_2: y=-z$，$y=z$ 以及 $z=h$ 所围三角形，所以

$$\iint\limits_{\Sigma} x\,\mathrm{d}y\mathrm{d}z = \iint\limits_{\Sigma_1} x\,\mathrm{d}y\mathrm{d}z + \iint\limits_{\Sigma_2} x\,\mathrm{d}y\mathrm{d}z = 2\iint\limits_{D_2}\sqrt{z^2-y^2}\,\mathrm{d}y\mathrm{d}z$$

$$= 2\int_0^h \mathrm{d}z\int_{-z}^z \sqrt{z^2-y^2}\,\mathrm{d}y = \frac{\pi h^3}{3}.$$

由对称性可知，$\displaystyle\iint\limits_{\Sigma} y\,\mathrm{d}z\mathrm{d}x = \frac{\pi h^3}{3}$，

而 $\displaystyle\iint\limits_{\Sigma} z\,\mathrm{d}x\mathrm{d}y = -\iint\limits_{x^2+y^2\leqslant h^2}\sqrt{x^2+y^2}\,\mathrm{d}x\mathrm{d}y = -\int_0^{2\pi}\mathrm{d}\theta\int_0^h r^2\,\mathrm{d}r = -\frac{2\pi h^3}{3}$，

将以上三个积分式相加，得 $\displaystyle\iint\limits_{\Sigma} x\,\mathrm{d}y\mathrm{d}z + y\,\mathrm{d}z\mathrm{d}x + z\,\mathrm{d}x\mathrm{d}y = 0.$

解法 2 均投影到 xOy 平面上来计算. Σ 在 xOy 平面上的投影区域 $D_{xy}: x^2+y^2\leqslant h^2$，在 Σ 上，$\dfrac{\partial z}{\partial x}=\dfrac{x}{z}$，$\dfrac{\partial z}{\partial y}=\dfrac{y}{z}$，代入公式，得

$$\iint\limits_{\Sigma} x\,\mathrm{d}y\mathrm{d}z + y\,\mathrm{d}z\mathrm{d}x + z\,\mathrm{d}x\mathrm{d}y = -\iint\limits_{D_{xy}}\left[x\left(-\frac{\partial z}{\partial x}\right)+y\left(-\frac{\partial z}{\partial y}\right)+z\right]\mathrm{d}x\mathrm{d}y$$

$$= -\iint\limits_{D_{xy}}\left(-\frac{x^2}{z}-\frac{y^2}{z}+z\right)\mathrm{d}x\mathrm{d}y = -\iint\limits_{D_{xy}} 0\,\mathrm{d}x\mathrm{d}y = 0.$$

例 3 设 Σ 是曲面 $x=\sqrt{1-3y^2-3z^2}$ 的前侧，计算曲面积分

$$I=\iint\limits_{\Sigma} x\,\mathrm{d}y\mathrm{d}z + (y^3+2)\mathrm{d}z\mathrm{d}x + z^3\,\mathrm{d}x\mathrm{d}y.$$

解 设 Σ_1 为平面 $x=0$ 被 $\begin{cases}3y^2+3z^2=1,\\ x=0\end{cases}$ 所围部分的后侧，Ω 为 Σ 与 Σ_1 所围的立体. 根据高斯公式，

$$\iint\limits_{\Sigma+\Sigma_1} x\,\mathrm{d}y\mathrm{d}z + (y^3+2)\mathrm{d}z\mathrm{d}x + z^3\,\mathrm{d}x\mathrm{d}y = \iiint\limits_{\Omega}(1+3y^2+3z^2)\mathrm{d}x\mathrm{d}y\mathrm{d}z.$$

设 $y=r\cos\theta$，$z=r\sin\theta$，则

$$\iiint\limits_{\Omega}(1+3y^2+3z^2)\mathrm{d}x\mathrm{d}y\mathrm{d}z = \int_0^{2\pi}\mathrm{d}\theta\int_0^{\frac{\sqrt{3}}{3}}\mathrm{d}r\int_0^{\sqrt{1-3r^2}}(1+3r^2)r\,\mathrm{d}x$$

$$= 2\pi\int_0^{\frac{\sqrt{3}}{3}} r(1+3r^2)\sqrt{1-3r^2}\,\mathrm{d}r.$$

设 $\sqrt{1-3r^2}=t$，则

$$2\pi\int_0^{\frac{\sqrt{3}}{3}} r(1+3r^2)\sqrt{1-3r^2}\,\mathrm{d}r = \frac{2\pi}{3}\int_0^1(2-t^2)t^2\,\mathrm{d}t = \frac{14\pi}{45}.$$

又 $\iint\limits_{\Sigma_1} x\mathrm{d}y\mathrm{d}z+(y^3+2)\mathrm{d}z\mathrm{d}x+z^3\mathrm{d}x\mathrm{d}y=0$，所以 $I=\dfrac{14\pi}{45}$.

例❹ 计算曲面积分 $I=\oiint\limits_{\Sigma}\dfrac{x\mathrm{d}y\mathrm{d}z+y\mathrm{d}z\mathrm{d}x+z\mathrm{d}x\mathrm{d}y}{(x^2+y^2+z^2)^{\frac{3}{2}}}$，其中 Σ 是曲面 $2x^2+2y^2+z^2$

$=4$ 的外侧.

解 如图 9-11 所示.

$$\frac{\partial}{\partial x}\left(\frac{x}{(x^2+y^2+z^2)^{\frac{3}{2}}}\right)=\frac{y^2+z^2-2x^2}{(x^2+y^2+z^2)^{\frac{5}{2}}}. \qquad ①$$

$$\frac{\partial}{\partial y}\left(\frac{y}{(x^2+y^2+z^2)^{\frac{3}{2}}}\right)=\frac{x^2+z^2-2y^2}{(x^2+y^2+z^2)^{\frac{5}{2}}}. \qquad ②$$

$$\frac{\partial}{\partial z}\left(\frac{z}{(x^2+y^2+z^2)^{\frac{3}{2}}}\right)=\frac{x^2+y^2-2z^2}{(x^2+y^2+z^2)^{\frac{5}{2}}}. \qquad ③$$

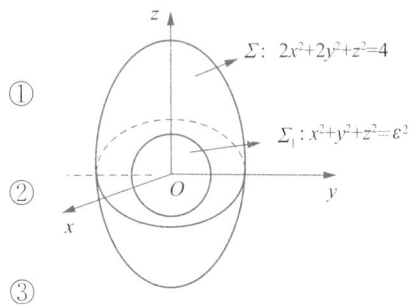
图 9-11

①+②+③，得

$$\frac{\partial}{\partial x}\left(\frac{x}{(x^2+y^2+z^2)^{\frac{3}{2}}}\right)+\frac{\partial}{\partial y}\left(\frac{y}{(x^2+y^2+z^2)^{\frac{3}{2}}}\right)+\frac{\partial}{\partial z}\left(\frac{z}{(x^2+y^2+z^2)^{\frac{3}{2}}}\right)=0.$$

由于式①~式③中的偏导数在点 $(0，0，0)$ 处不连续，故不能直接用高斯公式.

取 Σ_1：$x^2+y^2+z^2=\varepsilon^2(\varepsilon\to 0^+)$ 外侧，在 Σ_1 与 Σ 之间构成区域 Ω_0，式①~式③中的偏导均连续，满足高斯公式的条件，由高斯公式

$$\oiint\limits_{\Sigma+\Sigma_1^-}\frac{x\mathrm{d}y\mathrm{d}z+y\mathrm{d}z\mathrm{d}x+z\mathrm{d}x\mathrm{d}y}{(x^2+y^2+z^2)^{\frac{3}{2}}}=\iiint\limits_{\Omega_0}0\mathrm{d}v=0,$$

故

$$\begin{aligned}
\oiint\limits_{\Sigma}\frac{x\mathrm{d}y\mathrm{d}z+y\mathrm{d}z\mathrm{d}x+z\mathrm{d}x\mathrm{d}y}{(x^2+y^2+z^2)^{\frac{3}{2}}} &= 0+\oiint\limits_{\Sigma_1}\frac{x\mathrm{d}y\mathrm{d}z+y\mathrm{d}z\mathrm{d}x+z\mathrm{d}x\mathrm{d}y}{(x^2+y^2+z^2)^{\frac{3}{2}}}\\
&=\oiint\limits_{\Sigma_1}\frac{x\mathrm{d}y\mathrm{d}z+y\mathrm{d}z\mathrm{d}x+z\mathrm{d}x\mathrm{d}y}{(\varepsilon^2)^{\frac{3}{2}}}\\
&=\frac{1}{\varepsilon^3}\iiint\limits_{\Omega_1}\left(\frac{\partial x}{\partial x}+\frac{\partial y}{\partial y}+\frac{\partial z}{\partial z}\right)\mathrm{d}V\\
&=\frac{3}{\varepsilon^3}\iiint\limits_{\Omega_1}1\mathrm{d}V=\frac{3}{\varepsilon^3}V_{\Omega_1}=\frac{3}{\varepsilon^3}\left(\frac{4}{3}\pi\varepsilon^3\right)=4\pi,
\end{aligned}$$

其中 Ω_1 是由 Σ_1 围成的封闭区域.

例❺ 设 Σ 为曲面 $z=\sqrt{x^2+y^2}$ $(1\leqslant x^2+y^2\leqslant 4)$ 的下侧，$f(x)$ 是连续函数，计算

$$I = \iint\limits_{\Sigma} [xf(xy) + 2x - y]\mathrm{d}y\mathrm{d}z + [yf(xy) + 2y + x]\mathrm{d}z\mathrm{d}x + [zf(xy) + z]\mathrm{d}x\mathrm{d}y.$$

解法 1 本题主要考查第二类曲面积分的概念和第二类曲面积分与第一类曲面积分的关系,考查将第二类曲面积分或第一类曲面积分化为二重积分的方法,考查二重积分的计算. 这是一道考查基本性质、基本方法、基本运算的试题.

因为 Σ 在点 (x, y, z) 处的正向法向量为 $\dfrac{1}{\sqrt{x^2 + y^2 + z^2}}(x, y, -z)$,根据第二类曲面积分与第一类曲面积分的关系得

$$I = \iint\limits_{\Sigma} \frac{1}{\sqrt{x^2 + y^2 + z^2}}[(x^2 + y^2 - z^2)f(xy) + 2x^2 + 2y^2 - z^2]\mathrm{d}S.$$

又因为 $z^2 = x^2 + y^2$,所以

$$I = \frac{\sqrt{2}}{2}\iint\limits_{\Sigma} \sqrt{x^2 + y^2}\,\mathrm{d}S.$$

记 $D = \{(x, y) \mid 1 \leqslant x^2 + y^2 \leqslant 4\}$,又

$$\sqrt{\left(\frac{\partial z}{\partial x}\right)^2 + \left(\frac{\partial z}{\partial y}\right)^2 + 1} = \sqrt{\left(\frac{x}{\sqrt{x^2 + y^2}}\right)^2 + \left(\frac{y}{\sqrt{x^2 + y^2}}\right)^2 + 1} = \sqrt{2},$$

所以

$$I = \iint\limits_{D} \sqrt{x^2 + y^2}\,\mathrm{d}x\mathrm{d}y = \int_0^{2\pi} \mathrm{d}\theta \int_1^2 r^2\,\mathrm{d}r = \frac{14\pi}{3}.$$

解法 2 曲面 Σ 在 xOy 平面上的投影域为 $D = \{(x, y) \mid 1 \leqslant x^2 + y^2 \leqslant 4\}$.

因为 $\dfrac{\partial z}{\partial x} = \dfrac{x}{\sqrt{x^2 + y^2}}$, $\dfrac{\partial z}{\partial y} = \dfrac{y}{\sqrt{x^2 + y^2}}$,且下侧为正,所以

$$I = \iint\limits_{\Sigma} [xf(xy) + 2x - y]\mathrm{d}y\mathrm{d}z + [yf(xy) + 2y + x]\mathrm{d}z\mathrm{d}x + [zf(xy) + z]\mathrm{d}x\mathrm{d}y$$

$$= -\iint\limits_{D} \left\{ -\frac{x}{\sqrt{x^2 + y^2}}[xf(xy) + 2x - y] - \frac{y}{\sqrt{x^2 + y^2}}[yf(xy) + 2y + x] + \right.$$

$$\left. [f(xy) + 1]\sqrt{x^2 + y^2} \right\}\mathrm{d}x\mathrm{d}y$$

$$= \iint\limits_{\Sigma} \sqrt{x^2 + y^2}\,\mathrm{d}x\mathrm{d}y$$

$$= \int_0^{2\pi} \mathrm{d}\theta \int_1^2 r^2\,\mathrm{d}r$$

$$= \frac{14\pi}{3}.$$

典型错误:本题的得分情况很不理想,主要原因是:绝大部分考生对数学的认识还处在初等水平,认为数学题都是套路题,只要记住套路就会学好数学. 通过考生的解答,可以看出绝大部分考生不明白条件 $f(x)$ 连续是意味着本题不能使用高斯公式,所以大部分考

生开始就加辅助面,然而利用高斯公式,最后导出的三重积分的被积函数无法处理,只好不了了之.如果知道高斯公式需要被积函数具有一阶连续偏导数的条件,也就不会出现这种情况.

在曲面方程已知的条件下,将曲面积分化为二重积分,是计算曲面积分最基本的方法,也是所有计算公式中需要条件最少的方法.部分考生并没有掌握好这一点.

考点 11　空间曲线积分

知识补给库

空间曲线的第二类曲线积分的计算:

(1)方法1:斯托克斯公式.

$$\oint_L Pdx+Qdy+Rdz=\iint_\Sigma \begin{vmatrix} dydz & dzdx & dxdy \\ \frac{\partial}{\partial x} & \frac{\partial}{\partial y} & \frac{\partial}{\partial z} \\ P & Q & R \end{vmatrix} = \iint_\Sigma \begin{vmatrix} \cos\alpha & \cos\beta & \cos\gamma \\ \frac{\partial}{\partial x} & \frac{\partial}{\partial y} & \frac{\partial}{\partial z} \\ P & Q & R \end{vmatrix} ds.$$

注　①转化为第二类曲面积分,这里需要选定此有向封闭曲线 L 为边界线的有向曲面 Σ,使 L 的正向与 Σ 的正侧符合右手法则.

②以 L 为边界的有向曲面 Σ 的选取是不唯一的,但 Σ 的选取应以便于计算为原则.

(2)方法2:把空间曲线的第二类曲线积分化为在某坐标平面上其投影平面曲线的第二类曲线积分.

例如,若空间曲线 L 在曲面 $z=z(x,y)$ 上,L 在 xOy 平面上的投影平面曲线为 L_1,则有

$$\int_L P(x,y,z)dx+Q(x,y,z)dy+R(x,y,z)dz$$
$$=\int_{L_1} P(x,y,z(x,y))dx+Q(x,y,z(x,y))dy+R(x,y,z(x,y))\left(\frac{\partial z}{\partial x}dx+\frac{\partial z}{\partial y}dy\right).$$

典型例题

例❶　计算下列曲线积分,其中 L 为平面 $x+y+z=a$ 与三坐标平面的交线,方向与 $x+y+z=a$ 的上侧法向量符合右手法则.

(1) $\oint_L zdx+xdy+ydz$;

(2) $\oint_L (y-x)\mathrm{d}z + (z-y)\mathrm{d}x + (x-z)\mathrm{d}y$.

(3) $\oint_L (y^2-z^2)\mathrm{d}x + (z^2-x^2)\mathrm{d}y + (x^2-y^2)\mathrm{d}z$.

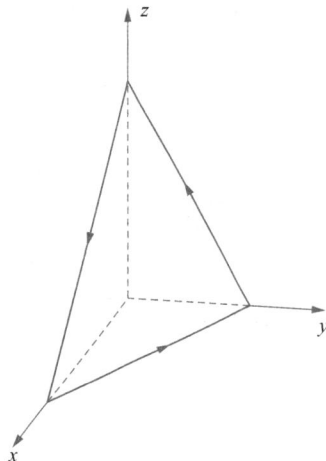

解 记平面 $x+y+z=a$ 与 L 所围成的平面的部分为 S

(图 9-12). S 的面积为 $\dfrac{\sqrt{3}}{2}a^2$.

S 的单位法向量 $\boldsymbol{n} = \dfrac{1}{\sqrt{3}}(1,\,1,\,1)$,

即 $\cos\alpha = \cos\beta = \cos\gamma = \dfrac{1}{\sqrt{3}}$.

利用斯托克斯公式,

$$\oint_L P\mathrm{d}x + Q\mathrm{d}y + R\mathrm{d}z = \frac{1}{\sqrt{3}}\iint_\Sigma \begin{vmatrix} 1 & 1 & 1 \\ \dfrac{\partial}{\partial x} & \dfrac{\partial}{\partial y} & \dfrac{\partial}{\partial z} \\ P & Q & R \end{vmatrix}\mathrm{d}S,\ 可得:$$

图 9 - 12

(1) 原式 $= \dfrac{1}{\sqrt{3}}\iint_\Sigma \begin{vmatrix} 1 & 1 & 1 \\ \dfrac{\partial}{\partial x} & \dfrac{\partial}{\partial y} & \dfrac{\partial}{\partial z} \\ z & x & y \end{vmatrix}\mathrm{d}S = \dfrac{3}{\sqrt{3}}\iint_\Sigma \mathrm{d}S = \sqrt{3}\cdot\dfrac{\sqrt{3}}{2}a^2 = \dfrac{3}{2}a^2$.

(2) 原式 $= \dfrac{6}{\sqrt{3}}\iint_\Sigma \mathrm{d}S = 2\sqrt{3}\times\dfrac{\sqrt{3}}{2}a^2 = 3a^2$.

(3) 原式 $= -\dfrac{4}{\sqrt{3}}\iint_\Sigma (x+y+z)\mathrm{d}S = -\dfrac{4}{\sqrt{3}}a\iint_\Sigma \mathrm{d}S = -\dfrac{4}{\sqrt{3}}a\dfrac{\sqrt{3}}{2}a^2 = -2a^3$.

例2 求 $\oint_L y\mathrm{d}x + z\mathrm{d}y + x\mathrm{d}z$,其中 L 为球面 $x^2+y^2+z^2 = a^2$ 与 $x+y+z=0$ 的交线,从 x 轴的正方向看去 L 为逆时针方向.

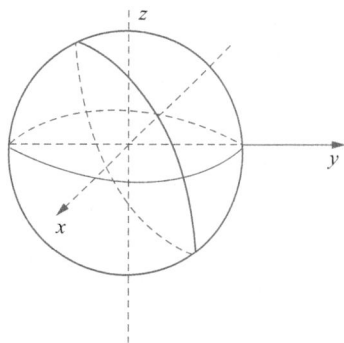

解 如图 9-13 所示,取 Σ 为平面 $x+y+z=0$ 被 $x^2+y^2+z^2 = a^2$ 所围成的部分的上侧,Σ 的面积为 πa^2,Σ 的单位法向量为 $\boldsymbol{n} = \dfrac{1}{\sqrt{3}}(1,\,1,\,1)$,

由斯托克斯公式,得

$$\oint_L y\mathrm{d}x + z\mathrm{d}y + x\mathrm{d}z = \frac{1}{\sqrt{3}}\iint_\Sigma (-1-1-1)\mathrm{d}S$$

$$= -\frac{3}{\sqrt{3}}\iint_\Sigma \mathrm{d}S = -\sqrt{3}\pi a^2.$$

图 9 - 13

例3 求 $\oint_L x\mathrm{d}y - y\mathrm{d}x$,其中 L 为 $\begin{cases} x^2+y^2+z^2 = 1, \\ x^2+y^2 = x \end{cases}$ $(z\geqslant 0)$,从 z 轴正向下看 L 取逆时针方向.

解法 1 记 $\Sigma = \{(x, y, z) \mid x^2 + y^2 + z^2 = 1, x^2 + y^2 \leqslant x, z \geqslant 0\}$，其法向量与 z 轴夹角为锐角.

由斯托克斯公式,得

$$\oint_L x\mathrm{d}y - y\mathrm{d}x = \iint_\Sigma \begin{vmatrix} \mathrm{d}y\mathrm{d}z & \mathrm{d}z\mathrm{d}x & \mathrm{d}x\mathrm{d}y \\ \dfrac{\partial}{\partial x} & \dfrac{\partial}{\partial y} & \dfrac{\partial}{\partial z} \\ -y & x & 0 \end{vmatrix} = 2\iint_\Sigma \mathrm{d}x\mathrm{d}y = 2\iint_{x^2+y^2\leqslant x} \mathrm{d}x\mathrm{d}y = \dfrac{\pi}{2}.$$

解法 2 记 $\Sigma_1 = \{(x, y, z) \mid x^2 + y^2 = x, 0 \leqslant z \leqslant 1 - x^2 - y^2\}$,

$\Sigma_2 = \{(x, y, z) \mid x^2 + y^2 \leqslant x, z = 0\}$,其法向量朝上.

$$\oint_L x\mathrm{d}y - y\mathrm{d}x = \iint_{\Sigma_1+\Sigma_2} \begin{vmatrix} \mathrm{d}y\mathrm{d}z & \mathrm{d}z\mathrm{d}x & \mathrm{d}x\mathrm{d}y \\ \dfrac{\partial}{\partial x} & \dfrac{\partial}{\partial y} & \dfrac{\partial}{\partial z} \\ -y & x & 0 \end{vmatrix} = 2\iint_{\Sigma_1+\Sigma_2} \mathrm{d}x\mathrm{d}y = 2\iint_{x^2+y^2\leqslant x} \mathrm{d}x\mathrm{d}y = \dfrac{\pi}{2}.$$

解法 3 化空间曲线为平面曲线积分.

设 L 的参数方程为 $x = \dfrac{1}{2}(1 + \cos\theta), y = \dfrac{1}{2}\sin\theta$,

$$z = \dfrac{1}{\sqrt{2}}\sqrt{1 - \cos\theta}, \theta \in [0, 2\pi],$$

则 $\displaystyle\oint_L x\mathrm{d}y - y\mathrm{d}x = \int_0^{2\pi}\left[\dfrac{1}{4}(1 + \cos\theta)\cos\theta + \dfrac{1}{4}\sin^2\theta\right]\mathrm{d}\theta$

$$= \dfrac{1}{4}\int_0^{2\pi}(1 + \cos\theta)\mathrm{d}\theta = \dfrac{\pi}{2}.$$

例❹ 已知曲线 L 的方程为 $\begin{cases} z = \sqrt{2 - x^2 - y^2}, \\ z = x, \end{cases}$ 起点为 $A(0, \sqrt{2}, 0)$,终点为 $B(0, -\sqrt{2}, 0)$,计算曲线积分

$$I = \int_L (y + z)\mathrm{d}z + (z^2 - x^2 + y)\mathrm{d}y + x^2 y^2 \mathrm{d}z.$$

分析:考查利用参数方程计算第二类空间曲线积分.

解法 1 由题意,假设 L 参数方程 $\begin{cases} x = \cos\theta, \\ y = \sqrt{2}\sin\theta, \\ z = \cos\theta, \end{cases} \theta: \dfrac{\pi}{2} \longrightarrow -\dfrac{\pi}{2},$

$I = \displaystyle\int_{\frac{\pi}{2}}^{-\frac{\pi}{2}}(\sqrt{2}\sin\theta + \cos\theta)\mathrm{d}(\cos\theta) + (\sqrt{2}\sin\theta)\mathrm{d}(\sqrt{2}\sin\theta) + \cos^2\theta \cdot 2\sin^2\theta\mathrm{d}(\cos\theta)$

$= -\sqrt{2}\displaystyle\int_{\frac{\pi}{2}}^{-\frac{\pi}{2}}\sin^2\theta\mathrm{d}\theta + \int_{\frac{\pi}{2}}^{-\frac{\pi}{2}}\cos\theta\,\mathrm{d}\cos\theta + \int_{\frac{\pi}{2}}^{-\frac{\pi}{2}}(\sqrt{2}\sin\theta)\mathrm{d}(\sqrt{2}\sin\theta) +$

$\displaystyle\int_{\frac{\pi}{2}}^{-\frac{\pi}{2}} -(\cos^2\theta \cdot 2\sin^2\theta)\sin\theta\mathrm{d}\theta$

$= -\sqrt{2}(-2)\displaystyle\int_0^{\frac{\pi}{2}}\sin^2\theta\mathrm{d}\theta = 2\sqrt{2} \times \dfrac{1}{2} \times \dfrac{\pi}{2} = \dfrac{\sqrt{2}}{2}\pi.$

解法 2　设 L_1 是从点 B 到点 A 的直线段，Σ 为平面 $z=x$ 上由 L 与 L_1 围成的半圆下侧，其面积为 π，法向量的方向余弦为 $\left(\dfrac{1}{\sqrt{2}},\,0,\,-\dfrac{1}{\sqrt{2}}\right)$.

由斯托克斯公式，得

$$\oint_{L+L_1}(y+z)\mathrm{d}x+(z^2-x^2+y)\mathrm{d}y+x^2y^2\mathrm{d}z$$

$$=\iint_{\Sigma}\begin{vmatrix}\dfrac{1}{\sqrt{2}} & 0 & -\dfrac{1}{\sqrt{2}}\\[2mm]\dfrac{\partial}{\partial x} & \dfrac{\partial}{\partial y} & \dfrac{\partial}{\partial z}\\[2mm]y+z & z^2-x^2+y & x^2y^2\end{vmatrix}\mathrm{d}S=\frac{1}{\sqrt{2}}\iint_{\Sigma}(2x^2y+1)\mathrm{d}S.$$

由于曲面 Σ 关于 xOz 平面对称，所以 $\displaystyle\iint_{\Sigma}2x^2y\,\mathrm{d}S=0$，故

$$\oint_{L+L_1}(y+z)\mathrm{d}x+(z^2-x^2+y)\mathrm{d}y+x^2y^2\mathrm{d}z=\frac{1}{\sqrt{2}}\iint_{\Sigma}\mathrm{d}S=\frac{\sqrt{2}}{2}\pi,$$

又 L_1 的参数方程为 $x=0$，$y=y$，$z=0$（y 从 $-\sqrt{2}$ 到 $\sqrt{2}$），所以

$$\int_{L_1}(y+z)\mathrm{d}x+(z^2-x^2+y)\mathrm{d}y+x^2y^2\mathrm{d}z=\int_{-\sqrt{2}}^{\sqrt{2}}y\,\mathrm{d}y=0,$$

因此 $I=\dfrac{\sqrt{2}}{2}\pi$.

考点 12　多元函数积分学应用

知识补给库

求质心坐标：

(1) 平面区域 D　$\bar{X}=\dfrac{\displaystyle\iint_{D}x\,\mathrm{d}x\mathrm{d}y}{S_D}$，$\bar{Y}=\dfrac{\displaystyle\iint_{D}y\,\mathrm{d}x\mathrm{d}y}{S_D}$（$S_D$ 为 D 的面积）.

(2) 平面曲线 L　$\bar{X}=\dfrac{\displaystyle\int_{L}x\,\mathrm{d}s}{L}$，$\bar{Y}=\dfrac{\displaystyle\int_{L}y\,\mathrm{d}s}{L}$（$L$ 为曲线的长度）.

(3) 空间区域 Ω　$\bar{X}=\dfrac{\displaystyle\iiint_{\Omega}x\,\mathrm{d}V}{V_\Omega}$，$\bar{Y}=\dfrac{\displaystyle\iiint_{\Omega}y\,\mathrm{d}V}{V_\Omega}$，$\bar{Z}=\dfrac{\displaystyle\iiint_{\Omega}z\,\mathrm{d}V}{V_\Omega}$（$V_\Omega$ 为 Ω 的体积）.

(4) 空间曲面 Σ　$\bar{X}=\dfrac{\displaystyle\iint_{\Sigma}x\,\mathrm{d}s}{S_\Sigma}$，$\bar{Y}=\dfrac{\displaystyle\iint_{\Sigma}y\,\mathrm{d}s}{S_\Sigma}$，$\bar{Z}=\dfrac{\displaystyle\iint_{\Sigma}z\,\mathrm{d}s}{S_\Sigma}$（$S_\Sigma$ 为 Σ 的面积）.

注 (1)读者不仅要学会求各种几何体的质心坐标,也要灵活运用以上几组公式去化简相应的积分,比如题中要求 $\iiint\limits_{\Omega} x\,\mathrm{d}v$,如果 $\bar{x}$ 易得,则 $\iiint\limits_{\Omega} x\,\mathrm{d}v = \bar{x} \cdot V_{\Omega}$,避开纯机械运算.

(2)考研数学考过求质心坐标的解答题,读者在复习过程中要加以重视.

典型例题

例❶ 设 Ω 由 $0 \leqslant z \leqslant 1 - \sqrt{x^2 + y^2}$ 所确立,则其质心坐标是_____.

解 曲面 $z = 1 - \sqrt{x^2 + y^2}$ 关于 z 轴对称,故 $\bar{X} = \bar{Y} = 0$,Ω 是高与底面半径皆为1的圆锥体.

故体积为 $\frac{1}{3}\pi$,

$$\iiint\limits_{\Omega} z\,\mathrm{d}v = \int_0^1 \mathrm{d}z \iint\limits_{x^2+y^2 \leqslant (1-z)^2} z\,\mathrm{d}x\mathrm{d}y = \pi \int_0^1 z(1-z)^2\,\mathrm{d}z = \frac{\pi}{12},$$

$$\bar{Z} = \frac{\pi/12}{\pi/3} = \frac{1}{4}.$$

例❷ 记 Σ:$z = \sqrt{R^2 - x^2 - y^2}$ 的质心为 $(0, 0, \bar{Z})$,则 $\bar{Z} =$ _____.

解 $\mathrm{d}S = \sqrt{1 + z_x'^2 + z_y'^2}\,\mathrm{d}x\mathrm{d}y = \dfrac{R}{\sqrt{R^2 - x^2 - y^2}}\mathrm{d}x\mathrm{d}y,$

$$\iint\limits_{\Sigma} z\,\mathrm{d}S = R \iint\limits_{x^2+y^2 \leqslant R^2} \mathrm{d}x\mathrm{d}y = \pi R^3,\ \bar{Z} = \frac{\pi R^3}{2\pi R^2} = \frac{R}{2}.$$

例❸ 求八分之一球面 $x^2 + y^2 + z^2 = 1$ $(x \geqslant 0,\ y \geqslant 0,\ z \geqslant 0)$ 的边界曲线的质心坐标,设曲线的密度 $\rho = 1$.

解 设曲线在 xOy,yOz,zOx 坐标半面内的弧段分别为 L_1,L_2,L_3,曲线的质心坐标为 $(\bar{x}, \bar{y}, \bar{z})$,

则曲线的长度为 $L = \oint\limits_{L_1+L_2+L_3} \mathrm{d}s = 3\oint\limits_{L_1} \mathrm{d}s = 3 \cdot \frac{2\pi}{4} = \frac{3\pi}{2}.$

由对称性可得质心坐标为

$$\bar{x} = \bar{y} = \bar{z} = \frac{1}{L} \oint\limits_{L_1+L_2+L_3} x\,\mathrm{d}s$$

$$= \frac{1}{L}\left(\int_{L_1} x\,\mathrm{d}s + \int_{L_2} x\,\mathrm{d}s + \int_{L_3} x\,\mathrm{d}s\right)$$

$$= \frac{1}{L}\left(\int_{L_1} x\,\mathrm{d}s + 0 + \int_{L_3} x\,\mathrm{d}s\right) = \frac{2}{L}\int_{L_1} x\,\mathrm{d}s = \frac{2}{L}\int_0^1 \frac{x\,\mathrm{d}x}{\sqrt{1-x^2}} = \frac{2}{L} = \frac{4}{3\pi}.$$

故所求质心坐标为 $\left(\dfrac{4}{3\pi}, \dfrac{4}{3\pi}, \dfrac{4}{3\pi}\right)$.

考点 13 场 论

知识补给库

1. 梯度

(1) 设 $u = f(x,y,z)$ 有一阶连续偏导数,称 $\overrightarrow{\mathrm{grad}\,f} = \dfrac{\partial u}{\partial x}\vec{i} + \dfrac{\partial u}{\partial y}\vec{j} + \dfrac{\partial u}{\partial z}\vec{k}$ 为 $f(x,y,z)$ 在 (x,y,z) 的梯度.

(2) 梯度的方向是方向导数最大的方向,该方向的方向导数的值为 $|\overrightarrow{\mathrm{grad}\,u}|$.

2. 散度与通量

(1) 设 $\vec{A}(x,y,z) = P(x,y,z)\vec{i} + Q(x,y,z)\vec{j} + R(x,y,z)\vec{k}$,$P,Q,R$ 有一阶连续偏导数,称 $\mathrm{div}A = \dfrac{\partial P}{\partial x} + \dfrac{\partial Q}{\partial y} + \dfrac{\partial R}{\partial z}$ 为矢量 A 在 (x,y,z) 的散度.

$$\mathrm{div}\left[\overrightarrow{\mathrm{grad}\,u}(x,y,z)\right] = \frac{\partial^2 u}{\partial x^2} + \frac{\partial^2 u}{\partial y^2} + \frac{\partial^2 u}{\partial z^2},$$

$$\mathrm{rot}\left[\overrightarrow{\mathrm{grad}\,u}(x,y,z)\right] = \vec{0},$$

$$\mathrm{div}\left[\overrightarrow{\mathrm{rot}\,A}(x,y,z)\right] = 0.$$

(2) 设流体的流速为

$$\vec{v} = P(x,y,z)\vec{i} + Q(x,y,z)\vec{j} + R(x,y,z)\vec{k},$$

称 $\Phi = \iint\limits_{\Sigma} P\,dydz + Q\,dzdx + R\,dxdy$ 为流体通过曲面 Σ 的通量(流量).

3. 旋度

设 $\vec{A} = P(x,y,z)\vec{i} + Q(x,y,z)\vec{j} + R(x,y,z)\vec{k}$，$P,Q,R$ 具有一阶连续偏导数，称

$$\overrightarrow{rot A} = \left(\frac{\partial R}{\partial y} - \frac{\partial Q}{\partial z}\right)\vec{i} + \left(\frac{\partial P}{\partial z} - \frac{\partial R}{\partial x}\right)\vec{j} + \left(\frac{\partial Q}{\partial x} - \frac{\partial P}{\partial y}\right)\vec{k} = \begin{vmatrix} \vec{i} & \vec{j} & \vec{k} \\ \frac{\partial}{\partial x} & \frac{\partial}{\partial y} & \frac{\partial}{\partial z} \\ P & Q & R \end{vmatrix}$$

为 $\vec{A}$ 在 (x,y,z) 的旋度.

典型例题

例❶ (2016) 向量场 $\boldsymbol{A}(x,y,z) = (x+y+z)\boldsymbol{i} + xy\boldsymbol{j} + z\boldsymbol{k}$ 的旋度 $\mathbf{rot}\,\boldsymbol{A} = $ _____.

解 $\mathbf{rot}\,\boldsymbol{A} = \begin{vmatrix} \boldsymbol{i} & \boldsymbol{j} & \boldsymbol{k} \\ \dfrac{\partial}{\partial x} & \dfrac{\partial}{\partial y} & \dfrac{\partial}{\partial z} \\ x+y+z & xy & z \end{vmatrix}$

$= (0-0)\boldsymbol{i} - (0-1)\boldsymbol{j} + (y-1)\boldsymbol{k} = \boldsymbol{j} + (y-1)\boldsymbol{k}.$

注 本题考生给出的答案五花八门.常见的错误答案有:

① 误认为是散度，$\mathrm{div}\,\boldsymbol{A} = 2 + x$.

② 误认为是斯托克斯公式中曲面积分的被积表达式，$\mathrm{d}z\mathrm{d}x + (y-1)\mathrm{d}x\mathrm{d}y$.

例❷ 设 $\boldsymbol{v}(x,y,z) = yz\boldsymbol{j} + z^2\boldsymbol{k}$

(1) 求 $\mathrm{div}\,\boldsymbol{v}$.

(2) 求 $\boldsymbol{v}$ 穿过曲面 Σ 流向上侧的通量，其中 Σ 为柱面 $y^2 + z^2 = 1$ $(z \geqslant 0)$ 被平面 $x = 0$ 及 $x = 1$ 截下的有限部分(图 9-14).

解 (1) $P(x,y,z) = 0$，$Q(x,y,z) = yz$，$R(x,y,z) = z^2$，

所以 $\mathrm{div}\,\boldsymbol{v} = \dfrac{\partial P}{\partial x} + \dfrac{\partial Q}{\partial y} + \dfrac{\partial R}{\partial z} = z + 2z = 3z.$

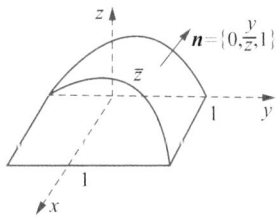

图 9-14

(2) $\Phi = \displaystyle\iint_{\Sigma} yz\mathrm{d}z\mathrm{d}x + z^2\mathrm{d}x\mathrm{d}y$

$= \displaystyle\iint_{D_{xy}} \{0, yz, z^2\} \cdot \left\{0, \dfrac{y}{z}, 1\right\}\mathrm{d}x\mathrm{d}y$

$= \displaystyle\iint_{D_{xy}} (y^2 + z^2)\mathrm{d}x\mathrm{d}y = \iint_{D_{xy}} (y^2 + 1 - y^2)\mathrm{d}x\mathrm{d}y = \iint_{D_{xy}} \mathrm{d}x\mathrm{d}y = 2.$

例❸ 设数量场 $u = \ln\sqrt{x^2 + y^2 + z^2}$，则 $\mathrm{div}(\mathbf{grad}\,u) = $ _____.

解　$\text{div}(\mathbf{grad}\,u)=\dfrac{\partial^2 u}{\partial x^2}+\dfrac{\partial^2 u}{\partial y^2}+\dfrac{\partial^2 u}{\partial z^2}$,

而 $\dfrac{\partial u}{\partial x}=\dfrac{x}{x^2+y^2+z^2}$, $\dfrac{\partial^2 u}{\partial x^2}=\dfrac{y^2+z^2-x^2}{(x^2+y^2+z^2)^2}$,

同理，$\dfrac{\partial^2 u}{\partial y^2}=\dfrac{x^2+z^2-y^2}{(x^2+y^2+z^2)^2}$, $\dfrac{\partial^2 u}{\partial z^2}=\dfrac{x^2+y^2-z^2}{(x^2+y^2+z^2)^2}$,

因而 $\text{div}(\mathbf{grad}\,u)=\dfrac{1}{x^2+y^2+z^2}$.

考点 14　求质量、转动惯量及做功

知识补给库

(1) 三重积分 $\iiint\limits_{\Omega} f(x,y,z)\,dxdydz$ 的物理意义为：其值等于密度为 $f(x,y,z)$ 的空间形体 Ω 的质量.

(2) $\int_{\widehat{AB}} f(x,y,z)\,ds$，密度为 f 的空间曲线段 $\widehat{AB}$ 的质量.

(3) $\int_{\widehat{AB}} Pdx+Qdy+Rdz$,

质点在外力 $\vec{F}=P\vec{i}+Q\vec{j}+R\vec{k}$ 作用下自点 A 沿曲线 $\widehat{AB}$ 移动到点 B 时，外力 $\vec{F}$ 对质点所做的功.

(4) $\iint\limits_{\Sigma} f(x,y,z)\,ds$：密度为 f 的空间曲面薄片 S 的质量.

(5) 转动惯量.

① 平面薄片所占的平面区域为 D, $f(x,y)$ 为密度函数. 则对 x 轴, y 轴及坐标原点的转动惯量分别为

$$I_x=\iint\limits_{D} y^2 f(x,y)\,dxdy,\quad I_y=\iint\limits_{D} x^2 f(x,y)\,dxdy,$$

$$I=\iint\limits_{D}(x^2+y^2)f(x,y)\,dxdy.$$

② 以此类推，空间物体对 x 轴, y 轴, z 轴及原点的转动惯量分别为

$$I_x = \iiint\limits_{\Omega} (y^2 + z^2) f(x, y, z) dv,$$

$$I_y = \iiint\limits_{\Omega} (x^2 + z^2) f(x, y, z) dv,$$

$$I_z = \iiint\limits_{\Omega} (x^2 + y^2) f(x, y, z) dv,$$

$$I = \iiint\limits_{\Omega} (x^2 + y^2 + z^2) f(x, y, z) dv.$$

典型例题

例❶ 密度为 1 的旋转抛物体：$x^2 + y^2 \leqslant z \leqslant 1$（记为 Ω）绕 z 轴的转动惯量 $I =$ _____.

解 应填 $\dfrac{\pi}{6}$.

$$I = \iiint\limits_{\Omega} (x^2 + y^2) dv = \int_0^1 dz \iint\limits_{x^2+y^2 \leqslant z} (x^2 + y^2) dx dy = \frac{\pi}{2} \int_0^1 z^2 dz = \frac{\pi}{6}.$$

例❷ 若球面上每一点的密度等于该点到球的某一定直径的距离的平方，求球面的质量.

解 设球面方程为 $x^2 + y^2 + z^2 = a^2$，定直径在 z 轴上，依题意得球面上点 $P(x, y, z)$ 的密度为 $f(x, y, z) = x^2 + y^2$，

从而球面的质量为 $M = \iint\limits_{\Sigma} (x^2 + y^2) dS.$

由轮换对称性，可知 $\iint\limits_{\Sigma} x^2 dS = \iint\limits_{\Sigma} y^2 dS = \iint\limits_{\Sigma} z^2 dS,$

故有 $M = \dfrac{2}{3} \iint\limits_{\Sigma} (x^2 + y^2 + z^2) dS = \dfrac{2}{3} a^2 \iint\limits_{\Sigma} dS = \dfrac{2}{3} a^2 4\pi a^2 = \dfrac{8\pi a^4}{3}.$

例❸ 设薄片型物体 S 是圆锥面 $z = \sqrt{x^2 + y^2}$ 被柱面 $z^2 = 2x$ 割下的有限部分，其上任一点的密度为 $\mu = 9\sqrt{x^2 + y^2 + z^2}$. 记圆锥与柱面的交线为 C.

(1) 求交线 C 在 xOy 平面上的投影曲线的方程；

(2) 求物体 S 的质量 M.

解：(1) 由题设条件知，C 的方程为 $\begin{cases} z = \sqrt{x^2 + y^2}, \\ z^2 = 2x, \end{cases}$

所以 $x^2 + y^2 = 2x$，则 C 在 xOy 平面的方程为 $\begin{cases} x^2 + y^2 = 2x, \\ z = 0. \end{cases}$

(2) 由条件可知 $z'_x = \dfrac{\partial \sqrt{x^2 + y^2}}{\partial x} = \dfrac{x}{\sqrt{x^2 + y^2}}$，$z'_y = \dfrac{\partial \sqrt{x^2 + y^2}}{\partial y} = \dfrac{y}{\sqrt{x^2 + y^2}}$，根据

质量的定义,可知

$$M = \iint\limits_{S} \mu(x,\ y,\ z)\mathrm{d}S = \iint\limits_{D} 9\sqrt{x^2+y^2+z^2}\sqrt{1+z'^2_x+z'^2_y}\,\mathrm{d}x\mathrm{d}y$$

$$= \iint\limits_{x^2+y^2\leqslant 2x} 9\sqrt{2}\cdot\sqrt{x^2+y^2}\cdot\sqrt{2}\,\mathrm{d}x\mathrm{d}y$$

$$= 18\times 2\int_0^{\frac{\pi}{2}}\mathrm{d}\theta\int_0^{2\cos\theta} r^2\mathrm{d}r = 36\int_0^{\frac{\pi}{2}}\frac{8}{3}\cos^3\theta\mathrm{d}\theta = 36\times\frac{8}{3}\times\frac{2}{3} = 64.$$

图书在版编目(CIP)数据

高等数学超详解.强化/杨超主编. —上海：复旦大学出版社，2021.6（2025.5 重印）
ISBN 978-7-309-15750-5

Ⅰ.①高… Ⅱ.①杨… Ⅲ.①高等数学-研究生-入学考试-自学参考资料 Ⅳ.①O13

中国版本图书馆 CIP 数据核字（2021）第 110708 号

高等数学超详解.强化
杨 超 主编
责任编辑/李小敏

复旦大学出版社有限公司出版发行
上海市国权路 579 号 邮编：200433
网址：fupnet@ fudanpress.com http://www.fudanpress.com
门市零售：86-21-65102580 团体订购：86-21-65104505
出版部电话：86-21-65642845
上海盛通时代印刷有限公司

开本 787 毫米×1092 毫米 1/16 印张 19 字数 456 千字
2025 年 5 月第 1 版第 10 次印刷
印数 86 701—106 710

ISBN 978-7-309-15750-5/O·703
定价：69.00 元